# ESP32 微處理機實習與物聯網應用

ESP32 Microcontroller Practice and IoT Applications

含 ITA 國際認證 -AMA 先進微控制器應用
（Specialist Level、Expert Level）

劉政鑫・莊凱喬　編著

# 學科線上閱讀與題庫使用方法

**MOSME 行動學習一點通**
Mobile Online Study Made Easy.

## 註冊
加入 IPOE 會員享有更多、更完整的免費題庫進行自我練習，讓您學習更有效率。

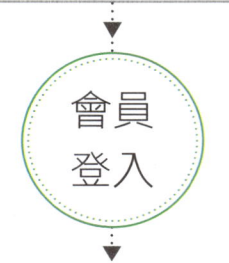

## 會員登入
可使用手機門號、e-mail 或第三方 Line 登入。

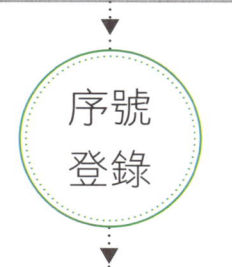

## 序號登錄
登錄書籍上的序號，於使用期限內即可使用完整題庫、不限次數練習。

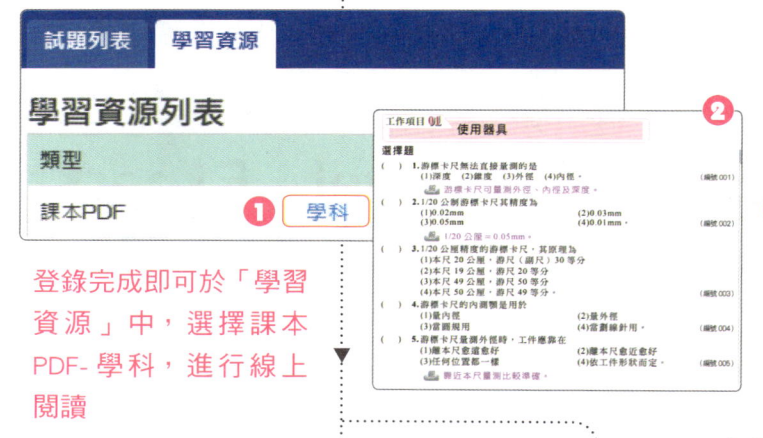

### 書籍序號登錄
於 MOSME 首頁以書號或書名搜尋選擇購買書籍，點選「序號登錄」

### 線上閱讀
登錄完成即可於「學習資源」中，選擇課本 PDF-學科，進行線上閱讀

### 線上測驗

**練習** **測驗**
可選擇「單項工作項目」或「全書」
二種模式進行線上測驗

**擬真**（獨創）
依檢定抽題比例的「擬真卷」
可進行模擬測驗

# 前　言

在創客的領域中，Arduino Uno 是教學的首選。其簡單易學的特性，加上豐富的函式庫支援，成為熱門的開發板。隨著時代的演進，人們對於物聯網的需求增加，Arduino Uno 要加上網路的功能較為麻煩，便開始有不同的產品推出。在各種產品之中，以上海樂鑫信息科技的 ESP8266 最受矚目，具備 Wi-Fi 及單晶片微處理器的功能，在當時以破盤的低價，引起創客們的矚目，紛紛選用而撰寫函式庫及工具，為創客引導了物聯網的一條道路。

但 ESP8266 尚有 I/O 接腳數量不足的遺憾，與外部的元件互動較不方便。下一代產品 ESP32 推出後，內建 Wi-Fi、藍牙以及接腳不足的問題一併解決，變成了一個實用且便宜的物聯網開發板。

一開始對 ESP32 並不以為意，抱著姑且一試的心態試用，最後決定拋棄 Arduino Uno 改用 ESP32。集結作者多年來的教學經驗，獻給每位想學好物聯網的朋友們。以工具書的方向出發，方便查閱用法，用不到的函式不列出，降低閱讀負擔，待有興趣時讀者定會自行找尋。本書所提供的內容不論教學甚至自學都相當有幫助。

本書能順利出版，最主要的幕後推手為出版社范總經理獨到的眼光精準的定位教育市場，識才惜才。業務李經理的協調能力，以及編輯團隊在短時間完成高水準的編排，一切的組合造就本書的出版。希望能對創客物聯網的領域激起一點波瀾，協助大家更有效率的實現自己的創意。

劉政鑫　莊凱喬　謹識

# 目　錄

## Chapter 1　ESP32 介紹

- **1-1** ESP32 介紹　　2
- **1-2** 於 Arduino IDE 開發 ESP32 程式　　8
- **1-3** 序列通信　　15
- **1-4** 變數及資料型別　　25

## Chapter 2　輸出及輸入

- **2-1** 數位輸入及輸出　　32
- **2-2** 類比輸入及輸出　　50
- **2-3** 碰觸輸入　　63
- **2-4** 擴展 I/O 接腳　　70

## Chapter 3　ESP32 的網路功能

- **3-1** 藍牙　　86
- **3-2** 藍牙低功耗　　97
- **3-3** Wi-Fi　　106

## Chapter 4　聲光輸出篇

- **4-1** 七段顯示器　　156
- **4-2** OLED　　169
- **4-3** 蜂鳴器　　181
- **4-4** WS2812B 全彩 RGB LED　　189

# Contents

## Chapter 5 動力輸出篇

| | | |
|---|---|---|
| **5-1** | 直流馬達 | 200 |
| **5-2** | 伺服馬達 | 217 |
| **5-3** | 步進馬達 | 229 |
| **5-4** | 無刷馬達 | 253 |
| **5-5** | 智慧小車 | 258 |

## Chapter 6 輸入及感測器篇

| | | |
|---|---|---|
| **6-1** | 矩陣鍵盤 | 278 |
| **6-2** | 環境品質感測 | 286 |
| **6-3** | 土壤溼度感測器 | 306 |
| **6-4** | 物體感測 | 309 |
| **6-5** | 重量感測 | 315 |

## Chapter 7 無線電傳輸及辨識篇

| | | |
|---|---|---|
| **7-1** | 紅外線控制 | 324 |
| **7-2** | RFID 及 NFC | 328 |
| **7-3** | LoRa | 343 |
| **7-4** | ESP-NOW | 355 |

# 目　錄

## Chapter 8　物聯網與應用篇

| | |
|---|---|
| 8-1　空氣品質感測及遠端儲存 | 370 |
| 8-2　MQTT | 380 |
| 8-3　SD 卡 | 394 |
| 8-4　JSON | 402 |
| 8-5　如何實現多工 | 411 |
| 8-6　中斷及轉速偵測 | 422 |

## Appendix A

| | |
|---|---|
| 附錄一　課後習題參考答案 | 448 |
| 附錄二　AMA Specialist Level 先進微控制器應用認證術科測試試題 | 449 |
| 附錄三　AMA Expert Level 先進微控制器應用認證術科測試試題 | 464 |

※ 以「數位線上閱讀電子書模式」提供 AMA Specialist 及 Expert 先進微控制器應用認證學科試題

> ※ 範例程式下載說明：
> 為方便讀者學習本書範例程式，請至本公司 MOSME 行動學習一點通網站（http://www.mosme.net），於首頁的關鍵字欄輸入本書相關字（例：書號、書名、作者），進行書籍搜尋，尋得該書後即可於【學習資源】頁籤下載程式範例檔案使用。

# ESP32 介紹

**1-1** ESP32 介紹

**1-2** 於 Arduino IDE 開發 ESP32 程式

**1-3** 序列通信

**1-4** 變數及資料型別

在自造及創客（maker）的領域，Arduino 具有極大的影響力，尤其以入門款：Arduino Uno Rev 3 最暢銷，引領學習的風潮。隨著時代的發展，網路及物聯網（Internet of Things，IoT）的需求欲加龐大，各種不同的擴充模組及產品陸續推出，不少是為補足網路功能而推出。

## 1-1 ESP32 介紹

ESP32 由中國的樂鑫信息科技（上海）股份有限公司開發，如圖 1-1 所示。在單晶片微處理機上，整合了 Wi-Fi 和雙模藍牙（BT、BLE），並具有豐富的週邊裝置，包括電容式觸摸感測器、霍爾感測器、高速 SDIO/SPI、UART、$I^2S$ 和 $I^2C$ 等。

ESP32 系列產品線眾多，最常見的入門款是 ESP32 WROOM（念作 ROOM，W 不發音）系列，此款式的核心是 ESP32-D0WD-V3 晶片，兩個 CPU 核心（主核心、低功耗輔助核心）可被單獨控制，除了應付平常工作外，也可以切換成低功耗模式，作長時間的感測器監測用。

● 圖 1-1　ESP32 晶片及模組

ESP32 的規格及功能眾多，簡介如下：

1. CPU：雙核心 Xtensa 32 位元 LX6 微處理機，工作時脈為 160/240 MHz。
2. 記憶體：
   - 程式記憶體：448 kB（64 kB + 384 kB）
   - 資料記憶體：520 kB SRAM
   - 即時時鐘（Real-time clock，RTC）使用 16 kB SRAM，分為兩個 8 kB，供兩個核心存取
3. 無線傳輸介面：
   - Wi-Fi：802.11 b/g/n
   - 藍牙：4.2 版傳統藍牙（BR/EDR）和低功耗藍牙（Bluetooth Low Energy，BLE）
4. 週邊裝置（peripheral）：
   - 34 個 GPIO
   - 12 位元逐次逼近類比數位轉換器（Successive approximation ADC/SAR ADC），多達 18 個通道
   - 2 個 8 位元 D/A 轉換器、10 個觸控感應器（Touch）
   - 4 個 SPI 介面、2 個 I$^2$S 介面、2 個 I$^2$C 介面、3 個 UART 介面
   - 支援 CAN 2.0
   - LED PWM，多達 16 個通道
   - 霍爾感應器

## 1-1.1　ESP32 開發板

ESP32 是一個模組，俗稱「郵票」的封裝方式不容易接線，因此許多廠商再進行包裝，製作成開發板，加入 USB 介面、電源轉換、常用按鈕引出、及接腳引出等，讓實驗及學習更加方便且快速。

此類硬體開發商眾多，最有名的是美國的 Adafruit 及 sparkfun，市面上常見的模組通常是由這兩家公司推出，並公開函式庫、教學及範例程式後，其他廠商也造出更便宜的產品。

由於上述兩家位於美國的公司產品不易購得，且價格較貴，可改用如圖 1-2 之開發板，功能相同且經濟實惠。

• 圖 1-2　ESP32-S 開發板，右圖安信可產品已停產

### 開發板電源結構

開發板上配備低壓差線性穩壓器（LDO），可將電壓穩定在 3.3V，並提供最高 600mA 電流，引出一支接腳，標記為 3V3，可供電給外部電路，如圖 1-3。

標記為 5V 的接腳，電源來自於 USB 插槽，供應電流受限於 USB 的規格，若接於 USB 2.0 插槽，則供應 500mA；若接於 USB 3.0 插槽，則供應至 1A。也可以直接從此接腳輸入 5V 電源，供應給開發板使用。

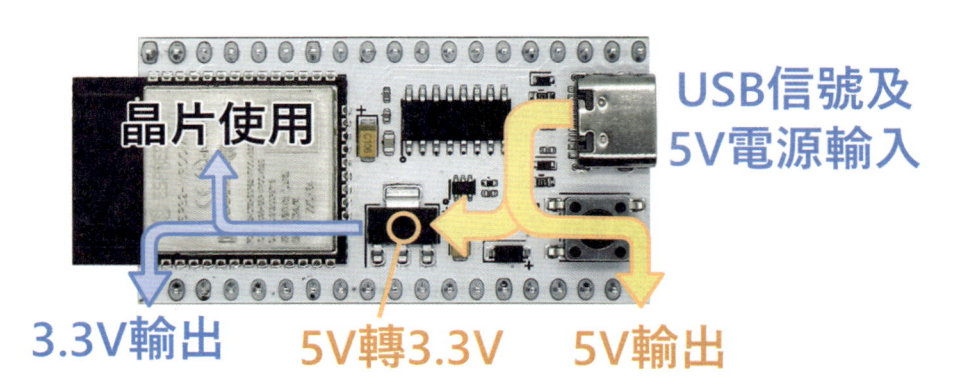

• 圖 1-3　ESP32 開發板電源結構

當 ESP32 在以下狀況使用時，建議接於 USB 3.0 插槽，否則可能會因電流不足無法使用：

- 無線電傳輸，如 Wi-Fi 或是藍牙時，需要約 200mA 到 250mA 電流；
- 直流馬達供應。

## ESP32 開發板接腳圖

由於製造商不同，開發板標示略有不同。圖 1-4 是 ESP32 開發板接腳圖，每支接腳都具有一種以上的功能，但有的接腳已被佔用於程式上傳或序列通訊等，接線前記得先參閱此圖，規劃出適合使用的接腳。

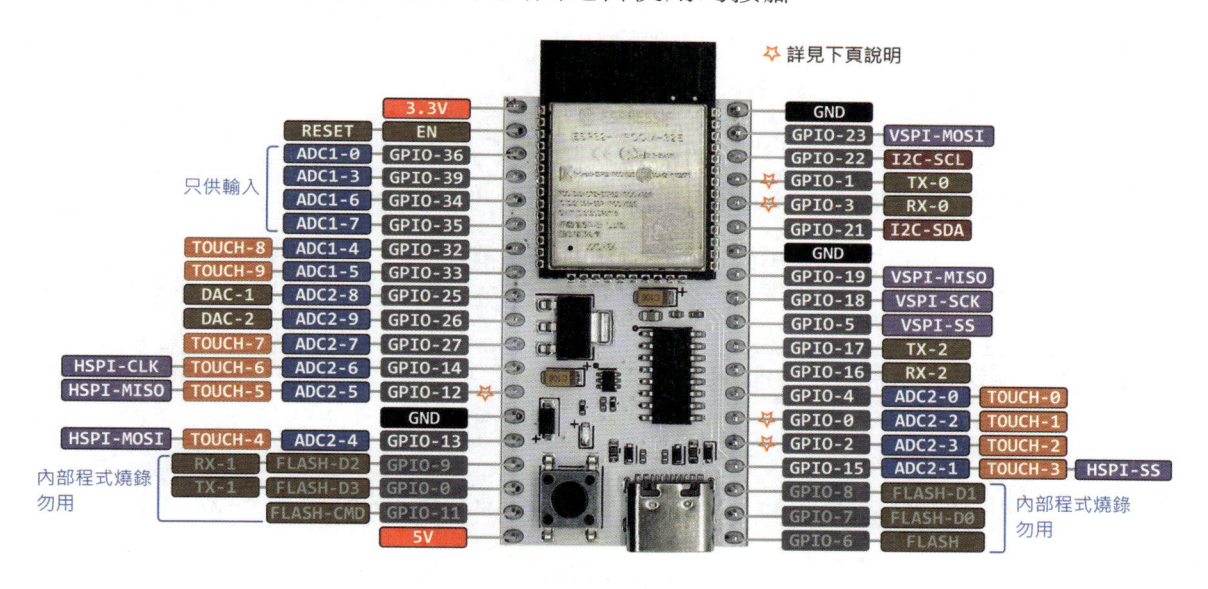

● 圖 1-4　ESP32 開發板接腳一覽

※ 開發板生產廠商眾多，接腳位置可能不同。

有的開發板上有兩個按鈕：EN（或 RST）及 IO0（或 BOOT），功能如下：
1. 按下 EN 鈕時，可以重置（Reset）ESP32。
2. IO0 鈕用於剛通電時啟動晶片程式上傳功能。

ESP32 的序列傳輸（UART）有 3 組，每一組包含接腳 RX 及 TX，若是 UART 0，則接腳名稱為 RX 0、TX 0。開發板只拉出兩組：UART 0、UART 2。

1. UART 0：USB 介面晶片與 ESP32 連接，一般不建議使用。如果真的要用，上傳程式時，這兩支腳的接線要移除，上傳完再接回去；
2. UART 2：可隨時使用。

> 在做實驗時，如果避掉下列幾支接腳，可減少遇到問題的機率：
> 1. TX 0、RX 0 用於和 USB 轉序列晶片連接，建議不要用；
> 2. CLK、SD0、SD1、SD2、SD3、CMD 用於上傳程式至晶片，不能用；
> 3. GPIO 0（即 IO0、boot 按鈕）於低電位時會進入序列啟動載入（bootloader）模式，建議不要用；
> 4. GPIO 2 於低電位時，程式無法上傳，建議不要用；
> 5. GPIO 12 於高電位時，會使程式無法上傳，建議作為輸出；
> 6. GPIO 36、GPIO 39、GPIO 34、GPIO 35 只能輸入，不能輸出。

## ESP32 開發輔助板：Woody

由於 ESP32 模組較寬，因此開發板也較寬，若直接插在麵包板時，剩下不多空間，如圖 1-5 所示，但是上面無任何接腳標記，難以使用。

● 圖 1-5　ESP32 開發板於麵包板上時，剩不了多少空間

若使用 ESP32 開發輔助板：Woody，可大大降低硬體複雜度，助於入門學習，具有下列的優點：

1. 明顯及簡化的接腳功能標示，不需再查閱接腳功能，如圖 1-6 所示；

• 圖 1-6　Woody 開發輔助板明顯簡潔的接腳標示

2. 移除無法使用的接腳，降低實驗出錯的機率；
3. 相容市面上常見的 ESP32 模組；
4. 並聯出較多的電源接腳，方便取用電源；
5. 提供兩種常見的 OLED 模組插座，可直接插在上面使用；
6. 具備 MicroSD 卡插槽（背面）；
7. 可供 ESP-PROG 除錯器直接連接的 JTAG 插槽，要進行程式除錯時不必再繁複接線；
8. 解決上傳程式時，須按住開發板上 IO0（BOOT）按鈕的動作；
9. 提供電源插座，將 7V～12V 電源適配器（Adapter）插在 Woody 開發輔助板時，可供應足夠的電源如：Wi-Fi、藍牙、馬達；
10. 預接 4 個 LED、4 個按鈕、2 個 Touch 輸入；
11. 提供一組固態繼電器（SSR）輸出，可直接串聯並操控最大 240V/2A 的負載，例如電燈、小型家電皆可直接控制；

7

12. 提供一組光耦合輸出，可再外接容量更大的固態繼電器，控制更大的負載。

> 註　平常若沒使用到 G0、G5、G14、G15 時，它們會輸出高電位。此開發輔助板剛好用到其中 2 支腳接到 LED，因此 G4、G15 平常就會發亮，不用理會這個狀況，不影響功能。若指定為輸出（如：pinMode(4, OUTPUT)）時它們便會熄滅。

## 1-2　於 Arduino IDE 開發 ESP32 程式

樂鑫公司提供開發環境，稱為 ESP-IDF（Espressif IoT Development Framework），提供完整的支援，但難度較高。以初學階段來說，利用 Arduino IDE（整合開發工具）來學習是最簡單的入門方式。Arduino IDE 可於官方網站下載安裝，在官網中尋找 Download 項目，可找到下載點，如圖 1-7，下載後執行安裝即可。

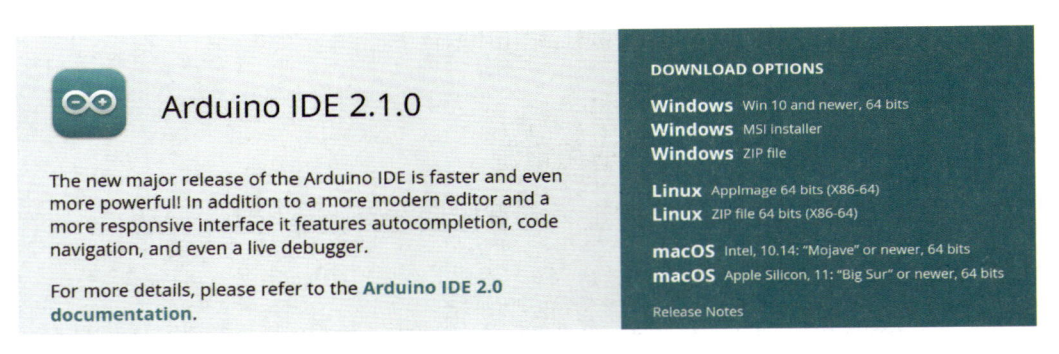

● 圖 1-7　Arduino IDE2.X，支援多種平台

Arduino IDE 於 2022 年正式推出，由於改版的是 IDE，不是 C++ 編譯器和 ESP32 開發板核心，本質上沒太大變化。幾乎所有的程式皆可以在 Arduino IDE 2 編譯使用。

### 1-2.1　驅動程式及開發環境設定

USB 介面晶片

在使用上必須將電腦的 USB 信號轉換成序列信號（UART），與 ESP32 的序列埠 RX0、TX0 接腳相連接，才能和 ESP32 通連、上傳程式。

ESP32 開發板上使用的 USB 介面晶片常見的是 CP2102 或 CH340，若插上電腦 USB 插槽偵測不到，則需要安裝驅動程式。圖 1-8 是從電腦的「裝置管理員」中，偵測到並正常驅動的 USB 介面晶片。圖中通訊埠編號 COM5 是由電腦自動分配，因此每一台電腦捉到的編號不一定相同。

- 圖 1-8　本例中，ESP32 開發板使用的 USB 介面晶片為 CH340

註　如果驅動程式安裝失敗，可嘗試使用 Zadig 軟體協助安裝。

## 安裝 ESP32 開發板核心

Arduino IDE 除了他們自家的產品，只要安裝不同產品的核心（core），各家的產品都可以用，目前至少支援數十種開發板及晶片，開放程度相當高。

安裝 ESP32 核心的方式，要在 Arduino IDE 的【檔案】→【偏好設定】中，在額外的開發板管理員網址中，輸入以下資料，如圖 1-9 所示：
https://raw.githubusercontent.com/espressif/arduino-esp32/gh-pages/package_esp32_index.json

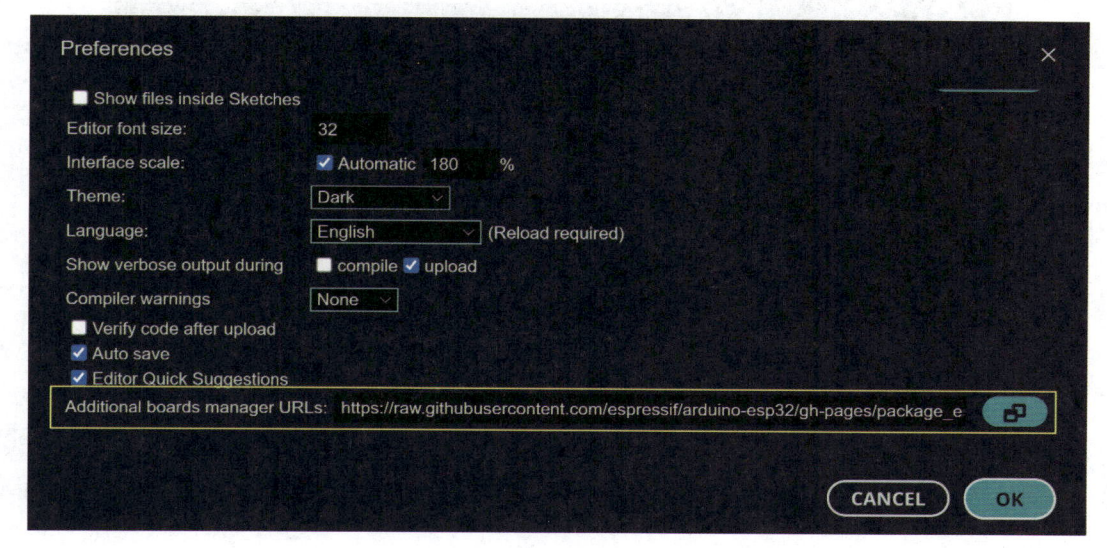

- 圖 1-9　新增開發板核心來源

接下來到選單【工具】→【開發板】→【開發板管理員】中，輸入關鍵字「ESP32」，便可找到此項目，如圖 1-10，點選安裝，經過下載及自動設定，便可使用 Arduino IDE 以及一般 Arduino 的程式撰寫方式操作 ESP32。

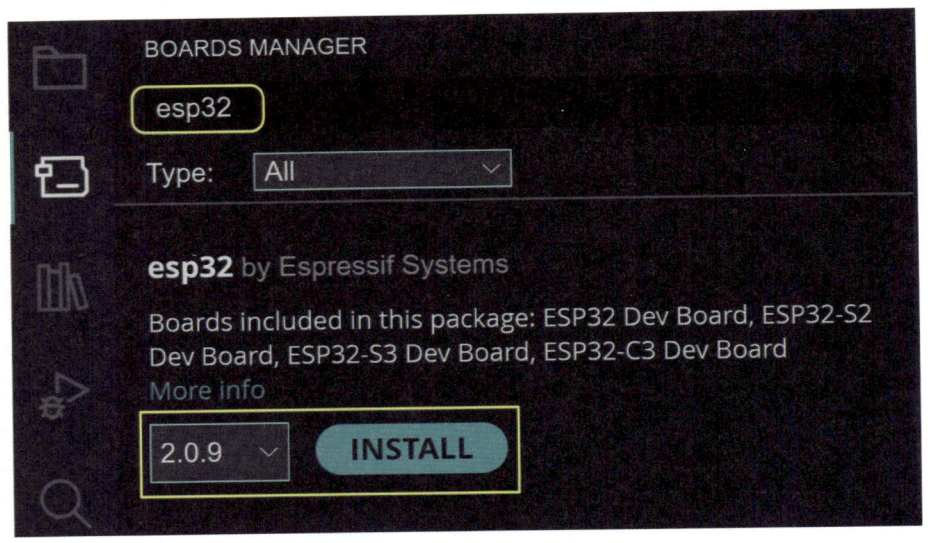

• 圖 1-10　安裝 ESP32 核心，請安裝 2.0.1 版以上

設定開發板

在開始撰寫程式前，必須先設定兩種項目：通訊埠、硬體規格。將 ESP32 使用 USB 線連接電腦後，如圖 1-11 之處，選擇通訊埠。

• 圖 1-11　本例的通訊埠是 5 號，可以在裝置管理員中得知

之後會需要你指定開發板的型號，因為各種版本的晶片以及記憶體容量都不同，必須正確選擇，在搜尋欄中輸入 esp32 dev，可以找到 ESP32 Dev Module，如圖 1-12。

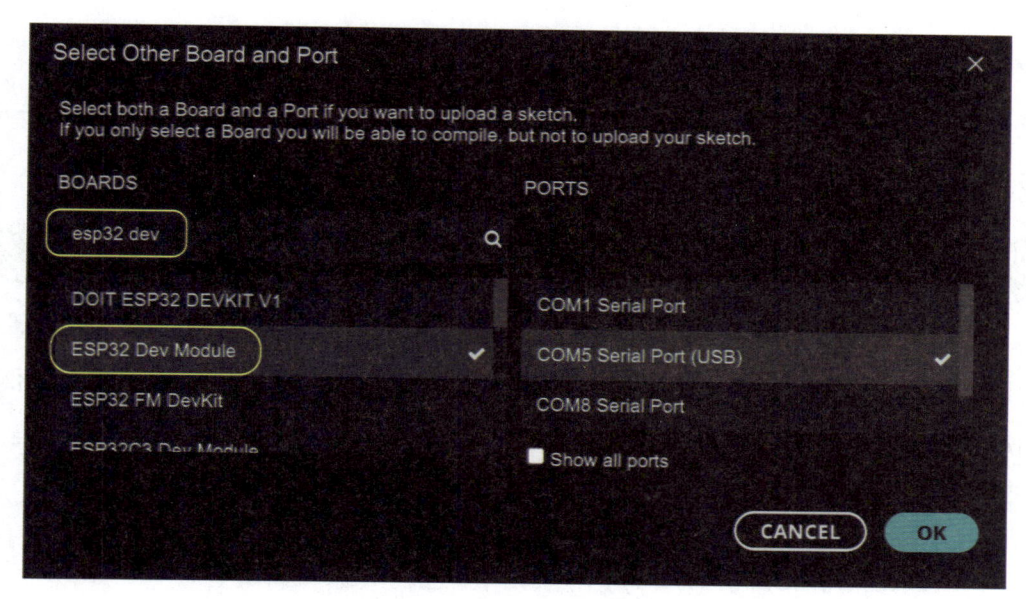

• 圖 1-12　設定好型號及通訊埠

如此便將 ESP32 的開發環境設定完成，可以開始撰寫程式了。

## 1-2.2　Arduino IDE 程式主結構

剛開啟 Arduino IDE 時，會出現如下之基本結構。

```
void setup() {
  // put your setup code here, to run once:

}

void loop() {
  // put your main code here, to run repeatedly:

}
```

此為程式的主結構，其實還有一個更上層的程式在主控。執行這兩個函式之外的程式碼後，呼叫一次 setup( )，然後就一直呼叫 loop( )，直到 ESP32 斷電或發生錯誤為止。

## 1-2.3　第一個程式

最適合的入門程式，就是讓 LED 進行閃爍。除了檢測 ESP32 開發板是否損壞之外，也可以做初步的軟體、硬體認識。

### 例 1-1 ｜ 透過 GPIO 4 點亮 LED，每隔一秒閃爍一次

在 ESP32 開發板上，除了電源及特殊功能接腳外，每個接腳都稱為 GPIO（General Purpose Input / Output，通用輸入 / 輸出）。以 GPIO 4 為例，在開發板上標示為 G4，也有的直接標示 4。而在 Arduino IDE 中只要直接指定腳位的數字，不需要加上字母「G」，如：

```
digitalWrite(4, HIGH);     //設定第 4 腳為高電位
```

**｜電路圖｜**

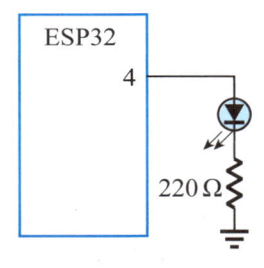

本例使用到的函式有：

`pinMode(接腳編號, 輸出入模式);`

**｜說明｜**

除了特殊功能的接腳，大部分的接腳皆可以指定為數位輸出及輸入模式。接腳編號只需直接指定號碼，如：

```
pinMode(4, OUTPUT);     //將 GPIO 4 設定為輸出
pinMode(4, INPUT);      //將 GPIO 4 設定為輸入
```

## digitalWrite(接腳編號, 電位高低);

**|說明|**

設定接腳的輸出電壓為高或低準位,如:

digitalWrite(4, HIGH);    //設定GPIO 4輸出高電位(3.3V)
digitalWrite(4, LOW);     //設定GPIO 4輸出低電位(0V)

## delay(延時時間);

**|說明|**

　　延時,以ms為單位,延時的時候什麼事都不能做,最好不要延時太久,指令如:

delay(1000);              //延時1000ms,等於1秒
delay(300);               //延時300ms,等於0.3秒

**|程式碼|**

```
01  /*
02   * 例1-1:透過GPIO 4點亮LED,每隔一秒閃爍一次
03   */
04  const byte LEDpin = 4;           //定義LED使用第4腳
05
06  void setup(){
07    pinMode(LEDpin, OUTPUT);       //設定為輸出模式
08  }
09
10  void loop() {
11    digitalWrite(LEDpin, HIGH);    //輸出高電位
12    delay(1000);                   //延時一秒
13    digitalWrite(LEDpin, LOW);     //輸出低電位
14    delay(1000);                   //延時一秒
15  }
```

將程式上傳時，於下方的訊息列，有上傳程式時的資訊，節錄如圖 1-13。

```
Writing at 0x0002db11... (62 %)
Writing at 0x00036078... (75 %)
Writing at 0x0003e333... (87 %)
Writing at 0x000439d4... (100 %)
Wrote 228752 bytes (126991 compressed) at 0x00010000 in 2.2 seconds (effective 826.4 kbit/s)...
Hash of data verified.

Leaving...
Hard resetting via RTS pin...
```

• 圖 1-13　程式上傳的過程

程式上傳結束後，便可看到 LED 以一秒鐘的時間間隔亮滅。

**延伸練習**

1. 透過 GPIO 15 點亮 LED，每隔 0.5 秒閃爍一次。
2. 透過 GPIO 4、0 同時點亮 LED，亮 1 秒，熄滅 0.5 秒。

## 程式無法寫入時的解決方式

如果在程式上傳時，出現了如圖 1-14 的錯誤訊息。主要的原因是要上傳程式時，ESP32 尚未開啟寫入模式，並超出了等待時間。

```
草稿碼使用了 201272 bytes (15%) 的程式儲存空間。上限為 1310720 bytes。
全域變數使用了 13500 bytes (4%) 的動態記憶體，剩餘 314180 bytes 給區域變數。上限為 327680 bytes 。
esptool.py v2.6
Serial port COM9
Connecting........_____....._____....._____....._____....._____....._____....._____

A fatal error occurred: Failed to connect to ESP32: Invalid head of packet (0x00)
A fatal error occurred: Failed to connect to ESP32: Invalid head of packet (0x00)
```

• 圖 1-14　無法上傳的錯誤訊息

> **解決方式**

在 Arduino IDE 中，按下【上傳】，編譯完成準備上傳時，出現「Connecting........＿＿＿.....」時，按下 IO0（或 BOOT）鍵，如圖 1-15 所指位置，讓 ESP32 進入寫入模式。開始上傳時，手就可以放開，讓程式進行上傳動作。

- 圖 1-15　舊型的開發板，有 IO0 按鈕，有的開發板寫著 Boot

# 1-3　序列通信

程式在執行過程中，最重要是得知變數的執行情形，有訊息輸出才能了解它在「想」什麼，在 Arduino 及 ESP32 開發板中最常使用的方式，是透過序列埠將資料輸出。

## 1-3.1　微處理機之間的訊息

早期為了資訊傳輸，統一制定了通用的文字編碼，稱為 ASCII（American Standard Code for Information Interchange，美國資訊交換標準碼），第一版使用 7 位元長度進行編碼，共編了 128 個，如圖 1-16。後來為了再加入更多的文字，再多一個位元，總共 8 位元的長度編碼，稱為 EASCII（Extended ASCII，延伸美國標準資訊交換碼），也就是現在最常看到的版本。

## ASCII 表

| 十進位 | 十六進位 | 字元 | 十進位 | 十六進位 | 字元 | 十進位 | 十六進位 | 字元 | 十進位 | 十六進位 | 字元 |
|---|---|---|---|---|---|---|---|---|---|---|---|
| 0 | 0 | [NULL] | 32 | 20 | [SPACE] | 64 | 40 | @ | 96 | 60 | ` |
| 1 | 1 | [START OF HEADING] | 33 | 21 | ! | 65 | 41 | A | 97 | 61 | a |
| 2 | 2 | [START OF TEXT] | 34 | 22 | " | 66 | 42 | B | 98 | 62 | b |
| 3 | 3 | [END OF TEXT] | 35 | 23 | # | 67 | 43 | C | 99 | 63 | c |
| 4 | 4 | [END OF TRANSMISSION] | 36 | 24 | $ | 68 | 44 | D | 100 | 64 | d |
| 5 | 5 | [ENQUIRY] | 37 | 25 | % | 69 | 45 | E | 101 | 65 | e |
| 6 | 6 | [ACKNOWLEDGE] | 38 | 26 | & | 70 | 46 | F | 102 | 66 | f |
| 7 | 7 | [BELL] | 39 | 27 | ' | 71 | 47 | G | 103 | 67 | g |
| 8 | 8 | [BACKSPACE] | 40 | 28 | ( | 72 | 48 | H | 104 | 68 | h |
| 9 | 9 | [HORIZONTAL TAB] | 41 | 29 | ) | 73 | 49 | I | 105 | 69 | i |
| 10 | A | [LINE FEED] | 42 | 2A | * | 74 | 4A | J | 106 | 6A | j |
| 11 | B | [VERTICAL TAB] | 43 | 2B | + | 75 | 4B | K | 107 | 6B | k |
| 12 | C | [FORM FEED] | 44 | 2C | , | 76 | 4C | L | 108 | 6C | l |
| 13 | D | [CARRIAGE RETURN] | 45 | 2D | - | 77 | 4D | M | 109 | 6D | m |
| 14 | E | [SHIFT OUT] | 46 | 2E | . | 78 | 4E | N | 110 | 6E | n |
| 15 | F | [SHIFT IN] | 47 | 2F | / | 79 | 4F | O | 111 | 6F | o |
| 16 | 10 | [DATA LINK ESCAPE] | 48 | 30 | 0 | 80 | 50 | P | 112 | 70 | p |
| 17 | 11 | [DEVICE CONTROL 1] | 49 | 31 | 1 | 81 | 51 | Q | 113 | 71 | q |
| 18 | 12 | [DEVICE CONTROL 2] | 50 | 32 | 2 | 82 | 52 | R | 114 | 72 | r |
| 19 | 13 | [DEVICE CONTROL 3] | 51 | 33 | 3 | 83 | 53 | S | 115 | 73 | s |
| 20 | 14 | [DEVICE CONTROL 4] | 52 | 34 | 4 | 84 | 54 | T | 116 | 74 | t |
| 21 | 15 | [NEGATIVE ACKNOWLEDGE] | 53 | 35 | 5 | 85 | 55 | U | 117 | 75 | u |
| 22 | 16 | [SYNCHRONOUS IDLE] | 54 | 36 | 6 | 86 | 56 | V | 118 | 76 | v |
| 23 | 17 | [ENG OF TRANS. BLOCK] | 55 | 37 | 7 | 87 | 57 | W | 119 | 77 | w |
| 24 | 18 | [CANCEL] | 56 | 38 | 8 | 88 | 58 | X | 120 | 78 | x |
| 25 | 19 | [END OF MEDIUM] | 57 | 39 | 9 | 89 | 59 | Y | 121 | 79 | y |
| 26 | 1A | [SUBSTITUTE] | 58 | 3A | : | 90 | 5A | Z | 122 | 7A | z |
| 27 | 1B | [ESCAPE] | 59 | 3B | ; | 91 | 5B | [ | 123 | 7B | { |
| 28 | 1C | [FILE SEPARATOR] | 60 | 3C | < | 92 | 5C | \ | 124 | 7C | \| |
| 29 | 1D | [GROUP SEPARATOR] | 61 | 3D | = | 93 | 5D | ] | 125 | 7D | } |
| 30 | 1E | [RECORD SEPARATOR] | 62 | 3E | > | 94 | 5E | ^ | 126 | 7E | ~ |
| 31 | 1F | [UNIT SEPARATOR] | 63 | 3F | ? | 95 | 5F | _ | 127 | 7F | [DEL] |

● 圖 1-16　ASCII

在 ASCII 中，每個都稱為「字元（Char，character）」，包含可見字元如 0～9、A～Z 等，另外還有不可見字元，一般都是控制碼，例如：新行（LF）、跳脫（ESC）、刪除（DEL）等。

當使用序列傳輸時，任何傳送的資料會編碼成 ASCII，再傳送出去。例如要傳送英文字母「A」時，會先轉碼成二進位值 $01000001_2$（十六進位值 $41_{16}$，或十進位值 $65_{10}$），再傳送出去。接收端收到後，再根據 ASCII 表轉回字母「A」，顯示出來給我們看。

## 1-3.2 序列埠監控視窗

序列埠監控視窗是 Arduino IDE 內建的功能，用來處理序列傳輸的收 / 發，可以在畫面的右上角發現如下圖的按鈕，我們先開啟序列埠監控視窗。

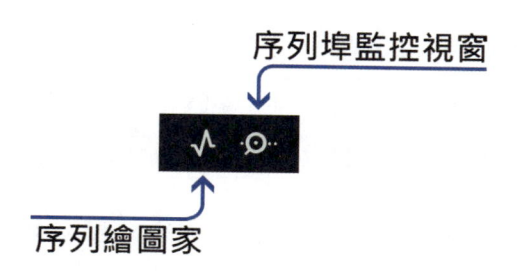

開啟之後，會在畫面的下方出現序列埠監控視窗，如圖 1-17。

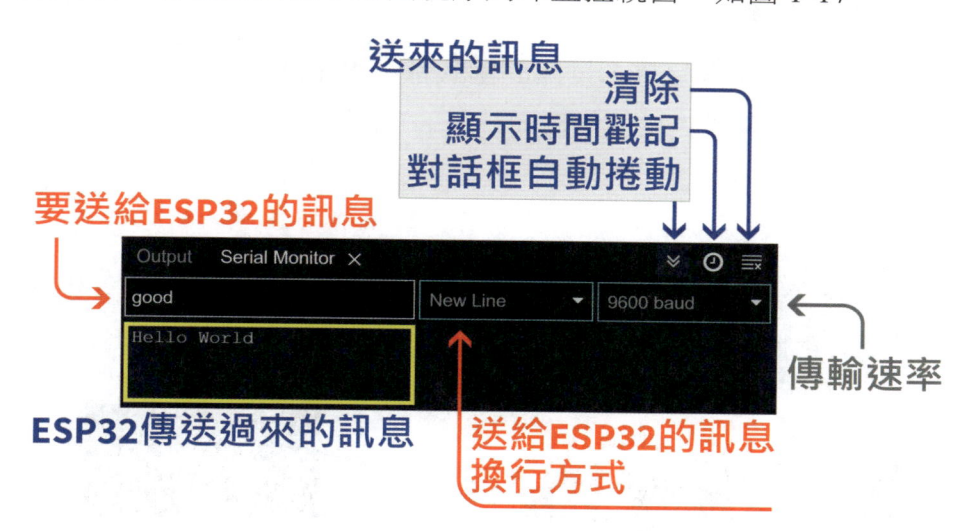

• 圖 1-17　序列埠監控視窗

序列埠監控視窗可供設定的參數有：

1. **傳輸速度**（baud rate，鮑率）：預設是 9600 bps，可調整到其他速率。傳送及接收方都要設定相同的速率，否則會出現亂碼；
2. **換行模式**：傳送資料時會用到，它會在送出去的資料後方，附加特定字元。以傳送資料「ABCDE」為例，說明各種的差異，如圖 1-18 所示：
   - 沒有行結尾：直接傳送 ABCDE 出去；
   - NL：在 ABCDE 後，附加不可見字元「New Line」，也就是 ASCII 的 LF；

- CR：在 ABCDE 後，附加不可見字元「Carriage return」，也是 ASCII 的 CR；
- NL+CR：在 ABCDE 後，附加不可見字元「New Line」及「Carriage return」，再傳送出去。

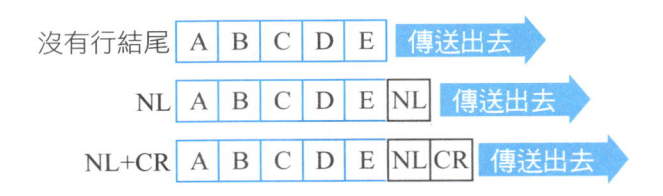

沒有行結尾 |A|B|C|D|E| 傳送出去
NL |A|B|C|D|E|NL| 傳送出去
NL+CR |A|B|C|D|E|NL|CR| 傳送出去

• 圖 1-18　序列傳輸資料的結尾方式

## 1-3.3　序列輸出

要使用序列傳輸非常簡單，全部的函式都在 Serial 函式庫內。Arduino IDE 已預先引用函式庫，只要直接使用即可。

信號怎麼傳輸

當 ESP32 傳送序列訊號出去時，會透過開發板上的 USB 轉換晶片，轉成 USB 信號，進入電腦，再由序列埠監控視窗接收，如圖 1-19 所示。

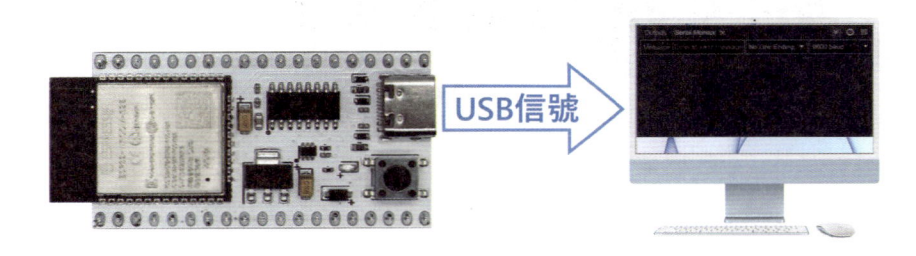

• 圖 1-19　ESP32 傳送序列信號到序列埠監控視窗

序列傳輸使用到的部分函式如下：

Serial.begin(速率);

|說明|

啟動序列通訊，並設定通訊速率，以 bps（bit per second）為單位，只需執行一次，所以放在 setup( ) 函式中，如：

```
Serial.begin(9600);        //啟動序列通訊，速率為9600bps
Serial.begin(115200);      //啟動序列通訊，速率為115200bps
```

## Serial.print();

**｜說明｜**

從序列埠送出訊息，可傳送中文，如：

```
Serial.print("Hello World"); //送出Hello World字串，字串資料要用雙引號框
Serial.print(age);           //送出age變數的內容
Serial.print(size, 2);       //送出size變數的內容，並指定小數點的位數2位
```

## Serial.println();

**｜說明｜**

　　和上一個函式類似，除了從序列埠送出訊息，還會在最後加上換行符號，特別適合用在序列埠監控視窗中，觀看變數值及訊息，如：

```
Serial.println(age);
```

　　print( ) 以及 println( ) 可以相互配合，組合出字串及變數的訊息，讓訊息的可讀性更高，如：

```
Serial.print("現在的溫度");
Serial.print(temp);          //temp變數內容為溫度值，假設是27
Serial.println("度C");
```

以上三行執行後在序列埠監控視窗可以得到如圖 1-20 的結果：

- 圖 1-20　透過 print( ) 及 println( ) 合併的結果

## 例 1-2 │ 開啟序列埠，並傳送字串

開啟序列埠的功能，並把訊息從 ESP32 送出，一般常用的速率是 9600 bps，如果沒有特別指定，就以 9600 bps 為主。任何程式語言的練習，都是以印出 Hello World 開始，所以我們也從這裡開始。

**┃程式碼┃**

```
/*
 * 例1-2：開啟序列埠傳輸功能，透過序列埠傳送Hello World出去
 */
void setup() {
  Serial.begin(9600);            // 傳輸速率為9600 bps
}

void loop() {
  Serial.println("Hello World"); // 透過序列埠傳送字串"Hello World"
  delay(1000);                   // 延時1秒鐘（1000ms）
}
```

程式上傳後，在電腦開啟序列埠監控視窗，就可以收到從 ESP32 每隔一秒傳送過來的訊息。

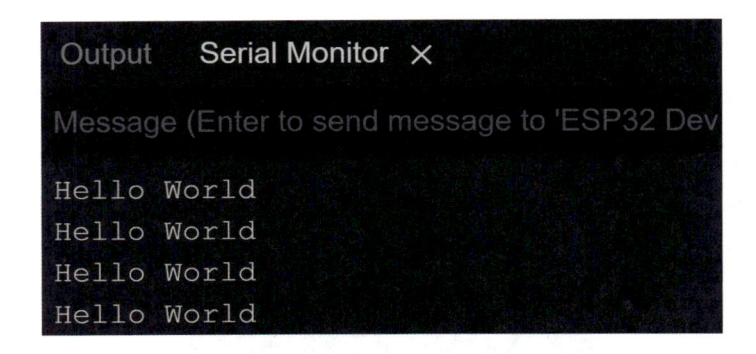

```
Output    Serial Monitor  ×
Message (Enter to send message to 'ESP32 Dev
Hello World
Hello World
Hello World
Hello World
```

**延伸練習**

3. 修改範例 1-2，將傳輸速度設定為 115200bps，並從序列埠監控視窗讀取。
4. 利用序列傳輸送出你的姓名，並從序列埠監控視窗讀取。

## 1-3.4　序列輸入

範例 1-2 是 ESP32 把資料送出，現在來學習接收資料。當 ESP32 接收序列信號後，會將資料存在緩衝區（buffer）中，一般容量設定為 256 Bytes，如果緩衝區滿了，外部傳入的資料便會直接捨棄，不會存入緩衝區。

使用函式 Serial.available( ) 可以檢查緩衝區是否有資料，如圖 1-21，緩衝區中有 3 個資料，執行 Serial.available( ) 就會回傳數值 3。

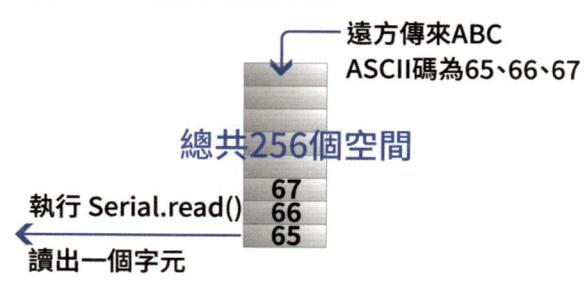

遠方傳來ABC
ASCII碼為65、66、67
總共256個空間
執行 Serial.read()　67　66　65
讀出一個字元

• 圖 1-21　緩衝區工作方式

要讀取緩衝區的資料，使用函式 Serial.read( )，它會讀取**一個字元**出來，並從緩衝區清除該字元。再一次讀取時，便會讀到第二個字元。這種資料進出的順序，稱為先進先出（First In First Out，FIFO）。

以下程式片段（snippet）的功能，是當有資料進入 ESP32 時，就讀取出來。由於放在 loop( ) 中，所以會一直讀取緩衝區的內容直到清空。

```
char data;                          //宣告變數名稱：data，資料型別：char
void setup() {
  Serial.begin(9600);               //啟動序列傳輸，速度9600 bps
}

void loop() {
  if (Serial.available()) {         //如果序列緩衝區有資料
    data = Serial.read();           //從緩衝區讀取一個字元
    字元讀取出來後要做的事，程式碼填在此
  }
}
```

## 例 1-3 │ 利用序列埠傳輸控制信號，點滅 LED

讓我們來練習接收序列資料，本程式會監聽序列緩衝區，只要有資料便會讀取。當讀取到字元「1」時，點亮 LED；讀取到字元「0」時，熄滅 LED。

**│電路圖│**

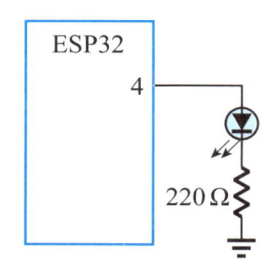

【若使用 Woody 開發輔助板可直接使用，不需接線】

**│程式碼│**

```
01  /*
02   * 例1-3：透過序列埠控制LED亮滅。
03   * 當從序列埠收到1時，點亮LED；收到0時，熄滅LED
04   */
05  const byte LEDpin = 4;
06  char data;                       //宣告變數名稱：data，資料型別：char
07
08  void setup() {
09    pinMode(LEDpin,OUTPUT);        //將接腳設定為輸出
10    Serial.begin(9600);            //啟動序列傳輸，速度9600 bps
11  }
12
13  void loop() {
14    if (Serial.available()) {      //如果序列緩衝區有資料
15      data = Serial.read();        //從緩衝區讀取一個字元
16      if (data == '1') {
17        Serial.println("點亮LED");
18        digitalWrite(LEDpin, HIGH);
19      } else if (data == '0') {
```

```
20        Serial.println("熄滅LED");
21        digitalWrite(LEDPin, LOW);
22      }
23    }
24  }
```

程式上傳後，開啟序列埠監控視窗，先在右下角確定如圖 1-22 之兩種屬性，便可以在左上角，箭頭所指之處輸入數字。輸入「0」，LED 熄滅；輸入「1」，LED 點亮。

• 圖 1-22　設定為沒有行結尾、9600 bps

在剛才的程式碼中，指令：if (data == '1') 有一個地方需要注意：

1. 對於數值資料，不需要特別框住；
2. 對於字元資料，使用單引號「'」框住；
3. 對於字串資料，使用雙引號「"」框住，不是兩個單引號。

使用單引號框住，代表這個資料是字元。當從序列埠監控視窗打入字元「1」時，它會轉成 ASCII 的「49」傳入 ESP32，使用下列兩種判斷方式都相同：

if(data == 49)      // 判斷 data 的 ASCII 是不是 49

if(data == '1')     // 用單引號框字元 1，其實也是轉成 ASCII 的 49

以可讀性來說，第二種方式可讀性較高，建議使用第二種方法。

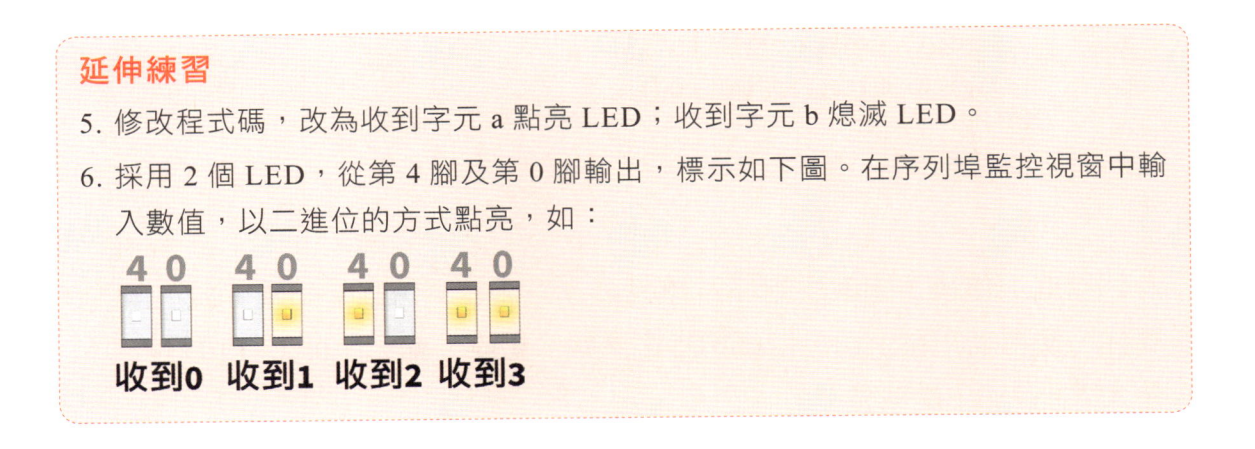

> **延伸練習**
>
> 5. 修改程式碼，改為收到字元 a 點亮 LED；收到字元 b 熄滅 LED。
> 6. 採用 2 個 LED，從第 4 腳及第 0 腳輸出，標示如下圖。在序列埠監控視窗中輸入數值，以二進位的方式點亮，如：
>
> 收到0　收到1　收到2　收到3

## 1-3.5　開機資訊查閱

ESP32 一通電或是每次按下 Reset（其實 reset 是以機械方式斷電再通電）時，會自動從序列埠送出如圖 1-23 的開機診斷（diagnostic）訊息，只要開啟序列埠監控視窗，並將速度設置為 115200 bps，便可讀取訊息。以一般使用來說，不需加以理會。

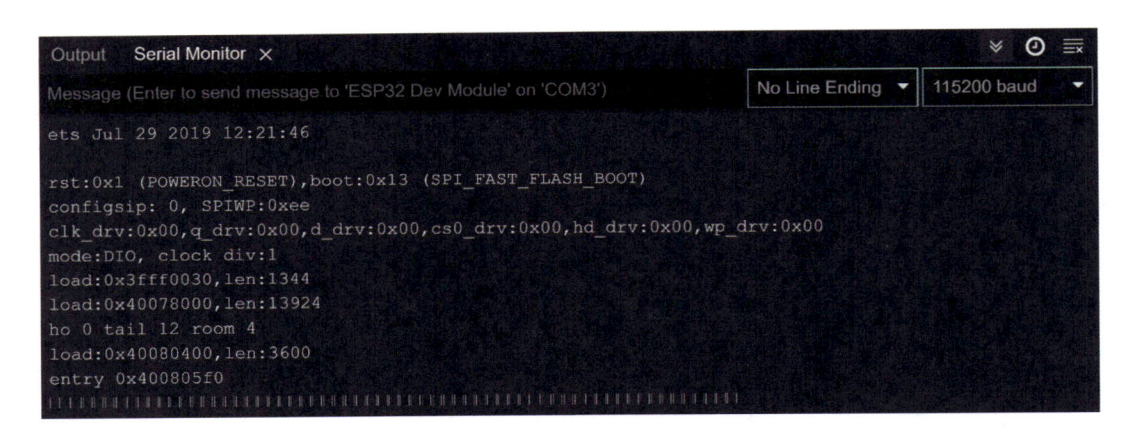

- 圖 1-23　每次重新通電後，ESP32 送出來的開機訊息

## 1-4　變數及資料型別

### 1-4.1　變數

在數學課中，會使用符號如 x, y, z 來代表某個數字，這個符號稱為變數（variable），是用來儲存資料的空間，由於數學每一題的範圍不大，又都是重新開始，所以只出現 x, y, z 來表示變數就足夠了。

但在程式設計中，使用到的變數相對較多，採用這種無意義的變數名稱，在寫程式時會造成辨識的困擾，如：x, y, z, aa, bb, cc, aa1, aa2, aa3…，會不知道變數用途為何。在寫程式時，應該對變數作規則性的命名，而不是亂取一通。

變數在取名字時，有幾個原則：
1. 不能取已被用過的字，例如已經作為指令、或是已定義為變數或常數的，如：setup、print、PI 等；
2. 先英文、再數字，例如 data1、data2 等，不可以取 1data、2data；
3. 如果名字很長，可採用底線如：temp_data、my_age；或是駝峰式大小寫（Camel-Case）的格式來組合兩個英文字，如：tempData、myAge。

### 1-4.2　資料型別

資料型別（data type）代表資料的格式，如：整數、有小數點的實數、字元等。宣告變數時，必須規劃其資料型別。如果宣告為整數，就不可以存放實數，否則編譯器會發出錯誤訊息。

由於單晶片微處理機的記憶體空間都不多，ESP32 為 520KB；在程式中變數可宣告的資料型別如表 1-1。規劃合適的資料型別相當重要，宣告了過大的資料型別，除了浪費記憶體空間外，無法最佳化運算效率。

• 表 1-1　ESP32 資料型別

| 資料型別 | 中文名稱 | 存放內容 | 佔用記憶體空間 |
| --- | --- | --- | --- |
| bool 或 boolean | 布林 | 0 或 1 | 1 |
| byte | 位元組 | 0 到 255 | 1 |
| char | 字元 | 字元的 ASCII，0 到 255 | 1 |
| short | 短整數 | −32768 到 32767 | 2 |
| word | 字組 | （少用） | 4 |
| int | 整數 | −2147483648 到 2147483647 | 4 |
| long | 長整數 | 因硬體限制，和 int 相同 | 4 |
| float | （單精度）浮點數 | 小數 | 4 |
| double | 倍精度浮點數 | 小數 | 8 |

註 佔用記憶體空間單位為 Bytes。

　　以最常見到的資料型別 int 為例，在 ESP32 中佔用了 4 Bytes，等於 32 位元，可儲存的資料量等於 $2^{32}$ = 4,294,967,296 個，會分一半給有號數（負數）使用，總共可用的範圍為：−2,147,483,648～0～2,147,483,647。

　　總結以上，變數宣告的原則為：符合資料格式（整數、浮點數）、足夠容納資料、愈小愈好。以常用狀況來說，儲存資料的變數宣告建議如下：

1. 儲存接腳編號的變數，由於接腳編號小於 50，使用 byte 宣告；
2. 溫溼度計的輸出值約 27.0 到 30.0，使用 float 宣告；
3. 從序列傳輸緩衝區取得的是字元，使用 char 宣告；
4. 從 analogRead( ) 讀出的值最大到 4095，使用 short 宣告。

變數的宣告方式語法如下：

資料型別 變數名稱;

例：

```
bool switch;              // 宣告為布林型別，名稱為switch
short readValue = 20;     // 宣告為短整數型別，名稱為readValue，
                          //   初始值為20
unsigned short readValue = 20;
// 如果變數不會儲存負數，在前面加unsigned，可將負數的空間讓出來
//   給正數用
```

## 宣告成常數

若宣告時在前面加上 const，會宣告成常數，這個值在程式執行中不會被更動，防止程式不小心動到它，用來宣告永恆不變的數值，如：

```
const float PI = 3.14159; // 圓周率為3.14159
const byte motor1 = 4;    // 連接馬達1的接腳為GPIO 4
const byte motor2 = 0;    // 連接馬達2的接腳為GPIO 0
```

# Chapter 1　課後習題

_____ 1. 將變數的資料型別宣告為 boolean，代表該變數裡面能儲存的資料格式是
(A) 整數　(B) 只有 true 或 false 的布林值　(C) 字元　(D) 浮點數。

_____ 2. 若要將 ESP32 讀到的電位高低（true, false）儲存於變數中，則變數的資料型別要宣告成
(A) int　(B) boolean　(C) chat　(D) float。

_____ 3. 將變數的資料型別宣告為 int，代表該變數裡面能儲存的資料格式是
(A) 整數　(B) 只有 true 或 false 的布林值　(C) 字元　(D) 浮點數。

_____ 4. 宣告變數時，若發現資料型別 int 儲存的資料量不夠，可以宣告成哪種擴大版的整數資料型別
(A) double　(B) float　(C) byte　(D) long。

_____ 5. 將變數的資料型別宣告為 char，代表該變數裡面能儲存的資料格式是
(A) 整數　(B) 只有 true 或 false 的布林值　(C) 字元　(D) 浮點數。

_____ 6. 若要將一個英文字元「A」儲存於變數中，則變數的資料型別要宣告成　(A) int　(B) byte　(C) char　(D) float。

_____ 7. 將變數的資料型別宣告為 float，代表該變數裡面能儲存的資料格式是
(A) 整數　(B) 只有 true 或 false 的布林值　(C) 字元　(D) 浮點數。

_____ 8. 下列何種變數名稱有誤？
(A) yes　(B) good　(C) good 321　(D) 321good。

_____ 9. 下列何種變數名稱有誤？
(A) +yes　(B) good　(C) good 321　(D) AaAa。

_____ 10. 序列通訊的「序列」英文名稱為
(A) Parallel  (B) Serial  (C) XOR  (D) AND。

_____ 11. 當我們要透過序列傳輸埠傳送一個字元出去時，事實上是傳送它的
(A) BIG-5  (B) TCP/IP  (C) ASCII  (D) UNICODE。

_____ 12. 當外部有序列資料傳送進來時，我們可以用哪個指令檢查緩衝區有無資料？
(A) Serial.available( )  (B) Serial.read( )
(C) Serial.print( )  (D) Serial.write( )。

_____ 13. 當外部有序列資料傳送進來時，我們可以用哪個指令讀取緩衝區的資料？
(A) Serial.available( )  (B) Serial.read( )
(C) Serial.print( )  (D) Serial.write( )。

_____ 14. 倘若在程式中設定 Serial.begin(9600); 當要開啟序列埠監控視窗時，速度需要設定為
(A) 9600  (B) 28800  (C) 14400  (D) 2400  bps。

# 2

# 輸出及輸入

**2-1** 數位輸入及輸出
**2-2** 類比輸入及輸出
**2-3** 碰觸輸入
**2-4** 擴展 I/O 接腳

## 2-1 數位輸入及輸出

數位（digital）信號，只有 HIGH 或是 LOW 兩種狀態。在 ESP32 中，就是 3.3V 及 0V 兩種電壓。

### 2-1.1 邏輯準位

在數位電路中，用來判斷高/低態的電壓標準，稱為邏輯準位（logic level）。常以供電電壓來稱呼，例如：ESP32 是 3.3V 的邏輯準位；Arduino Uno 是 5V 的邏輯準位。

邏輯準位的判斷標準都不同，根據 ESP32 規格書，若供電電壓 $V_{DD}$ = 3.3V 時，接腳得到的輸入電壓若在 2.475V 到 3.6V 之間，認定為高態（高準位、HIGH）；若接腳得到的輸入電壓若在 –0.3V 到 0.825V 之間，認定為低態（低準位、LOW）。在這個區間之外的電壓，都不被認定有效，如圖 2-1(a) 所示。

而輸出方面，若設定輸出高態，ESP32 接腳輸出的電壓會在 2.42V 以上；若設定輸出低態，接腳輸出的電壓會在 0.33V 以下，不會輸出這個區間之外的電壓，如圖 2-1(b)。

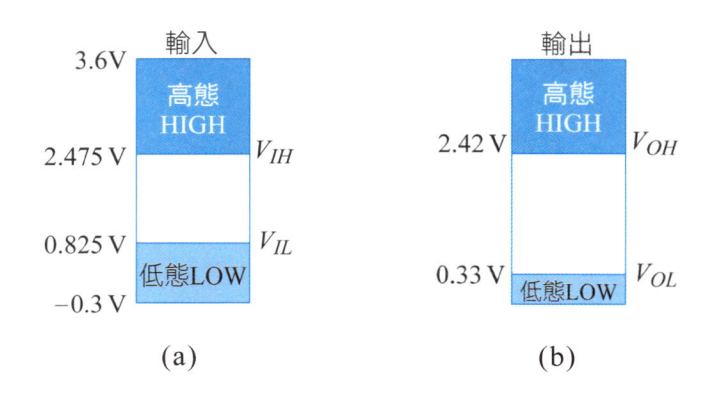

● 圖 2-1　ESP32 輸入及輸出電壓準位

5V 準位的單晶片微處理機如：Arduino Uno，可自由的外接 5V 或 3.3V 的元件。而 ESP32 使用 3.3V 準位電壓，接腳無法承受 5V 的信號電壓。如果外接開關或是感測器傳送過來 5V 電壓，ESP32 的接腳可能會燒壞。如果遇到這個問題，可使用簡單的電阻分壓，如圖 2-2，利用基本電學的電壓分配定則，將 5V 準位信號降至 3.3V 準位，便可送入 ESP32。

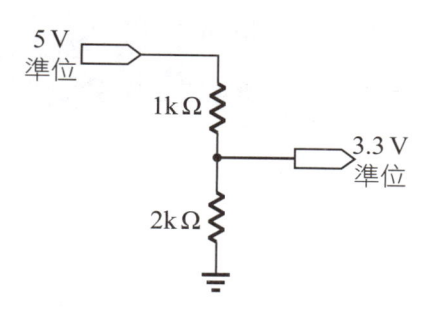

• 圖 2-2　利用 1kΩ 及 2kΩ 電阻，將 5V 降壓成 3.3V

## 2-1.2　數位輸出

數位輸出就是送出高 / 低電位的信號，最常使用的負載是 LED，以下作簡單的介紹。

### LED

LED（發光二極體，Light-emitting diode）屬於二極體的一種，通過正向電流時，LED 會導通並發光。圖 2-3 是 LED 的特性曲線，施加電壓大於順向電壓（Forward Voltage，$V_F$）後，LED 發光且順向電流（Forward Current，$I_F$）急速上升，如果不加以限制電流，LED 會燒毀。

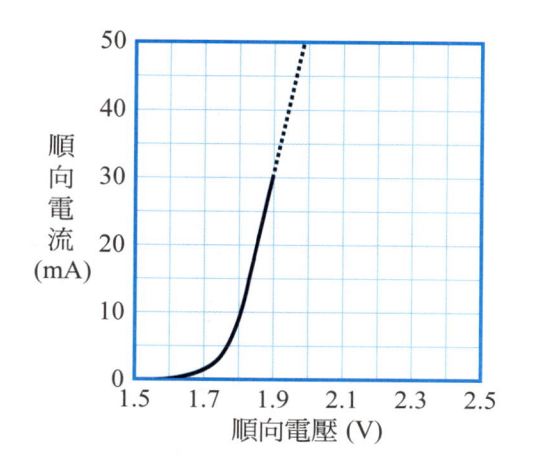

• 圖 2-3　LED 典型 $V_F$ 及 $I_F$ 關係圖

一般市面上常見的 LED 製造商眾多，規格繁多，以英國 kitronik 公司產品為例，說明幾種常見 LED 規格上的差異。以常見的直徑 5mm、擴散光（diffused）LED 為例，規格如表 2-1。一般導通時，正常工作的正向電流（$I_F$）通常認定為 20mA，超過最大正向電流將使 LED 燒毀。

• 表 2-1　LED 基本規格參考

|  | 順向電壓 | 最大順向電流 | 發光強度（Luminous intensity）於 20mA 時 |
|---|---|---|---|
| 紅光 | 2.1V | 25mA | 275mCd |
| 綠光 | 2.1V |  | 35mCd |
| 黃光 | 2.1V |  | 125mCd |
| 藍光 | 3.1V |  | 500mCd |
| 白光 | 3.1V |  | 700mCd |

註 Cd（坎德拉，candela）為發光強度單位，1Cd 約一支蠟燭光度。

## 限流電阻的選用

LED 的順向電流一般在 20mA，超過容易使 LED 燒毀，使用時必須加限流電阻，如圖 2-4 所示。

限流電阻的計算方式，依歐姆定律，ESP32 供應 3.3V 電壓，LED 順向電壓 2.1V，最大正向電流 20mA，

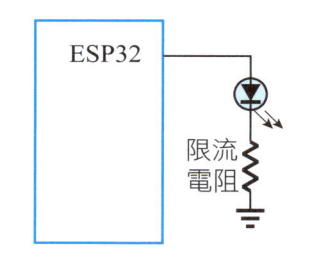

• 圖 2-4　使用 LED 時必須加限流電阻

則限流電阻值 $= \dfrac{3.3V - 2.1V}{20mA} = 60\Omega$，但此電阻值不容易找，一般來說可以選用 100Ω 以上，有限流即可。

上述的 60Ω 是保證不會燒掉 LED 的最小電阻值，可是此時 LED 的亮度是最亮的。以視覺感受來說，太亮的 LED 難以直視，可嘗試使用大一點的電阻，觀察亮度是否讓人感覺舒適。因此若要調整亮度，可自行修改電阻值。

Chapter 2　輸出及輸入

### 數位輸出的指令

要執行數位輸出，必須先設定接腳模式，指令為：
`pinMode(接腳編號, 模式);`

|說明|

- 接腳編號直接指定 GPIO 的編號數字，如：25、26、27；
- 模式主要有 INPUT 及 OUTPUT 兩種。

例：
`pinMode(4, OUTPUT);`　　　//將GPIO 4設定為輸出

設定模式之後，此接腳才可以作為數位輸出使用。接下來使用數位輸出語法：
`digitalWrite(接腳編號, 高/低態);`

|說明|

- 接腳編號直接指定 GPIO 的編號數字；
- 高/低態可以使用 HIGH、LOW，或是 1、0 來指定。如：

`digitalWrite(4, HIGH);`　//設定GPIO 4為高態，輸出3.3V電壓
`digitalWrite(0, 1);`　　//設定GPIO 0為高態，輸出3.3V電壓
`digitalWrite(2, LOW);`　//設定GPIO 2為低態，輸出0V電壓

### 例 2-1 ｜ 使用陣列及迴圈完成跑馬燈

跑馬燈（marquee）指的是 LED 輪流閃爍，按照既定的順序執行，常見於商店招牌、改裝車、及裝置藝術上。現今的跑馬燈大多以 LED 矩陣看板，又稱 LED 字幕機，顯示中文字及圖形等方式呈現，如圖 2-5 所示。

- 圖 2-5　美國時代廣場 One Time Square 大樓外的跑馬燈（來源：維基百科）

35

本例以基礎 LED 閃爍為例，介紹跑馬燈的工作機制。

**│電路方塊圖│**

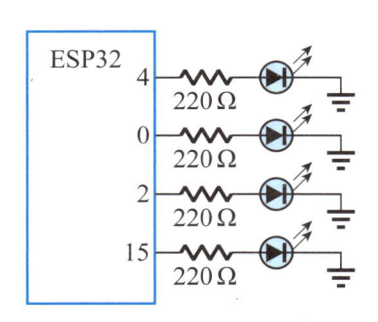

【若使用 Woody 開發輔助板可直接使用，不需接線】

在撰寫跑馬燈程式之前，先認識幾個程式語法，有助於功能的完成。

**❶ 利用 for 迴圈進行掃瞄**

迴圈（loop）：是一種重複執行的函式，有 for 迴圈及 while 迴圈兩種，其中 for 迴圈用於**明確知道要執行幾次**的狀況；while 迴圈用於**條件符合才執行**。for 迴圈常用來執行掃瞄，例如從 0 一直數到 100，或是從 100 一直數到 0。語法如下：

`for`(計數變數起點；計數變數允許範圍；計數變數累進值)

**│說明│**

計數變數通常會命名為 i，在使用時才宣告，如：

例：`for(int i=0; i<=10; i++)`

**│說明│**

i 變數從 0 開始，小於或等於 10 都是迴圈可執行範圍，i 累增的方式是一直加 1，本迴圈執行 11 次。

例：`for(int i=1; i<=10; i+=2)`

**│說明│**

i 變數從 1 開始，在小於或等於 10 都是迴圈可執行範圍，i 累增的方式是一直加 2，本迴圈執行 5 次。

## ❷ 利用陣列儲存不連續的資料

陣列（array）：是一種資料的序列，裡面的元素都有相同的資料型別，並且共享一個名字，彼此用數字稱呼。例如：全班每個成員都是人類（資料型別相同），並且共享一個班級名稱（如三年一班），彼此用座號稱呼，但每個人的名字（內容）不同。

陣列的宣告語法為：

==資料型別 陣列名[元素數量];==

如：

byte LED[4];　　　//資料型別為byte，陣列名為LED，元素有4個

宣告完後，方括號中間的數字轉變為索引（index），用來指向元素，索引從 0 起算，這個陣列的索引範圍從 0 到 3。

指定陣列元素的方式，只要在中括號內，指定元素的索引即可，如：

LED[0] = 11;　　　//將陣列的第0個元素設定為11

data = LED[3];　　//將陣列的第3個元素，指定給變數data

由於陣列的索引是數字，因此常採用 for( ) 迴圈來掃瞄它，若陣列有 500 個元素，使用下列語法可以將每個元素掃瞄一次：

```
for (int i = 0; i<=499; i++) {
    LED[i] = 87; //將LED陣列中每個元素值都指定為87
}
```

因為 ESP32 的接腳在開發板上不是按照順序排列的，而 LED 在硬體接線時，常會接在同一排，接腳順序因此沒連續。只要把沒順序性的資料全部放入陣列中，如圖 2-6，再利用迴圈來掃瞄陣列即可。

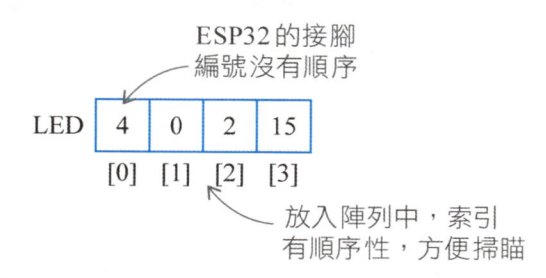

● 圖 2-6　資料放入陣列，方便用 for 迴圈掃描

|程式碼|

```
01  /*
02   * 例2-1：LED跑馬燈（LED Marquee）
03   */
04
05  const byte LED[] = {4, 0, 2, 15};        //宣告陣列，內容為各接腳編號
06
07  void setup() {
08    for (int i = 0; i <= 3; i++) {         //從0掃瞄到3
09      pinMode(LED[i], OUTPUT);             //這些接腳設定為輸出
10    }
11  }
12
13  void loop() {
14    for (int i = 0; i <= 3; i++) {         //從0掃瞄到3
15      digitalWrite(LED[i], HIGH);          //點亮
16      delay(300);                          //維持0.3秒
17      digitalWrite(LED[i], LOW);           //熄滅
18    }
19  }
```

程式上傳後，LED 會依序點亮 4、0、2、15，持續執行。

## 例 2-2 | 來回移動的跑馬燈

範例2-1的跑馬燈，只有單一方向，如果要來回移動的跑馬燈該如何做？此問題聚焦在 for 迴圈的寫法上，前一次累增，下一次只要累減即可，如：

```
  for (int i = 0; i <= 3; i++)     //累增，從0掃瞄到3
```

以及

```
  for (int i = 3; i >= 0; i--)     //累減，從3掃瞄到0
```

接線和範例 2-1 相同，不同的只有程式碼加網底部分：

```
01  /*
02   * 例：2-2：LED跑馬燈，具來回移動功能
03   */
04  const byte LED[] = {4, 0, 2, 15};      //宣告陣列，內容為各接腳編號
05
06  void setup() {
07    for (int i = 0; i <= 3; i++) {       //從0掃瞄到3
08      pinMode(LED[i], OUTPUT);           //接腳設定為輸出
09    }
10  }
11
12  void loop() {
13    for (int i = 0; i <= 3; i++) {       //從0掃瞄到3
14      digitalWrite(LED[i], HIGH);        //點亮
15      delay(300);                        //維持0.3秒
16      digitalWrite(LED[i], LOW);         //熄滅
17    }
18    for (int i = 2; i >= 1; i--) {       //從2掃瞄到1
19      digitalWrite(LED[i], HIGH);        //點亮
20      delay(300);                        //維持0.3秒
21      digitalWrite(LED[i], LOW);         //熄滅
22    }
23  }
```

### 延伸練習

1. 更改亮燈的樣式，改為第 1、3 顆 LED 亮；第 2、4 顆 LED 熄。再亮第 2、4 顆 LED；1、3 顆 LED 熄。以此持續切換。

2. 從第 1 顆 LED 掃瞄到第 3 顆後，四個燈一起閃爍 3 次，再從第 3 顆掃瞄回第一顆，四個燈一起閃爍 3 次。以此持續循環。

## 2-1.3 數位輸入

當 ESP32 的接腳得到高電位或低電位時，會轉換成 true 或是 false，供我們使用。接腳在使用前必須先設定為輸入模式，才可以作為數位輸入使用，如：

pinMode(36, INPUT);　　//將 GPIO 36 腳設定為輸入

**如何輸入數位狀態**

只要能讓 ESP32 得到高/低電位的方式都可以，用杜邦線直接將輸入腳接到 3.3V 即輸入高電位；接到 GND 就是低電位。一般會使用開關（switch）作為輸入的介面，開關的種類極多，目的只有一種：導通。

開關的種類大致上分為四種，符號如圖 2-7：

- **單刀單擲**（Single pole, single throw，SPST）：一個來源，一個出口。
- **單刀雙擲**（Single pole, double throw，SPDT）：一個來源，兩個可被切換的路徑。平時已導通，切換後開路的稱為 b 接點，也稱為 Normal Close(N.C)；反之為 a 接點，也稱為 Normal Open(N.O)；電的來源端稱為共同腳（Common，C）。
- **雙刀單擲**（DPST）：兩個來源，兩個出口，但只有通或不通的選項。符號中間虛線代表開關是連動的。
- **雙刀雙擲**（DPDT）：道理同上。

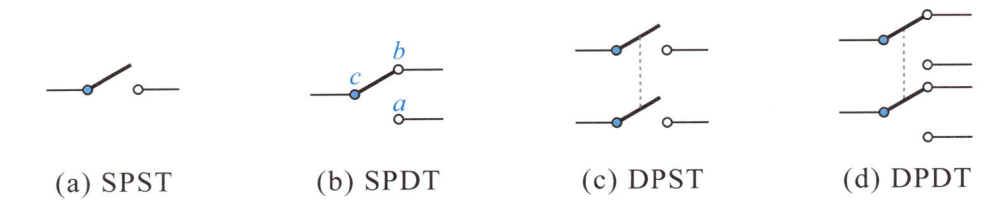

(a) SPST　　(b) SPDT　　(c) DPST　　(d) DPDT

● 圖 2-7　四種開關類型

由於開關的外型眾多，一般以接點數量來區別，較不易出錯，圖 2-8(a) 為 SPST；圖 2-8(b) 為 SPDT；圖 2-8(c) 是印刷電路板用的開關，為了機械穩固性才做成 4 支腳，其實有 2 支是接在一起的，如圖 2-8(d)，仍屬於 SPST。

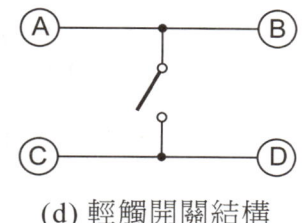

(a) 船型切換開關　(b) 帶滾輪極限開關　(c) 輕觸開關　(d) 輕觸開關結構

• 圖 2-8　眾多開關類型

### 輸入之提升電阻、下拉電阻

以邏輯電路來說，若作為數位輸入接腳，**空接是不建議**的，因為會受到雜訊干擾，使接腳電位處於不明且浮動的狀態。因此一定要讓輸入信號平時處於高電位、或是低電位，按下開關時才進行電位切換。此時必須認識以下兩種電路。

#### ◻ 提升電阻（pull up resistor），又稱上拉電阻

提升電阻是一種「電路接法」的稱呼。目的是要讓輸入腳**平常未被觸發時，呈現高電位**，方法是串聯電阻，把電位拉至高準位電壓。如圖 2-9，當開關未按下時，ESP32 的接腳透過電阻器連接至 3.3V，得到高電位，取得邏輯 1；當開關按下時，電流走電阻較小的路，由 GND 得到低電位，取得邏輯 0。

電阻值一般選用 10kΩ，加電阻的目的，是防止開關按下時，3.3V 和 GND 直接短路，此時電源 IC 會發燙，ESP32 也會沒電流可用。

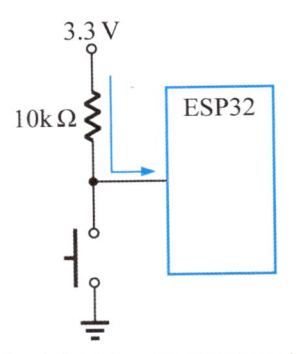

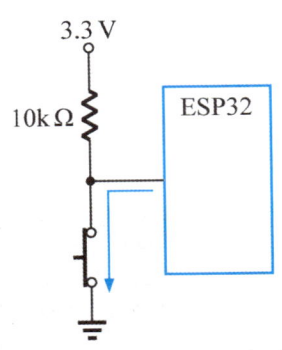

(a) 按鈕未按時，接腳取得高電位　　(b) 按鈕按下時，接腳取得低電位

● 圖 2-9　提升電阻電路

## 下拉電阻（pull down resistor）

　　下拉電阻的目的，是要讓輸入腳平常**未被觸發時，呈現低電位**，把電位拉至和 GND 同電位。如圖 2-10 所示，當開關未按下時，ESP32 的接腳透過電阻器連接至 GND，得到低電位，取得邏輯 0；當開關按下時，則由 3.3V 得到高電位，取得邏輯 1。

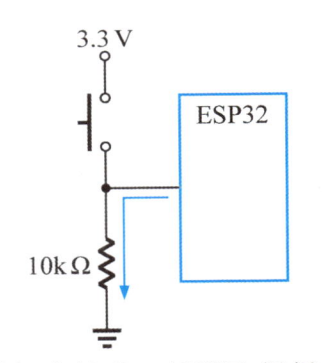

(a) 按鈕未按時，接腳取得低電位　　(b) 按鈕按下時，接腳取得高電位

● 圖 2-10　下拉電阻電路

## ESP32 內建提升電阻

如果嫌麻煩不想接，或是沒材料接提升電阻，可以開啟 ESP32 內建的提升電阻，使用指令如下：

pinMode(接腳編號, INPUT_PULLUP);

例：

pinMode(25, INPUT_PULLUP);

//將 GPIO 25 設定為輸入，並啟動內建提升電阻

啟動內建提升電阻後，接線圖如右，可以省略掉一個外接電阻，直接將開關接地即可。

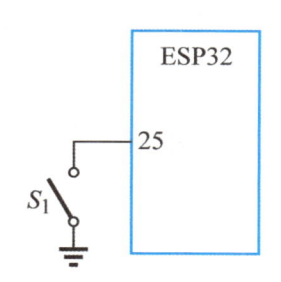

### 例 2-3 │ 數位輸入

在程式中讀取接腳數位輸入狀態的語法為：

digitalRead(接腳編號);

**│說明│**

接腳編號直接指定 GPIO 的編號數字，如：

digitalRead(36);                    //讀取第 36 腳的數位信號

讀取到的值會回傳兩種數值：1 或 0，也就是 true 或 false。可以直接宣告資料型別為 bool 的變數來接收這個結果，如：

bool result = digitalRead(36);   //result 變數儲存讀取的結果

資料接收到後，進行條件判斷，語法如下：

if (判斷條件){
  成立後執行
}

┃說明┃

　　如果判斷成立（true），則執行相關程式碼；如果不成立（false），則不執行，如：

if (digitalRead(36) == true)

　　如果第 36 腳讀到高電位，判斷的結果為邏輯 true，則會執行後續的程式碼。如果第 36 腳讀到低電位，為邏輯 false，則會跳過後續的程式碼。

┃電路圖┃

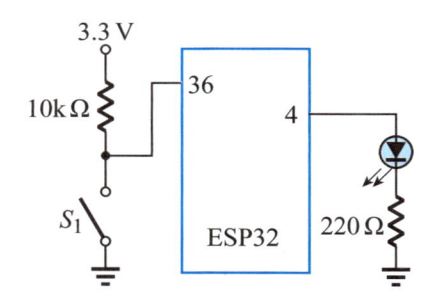

【若使用 Woody 開發輔助板可直接使用，不需接線】

┃程式碼┃

　　由於採用提升電阻電路，當按鈕按下時，反而是低電位。程式碼的部分要稍加注意，偵測到「低態」代表按鈕按下。

```
01  /*
02   * 例2-3：採用提升電阻作為輸入電路，驅動LED輸出
03   */
04
05  const byte LEDPin = 4;              //LED接於GPIO 4
06
07  void setup() {
08    pinMode(36, INPUT);               //GPIO 36作為輸入
09    pinMode(LEDPin, OUTPUT);          //LED腳作為輸出
10  }
11
12  void loop() {
```

```
13    if (digitalRead(36) == false) {   //如果偵測到按鈕低電位,代表按鈕按下
14      digitalWrite(LEDPin, HIGH);     //點亮 LED
15    } else {
16      digitalWrite(LEDPin, LOW);      //關閉 LED
17    }
18  }
```

### 延伸練習

3. 修改範例程式,當按鈕未按下時,LED 亮;當按鈕按下時,LED 熄。

## 例 2-4 │ 按兩下按鈕後,點亮 LED

操作電腦時,滑鼠按鈕按兩下才會啟動程式。要如何辦到這種要求?

圖 2-11 是判斷的流程圖,使用一個變數作計數用,並宣告一個變數作 LED 點滅的依據,動作說明如下:

1. 按下一次按鈕,計數值加 1;

2. 把計數值模除 2,模除使用的符號是 %,意思是除完取餘數。只要模除 2 的結果等於 0,代表按下的次數是雙數,便切換 LED 的顯示狀態。我們使用驚嘆號來反轉 bool 資料型別的 true 或 false;

3. 根據顯示狀態來點滅 LED,digitalWrite() 指令的第二個參數,可以接受 bool 資料型別的值,作為亮滅依據。

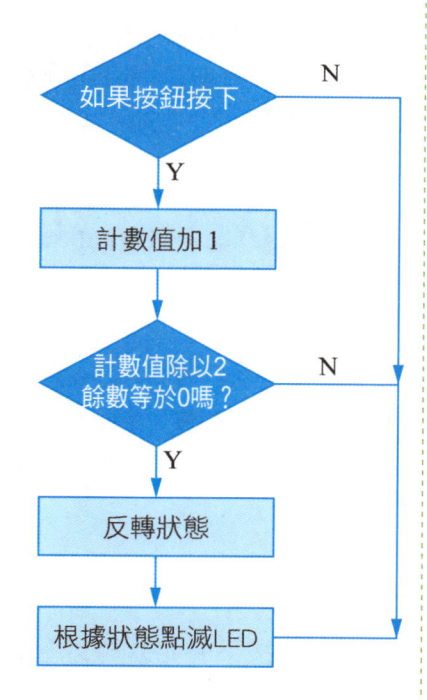

● 圖 2-11 判斷按鈕是否按下 2 次及後續動作流程圖

電路圖同例 2-3，程式碼如下：

```
01  /*
02   * 例2-4：計數按鈕次數，當按下2次，切換LED狀態
03   */
04  int count = 0;                          //宣告變數，用來計算按鈕次數
05  const byte LEDpin = 4, input = 36;      //LED接於GPIO 4；按鈕接於GPIO 36
06  bool light = false;                     //LED是否亮燈的依據
07
08  void setup() {
09    pinMode(input, INPUT);
10    pinMode(LEDpin, OUTPUT);
11  }
12
13  void loop() {
14    if (digitalRead(input) == false) {    //如果偵測到按鈕低電位，代表按鈕按下
15      count = count + 1;                  //計數值加1
16      if (count % 2 == 0) {               //如果按鈕按了2下
17        light = !light;                   //把是否點亮的狀態反轉
18      }
19    }
20    Serial.println(count);                //列印計數量
21    digitalWrite(LEDpin, light);          //根據狀態點滅LED
22  }
```

將程式上傳後，試著按下按鈕看看，動作是否正常？在此時有很高的機率，按一下按鈕，LED 就亮。或是不正常動作發生。

### 延伸練習

4. 用這種按下特定次數才動作的機制，適合用於什麼地方？

## 開關彈跳

在操作例 2-4 實驗時，可能會發生一個問題，就是開關才按一下，LED 就亮的情形。其實問題是出在一個現象：開關彈跳（Switch Bounce）。

若採用開關作為數位輸入，在按下或放開的瞬間，開關接點極為接近，電壓會多次突破空氣的絕緣，在瞬間有高速火花閃動，這些閃動 ESP32 全部都接收到，而形成才按一下，卻收到 4 到 5 個輸入信號的情形，如圖 2-12。

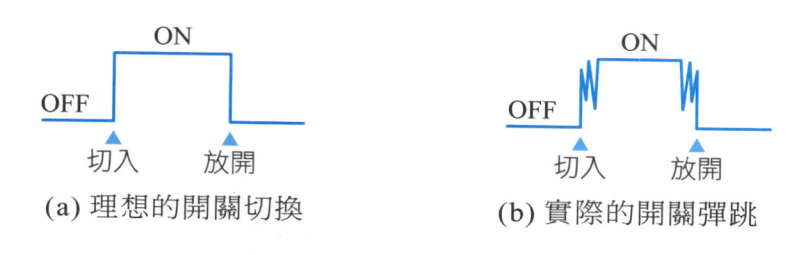

(a) 理想的開關切換　　　(b) 實際的開關彈跳

• 圖 2-12

使用示波器實際量測開關彈跳的波形，如圖 2-13 所示，會發現在開關切入的短時間，信號大幅度振盪約有 4 次左右（每一次都不會一樣），ESP32 就有可能掃描到 4 次輸入，這是不想見到的狀況。

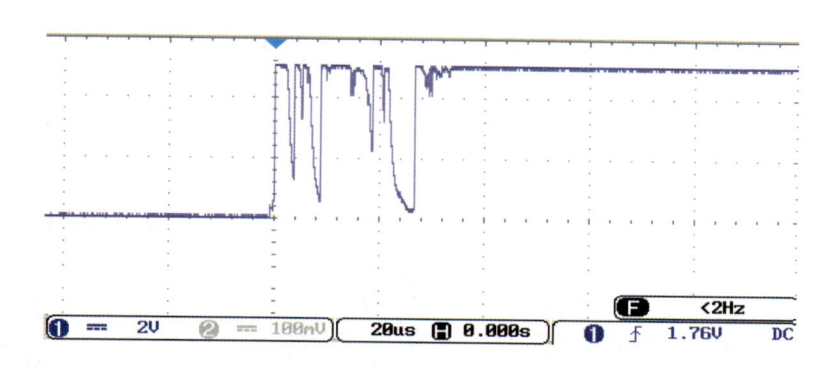

• 圖 2-13　以示波器截取之開關彈跳

## 解決方法

解決開關彈跳通常採用延遲時間方式，如圖 2-14(a) 是未採用去除開關彈跳（Debounce）機制；圖 2-14(b) 是加入去除彈跳機制，當判斷到開關輸入時，隔 20ms，再讀取開關一次，如果兩次讀取都是相同電位，便可確定按鈕按下，並且這段時間的跳動也忽略不計。

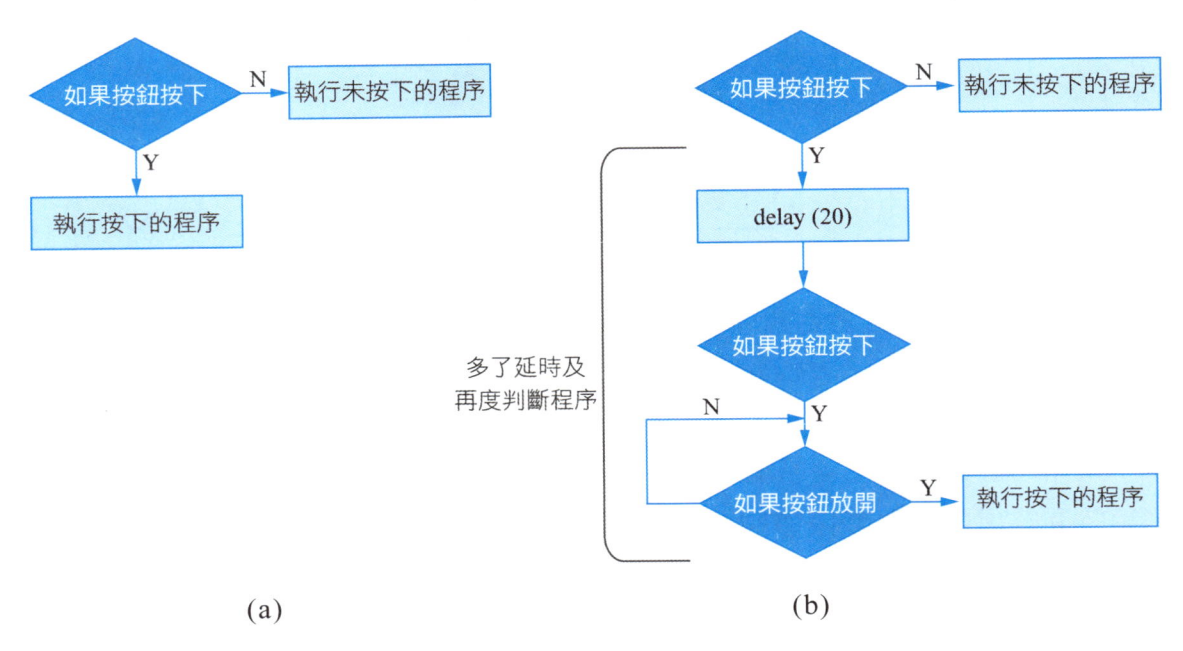

(a)　　　(b)

● 圖 2-14　解決開關彈跳通常採用延時法

### Q&A

**為什麼是 20ms？**

週期 20ms 等於 50Hz，也就是每秒要按超過 50 下，你的手速才會比 20ms 快。遊戲界手速最快的「高橋名人」按遊戲手把的按鈕，也才每秒鐘 16 下。

## 例 2-5 ｜ 去除開關彈跳

電路圖同例 2-4，解決開關彈跳的程式碼，已於程式碼部分標網底，建議背下來，當作是一個小程式段（snippet）使用。背記程式段就像背英文片語一樣，多記幾個，在寫程式時可以整段拿出來用，會更加有效率。

下方有一行非常特別的程式碼：`while(digitalRead(input)==false);`，它的意思是當按鈕按住時，就會一直停在這個迴圈，除非按鈕放開才往下執行。等於把程式卡在這個地方，就不會因為一直執行 loop() 而累加計數變數。這個指令的最後面有一個分號，別忽略了。

**｜程式碼｜**

```
01  /*
02   * 例2-5：計數按鈕次數，當按下2次，切換LED狀態。加入除開關彈跳
03   */
04  int count = 0;                          //宣告變數，用來計算按鈕次數
05  const byte LEDpin = 4, input = 36;      //LED接於GPIO 4；按鈕接於GPIO 36
06  bool light = false;                     //LED是否亮燈的依據
07
08  void setup() {
09    pinMode(input, INPUT);
10    pinMode(LEDpin, OUTPUT);
11  }
12
13  void loop() {
14    if (digitalRead(input) == false) {    //如果偵測到按鈕低電位，代表按鈕按下
15      delay(20);
16      if (digitalRead(input) == false) {
17        while (digitalRead(input) == false);  //當按鈕放開，才讓程式往下走
18        count = count + 1;                //計數值加1
19
20        if (count % 2 == 0) {             //如果按鈕按了2下
21          light = !light;                 //把是否點亮的狀態反轉
22        }
23      }
24  }
```

```
25      digitalWrite(LEDpin, light);      //根據狀態點滅 LED
26    }
```

程式上傳之後，試看看是不是每當按鈕按 2 下，LED 會切換亮滅？

> **延伸練習**
> 5. 若使用硬體電路去除開關彈跳，應該怎麼做？請上網尋找，效果如何？

## 2-2 類比輸入及輸出

信號分為兩種，上一節討論的是只有高 / 低兩種變化的數位信號；本節討論連續性、有高有低的類比信號，如圖 2-15 所示。

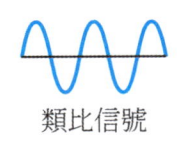

● 圖 2-15 類比信號及數位信號

### 2-2.1 類比輸入

要將類比信號讀入 ESP32，必須依靠類比 / 數位轉換器（analog/digital converter，ADC），將類比信號轉為數位值。類比轉數位的方式，主要有兩個動作：取樣（Sampling）及量化（Quantization）。取樣是將類比波形依固定時間截取；而量化是將截取到的信號，依高低給予一個數值。

ESP32 的類比輸入解析度為 12 位元，可表示 $2^{12}$ = 4096 級的數值變化。支援類比讀取的接腳請參閱第一章圖 1-4，標記有「ADC」字樣的接腳皆支援。整體來看具有兩個 ADC 通道，分別為：

ADC1：有 GPIO 36、39、34、35、32、33；

ADC2：有 GPIO 25、26、27、14、12、13、4、0、2、15。如果啟用 ESP32 的藍牙 BLE 或是 Wi-Fi 時，ADC2 會持續輸出 4095，此時只能使用 ADC1 作類比輸入。

在程式中要讀取類比讀值 (analog reading) 的語法為：

`analogRead(接腳編號);`

|說明|

接腳編號只要指定 GPIO 數字即可，如：

`analogRead(26);`                     //從GPIO 26讀取類比電壓

此函式會回傳 0 到 4095 之間的值，可以使用變數來接收這個值，建議宣告佔用 2 Bytes 空間的短整數，以節省記憶體空間，如：

`short data = analogRead(26);` //將類比讀值存到變數data中

### 例 2-6 | 讀取可變電阻分壓值

可變電阻（VR，Variable Resistor），在國外稱為電位器（Potentiometer，POT），因為電源透過它可以改變輸出的電位而得名，常見的外型如圖 2-16。

• 圖 2-16 可變電阻，又稱電位器

可變電阻的接法，常會有人搞錯，導致電源短路。正確的接法如圖 2-17(a) 所示；錯誤的接法如圖 2-17(b) 所示，當轉到最下邊時，電源會短路。

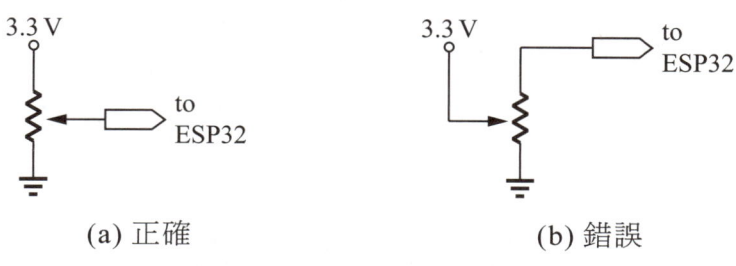

(a) 正確　　　　　　　　　　(b) 錯誤

• 圖 2-17 可變電阻的接法

## 電路圖

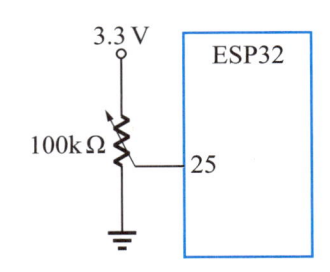

## 程式碼

```
01  /*
02   * 例2-6：讀取類比電壓，輸出相對的數值
03   */
04  const byte anaPin = 25;        // 採用GPIO 25作類比輸入腳
05  short val;                     // 宣告變數為短整數，名稱為：val
06
07  void setup() {
08    Serial.begin(9600);
09    pinMode(anaPin, INPUT);
10  }
11
12  void loop() {
13    val = analogRead(anaPin);   // 讀取類比輸入，並轉換為數位值
14    Serial.println(val);
15    delay(100);
16  }
```

　　程式上傳後，開啟序列埠監控視窗，速度設定為9600bps，便可以看到持續轉換出來的類比信號的數位值。此時旋轉可變電阻，便可看到數值變化了。

Arduino IDE 具繪製信號值的功能，如果 ESP32 送出的是單純的數值，可以打開工具選單的序列繪圖家，會以圖形的方式顯示數值，如圖 2-18。

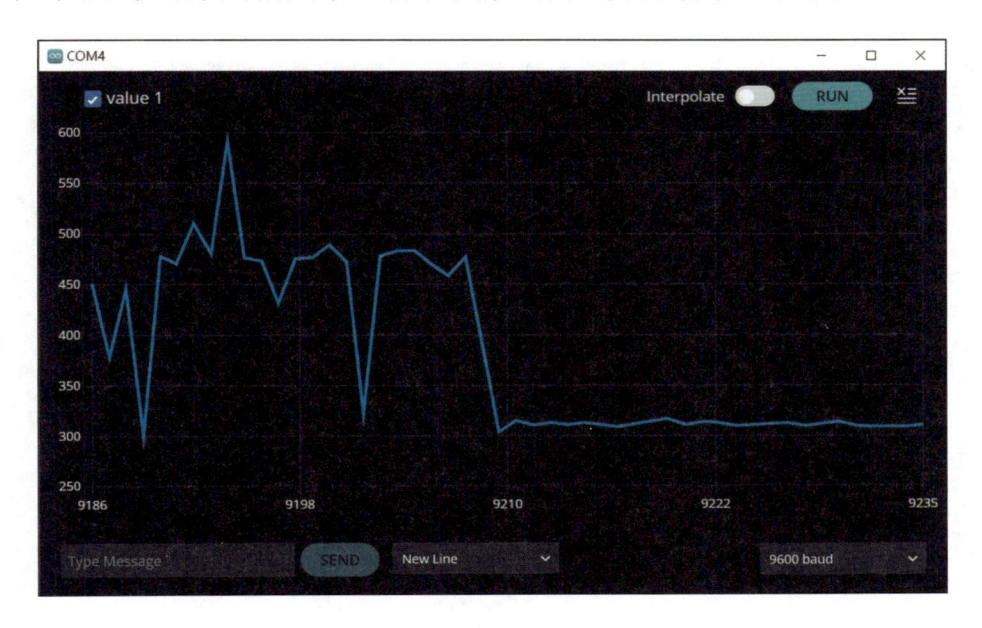

● 圖 2-18　序列繪圖家顯示可變電阻的變化

> **延伸練習**
> 6. 若你的可變電阻左轉，數值變小；現在要你改成數值變大，有兩種做法：
>    (1) 硬體改接線，想想看該怎麼接？
>    (2) 軟體改參數，回想一下數位邏輯中提到的「補數」。

## 例 2-7 ｜ 顯示可變電阻的分壓值

範例 2-6 使用可變電阻，從電源取得分壓後，送入 ESP32 以轉換出數位值。本例以此為基礎，往回推算可變電阻分出多少電壓。ESP32 類比輸入的參考電壓是 3.3V，從接腳輸入的電壓，可透過如下的計算式再取整數得到類比信號的數位值：

$$數位值 = \frac{4095 \text{ 級}}{3.3\text{V}} \times 輸入電壓$$

**Q1**：若接腳得到電壓 2V，則轉換出來的數位值為多少？

**A1**：數位值 = $\dfrac{4095 \text{ 級}}{3.3\text{V}} \times 2\text{V} = 2482$

若要從數位值轉換回電壓值，將上式移項，得：

$$\text{接腳得到電壓} = \dfrac{3.3\text{V} \times \text{數位值}}{4095 \text{ 級}}$$

**Q2**：若類比電壓的數位值為 3000，則接腳得到的電壓為多少？

**A2**：電壓 = $\dfrac{(3.3 \times 3000)}{4095} = 2.417\text{V}$

電路圖同範例 2-6，程式碼如下：

```
01  /*
02   * 例 2-7：將讀取出來的數位值，推算回類比電壓量
03   */
04  const byte anaPin = 25;    //採用 GPIO 25 作類比輸入腳
05  short val;                 //宣告變數為短整數，名稱為：val
06  float voltage;             //原始輸入的電壓，因為會用到小數，所以用 float 宣告
07
08  void setup() {
09    Serial.begin(9600);
10    pinMode(anaPin, INPUT);
11  }
12
13  void loop() {
14    val = analogRead(anaPin);      //讀取類比接腳，並轉換為數位值
15    voltage = 3.3 * val / 4095;    //計算電壓值
16    Serial.print(voltage, 3);      //顯示計算出來的電壓值，顯示到小數第 3 位
17    Serial.println("V");           //顯示 V 字樣，為電壓單位
18    delay(100);
19  }
```

程式上傳後，打開序列埠監控視窗，並旋轉可變電阻，觀察顯示的資訊。在範例程式中，可發現使用 Serial.print( ) 及 Serial.println( ) 兩個指令，組合變數及文字，讓列印出來的訊息可讀性更佳。

## 2-2.2 類比輸出

類比輸出全名為數位類比轉換器（Digital to Analog Converter，DAC）。它的工作方式和 ADC 剛好相反。將數值轉換成類比訊號輸出，常見的用途是音效晶片，將音樂檔轉換為類比波形，輸出至耳機或是喇叭。

將數位信號轉類比輸出有幾種方法，常見的有：類比輸出、PWM、Delta-Sigma（ΔΣ）等。類比輸出是輸出一個指定電壓，波形不會變化；而 PWM 是輸出脈波，利用工作週期來改變平均電壓。

### 真・類比輸出

ESP32 有兩個 8 位元 DAC 通道，可指定的值從 0 到 255，分別連接到 GPIO25（DAC 通道 1）和 GPIO26（DAC 通道 2）。使用 DAC 的語法如下：

`dacWrite(DAC通道名, 輸出指定值);`

**｜說明｜**

- DAC 通道名可使用：DAC1、DAC2 兩種。或直接指定 GPIO 腳位如：25、26。
- 輸出指定值可從 0 到 255。

例：
```
dacWrite(DAC1, 255);    // 在第 25 腳輸出 3.3V
dacWrite(25, 255);      // 在第 25 腳輸出 3.3V
```

要找出輸出指定值的算法，和類比輸出相同，以下不再推導，直接列出算法：

$$輸出指定值 = \frac{255}{3.3} \times 想要的輸出電壓$$

例：想要輸出電壓 1.5V 時，輸出指定值為 $\frac{255}{3.3} \times 1.5 \simeq 116$

只要指定 116，就可以得到 1.5V 的電壓。

▶ ESP32 微處理機實習與物聯網應用

## 例 2-8 ｜輸出固定電壓

使用 DAC 輸出，透過 GPIO 25 送出電壓到 LED，觀察 LED 的亮度來了解電壓變化的差異。

**｜電路圖｜**

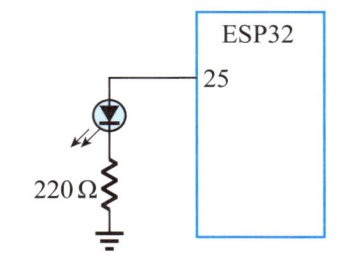

**｜程式碼｜**

```
01  /*
02   * 例2-8：使用DAC輸出類比電壓
03   */
04  void setup() {
05      dacWrite(DAC1, 255);   //DAC1也等於GPIO 25
06  }
07
08  void loop() {
09  }
```

**延伸練習**

7. 試著修改 dacWrite( ) 的參數，看看 LED 的亮度有無變化。

8. 加上前一個範例的可變電阻電路，當旋轉可變電阻時，利用類比讀取值，來改變 LED 的亮度。

## PWM 輸出

脈波寬度調變（Pulse Width Modulation，PWM）是利用數位信號模擬類比信號的技術，可靈活調整輸出電壓。早期收音機使用可變電阻，調整輸出到喇叭的電流，使音量變大或變小。但可變電阻有不精密、電阻值飄移、功率損耗等缺點。使用 PWM 技術可解決上述的問題，輕易達成利用數位方式控制類比裝置的功能。

PWM 的方式，是在固定的週期內，藉由調整脈波的寬度，使輸出電壓平均值變化，調整輸出電壓大小。應用範圍有：調整燈光亮度、馬達轉速、喇叭音量等。

PWM 的基本特性如圖 2-19 所示，在一個週期中，高電位時間所佔的比例稱為工作週期（Duty Cycle），定義如下：

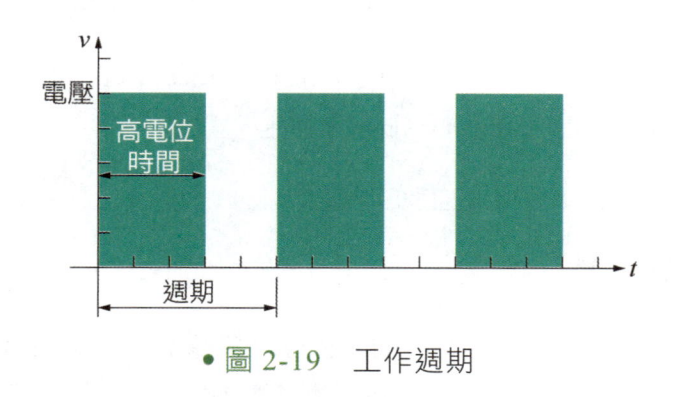

$$工作週期（Duty Cycle）= \frac{高電位時間}{週期時間} \times 100\%$$

● 圖 2-19 工作週期

透過 PWM 調整後，輸出電壓平均值（$V_{av}$）＝最高電位 × 工作週期，利用調整不同的工作週期，可以調整不同的輸出電壓，如圖 2-20。

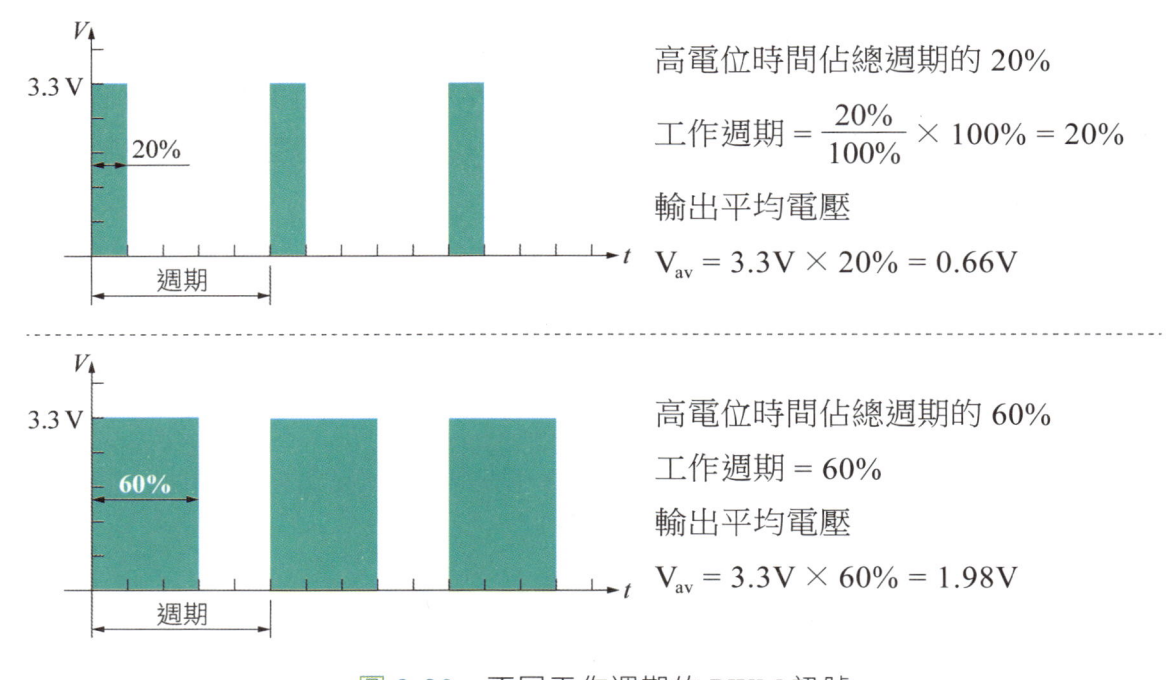

高電位時間佔總週期的 20%

工作週期 $= \dfrac{20\%}{100\%} \times 100\% = 20\%$

輸出平均電壓

$V_{av} = 3.3V \times 20\% = 0.66V$

高電位時間佔總週期的 60%

工作週期 $= 60\%$

輸出平均電壓

$V_{av} = 3.3V \times 60\% = 1.98V$

● 圖 2-20　不同工作週期的 PWM 訊號

註　在 Arduino ESP32 核心的第 2.0.1 版已內建 analogWrite( ) 函式，已不需要再額外安裝函式庫，可以直接使用。請更新核心到此版本以上。

使用如下指令可以指定 PWM 的工作週期：

analogWrite(接腳編號, 數值);

數值預設的解析度是 8 位元，數值可指定的範圍為 $2^8$，可設定 0 到 255。如：

| 數值 | 工作週期 | 輸出平均電壓 |
| --- | --- | --- |
| 0 | $\dfrac{0}{255} \times 100\% = 0\%$ | $V_{av} = 3.3 \times 0\% = 0V$ |
| 128 | $\dfrac{128}{255} \times 100\% \cong 50\%$ | $V_{av} = 3.3 \times 50\% = 1.65V$ |
| 255 | $\dfrac{255}{255} \times 100\% = 100\%$ | $V_{av} = 3.3 \times 100\% = 3.3V$ |

## 利用 PWM 推動 LED

常見的紅光 LED 順向電壓為 2.1V，而 ESP32 接腳輸出電壓為 3.3V，若採用 PWM 功能，則工作週期需要設定約 64%，使接腳輸出平均電壓 = 3.3×64% = 2.112V，才能導通 LED。若 PWM 的解析度設定為 8 位元，則參數必須設定為 163，才能得到工作週期 = $\frac{163}{255}$ × 100% ≅ 64%。因此參數設定如下：

analogWrite(接腳編號, 163);　　//可使接腳輸出約 2.1V

## 例 2-9 ｜呼吸燈

呼吸燈（Breathing light）的特色，是 LED 會由暗漸亮，再由亮漸暗，有如人類呼吸之韻律。可用於電器或行動電話，例如進入睡眠模式時，用緩和的亮暗變化，取代單純的閃爍，給人平和舒坦的感覺，因而稱為呼吸燈。

在撰寫程式之前，必須先對手上拿到的 LED 作實測，找出該 LED 亮、暗的 PWM 參數，因為是呼吸燈，不應該讓 LED 太亮。假設手上 LED 發亮 PWM 參數範圍是 0 到 50，程式碼計數範圍便以此為主。

### ▎電路圖 ▎

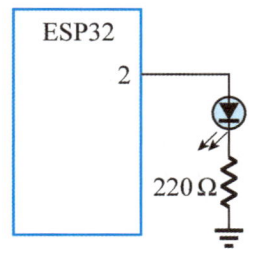

【若使用 Woody 開發輔助板可直接使用，不需接線】

### ▎程式碼 ▎

```
01  /*
02   * 例2-9：呼吸燈，LED會由暗漸亮，再由亮漸暗，有如人類呼吸之韻律
03   */
04
```

```
05  void setup() {
06  }
07
08  void loop() {
09    for(int i=0; i<=50; i++){           // 電壓由小漸大
10      analogWrite(2,i);                  // 由 GPIO 第 2 腳輸出
11      delay(20);
12    }
13    for(int i=50; i>=0; i--){           // 電壓由大漸小
14      analogWrite(2,i);
15      delay(20);
16    }
17  }
```

### 延伸練習

9. 倘若要把呼吸燈的呼吸頻率調的急促一點，該如何調整？請同學們調整好後相互比較一下。

## 函式進階使用

以下兩個指令，可將 analogWrite( ) 的指令作更精確的設定。

### ■ 指定頻率

如果要指定工作頻率，語法如下：

analogWriteFrequency(頻率);

例：指定頻率為 100Hz。

analogWriteFrequency(100);

什麼時候需要指定頻率？如果馬達動不了時，可能是頻率太高，讓它來不及反應，可以改變不同頻率看看。

## 指定解析度

指定高一點的解析度，可以讓你要輸出的電壓更精細，語法如下：

`analogWriteResolution(解析度);`

例：指定解析度 10 位元，可指定範圍為 $2^{10}$ 內，從 0～1023 皆可。

`analogWriteResolution(10);`

## 利用進階的方式控制 PWM

剛才提到的 analogWrite() 指令，其實是將這裡即將提到的指令重新包裝而已。ESP32 具有 16 個 PWM 獨立通道，可隨意指定到任何具有輸出功能的接腳。使用二個函式分別操控，流程如圖 2-21。

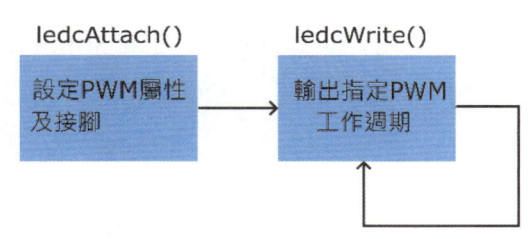

• 圖 2-21　ESP32 使用 PWM 功能函式

詳細步驟說明如下：

### 設定 PWM 屬性及接腳

語法

`ledcAttach(接腳, 頻率, 解析度);`

|說明|

此函式置於 setup() 中，參數有：

- 接腳：任何具有輸出功能的接腳；
- 頻率：單位 Hz，一般使用 5000Hz 即可；
- 解析度：PWM 工作週期解析度，可從 1 到 20 位元。若解析度設定為 8 位元，可使用 $2^8$ 個（0 到 255）數值來控制工作週期，0 代表最小，255 代表最大（100%）。

例：設定 LED PWM 於接腳 4，頻率 5000Hz，解析度 8 位元。
　　`ledcAttach(4, 5000, 8);`

## 操縱 PWM 輸出

將 PWM 實際輸出到接腳，並指定工作週期，以驅動外部電路，如 LED 或馬達。

**語法**

`ledcWrite(接腳, 工作週期);`

**｜說明｜**

此指令可置於 loop( ) 中，若工作週期的解析度設定 8 位元，則可設定 0 到 255，以輸出平均電壓。

綜合上述，假設要輸出 LED 於第 4 腳，頻率 5000Hz，解析度 8 位元，並且輸出 1.65V 時，須執行以下二行：

放在 setup( ) 中：
　`ledcAttach(4, 5000, 8);` //第4腳，頻率5000Hz，解析度8位元

放在 loop( ) 中：
　`ledcWrite(4, 128);`　　　//於第4腳輸出工作週期約50%，約輸出1.65V

嘗試使用 ledc 系列的函式，操控 PWM，看看效果如何。

如果要在接腳解除 PWM 功能，使用如下函式：
　`ledcDetach(4);`　　　//解除第4腳的PWM輸出

## 2-3 碰觸輸入

ESP32 有 10 個特別的輸入腳，稱為 Touch，它以感應電容量變化作為輸入，人類的手指碰觸就可以感應到，省去機械式開關的使用。具有 Touch 輸入的接腳，在接腳圖中以「TOUCH」標記，請參閱第一章圖 1-4。

讀取碰觸輸入的語法：

touchRead(接腳編號);

**|說明|**

接腳編號以 T0 到 T9 來標記，例如要讀取 TOUCH 5 則輸入：

touchRead(T5);

### 例 2-10 │ 碰觸輸入測試

碰觸輸入只需要接一條杜邦線，或是接在金屬、鋁箔等導電的材料即可使用。

**|電路圖|**

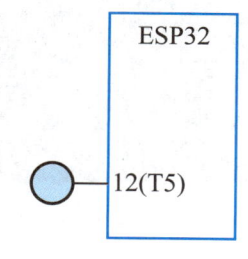

ESP32
12(T5)

【若使用 Woody 開發輔助板可直接使用，不需接線】

**|程式碼|**

```
01  /*
02   * 例2-10：碰觸輸入測試
03   */
04  void setup() {
05    Serial.begin(9600);           // 啟動UART傳輸，速率為9600 bps
```

```
06  }
07
08  void loop() {
09    Serial.println(touchRead(T5));   //透過序列埠，取得T5接腳的觸摸值
10    delay(100);
11  }
```

電路接好後，開啟序列埠繪圖家，測試手指碰觸時顯示的數值，以及未碰觸的數值。由於是感應電場的變化，所以碰觸的面積及力道都有差異。如圖 2-22，可以看出未碰觸時的量約 54，以及碰觸時的量約 17。

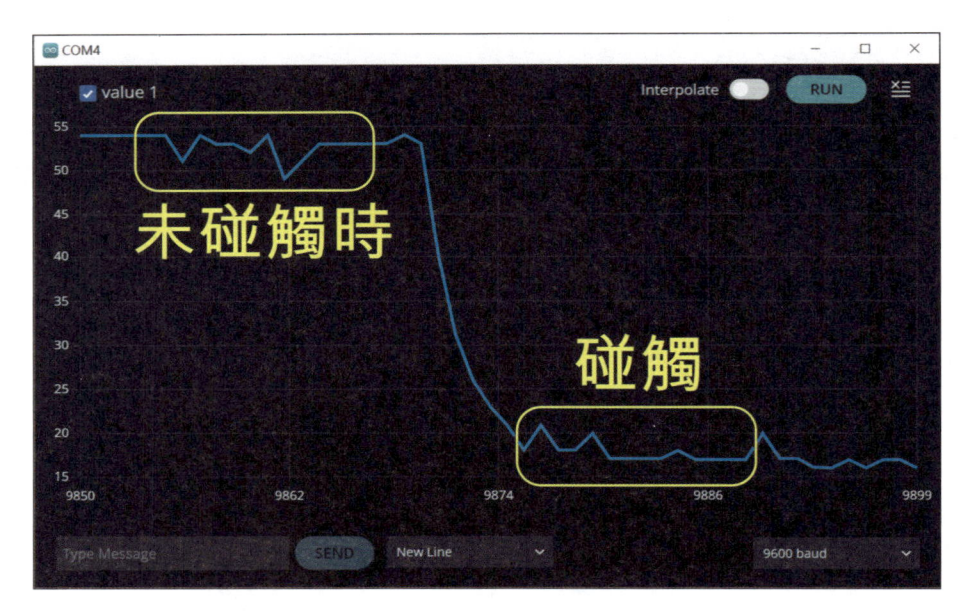

- 圖 2-22　使用序列埠繪圖家讀取 TOUCH 接腳狀態

## 例 2-11 | 使用碰觸輸入,切換 LED 亮滅

以圖 2-22 為例,若要設定判斷標準,可以設定中間值:數值 30 為是否有碰觸的標準,當碰觸 T5 時,LED 熄滅;手指離開時,LED 點亮。每個晶片的結構可能有異,數值需以實測為準。(本例採用圓形金屬片)

**| 電路圖 |**

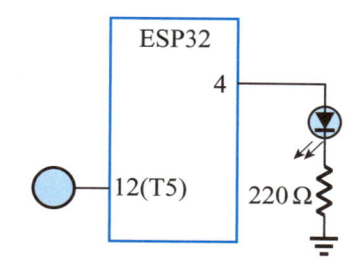

【若使用 Woody 開發輔助板可直接使用,不需接線】

由於讀值具有雜訊,如圖 2-22,我們可以考慮用平均數的方式來抹平信號波動,最簡單的方法,直接累加之後再平均,算式如下:

$$\text{平均} = \frac{a_1 + a_2 + a_3 + \cdots + a_n}{\text{個數}}$$

如果我設定每接收 20 筆資料,便平均一次的話,程式寫法如下,標記網底處為平均數的計算指令。

**| 程式碼 |**

```
01  /*
02   * 例2-11:使用碰觸輸入,並作平均數計算以抹平雜訊,切換LED亮滅
03   */
04  const byte LEDpin = 4;              //LED接腳
05  int sum = 0;                        //累計值
06  int average = 0;                    //平均後的值
07  
08  void setup() {
09    pinMode(LEDpin, OUTPUT);
10    Serial.begin(9600);
11  }
```

```
12
13  void loop() {
14      for (int i = 1; i<= 20; i++)    //累計20次,特別注意此處沒加大括號
15          sum = sum + touchRead(T5);  //將碰觸輸入值累加
16      average = sum / 20;             //累加完後,除以20得到平均數
17      sum = 0;                        //清空累計值以便重新計算
18      Serial.println(average);        //從序列埠印出以便觀察
19      if (average >30)                //如果平均數大於30
20          digitalWrite(LEDPin, HIGH); //點亮LED
21      else                            //如果沒有大於30
22          digitalWrite(LEDPin, LOW);  //熄滅LED
23  }
```

這是降低雜訊最簡單的方法,便會每 20 筆平均一次,再把資料輸出。

### 延伸練習

10. 請嘗試修改累加次數,從範例的 20 次提升到 100 次,觀察看看。

## 使用移動平均抹平資料

移動平均法（Moving Average，MA）是一種非常普遍的演算法，用來抹平持續產生的資料很有效，重點是簡單。股市最常看的 K 線圖（圖 2-23），圖中那三條實心線就是移動平均的計算結果。MA5 表示 5 天累算的 Moving Average。

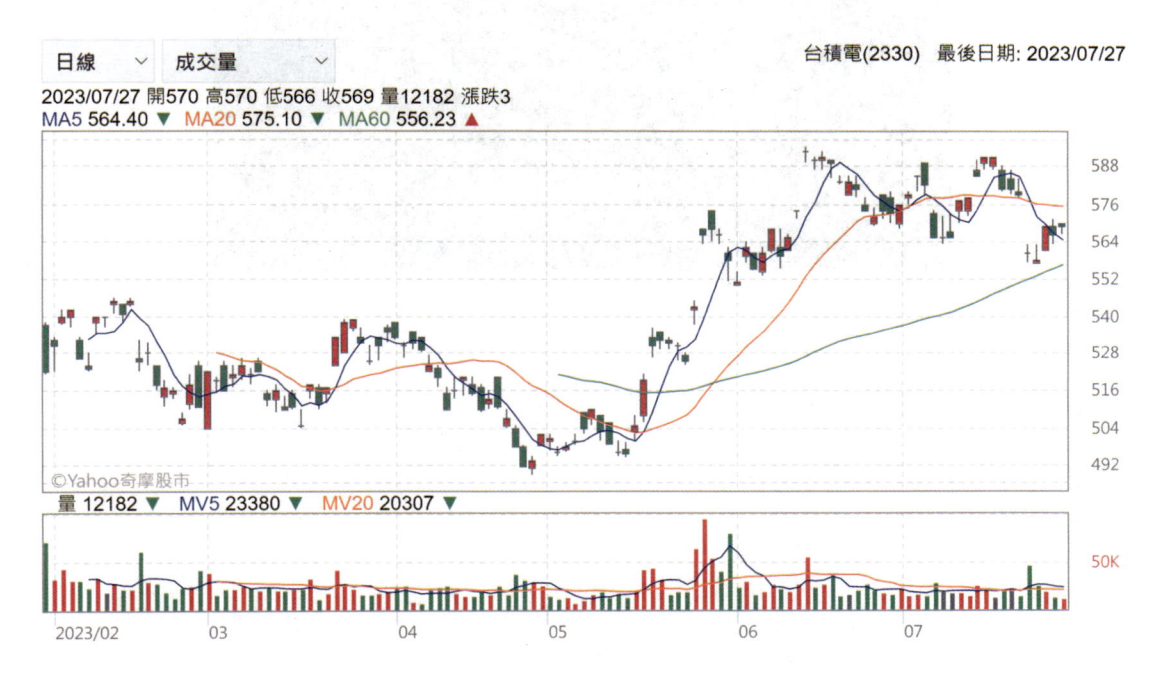

● 圖 2-23　股市 K 線圖

移動平均的演算法，是先定義一個容量，例如 50 個。每當有新資料時，就把最舊一筆資料移除，放入新資料，再做平均數計算。

讓我們引用函式庫直接使用，在程式庫管理員中，搜尋「Pavel Slama」撰寫的函式庫，如圖 2-24。

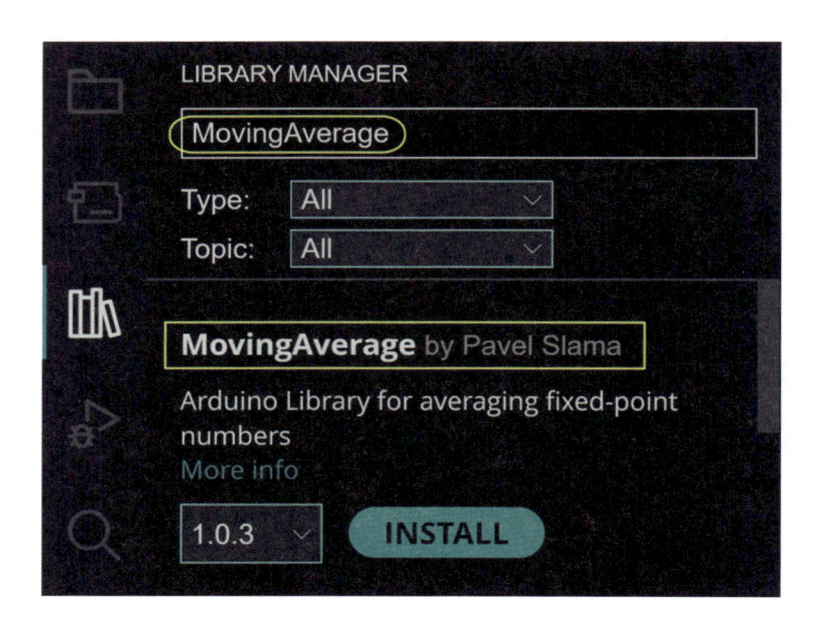

• 圖 2-24　使用 Pavel Slama 寫的函式庫

此函式庫的使用方式如下：

```
#include "MovingAverage.h"              //引用函式庫
MovingAverage <uint8_t, 16> filter;     //宣告物件，名為filter
filter.add(9);                          //把數字9加入緩衝區中
Serial.println(filter.get());           //取出移動平均計算結果
```

在第 2 行的部分，有兩個部分：

1. 16 的意思是在緩衝區存放 16 個資料。你可以根據需求，設定的更大一點，例如 32 或 64、128（此函式庫只支援 2 的倍數），增加緩衝區的數量，可存入更多資料再平均，結果會更平緩一點。

2. uint8_t 是一種自訂資料型別，相當常見，主要用來告訴你這個型別的「屬性」，是為了跨平台才會有這種命名方式。包含多種意義，如圖 2-25，可儲存的資料範圍為 0 到 255。

## Chapter 2　輸出及輸入

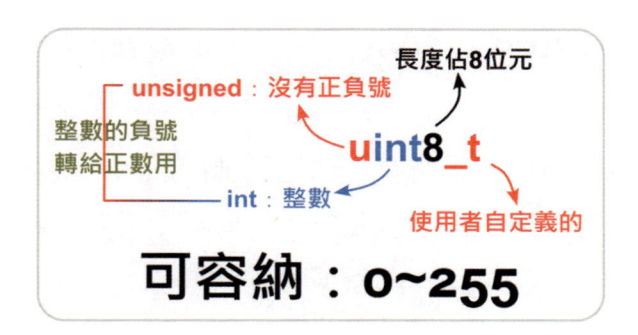

● 圖 2-25　uint8_t 的意思

### 例 2-12 ｜ 使用移動平均抹平雜訊，切換 LED 亮滅

我們可以使用這個函式庫，將例 2-11 作修改。程式上傳之後，開啟序列繪圖家，用手摸摸看碰觸輸入腳 T5，看看變化為何。

**┃程式碼┃**

```
01  /*
02   * 例2-12：使用碰觸輸入，並作平均數計算以抹平雜訊，切換LED亮滅
03   */
04
05  #include "MovingAverage.h"              //引用函式庫
06  MovingAverage <uint8_t, 16> filter;     //宣告物件，名為filter
07
08  const byte LEDpin = 4;                  //LED接腳
09
10  void setup() {
11    pinMode(LEDpin, OUTPUT);
12    Serial.begin(9600);
13  }
14
15  void loop() {
16    filter.add(touchRead(T5));            //將碰觸輸入值塞入緩衝區
17    Serial.println(filter.get());         //從序列埠印出移動平均結果以便觀察
18
19    //根據演算結果，判斷是否亮燈
20    if (filter.get() > 45)                //如果移動平均數大於45
21       digitalWrite(LEDpin, HIGH);        //點亮LED
22    else                                  //如果沒有大於45
```

69

```
23        digitalWrite(LEDPin, LOW);           //熄滅 LED
24    }
```

這種方式,可以應用到「所有」類比信號的輸入,將雜訊抹平,讓我們做更精準的判斷。這種抹除雜訊的機制,也稱為「濾波(Filter)」。

### 延伸練習

11. 請試著修改緩衝區大小,把它設定到 32,再比較看看雜訊抹平的程度,以及程式反應速度。說出它們的差別。

## 2-4 擴展 I/O 接腳

當我們在做專題的時候,可能會碰到接腳不夠用的情況,可以藉由以下的 IC 來解決問題。

• 表 2-2　常見擴展 IC

| 編號 | 屬性 | I/O 接腳數 | 速度 | 介面 | 大約價格 |
| --- | --- | --- | --- | --- | --- |
| 74165 | 輸入 | 8 | 35 MHz* | 序列 | 13 元 |
| 74595 | 輸出 | 8 | 30 MHz* | 序列 | 7 元 |
| MCP23008 | 輸入 / 輸出 | 8 | 1.7 MHz | $I^2C$ | 23 元 |
| MCP23017 | 輸入 / 輸出 | 16 | 1.7 MHz | $I^2C$ | 30 元 |
| PCF8574T | 輸入 / 輸出 | 8 | 100 kHz | $I^2C$ | 27 元 |

註　頻率值各家不同,詳細規格要參考實際使用的規格書。

## 2-4.1　只有輸出功能的 74HC595

74595 是**輸出擴充**的位移暫存器（Shift Register），位移暫存器在數位邏輯的課程裡面會提到。HC 指的是它的製程，為高速 CMOS，所以編號為 74HC595。

因為它的工作機制較複雜，使用函式庫較方便。使用程式庫管理員，搜尋 ShiftRegister，會出現很多，選用如下函式庫。

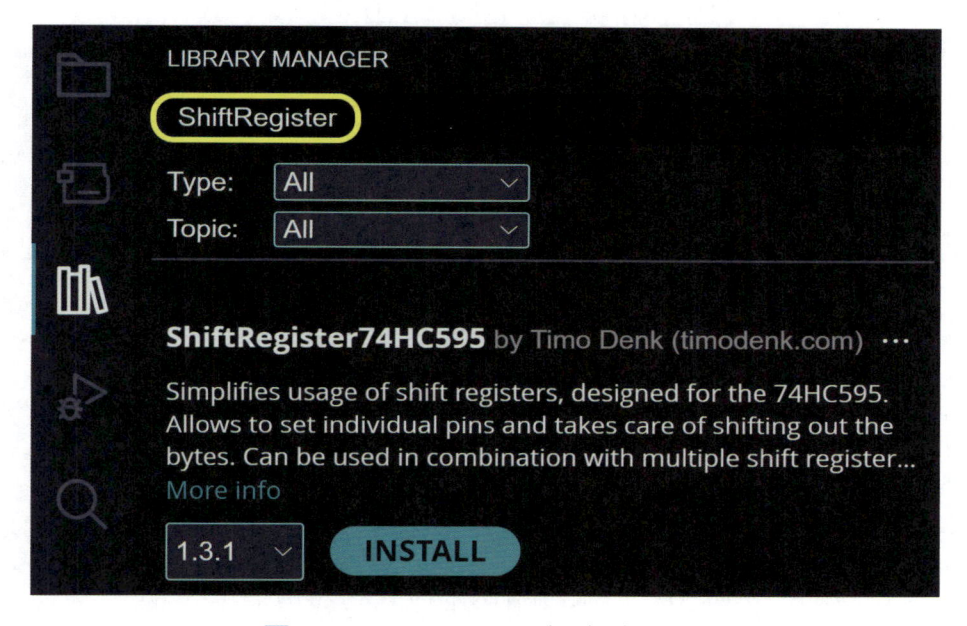

• 圖 2-26　Timo Denk 撰寫的函式庫

第一步，必須先建立物件。語法如下，宣告物件名稱為 sr，只有一顆 74HC595，25 是 DS 腳、26 是 SHCP 腳、27 是 STCP 腳：

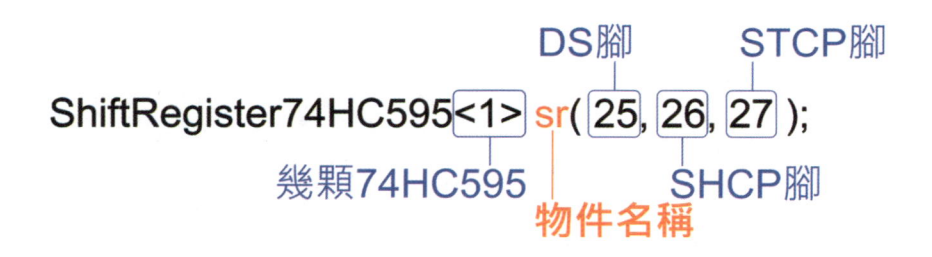

```
ShiftRegister74HC595<1> sr( 25, 26, 27 );
```

幾顆74HC595　物件名稱　DS腳　SHCP腳　STCP腳

71

## 例 2-13 │ 指定單一接腳亮滅 LED

這個實作麻煩的是接線部分，原則上每個 LED 要有單獨的限流電阻，為了減少接線負擔，使用一顆電阻就好了。

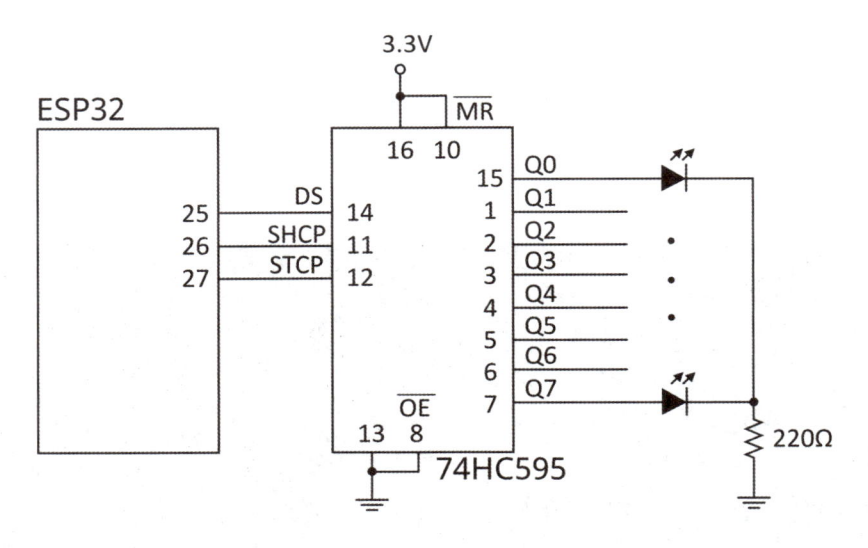

• 圖 2-27　74HC595 及 LED 接線

若要指定單一接腳的電位，語法如下：

- sr.set(0,HIGH);　//讓74HC595的第0腳高電位
- sr.set(1,LOW);　//讓74HC595的第1腳低電位

若要一次指定全部接腳的電位，適用於全部亮燈或熄燈：

- sr.setAllHigh();　//讓74HC595全部接腳高電位
- sr.setAllLow();　//讓74HC595全部接腳低電位

**｜程式碼｜**

```
01  /*
02   * 例2-13：測試74HC595函式庫的各種功能
03   */
04
05  #include <ShiftRegister74HC595.h>           //引用函式庫
06
07  ShiftRegister74HC595<1> sr(25, 26, 27); //物件名稱為sr
08  //<1>代表一顆74HC595，25是DS腳、26是SHCP腳、27是STCP腳
```

```
09
10  void setup() {
11  }
12
13  void loop() {
14    sr.set(0,HIGH);      //讓74HC595的第0腳高電位
15    delay(500);
16    sr.setAllHigh();     //讓74HC595全部接腳高電位
17    delay(500);
18    sr.set(1,LOW);       //讓74HC595的第1腳低電位
19    delay(500);
20    sr.setAllLow();      //讓74HC595全部接腳低電位
21    delay(500);
22  }
```

## 例 2-14 │ 跑馬燈

又是「跑馬燈」，非常經典、常用，又可以訓練程式邏輯的練習。接線圖和上個例題相同，使用一個 for 迴圈就可以辦到。

**│程式碼│**

```
01  /*
02   * 例2-14：透過74HC595顯示跑馬燈
03   */
04
05  #include <ShiftRegister74HC595.h>          //引用函式庫
06
07  ShiftRegister74HC595<1> sr(25, 26, 27);   //物件名稱為sr
08  //<1>為一顆74HC595，25是DS腳、26是SHCP腳、27是STCP腳
09
10  void setup() {
11  }
12
13  void loop() {
14    for(int pin=0; pin<=7;pin++){
```

```
15        sr.set(pin, HIGH);    //設定接腳高電位
16        delay(300);
17        sr.set(pin, LOW);     //設定接腳低電位
18        delay(300);
19    }
20 }
```

## 例 2-15 │ 大量指定接腳狀態

上一個範例是一次指定一支接腳,如果要指定比較多的接腳,指令要下很多次,可以使用批次指定的方式。作法是把資料放在陣列中,再由 setAll( ) 指令輸出。如:

```
byte pin[] = {B11110000};    //亮滅燈採用二進位指定
sr.setAll(pin);              //從陣列取值並輸出
```

**│程式碼│**

```
01 /*
02  * 例2-15:大量指定74HC595的接腳狀態
03  */
04
05 #include <ShiftRegister74HC595.h>        //引用函式庫
06
07 ShiftRegister74HC595<1> sr(25, 26, 27); //物件名稱為sr
08 //<1>為一顆74HC595,25是DS腳、26是SHCP腳、27是STCP腳
09
10 void setup() {
11 }
12
13 void loop() {
14     byte pin[] = {B11110000};    //亮滅燈採用二進位指定
15     sr.setAll(pin);              //從陣列取值並輸出
16     delay(500);
17     byte pin[] = {B00001111};    //亮滅燈採用二進位指定
18     sr.setAll(pin);              //從陣列取值並輸出
```

```
19     delay(500);
20 }
```

這種一次設定所有接腳，非常適用於七段顯示器，只要把字碼建立好，就可以直接讀取並輸出了。

## 例 2-16 │ 使用 2 個 74HC595，推動 16 個 LED

理論上，74HC595 可以一直串接下去，就看你需要多少支接腳，只要從前一顆的第 9 腳，送出資料到下一顆的第 14 腳即可，接線方式如圖 2-28。

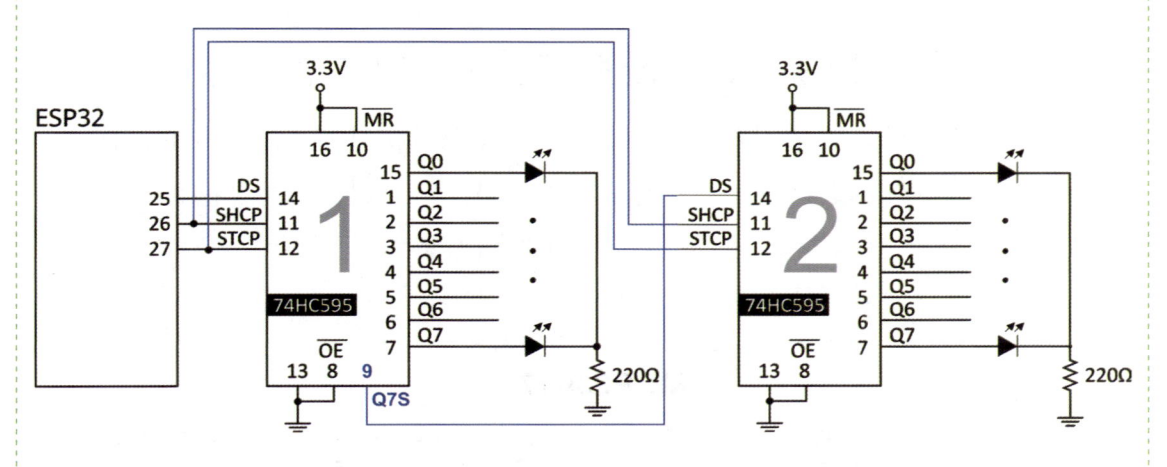

• 圖 2-28　兩個 74HC595 串接接線

現在接了 2 個 74HC595，可以使用以下指令，一次設定所有接腳：

```
byte pinValues[] = { B00001111, B10101010 };
sr.setAll(pinValues);
```

**│程式碼│**

```
01 /*
02  * 例2-16：使用2個74HC595，推動16個LED
03  */
04
05 #include <ShiftRegister74HC595.h>        //引用函式庫
```

```
06
07  ShiftRegister74HC595<2> sr(25, 26, 27); //物件名稱為sr
08  //<2>為兩顆74HC595，25是DS腳、26是SHCP腳、27是STCP腳
09
10  void setup() {
11  }
12
13  void loop() {
14    byte pinValues[] = { B00001111, B10101010 };
15    sr.setAll(pinValues);
16    delay(500);
17  }
```

## 2-4.2 同時具有輸出及輸入的 MCP23017

如果要同時具有輸出及輸入功能的 IC，推薦性價比最高的 MCP23017，可以操縱 16 支接腳的輸出 / 輸入。接線圖如圖 2-29，根據原廠規格書，GPA7、GPB7 僅供出，但實際測試後，GPA7 仍可作**輸入**使用。

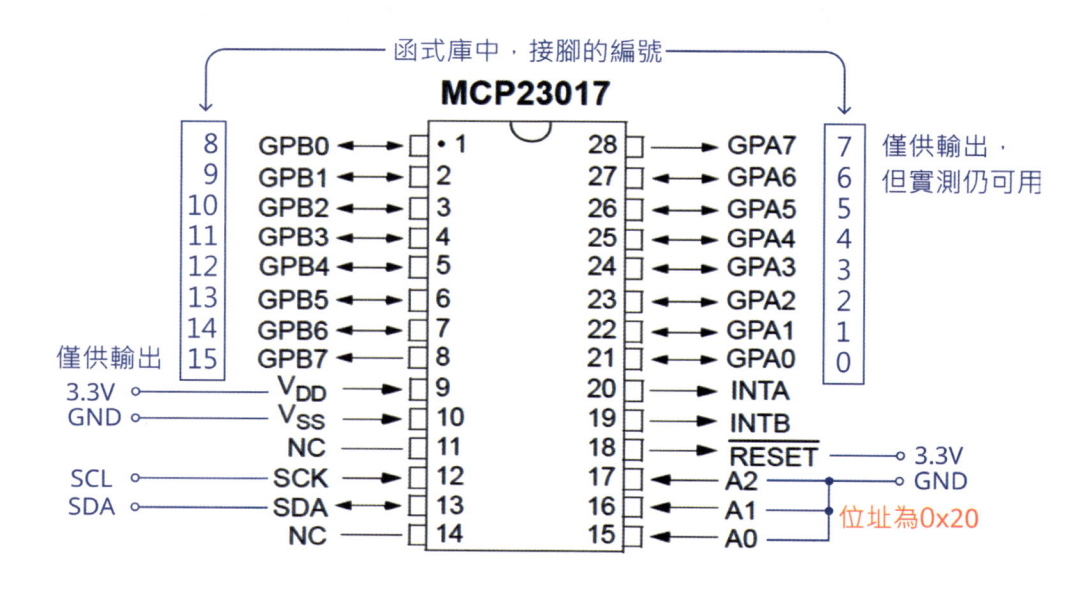

• 圖 2-29　MCP23017 接腳及功能

此晶片使用 I²C 通訊方式，使用位址來確定週邊設備的身份，元件不可以有相同位址。此晶片的初始位址是 0x20，如果要安裝第 2 顆 MCP23017，可以將第 15 腳接高電位，這樣的位址就是 0x21。

由於 I²C 的結構為開路漏極（Open Drain），如果連接的 I²C 設備較多，造成連線不穩，可將 I²C 的兩條線都連接 1kΩ 到 5kΩ 的提升電阻，以確保通信的穩定性，接線方式如圖 2-30。

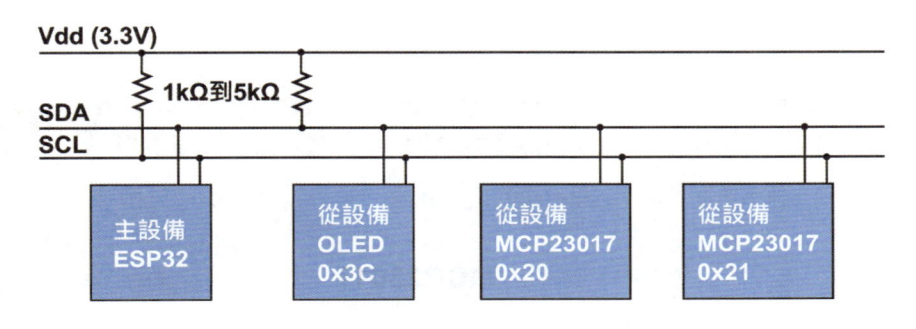

- 圖 2-30　I²C 接線方式，建議要接提升電阻

要使用這個晶片之前，先安裝函式庫。在函式庫管理員中，搜尋 mcp23017，選用 Adafruit 的函式庫。

- 圖 2-31　Adafruit 撰寫許多實用的函式庫

• 圖 2-32　記得選擇 Install All 安裝相依的函式庫

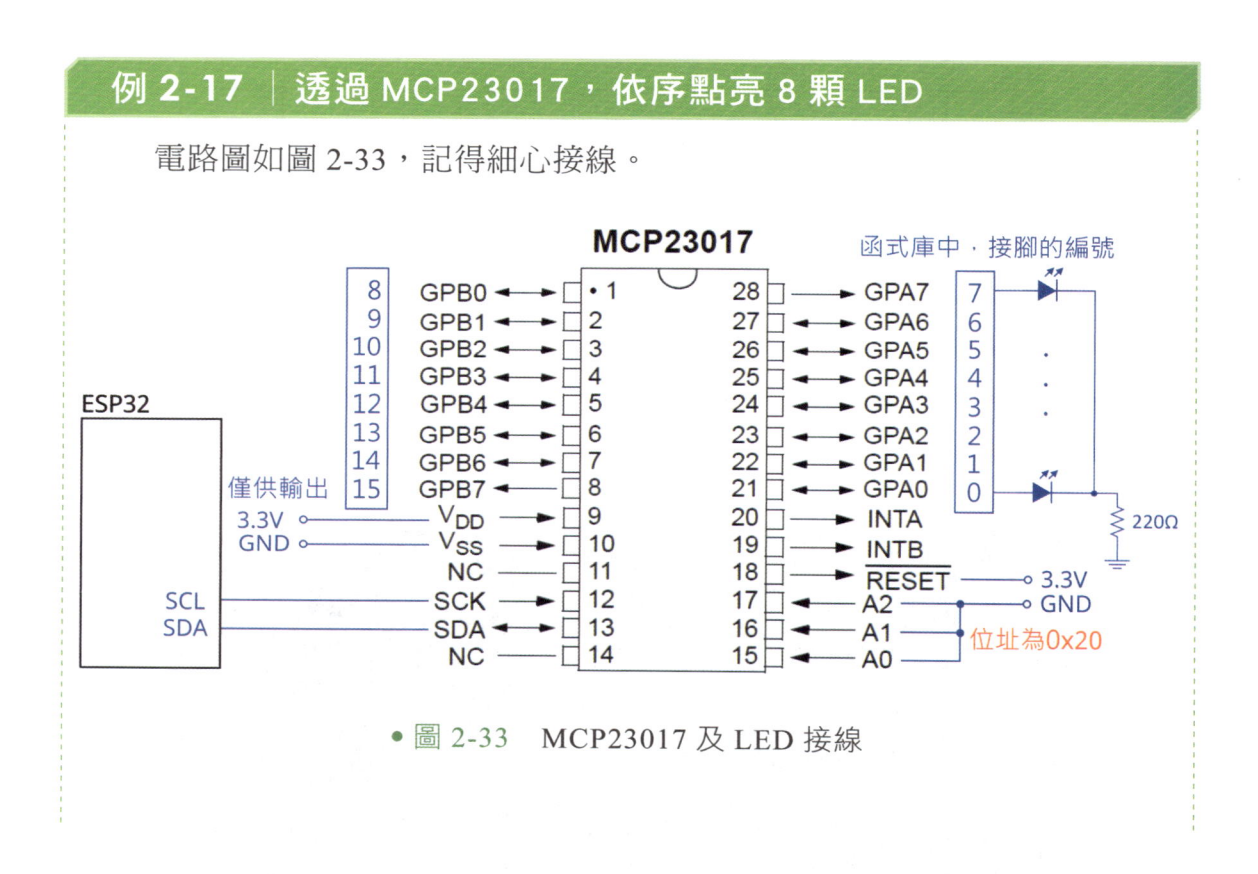

## 例 2-17 ｜ 透過 MCP23017，依序點亮 8 顆 LED

電路圖如圖 2-33，記得細心接線。

• 圖 2-33　MCP23017 及 LED 接線

## |程式碼|

```
/*
 * 例2-17：透過MCP23017，依序點亮8個LED
 */

#include <Adafruit_MCP23X17.h>
Adafruit_MCP23X17 mcp;         //建立物件，名為mcp

void setup() {
  Serial.begin(9600);

  if (!mcp.begin_I2C(0x20)) {    //I2C位址為0x20，注意前面有驚嘆號
    Serial.println("初始化錯誤");
    while (1);                   //將程式停在這，不再執行
  }
  for(int i=0; i<=7; i++){
    mcp.pinMode(i, OUTPUT);      //接腳0到7設定為輸出模式
  }
}

void loop() {
  for(int i=0; i<=7; i++){
    mcp.digitalWrite(i, HIGH);   //依序點亮LED
    delay(300);
  }
  for(int i=0; i<=7; i++){
    mcp.digitalWrite(i, LOW);    //熄滅所有LED
  }
  delay(300);
}
```

## 例 2-18 | 透過 MCP23017，依按鈕來驅動 LED

　　此晶片是輸入、輸出兩用，若要作為**輸入時，強烈建議開啟內部提升電阻**，並以低態觸發（本書都是這個習慣）。如果沒有接提升電阻，很容易接收到空氣中的電磁雜訊，造成誤動作。接線圖如圖 2-34，多了最左上角一個按鈕，以及右下角剩一個 LED。

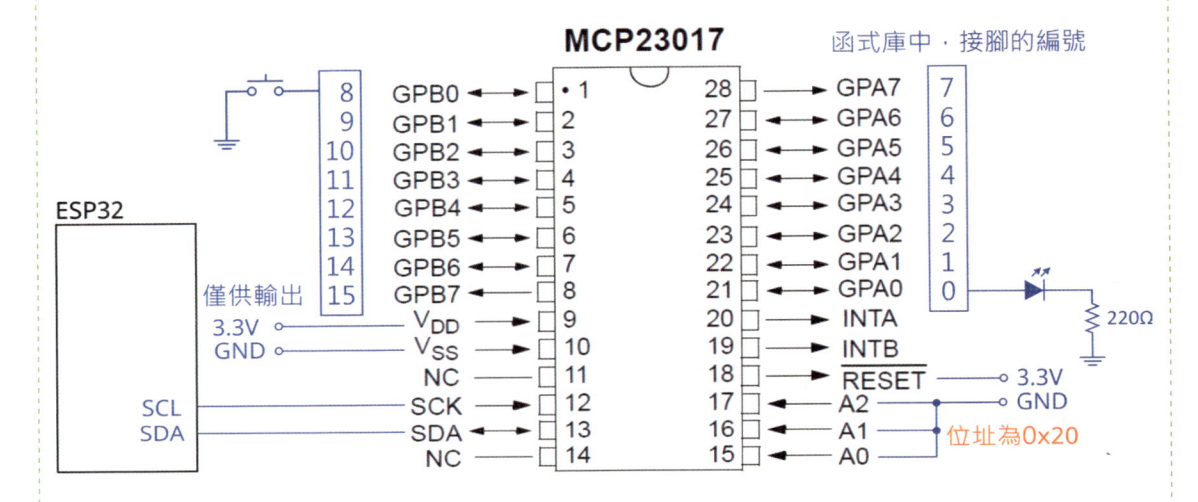

- 圖 2-34　MCP23017 及外接開關、及 LED 接線

**| 程式碼 |**

```
01  /*
02   * 例2-18：透過MCP23017，依按鈕來驅動LED
03   */
04
05  #include <Adafruit_MCP23X17.h>
06  Adafruit_MCP23X17 mcp;              // 建立物件，名為mcp
07
08  const byte inputPin = 8;
09  const byte ledPin = 0;
10
11  void setup() {
12    Serial.begin(9600);
13
14    if (!mcp.begin_I2C(0x20)) {    // I2C 位址為0x20，注意前面有驚嘆號
```

```
15        Serial.println("初始化錯誤");
16        while (1);                    //將程式停在這,不再執行
17     }
18     mcp.pinMode(ledPin, OUTPUT);
19     mcp.pinMode(inputPin, INPUT_PULLUP);    //輸入腳開啟內部提升電阻
20  }
21
22  void loop() {
23     if(mcp.digitalRead(inputPin)==LOW){    //如果按鈕按下
24        mcp.digitalWrite(ledPin, HIGH);     //點亮 LED
25     }
26     else{
27        mcp.digitalWrite(ledPin, LOW);      //熄滅 LED
28     }
29  }
```

透過本節提到的方法,相信未來你的專題電路,就不用擔心輸出、輸入接腳不夠的問題,不用因為這個理由改用 Arduino MEGA 2560 了。

# Chapter 2　課後習題

_____ 1. 若使用三用電表來量測 TTL 邏輯之輸出電壓準位時，則下列何者為正確檔位？
(A) DCV 10V　(B) DCA 250mA　(C) R×10　(D) ACV 250V。

_____ 2. 可變電阻又稱為
(A) 電位器　(B) 電容器　(C) 電壓器　(D) A 接點。

_____ 3. 實習時，最常連接 ESP32 模組及外部電路的線材是
(A) 杜邦線　(B) 雙絞線　(C) 同軸電纜　(D) 光纖。

_____ 4. 若 LED 的工作電流是 20mA，經由電源供應 5V，再加裝限流電阻的目的是
(A) 防止電流燒壞 ESP32 接腳　(B) 防止電流燒壞 LED
(C) 防止電流燒壞電源　(D) 防止電流燒壞電阻。

_____ 5. 要將類比訊號轉成數位訊號時，必須依序經過哪兩個動作？
(A) 量化及取樣　(B) 轉化和切換
(C) 取樣和量化　(D) 設定及量化。

_____ 6. ESP32 的接腳要做為輸入時，最好要接為何種電路，使輸入信號不會失誤？
(A) 提升電阻或下拉電阻　(B) 電阻器　(C) 接地　(D) 振盪電路。

_____ 7. 要指定輸出入腳的特性，必須使用哪種函式？
(A) pinMode()　(B) setup()　(C) loop()　(D) digitalWrite()。

_____ 8. ESP32 中要將第 4 腳輸出高電位，語法為（複選）
(A) digitalWrite(4, LOW)　(B) digitalWrite(4)
(C) digitalWrite(4, HIGH)　(D) digitalWrite(4, 1)。

_____ 9. 當 ESP32 類比電壓輸出方波的工作周期（Duty Cycle）為 10% 時，且最高輸出電壓為 3.3V，則其輸出之平均電壓為
   (A) 3.3V   (B) 3V   (C) 1V   (D) 0.33V。

_____ 10. 若設定 ESP32 的類比輸出解析度為 8bits，因此共有幾階的變化？
   (A) 256   (B) 512   (C) 1024   (D) 2048。

_____ 11. ESP32 的類比輸入解析度為 12bits，因此共有幾階的變化？
   (A) 512   (B) 1024   (C) 2048   (D) 4096。

_____ 12. 要從接腳 25 讀取電壓信號，語法為
   (A) pinMode(25, INPUT)      (B) digitalRead(25)
   (C) digitalWrite(25, HIGH)   (D) analogRead(25)。

_____ 13. 要使用 ESP32 的 DAC 輸出電壓，於第 25 腳輸出 3.3V，語法為
   (A) analogWrite(25, 255)      (B) dacWrite(25, 255);
   (C) digitalRead(25, 3.3);      (D) digitalWrite(25, HIGH);。

_____ 14. ESP32 核心 2.0.1 版之後，新增 PWM 輸出函式為
   (A) analogWrite()      (B) ledcRead()
   (C) digitalWrite()      (D) ledcWrite()。

# 3

# ESP32 的網路功能

**3-1** 藍牙
**3-2** 藍牙低功耗
**3-3** Wi-Fi

無線網路（Wireless network）是指以無線電通聯的網路，使用電磁波作為載體傳送訊息。目前常見的無線網路規格眾多，用途廣泛，並一直在增加中，以下列出一部分供參考：

- 主要用於行動電話：5G、LTE（俗稱 4G）、CDMA（3G）；
- 主要用於電腦網路：Wi-Fi；
- 其他：RFID、NFC、ZigBee、藍牙、LoRa。

> **注意**
>
> 1. 使用 ESP32 的網路功能如：藍牙、Wi-Fi，相當耗電。建議**接在 USB 3.0 的插槽**，並選用**品質較好的 USB 線**，否則可能因為電流不足而工作不正常。
> 2. 當使用 Wi-Fi 功能及 BLE 時，類比輸入埠 ADC 2 全部**無法正常使用類比讀取**（analogRead）功能，只會讀出 4095，請參考第 1 章圖 1-4。

## 3-1　藍牙

「Bluetooth」一詞的來源由 10 世紀時期國王藍牙哈拉爾（Harald Blåtand Gormsen，blå＝藍，tand＝牙），哈拉爾國王因嗜吃藍莓而牙齒被染藍，故有此稱呼。他曾統一挪威和丹麥，因此藍牙技術的研發小組以其名號命名，期許此技術能整合無線通訊的標準，藍牙註冊的商標如圖 3-1 所示。

● 圖 3-1　藍牙技術聯盟標誌

## 3-1.1 藍牙版本及規範

**藍牙版本**

藍牙主要有兩種分類：藍牙版本（Specification）及藍牙規範（Profile）。
1. 藍牙版本定義無線電規格及架構，如：傳輸速度、傳輸技術、傳輸距離等；
2. 藍牙規範定義各種功能，如：音樂傳輸、遙控功能等，表 3-1 為藍牙的各版本列表，2021 年更推出藍牙 5.3 版。

• 表 3-1　藍牙各版本差異（只列出 4.0 版之後）

| 藍牙版本 | 發布時間 | 最大傳輸速度 | 傳輸距離 |
|---|---|---|---|
| 藍牙 5.1 | 2019 | 48 Mbit/s | 300 公尺 |
| 藍牙 5.0 | 2016 | 48 Mbit/s | 300 公尺 |
| 藍牙 4.2 | 2014 | 24 Mbit/s | 50 公尺 |
| 藍牙 4.1 | 2013 | 24 Mbit/s | 50 公尺 |
| 藍牙 4.0 | 2010 | 24 Mbit/s | 50 公尺 |

參考來源：維基百科

在實習上常看到的 HC-05、HC-06 藍牙模組，屬於藍牙 2.0 版，ESP32 內建的藍牙是 4.2 版。

**藍牙規範**

藍牙規範（Bluetooth profile）至少有 22 個，定義了各種功能，以保證裝置間的互通性。就像是外掛，需要什麼功能就外掛上去。常見的藍牙規範有：

- 立體聲音訊傳輸規範（advance audio distribution profile，A2DP）傳輸高品質的立體聲音樂；
- 音訊／影片遠端控制設定檔（A/V remote control profile，AVRCP）：控制音樂播放器中，歌曲的上、下首、播放、停止和音量；
- 回音暨噪音消除技術（Clear Voice Capture，CVC）：解決音訊強化與噪音抑制，使用藍牙耳機時有更優質的聽覺經驗。

- 免手持裝置規範（hands-free profile，HFP）：藍牙耳機與行動電話使用，可作為遠端設備的音訊輸入和輸出介面；
- 人機介面規範（human interface device profile，HID）支援滑鼠、鍵盤功能；
- 序列埠規範（Serial Port Profile，SPP）用來取代有線的 RS-232，進行資料傳輸。

因此，一個藍牙耳機，可能使用藍牙 4.0 版，再加掛 A2DP、CVC 降噪、HFP 控制等功能組合出一個產品。

## 3-1.2 藍牙序列傳輸

藍牙序列埠規範（Serial Port Profile，SPP）可用來取代有線傳輸。就像在操作序列埠一樣，在兩個裝置之間傳輸資料，只不過中間傳遞訊息的是藍牙無線電波，而不是真實的電線，如圖 3-2。

● 圖 3-2　兩個設備之間，透過藍牙無線電傳遞訊息

[藍牙操作指令]

操作藍牙傳輸和操作序列埠的習慣差不多。在使用藍牙傳輸之前，必須先引用函式庫：

`#include "BluetoothSerial.h"`

將函式庫引入後，再利用函式庫的名字，建立物件：

`BluetoothSerial myBT;`

|說明|

建立物件，名稱為 myBT。以後就用此名字操作物件。

物件建立後,執行下列指令,啟動藍牙功能,並指定藍牙名稱。

`物件名.begin("藍牙名字");` 如:

`myBT.begin("BT:01");`

|說明|

　　為了方便找到自己的藍牙裝置,藍牙名字建議加上自己的座號。如:1 號同學使用 BT:01、2 號同學用 BT:02。

　　藍牙開啟後,剩下的操作方式就和操作序列埠一樣。如:
- 檢查藍牙緩衝區有無外部送來的資料:`if(myBT.available())`
- 讀取緩衝區的資料:`myBT.read();`
- 透過藍牙發送訊息:`myBT.println();`

　　這些操作指令為什麼會那麼像,因為無論是序列埠、藍牙、I²C 等關於傳輸的指令全部源自同一個 Stream 類別,函式用法都相同。

## 例 3-1 | 手機透過藍牙控制 ESP32

　　先來嘗試如何利用手機透過藍牙,控制 ESP32 切換 LED。本例選用的手機軟體是 Serial Bluetooth Terminal,這種軟體非常多,只要在 Google Play 商店搜尋「Bluetooth terminal」皆可找到。在 Google Play 商店看到的如圖 3-3,它是一款終端機軟體,在上面輸入的訊息,可以透過藍牙送到 ESP32 上,反之亦然。為了安全考量,蘋果公司產品禁止使用藍牙序列埠(SPP)和其行動裝置連接,所以 iPhone 無法進行實習,請使用 Android 操作。

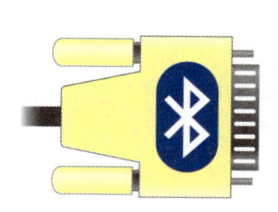

● 圖 3-3　本範例採用的手機軟體

## 硬體接線圖

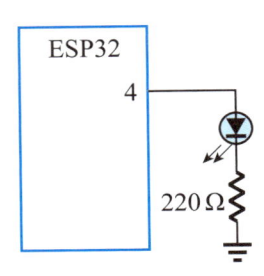

```
        ESP32
          4 ────┐
                ▼ LED
                │
               220Ω
                │
                ⏚
```

## 程式碼

```
01  /*
02   * 例3-1：手機透過藍牙控制ESP32
03   * 使用手機的藍牙終端機軟體（Serial Bluetooth Terminal），連到ESP32的藍牙，
04   * 控制LED亮滅
05   */
06
07  #include "BluetoothSerial.h"            //引用藍牙函式庫
08
09  BluetoothSerial myBT;                   //建立藍牙物件，名稱叫作myBT
10  char incomeData;                        //接收資料用的變數
11  const byte LED = 4;                     //外接LED接腳編號
12
13  void setup() {
14    Serial.begin(9600);
15    myBT.begin("BT:01");                  //定義此藍牙的名字，01換成你的座號
16    pinMode(LED, OUTPUT);
17  }
18
19  void loop() {
20    if (myBT.available()) {               //如果藍牙模組收到資料
21      incomeData = myBT.read();           //將資料讀出
22      Serial.print("從藍牙接收到：");
23      Serial.println(incomeData);         //從序列埠印出手機傳來的字元
24
25      if (incomeData == '1') {            //如果接收到字元'1'
26        digitalWrite(LED, HIGH);          //點亮LED
27        myBT.println("LED turned ON");    //回傳訊息給手機
28      }
```

```
29
30      if (incomeData == '0') {          //如果接收到字元'0'
31        digitalWrite(LED, LOW);          //熄滅 LED
32        myBT.println("LED turned OFF");  //回傳訊息給手機
33      }
34    }
35    delay(20);
36  }
```

程式上傳後，開啟手機的藍牙功能，掃瞄新的藍牙裝置。如果藍牙名稱有加上自己的座號，應該很容易找到自己的 ESP32。並加以配對，預設的配對密碼為：1234 或 0000。

配對完成後，你的手機就和 ESP32 的藍牙完成連線。開啟手機的 Serial Bluetooth Terminal 軟體，一開始進入的是 Terminal（終端機，供操作的介面）畫面，如圖 3-4 所示，動作順序如下：點選圖 3-4(a) 左上角的選單符號，開啟如圖 3-4(b) 畫面，選擇 Devices，選擇已配對的藍牙裝置，名稱為 BT:01，如圖 3-4(c)。

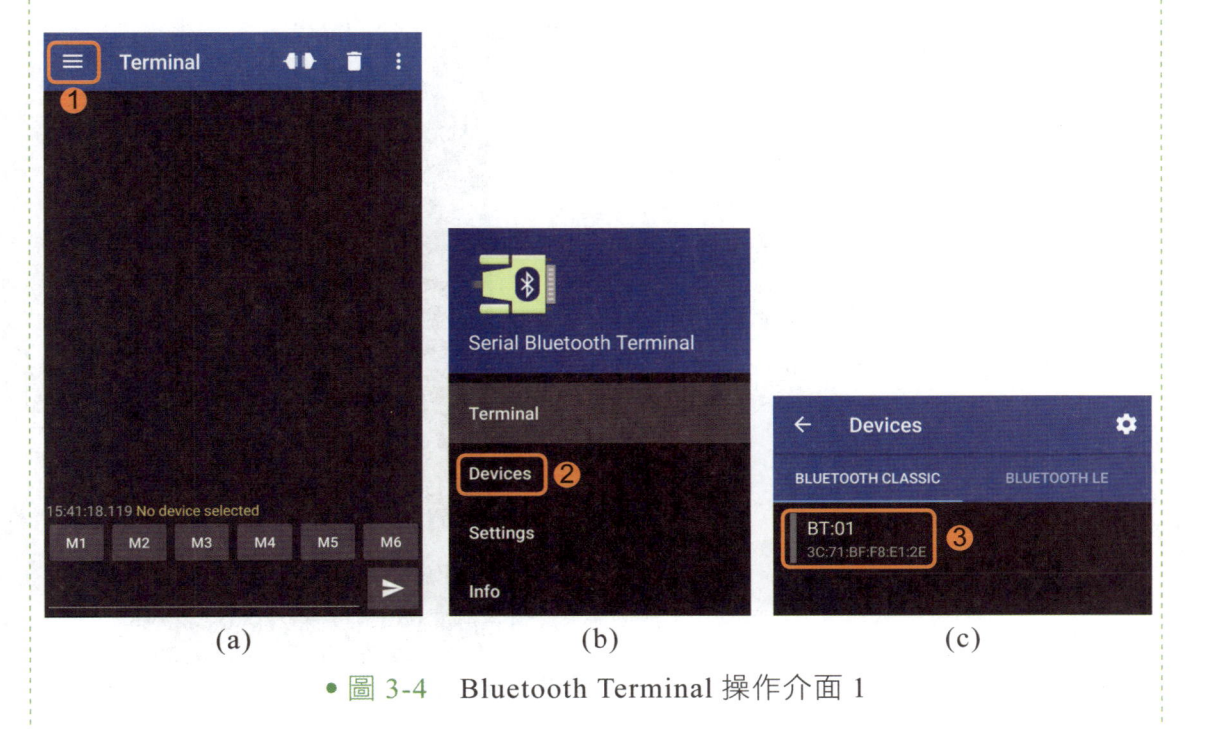

(a)　　　　　(b)　　　　　(c)

● 圖 3-4　Bluetooth Terminal 操作介面 1

如圖 3-5(a) 所示，訊息顯示 Connected，代表已連線。在傳輸之前，先設定手機軟體傳送出去的訊息格式，在軟體的選單如上頁圖 3-4(b)，選擇 Settings。如圖 3-5(b)，選擇第一項 Newline，更改換行符號的設定，把它改為 None，如圖 3-5(c)。

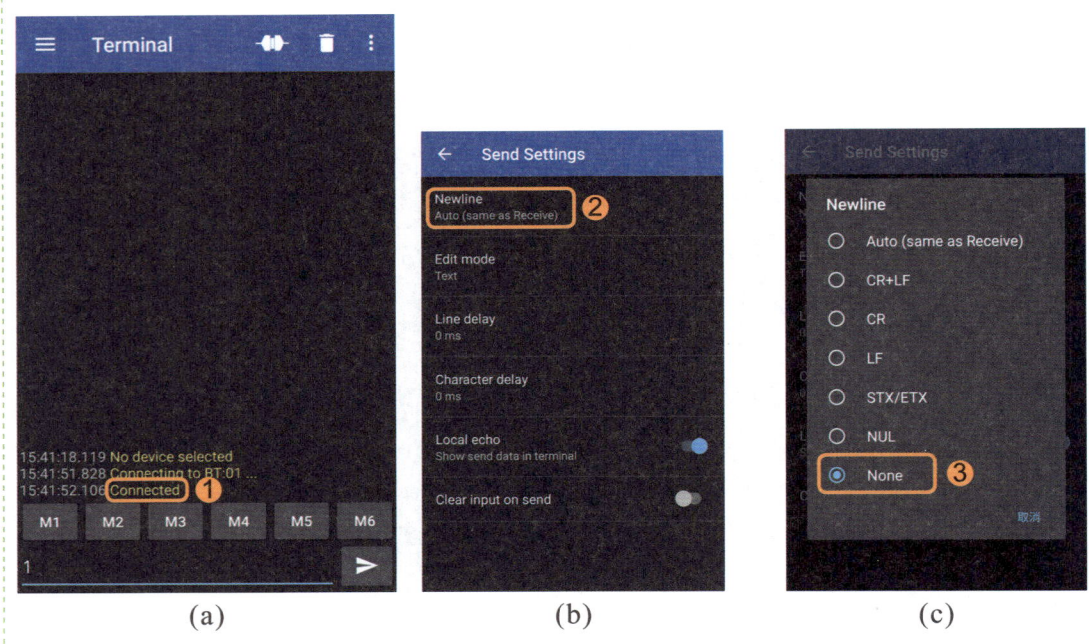

(a)　　　　　　　　(b)　　　　　　　　(c)

● 圖 3-5　Bluetooth Terminal 操作介面 2

　　在圖 3-6 箭頭所指之處，輸入數字 1，按下箭頭符號傳送，就會把這個數字透過藍牙無線電送到 ESP32 中。ESP32 會點亮 LED，再回傳 LED turned ON 的訊息，可以再嘗試輸入數字 0 看看，觀察工作是否正常。

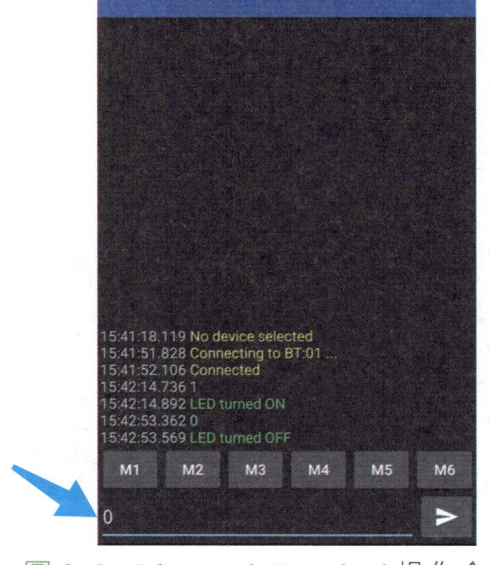

● 圖 3-6　Bluetooth Terminal 操作介面 3

## 例 3-2 │ ESP32 讀取可變電阻的類比信號，傳送到手機

在例 3-1 中，利用 myBT.println( ) 函式將資料透過藍牙傳送出去。用這個方法，可以把 ESP32 讀取到的外部訊息如：可變電阻電壓、溫溼度等訊息傳送給手機。

但是不設限的持續傳送資料出去，對於接收端是一種災難，就算接收端有緩衝區暫存接收到的資料，如果來不及消化，緩衝區滿了後，再傳送過來的資料會消失不見。

因此，ESP32 要傳送資料給手機，有兩種建議方式：

1. 傳送資料要加 delay( )，稍微延遲傳送的頻率，要延遲多久，以實際應用的情況調整，可以先從 delay(500) 試試，再依情況增減；
2. 手機先送指令詢問，ESP32 才傳送資料。

本範例以第 2 種方式，手機先傳送指令詢問，ESP32 才傳送資料回去，電路圖如下，利用類比讀取的功能，讀取可變電阻的分壓值，再透過藍牙傳送出去。

| 電路圖 |

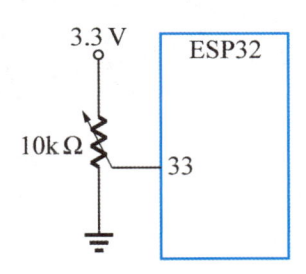

## 程式碼

```
/*
 * 例3-2：ESP32讀取可變電阻的類比信號，傳送到手機
 */
#include "BluetoothSerial.h"    //引用藍牙函式庫
BluetoothSerial myBT;           //建立藍牙物件，名稱叫作myBT
char incomeData;                //接收資料用的變數

void setup() {
  myBT.begin("BT:01");          //定義此藍牙的名字，01換成你的座號
}

void loop() {
  if (myBT.available()) {       //如果藍牙模組收到資料
    incomeData = myBT.read();   //將資料讀出

    if (incomeData == 49) {
    //如果是ASCII碼49，等於字元"1"，代表收到手機的索取信號
      myBT.print("pin 33 analog reading is: ");   //回傳訊息給手機
      myBT.println(analogRead(33));               //回傳類比讀值給手機
    }
  }
}
```

程式上傳到 ESP32 後，透過手機的藍牙軟體（Serial Bluetooth Terminal）連線，只要從藍牙軟體傳送信號 1，如圖 3-6，ESP32 就會回傳目前的類比讀值，在手機上顯示。

Chapter 3　ESP32 的網路功能

## 例 3-3 ｜兩個 ESP32 透過藍牙互相傳遞訊息

以裝置間的連線方式來說，可以分為主 / 從（Master/Slave）兩種。主機才有資格發起連線及通訊的需求；從機只能被動受理。

在例 3-1、例 3-2 中，ESP32 的藍牙身份為 Slave，手機屬於 Master，手機主動發起連線到 ESP32，連線後彼此才能互相傳遞訊息，如圖 3-7 所示。

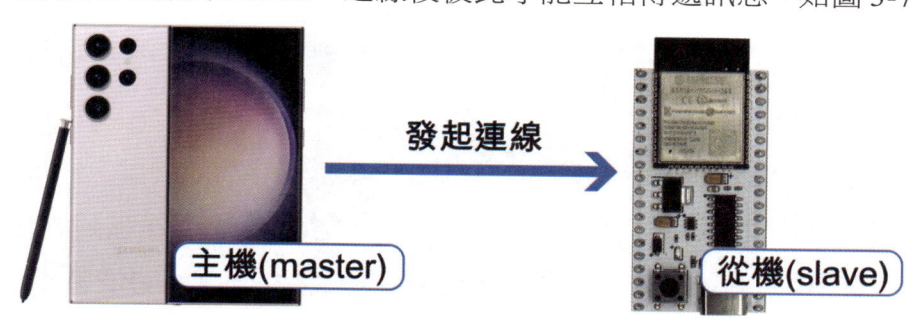

● 圖 3-7　主從式架構

現在來嘗試讓兩個 ESP32 透過藍牙互通訊息，由主機控制從機的 LED 閃爍，連線方式如圖 3-8 所示。

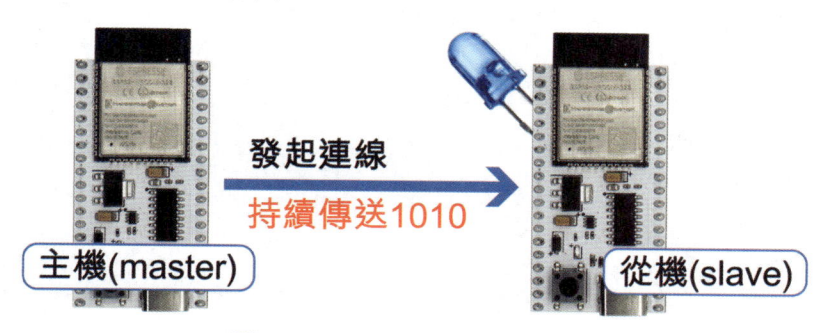

● 圖 3-8　ESP32 透過藍牙互通

作為主機，使用下列兩個動作就可以連線到從機：

物件名.begin("藍牙名稱", 是否為Master模式);

| 說明 |

- 啟動藍牙，並指定自己的藍牙名稱；
- 是否為 Master 模式：true 表示開啟為 Master 模式；不輸入或是 false 則為 Slave 模式。

95

**例**

```
myBT.begin("masterBT", true);
```

**│說明│**

啟動藍牙，名稱為 masterBT，並開啟為 Master 模式。

物件名.connect(藍牙從機);　　　//主動連線到藍牙從機。

**例**

```
myBT.connect("BT:01");
```
　　　　　　　　　　　　　　　　//主動連線到名字是BT:01的從機。

此範例實驗的環境為：

同學 1：使用例 3-1 的程式，藍牙名字為 BT:01，身分為從機；

同學 2：使用本例的程式，身分為主機，不需要名字。將會連線到 BT:01。

由於是兩個同學配對練習，請注意藍牙的名字，它將是連線的依據。

**│主機程式碼│**

```
01  /*
02   * 例3-3：兩個ESP32透過藍牙互相傳遞訊息
03   * 建立藍牙客戶端，和例3-1的藍牙模組連線，持續傳送文字1、0，讓對方藍牙模組的
04   * LED閃爍
05   */
06  #include "BluetoothSerial.h"          //引用藍牙函式庫
07  BluetoothSerial myBT;                 //建立藍牙物件
08
09  //變數及常數設定
10  const String slaveBT = "BT:01";       //對方藍牙的名字，請改為和你配對的
11                                        //同學藍牙名字
12  const char *PIN = "1234";             //預設的PIN碼，也有可能是0000
13  bool connected;                       //儲存是否已連線的狀態
14
15  void setup() {
16    Serial.begin(9600);
17    //myBT.setPin(PIN);                 //若指定其他的PIN碼使用此指令
18    myBT.begin("masterBT",true);        //啟動藍牙，並開啟為Master模式
19    Serial.println("藍牙已啟動，進入Master模式");
20    Serial.println("連線中...");
```

```
21
22      connected = myBT.connect(slaveBT);    //連到另一個ESP32的藍牙
23
24      if(connected)                          //如果已連線
25        Serial.println("連線成功!");
26    }
27
28    void loop() {
29      myBT.print('1');                       //傳送字元1，對方接收到會點亮LED
30      delay(300);
31      myBT.print('0');                       //傳送字元0，對方接收到會熄滅LED
32      delay(300);
33    }
```

本例中，從機的名字為 BT:01，主機連到這個名字。如果一切順利，主機會持續發送 1、0 到從機，從機則在收到指令後，持續閃爍 LED。

## 3-2 藍牙低功耗

藍牙低功耗（Bluetooth Low Energy，BLE）隨著藍牙 4.0 發布時推出，相對於藍牙的優點有：
- 更長的待機時間，只在觸發通訊才會執行，其餘處在睡眠模式；
- 連接快速；
- 傳送封包精簡，效率高。

BLE 只要配對一次，之後一靠近就自動連線，方便性大大提升，現在廣泛運用在手機相關的應用，如：智慧手錶、無線耳機、血壓計、CarPlay、遊戲機手把如：Switch Joycon、PS5 手把等。

### 廣告（advertise）

BLE 主要的傳播方式是使用廣播（broadcast），好處是訊息發出去後，接收端可立刻回應，不是被指定的設備，就不理會這個訊息。例如：學校廣播一個名字，大家都聽到了，但只有被叫到的那個人需要動作。

科技業存在不少特立獨行的人，他們不用廣播這個稱呼，而改用「廣告」。例如：智慧手錶廣告自己的存在，讓手機搜尋的到，以便進一步連線。

### 身分

BLE 設備間的關係是主從式架構*，週邊設備只能向中央設備溝通，無法互相通聯；只有中央設備能主動向週邊設備通聯。

- 中央設備（Central）例如：手機，大部分是**接收資料**。
- 周邊設備（Peripheral）例如：智慧手錶、血壓計、AirTag、遊戲機手把。

註 英文名稱為：Master-Slave，後來因害怕影射美國早期黑奴制度，從而出現一大堆替代用詞，反而愈搞愈亂。

### 資料結構

BLE 傳輸資料的協定稱為 GATT（Generic Attribute Profile，通用屬性規範）。GATT 傳輸結構如圖 3-9。

智慧手錶是 BLE **伺服器**（Server），提供訊息給手機。

智慧型手錶有許多功能，例如運動記錄、健康記錄等**服務**（Service）。每個服務中會有幾項功能，也就是它的**特色**（Characteristic）。例如步數，會是一個**數值**（Value），讓我們知道走了幾步路。

為了辨識，上述每個元素都有一個獨一無二的 UUID。把它想成是我們的身分證字號就好。

• 圖 3-9　BLE 的物件結構

數值常見三種屬性：READ、WRITE、NOTIFY。設定為 WRITE 時，就可以從手機寫資料進去。指定為 NOTIFY 時，可以快速的將資料廣播給手機。

### UUID

每個服務、特色都具有唯一 ID（UUID，Universal Unique Identifier，通用唯一識別碼）。UUID 的長度是 128 位元（16 Bytes）。常用的服務已預先被藍牙官方定義好了，有助於裝置間的共通性，可以直接取用，也可以自己定義。

在藍牙官網中，可以找到預先定義好的 UUID，網址為：

https://www.bluetooth.com/specifications/assigned-numbers/

也可以到 https://www.uuidgenerator.net/ 網站去隨機生成。

### 安裝函式庫

ESP32 有官方推薦的函式庫，但是用法複雜，不容易入門。幸好 Arduino 也有撰寫函式庫，使用上方便多了。在程式庫管理員搜尋 arduinoBLE 字串，就可以找到函式庫了。

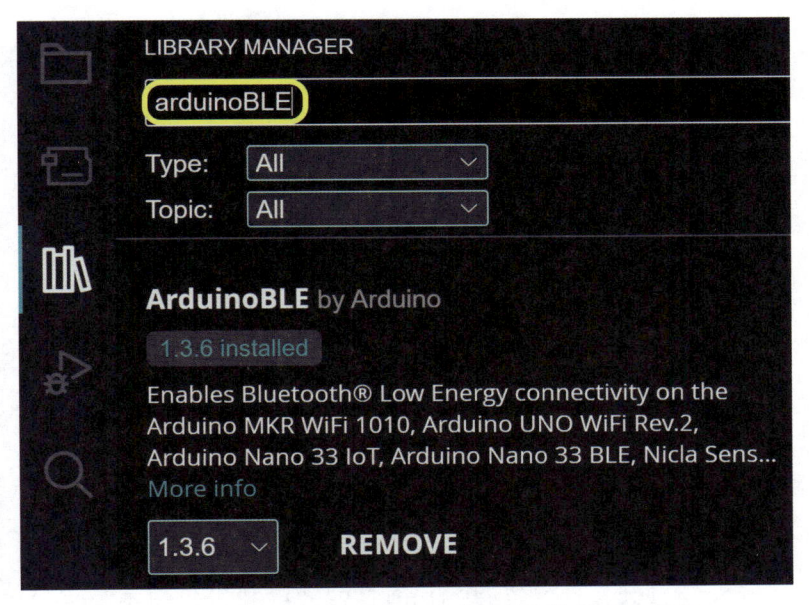

• 圖 3-10　安裝 Arduino 官方提供的函式庫

## 例 3-4 ｜發送接腳狀態到手機

此例中，ESP32 的角色是週邊設備，手機是中央設備。ESP32 持續廣播自己的存在，手機可掃瞄到它。經過手機主動連線後，ESP32 使用 Notify 的方式發送信號給手機。

Notify 的機制是：接收端接收到訊息後，不必回傳確認訊息，效率較高，適合用在資料損失也無所謂的情況；另一種是 Indicate，接收端要回傳確認，確保有收到，適合較重要的資料。

接線圖如下，旋轉可變電阻得到不同電位，傳送到手機，以便觀察。

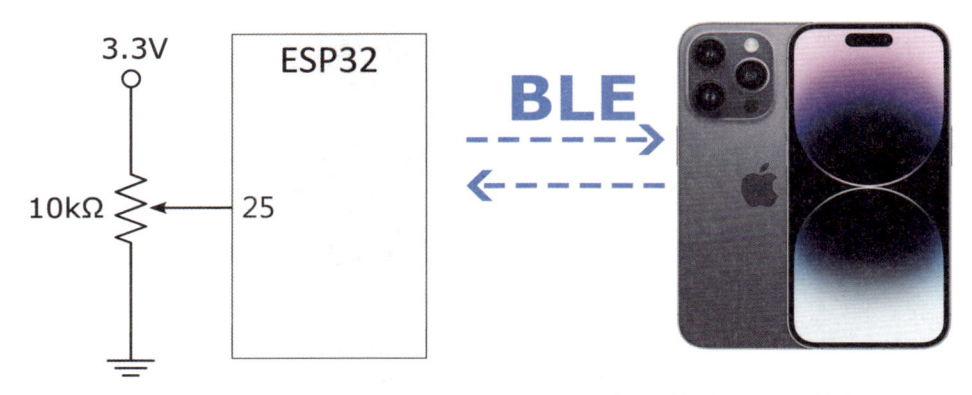

• 圖 3-11　ESP32 透過 BLE 和手機連線

**｜程式碼｜**

```
01  /*
02   * 例3-4：發送接腳狀態到手機
03   */
04  #include <ArduinoBLE.h>
05
06  const byte VRPin = 25;        //可變電阻接腳
07
08  //建立服務，名為VR_S，為可變電阻的分壓，可由UUID Generator產生
09  BLEService VR_S("19B10010-E8F2-537E-4F6C-D104768A1214");
10  //建立特色，允許遠端讀、及主動通知
11  BLEByteCharacteristic VR_C("19B10011-E8F2-537E-4F6C-D104768A1214",
12      BLERead | BLENotify);
```

```
13
14  void setup() {
15    Serial.begin(9600);                  // 啟動序列傳輸，速率 9600bps
16
17    //一、啟動BLE，此時還只是個「框」
18    BLE.begin();                         // 啟動BLE
19    BLE.setDeviceName("BLE-01");         // 指定設備的名字,請同學改為你的座號
20    //二、設定好服務的屬性
21    BLE.setAdvertisedService(VR_S);      // 設定要廣播的服務
22    VR_S.addCharacteristic(VR_C);        // 將特色加入服務中
23    //三、將這個服務加到BLE的「框」中
24    BLE.addService(VR_S);                // 加入服務到BLE
25    //四、開始廣播，正式啟用
26    BLE.advertise();                     // 開始廣播
27
28    Serial.println("BLE啟動中，等待連線...");
29  }
30
31  void loop() {
32    BLE.poll();                          // 輪詢BLE事件
33
34    VR_C.writeValue(analogRead(VRPin));  // 將接腳的類比讀取值送出
35    delay(1000);
36  }
```

程式上傳之後，ESP32 就會開始廣播「BLE-01」這個名字了。在 Apple 手機中，使用 Bluetooth Terminal 這套軟體，如圖 3-12 所示。

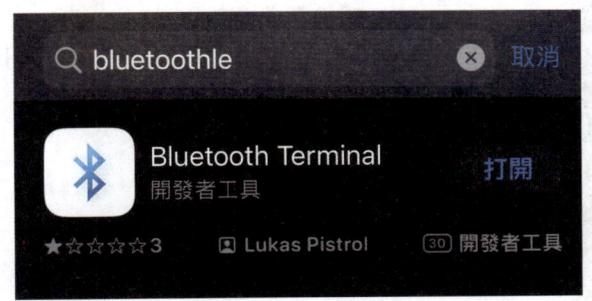

(a) 在 App Store 的外觀　　　　　　(b) 在程式清單的外觀

● 圖 3-12　Bluetooth Terminal 軟體

執行軟體後，就會掃瞄到 BLE-01，依圖 3-13 操作方式即可看到由 ESP32 傳送過來的數值。而圖 (b) 中的 RSSI，是信號強度的等級，代表意義如圖 (d)。

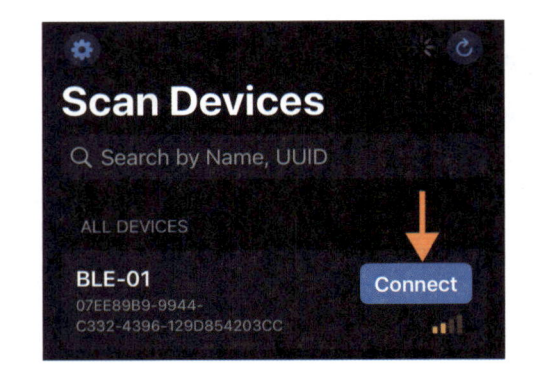

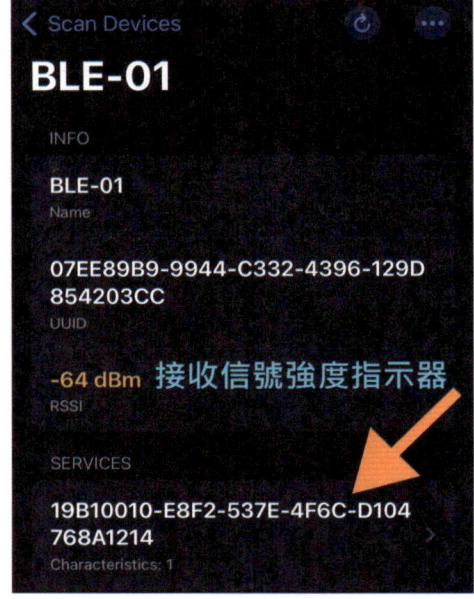

(a) 點選 Connect 連線　　　　　　(b) 點選下方的 Service 進入

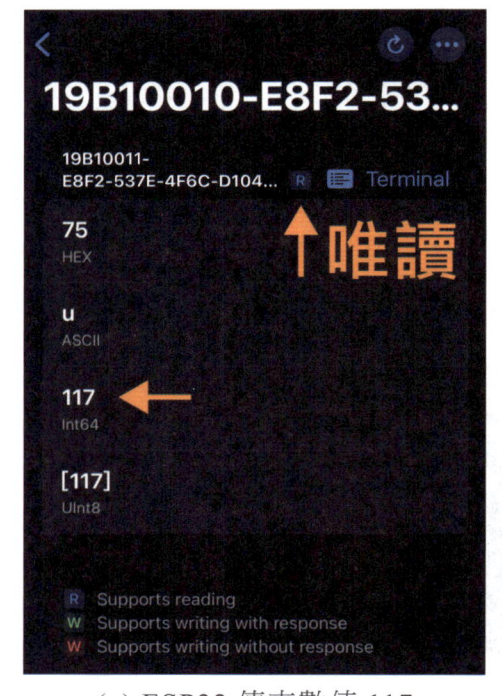

(c) ESP32 傳來數值 117　　　　　　(d) RSSI 等級

● 圖 3-13　Bluetooth Terminal 讀取 ESP32 傳過來的訊息

## 延伸練習

1. 如果有辦法發送接腳狀態,那麼任何訊息都可以發送了。嘗試加上第 6 章提到的溫溼度感測器,將溫度及溼度傳送到你的手機。

### 例 3-5 │ 透過手機操縱 LED 亮滅

此例中,ESP32 持續廣播自己的存在,由手機主動連線,並對它發送信號,以控制 LED 亮滅。

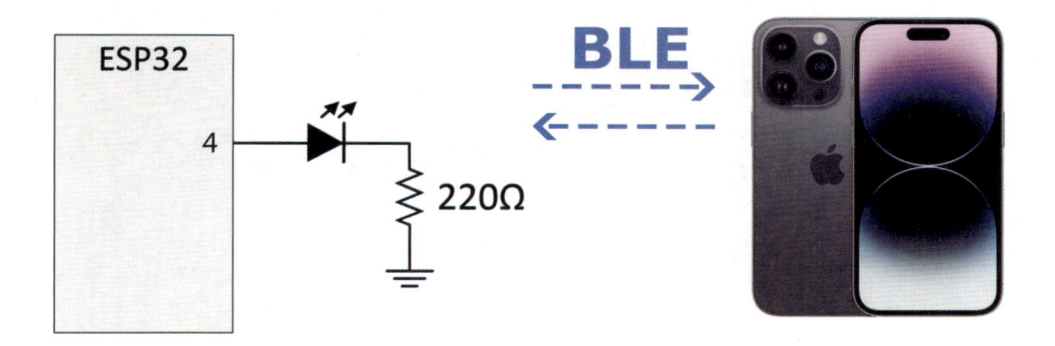

程式碼和上一例不同的部位加上網底,以利各位識別。

由於 UUID 實在冗長,所以在建立服務 led_S 及特色 led_C 時,偷懶使用相同的 UUID。其實這個是可以自訂的。

**│程式碼│**

```
01  /*
02   * 例3-5:透過手機操縱LED亮滅
03   */
04  #include <ArduinoBLE.h>
05
06  const byte ledPin = 4;         //LED接腳
07
08  //建立服務,名為led_S
09  BLEService led_S("19B10010-E8F2-537E-4F6C-D104768A1214");
```

103

```
10  // 建立特色，允許遠端讀、寫
11  BLEByteCharacteristic led_C("19B10011-E8F2-537E-4F6C-D104768A1214",
12  BLERead | BLEWrite);
13
14  void setup() {
15    Serial.begin(9600);                    // 啟動序列傳輸，速率9600bps
16    pinMode(ledPin, OUTPUT);               // LED接腳為輸出模式
17    //一、啟動BLE，此時還只是個「框」
18    BLE.begin();                           // 啟動BLE
19    BLE.setDeviceName("BLE-01");           // 指定設備的名字，請同學改為你的座號
20    //二、設定好服務的屬性
21    BLE.setAdvertisedService(led_S);       // 設定要廣播的服務
22    led_S.addCharacteristic(led_C);        // 將特色加入服務中
23    //三、將這個服務加到BLE的「框」中
24    BLE.addService(led_S);                 // 加入服務到BLE
25    //四、開始廣播，正式啟用
26    BLE.advertise();                       // 開始廣播
27
28    Serial.println("BLE啟動中，等待連線...");
29  }
30
31  void loop() {
32    BLE.poll();                            // 輪詢BLE事件
33
34    if (led_C.written()) {                 // 如果遠端寫入信號
35      if (led_C.value()=='1') {            // 如果輸入的是字元1
36        Serial.println("LED亮");
37        digitalWrite(ledPin, HIGH);
38      } else if(led_C.value()=='0'){       // 如果是字元0
39        Serial.println("LED滅");
40        digitalWrite(ledPin, LOW);
41      }
42    }
43  }
```

程式上傳之後，手機端同樣使用 Bluetooth Terminal 操作。點選 Connect 之後，可依圖 3-14 步驟操作，即可切換 LED 亮滅了。

(a) 點選 SERVICE 進入

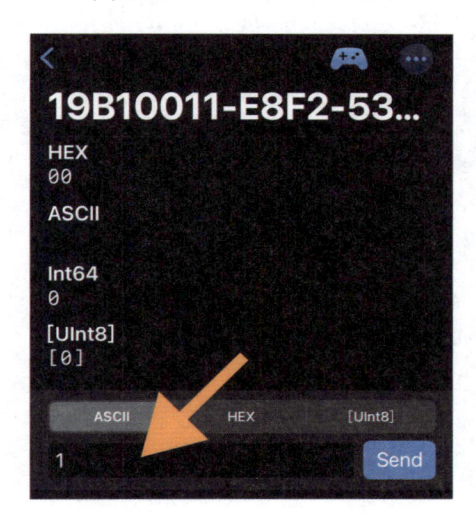

(b) 點選 Terminal 進入終端機

(c) 輸入 ASCII 的 1 並送出

(d) 最新輸入的值會出現在上面

● 圖 3-14　透過 Bluetooth Terminal 傳送訊息給 ESP32

> **延伸練習**
>
> 2. 這個範例是使用 1、0 來控制 LED 亮滅。你也可以使用更多字元來做更多控制，例如智慧小車，使用 w、a、s、d 作為前、左、後、右的控制，請參考第 5 章智慧小車。

## 3-3 Wi-Fi

### 3-3.1 Wi-Fi 的歷史與規格

電腦使用的無線網路標準，是由國際電機電子工程學會（IEEE）製定的 IEEE 802.11 標準，是眾多無線網路標準之一。

網路設備製造商為了壯大自己的勢力，組成一個聯盟，採用 IEEE 802.11 標準作為產品的規格，並推出一種認證，只要符合認證，大家的產品保證一定相容，這種認證就是 Wi-Fi。而這個聯盟稱為 Wi-Fi 聯盟（Wi-Fi Alliance），標誌及符號如圖 3-15 所示。

● 圖 3-15　Wi-Fi 聯盟、Wi-Fi 認證標籤

IEEE 802.11 到目前共制定了 33 種規格，其中被 Wi-Fi 聯盟採用的規格有六種，並且加以命名，如表 3-2，也就是我們在網路商品上面看到的規格表。

• 表 3-2　Wi-Fi 標準（持續更新迭代）

| 世代 | IEEE 標準 | 最大速率 |
|---|---|---|
| Wi-Fi 6 | 802.11ax | 600–9608 Mbps |
| Wi-Fi 5 | 802.11ac | 433–6933 Mbps |
| Wi-Fi 4 | 802.11n | 72–600 Mbps |
| 在第 4 代之前，使用的標準為 802.11g、802.11a、802.11b 無官方的名稱定義，皆稱為 Wi-Fi |||

## 3-3.2　連上無線網路

本節需要學習的部分較多，大致上可以分成如圖 3-16 的流程。

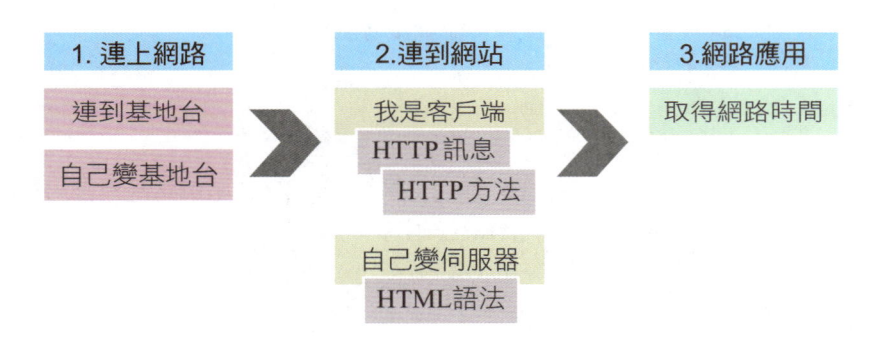

1. 連上網路
   - 連到基地台
   - 自己變基地台

2. 連到網站
   - 我是客戶端
     - HTTP 訊息
     - HTTP 方法
   - 自己變伺服器
     - HTML 語法

3. 網路應用
   - 取得網路時間

• 圖 3-16　本節學習流路

**連上基地台**

　　這是上網最基本的動作，這也是平常我們手機、電腦等設備上網的第一個步驟。ESP32 要上網之前，第一步是先連上無線網路基地台，才能再進一步操作。只要使用一個簡單的函式：WiFi.begin()，便可以連上網路基地台。

　　WiFi.begin() 函式的功能為啟動 Wi-Fi 連線，並依照給予的 SSID 及連線密碼進行連線。格式如下：

`WiFi.begin(SSID, 密碼);`

連線到基地台需要時間驗證及等待，時間有長有短，可能是無線信號強度、網路流量等問題，不一定能立刻連線成功。為了保險起見，撰寫等待及測試是否連線成功的程式段是很重要的。

判斷的方式是執行 WiFi.status( ) 函式取得目前的狀態，最常被拿來判斷的是「WL_CONNECTED」狀態，只要成功連上無線網路基地台，就會回傳這個狀態。

### 例 3-6 ｜利用狀態值判斷是否連線，並重複嘗試

**｜程式碼｜**

```
01  /*
02   * 例3-6：利用狀態值判斷是否連線，並重複嘗試
03   */
04  #include <WiFi.h>                              //引用Wi-Fi函式庫
05
06  const char *ssid = "基地台的SSID";              //無線網路基地台的SSID
07  const char *password = "基地台的密碼";          //無線網路基地台的密碼
08
09  void setup() {
10    Serial.begin(9600);
11    WiFi.begin(ssid, password);                  //連到無線基地台
12    while (WiFi.status() != WL_CONNECTED) {      //當狀態不是已連線
13      delay(500);                                //等待0.5秒
14      Serial.print(".");                         //印出一個點提示讓你知道
15    }                                            //回到迴圈判斷處，再判斷一次
16    Serial.println("已連線到Wi-Fi基地台");
17  }
18
19  void loop() {
20  }
```

此範例的程式碼，使用 while( ) 迴圈進行判斷，判斷 WiFi.status( ) 回傳的值是否為已連線，如果不是已連線，則進入迴圈等待 0.5 秒，並印出一個點，讓你知道目前正在嘗試連線，然後再回到迴圈的判斷式中。如此一來，主程式就會一直在此等待，成功連線後才會再進一步前進。若是連不上線，後續的程式也沒意義了。

## 連上基地台後，取得自己的連線資訊

如果我們的電腦要上網，必須先設定 IP、子網路遮罩、網域名稱伺服器（DNS）、閘道器（Gateway）資訊，否則無法上網。

在早期（約 2000 年），這些資訊要自己手動設定，是一件麻煩的差事，現在絕大部分的基地台都具有 DHCP 的功能，手機或電腦連線上去後，基地台會發放這些訊息，讓我們連上線後自動設定這些參數，就可立即使用。

當使用 ESP32 連上基地台後，如果想知道基地台發放什麼設定值給我們，可以使用下列方法：

`WiFi.localIP();`

|說明|

取得本身的 IP 位址。

`WiFi.subnetMask();`

|說明|

取得本身的子網路遮罩，以常見的 C 級網路為例，會是：255.255.255.0。

`WiFi.gatewayIP();`

|說明|

取得閘道器的 IP，一般是無線基地台的 IP。

`WiFi.dnsIP();`

|說明|

取得網域名稱伺服器（DNS）的 IP，一般也是無線基地台的 IP。

`WiFi.macAddress()`

|說明|

取得 ESP32 的 MAC 位址，這個是每個網路設備的身分編號，不是基地台配發的。如果學校的大型網路要使用前，必須登錄 MAC 位址，使用此法便可以取得 ESP32 的 MAC 位址，向學校申請。

下面的範例程式，會在 ESP32 連上無線基地台後，列印出來 ESP32 得到的 IP、子網路遮罩、閘道器位址、DNS 位址。

### 例 3-7 ｜連上無線基地台，並顯示目前的 IP 等資訊

**｜程式碼｜**

```
01  /*
02   * 例3-7：連上無線基地台，並顯示目前的IP等資訊
03   */
04  #include <WiFi.h>                              //引用Wi-Fi函式庫
05  
06  const char *ssid = "基地台的SSID";              //無線網路基地台的SSID
07  const char *password = "基地台的密碼";          //無線網路基地台的密碼
08  
09  void setup() {
10    Serial.begin(9600);
11    WiFi.begin(ssid, password);                  //連接網路
12  
13    while (WiFi.status() != WL_CONNECTED) {      //當狀態不是已連線
14      delay(500);                                //等待0.5秒
15      Serial.print(".");                         //印出一個點提示讓你知道
16    }                                            //回到迴圈判斷處，再判斷一次
17  
18    Serial.println("已連上WiFi");
19    Serial.print("我的IP位址: ");
20    Serial.println(WiFi.localIP());              //印出ESP32取得的IP
21  
22    Serial.print("子網路遮罩: ");
23    Serial.println(WiFi.subnetMask());           //印出子網路遮罩
24  
25    Serial.print("閘道器位址: ");
26    Serial.println(WiFi.gatewayIP());            //印出閘道器位址
27  
28    Serial.print("DNS位址: ");
29    Serial.println(WiFi.dnsIP());                //印出DNS位址
30  }
```

```
31
32  void loop() {
33  }
```

程式上傳後，開啟序列埠監控視窗，觀察顯示的訊息。

## 自己變基地台

在沒有無線網路基地台（AP）的環境，可以將 ESP32 變成基地台，讓其他設備連上，組成一個自己的無線網路。由於是使用軟體模擬基地台的功能，因此稱為 Soft AP，效能比市售的硬體基地台差，只適合作簡易且負荷少的應用。

要建立 Soft AP 的方式很簡單，只要一個指令：`WiFi.softAP("SSID名稱")`，ESP32 就變身成為無線網路基地台，而且內建 DHCP 服務，簡化客戶端的連線設定。

### 例 3-8 │將 ESP32 啟動為軟體無線網路基地台（Soft AP）模式

**│程式碼│**

```
01  /*
02   * 例3-8：將ESP32啟動為軟體無線網路基地台（Soft AP）模式
03   */
04  #include <WiFi.h>                  //引用Wi-Fi函式庫
05
06  void setup(){
07    WiFi.softAP("ESP32基地台");    //啟動Soft AP，SSID為"ESP32基地台"
08  }
09
10  void loop(){
11  }
```

程式上傳後，ESP32 就會開始廣播它的 SSID：ESP32AP，這時可以掃瞄到它，並加以連線，如圖 3-17。如果 ESP32 啟動為 Soft AP 模式，會無法連到網際網路。

- 圖 3-17　Windows 10 透過 Wi-Fi 掃瞄到 ESP32 建立的基地台

### 自訂基地台屬性

剛才介紹的是基本的使用方式，如果要對即將建立的網路進行設定的話，softAP( ) 函式還有一些功能可供設定，格式如下：

`softAP("SSID", 密碼, 通道);`

|說明|

- SSID：此無線基地台的廣播出去的名稱；
- 密碼：要連上此基地台的密碼，至少要 8 碼。如果不設定則不需密碼；
- 通道（選用）：為了防止一堆基地台同時使用，互相干擾。可以設定在不同通道，如圖 3-18，可選用的通道有 1 到 13 號，每個通道有自己頻寬，跳開其他人設定的即可。

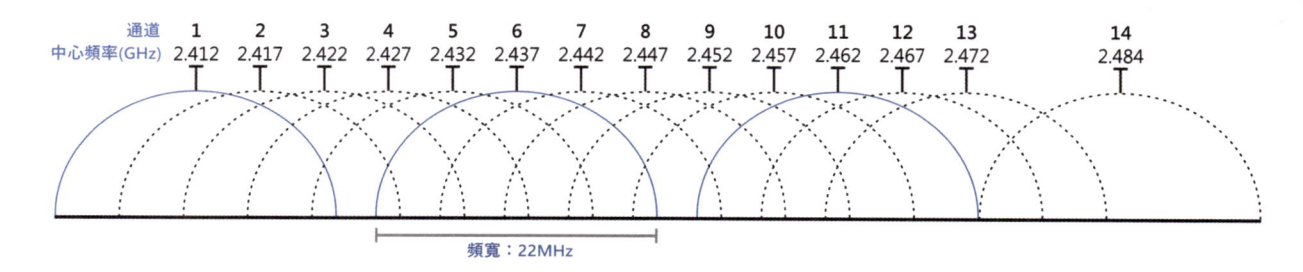

- 圖 3-18　2.4 GHz Wi-Fi 頻道與頻寬示意（圖片來源：維基百科）

例：設定 ESP32 為無線網路基地台，SSID 為 ESP01，密碼為 12345678，使用第 10 號通道，設定方式如下：

softAP("ESP01", "12345678", 10);

若要自訂基地台的 IP 位址，可使用如下函式：

softAPConfig(IP位址, 閘道器的IP位址, 子網路遮罩);

| 說明 |

　　設定 ESP32 當作 AP 時的位址、閘道器位址（一般和前一個相同）和子網路遮罩，預設值分別為 192.168.4.1、192.168.4.1、255.255.255.0。如果你不想用預設值，要更改 SoftAP 的屬性，在執行 softAP( ) 函式前必須先執行此指令。而參數中的 IP 位址格式較為複雜，可使用 IPAddress 類別建立較簡單，注意是使用逗號分隔。如：

IPAddress gateway(192, 168, 4, 100);

即可建立 gateway 物件，其 IP 位址為 192.168.4.100

## 例 3-9 ｜將 ESP32 啟動為基地台模式，並自定各種屬性

| 程式碼 |

```
01  /*
02   * 例3-9：將ESP32啟動為無線網路基地台（Soft AP）模式，並自定各種屬性
03   */
04  #include <WiFi.h>                          //引用Wi-Fi函式庫
05
06  IPAddress local_IP(192, 168, 4, 100);      //設定ESP32身為AP時的IP位址
07  IPAddress gateway(192, 168, 4, 100);       //設定此網路的閘道器IP位址
08                                             //（一般同於IP位址）
09  IPAddress subnet(255, 255, 255, 0);        //設定此網路的子網路遮罩
10
11  const char *ssid = "ESP32基地台";          //啟動Soft AP，SSID為ESP32基地台
12  const char *password = "12345678";         //密碼為12345678
13
```

```
14  void setup() {
15    Serial.begin(9600);
16
17    WiFi.softAPConfig(local_IP, gateway, subnet);//設定AP位址
18    while (!WiFi.softAP(ssid, password)) {};      //如果啟動AP失敗，會一直
19                                                  //在這，重複測試直到成功
20    Serial.println("\nAP啟動成功");  //「\n」是換新一行，目的是和ESP32開機
21                                     //訊息分開
22
23    Serial.print("我的IP位址: ");
24    Serial.println(WiFi.softAPIP());              //印出IP位址
25  }
26
27  void loop() {
28  }
```

程式上傳後，開啟序列埠監控視窗，可觀察到如圖 3-19 訊息。第一行是 ESP32 開機時的訊息，使用 115200 bps 的速度送出，我們使用 9600 bps 讀取，發生亂碼是正常的：

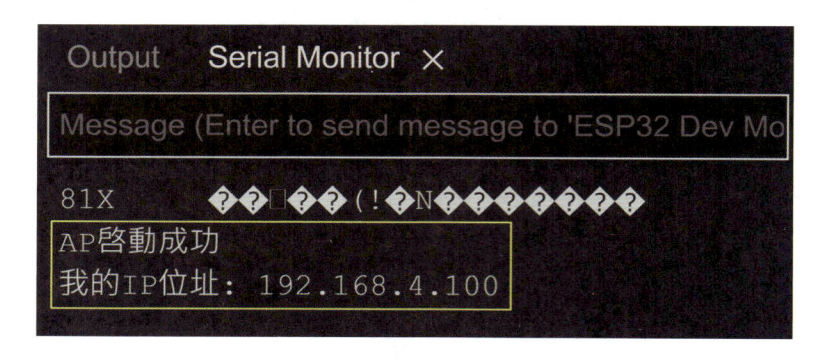

• 圖 3-19　從序列埠監控視窗觀察 AP 模式之資訊

使用手機掃瞄 Wi-Fi，找到名稱叫作「ESP32 基地台」的 SSID，連線並輸入密碼後可連上線。因為 ESP32 本身佔用 192.168.4.100，所以後來連上線的設備，配發的 IP 就從 192.168.4.101 開始分配，如圖 3-20，是使用電腦連上 ESP32 後，配發的第二個 IP：192.168.4.102。

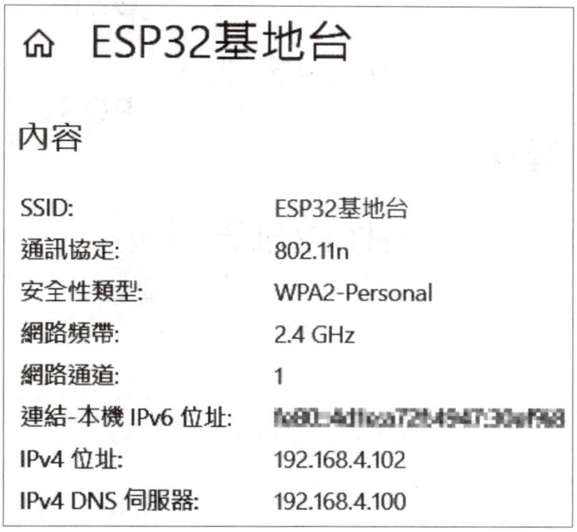

```
           ⌂  ESP32基地台

  內容

  SSID:              ESP32基地台
  通訊協定:           802.11n
  安全性類型:         WPA2-Personal
  網路頻帶:           2.4 GHz
  網路通道:           1
  連結-本機 IPv6 位址:  fe80::4d1ea:72b:4947:30ef%3
  IPv4 位址:          192.168.4.102
  IPv4 DNS 伺服器:    192.168.4.100
```

• 圖 3-20　從 Windows 10 電腦觀察到的連線訊息

## 3-3.3　客戶端及伺服器

ESP32 連上無線網路基地台後，下一步就是連到網路上的伺服器。在此先介紹客戶端（Client）與伺服端（Server）的差別。兩者的身份是**以誰提出連線需求**而定，只要是提出連線的，就是客戶端；被連線而提供服務的，就是伺服端。

### HTTP 傳輸方式及格式

現在常用的網路服務，大多使用 http 或是 https 通訊協定。它們的通訊規則如圖 3-21。

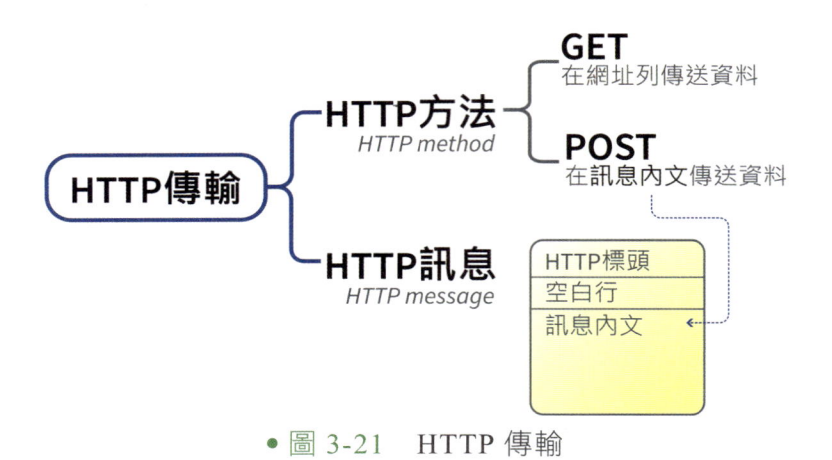

```
                            GET
                            在網址列傳送資料
              HTTP方法
              HTTP method
                            POST
  HTTP傳輸                   在訊息內文傳送資料

                            ┌─────────┐
                            │ HTTP標頭 │
              HTTP訊息       │ 空白行  │
              HTTP message  │ 訊息內文 │
                            └─────────┘
```

• 圖 3-21　HTTP 傳輸

## HTTP 訊息

　　HTTP 訊息（HTTP message）只是個文字組成的訊息，圖 3-22(a) 為客戶端如瀏覽器請求的訊息；圖 3-22(b) 為伺服端回覆的訊息。

**HTTP請求訊息**

```
┌─────────┐      GET /index.htm HTTP/1.1
│ HTTP標頭 │←---  Host: www.google.com.tw
│ 空白行  │      Accept: text/html,*/*
│ 訊息內文 │      Accept-Encoding: gzip, deflate
└─────────┘      User-Agent: Mozilla/5.0 等項目
```

(a) 客戶端請求訊息

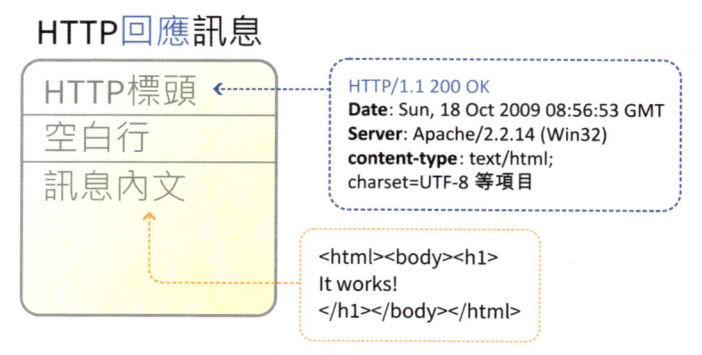

**HTTP回應訊息**

```
┌─────────┐      HTTP/1.1 200 OK
│ HTTP標頭 │←--- Date: Sun, 18 Oct 2009 08:56:53 GMT
│ 空白行  │      Server: Apache/2.2.14 (Win32)
│ 訊息內文 │      content-type: text/html;
└─────────┘      charset=UTF-8 等項目

                 <html><body><h1>
                 It works!
                 </h1></body></html>
```

(b) 伺服端回覆訊息

• 圖 3-22　HTTP 訊息標準格式

HTTP 訊息格式有下列幾個重點：

1. 第一行為訊息請求或是回覆。若是 GET、POST 之類，就是客戶端發出的請求；若是 HTTP/1.1 之類的版本訊息，就是伺服端回覆的訊息；

2. 接下來是訊息發送者的自我介紹，例如時間、網址、編碼等。都是為了要讓對方認識自己，才能有更佳的溝通效果；

3. 空白行，作為分界點用。空白行以上稱為 HTTP 標頭（HTTP header），空白行以下稱為訊息內文（message body）。

## HTTP 方法

客戶端有很多種方法可以向伺服端傳送訊息，其中最常見的兩種方法為：GET 以及 POST。

**方法一** GET 方法

特色是請求動作都在網址中完成。當客戶端向伺服端請求資料時，順便附上想要請求的資料，這種附上的訊息稱為查詢字串（QueryString）。查詢字串是由鍵/值（key/value）組合，每一組都是用「&」隔開，例如：要傳送「姓名為 Joe、年紀為 18 歲」，表示方式為 name=Joe&age=18。

而查詢字串和伺服器網址之間是以問號「?」隔開的，如：

```
http://www.example.edu/search?name=Joe&age=18
```

- 伺服器網址：http://www.example.edu/
- 伺服器內的程式名稱：search
- ?後面是要送給伺服器的參數
- 第1個參數：name=Joe
- 第2個參數：age=18
- 參數之間用&號隔開

伺服器收到請求後，會自行拆解查詢字串並進行處理。

**1** 如何用 ESP32 執行 GET 方法？

步驟如下：

**Step 1 ▶** 引用函式庫：

```
#include <HTTPClient.h>
```

**Step 2 ▶** 建立物件：

```
HTTPClient http;
```

建立的物件名字為 http，之後就使用名字為 http 的物件，與伺服器互動。

**Step 3 ▶** 要和伺服器連線的方式很簡單，把整個網址及通訊協定全部貼上即可，網址使用 http 或是 https 兩種通訊協定皆可：

```
http.begin("https://www.google.com.tw");
```

**Step 4 ▶** 執行 GET 請求：

```
http.GET();
```

此行指令才是真正對伺服器傳送請求。

**Step 5 ▶** 取回網站伺服器回傳的 HTML 訊息：

```
String reply = http.getString();
```

宣告字串物件，名為 reply。並把 getString() 取得的所有資料，全部放入 reply 物件中。

把剛才所有的動作，以程式碼片段呈現如下：

```
//放在程式碼開頭
#include <HTTPClient.h>                              //引用函式庫
HTTPClient http;                                     //建立物件

//一般放在loop()中
http.begin("https://www.google.com.tw");             //Google網址
http.GET();                                          //執行GET方法
String reply = http.getString();                     //取出網站回傳的資料
Serial.println(reply);                               //把伺服器回傳的訊息列印出來
```

上述程式碼是最基本的操作，如果要讓程式的判斷更完善，例如確認傳輸正確，才進行下一步動作等，則需要撰寫更多判斷指令。

## 例 3-10 ｜ 建立客戶端物件，並嘗試連上網站

**｜程式碼｜**

```
01  /*
02   * 例3-10：建立客戶端物件，並嘗試連上網站
03   */
04  #include <WiFi.h>                            //引用Wi-Fi函式庫
05  #include <HTTPClient.h>                      //引用函式庫
06  HTTPClient http;                             //建立物件
07
08  const char *ssid = "基地台的SSID";            //無線網路基地台的SSID
09  const char *password = "基地台的密碼";        //無線網路基地台的密碼
10
11  void setup() {
12    Serial.begin(9600);
13    Serial.println();                          //分行符號，和ESP32開機訊息分隔
14    WiFi.begin(ssid, password);                //連到無線基地台
15    while (WiFi.status() != WL_CONNECTED) {    //當狀態不是已連線
16      delay(500);                              //等待0.5秒
17      Serial.print(".");                       //印出一個點提示讓你知道
18    }                                          //回到迴圈判斷處，再判斷一次
19    Serial.println("已連上Wi-Fi");
20  }
21
22  void loop() {
23    http.begin("https://www.google.com.tw");   //Google的網址
24    int httpCode = http.GET();                 //執行GET請求
25
26    String reply = http.getString();           //取出網站回傳的資料
27    Serial.println(reply);
28
29    delay(5000);                               //間隔5秒再傳送一次，以免重複頻率太高
30  }
```

程式上傳後，開啟序列埠監控視窗，除了連線上基地台的訊息外，和網站伺服器建立連線後，伺服器便立即傳送訊息，如圖 3-23。

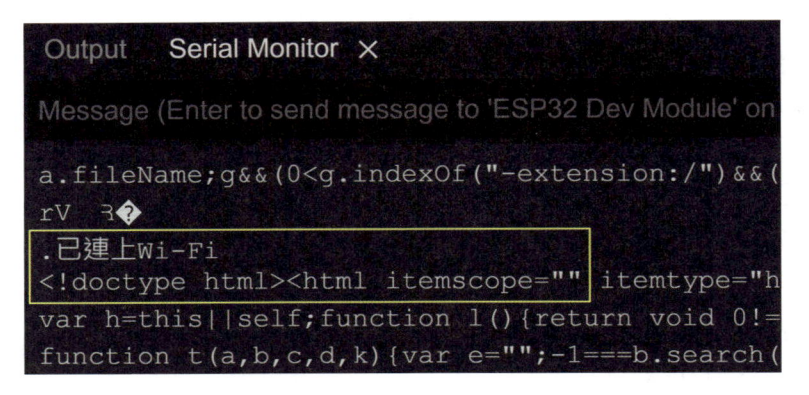

• 圖 3-23　連上網站後，伺服器回傳訊息

有的網站對這種單純的 HTTP 請求，不會回應任何訊息，要親自嘗試後才會知道。

---

**延伸練習**

3. 嘗試使用你的學校網址，看看是否有回傳訊息。
4. 嘗試連到你喜歡的網站，例如遊戲官網等，看看會回傳什麼。

---

### ② 透過 HTTPS 傳輸 GET 訊息

一般的 HTTP 傳輸內容，是沒經過加密的明碼（plain text），如果被攔截就直接看到內容。為了安全起見，愈來愈多的網站採用加密過的訊息傳輸，這種技術早期稱為 SSL，現在改名為 TLS（Transport Layer Security, 傳輸層安全性協定）。而使用 TLS 傳輸時，通訊協定為 http + ssl，也就是我們在網址列常看到 https:// 開頭，如圖 3-24。

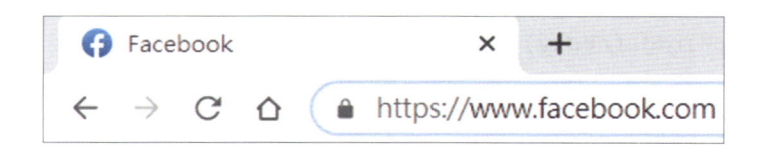

• 圖 3-24　網址列中的 https 協定

至於加密的對象，不是網頁的內容，而是網站的憑證（CA）、金鑰（key）等這些確保對方真實身份的資料。驗明正身後，傳送的 HTML 內容也都是明碼。

> **延伸練習**
> 5. 瀏覽各網站，仔細尋找哪些網站具有 https 協定的？通常網址前方會有一個上鎖的鎖頭符號，點選一下該符號，看看會出現什麼。

**❸ 物聯網網站：ThingSpeak**

ThingSpeak 提供 IoT 雲端服務，可以讓我們將訊息儲存在該網站的資料庫。該網站以通道（Channel）作為專案的單位，例如空氣品質感測專案，就是一個通道。我們可以在通道中建立欄位（Field），每個欄位儲存一種資料，如圖 3-25，最後提供網址讓我們使用 HTTP 方式將資料存入，相當的方便。

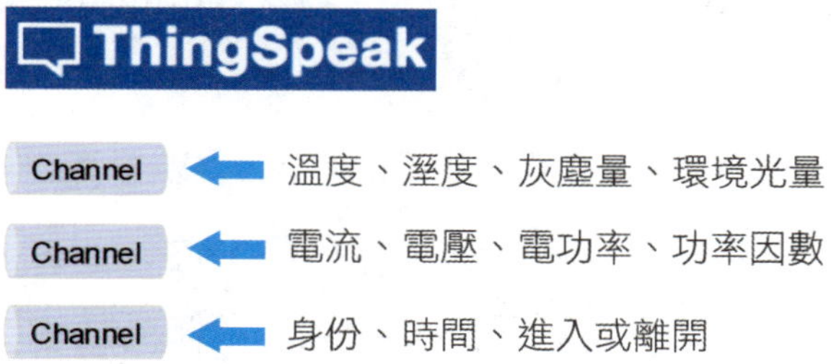

● 圖 3-25　ThingSpeak 通道架構

畢竟是商業網站，以營利為目的，免費版本是試用性質，限制如下：

1. 最多建立 4 個通道；
2. 每筆資料儲存間隔為 15 秒；
3. 一年儲存 300 萬筆資料，一天約 8200 筆。

ThingSpeak 網站被知名商業數學軟體 Matlab 的公司 The MathWorks 併購，因此註冊的是 MathWorks 帳號。註冊後選擇上面選單的 Channels，再選擇 MyChannels，可看到如圖 3-26 的畫面。

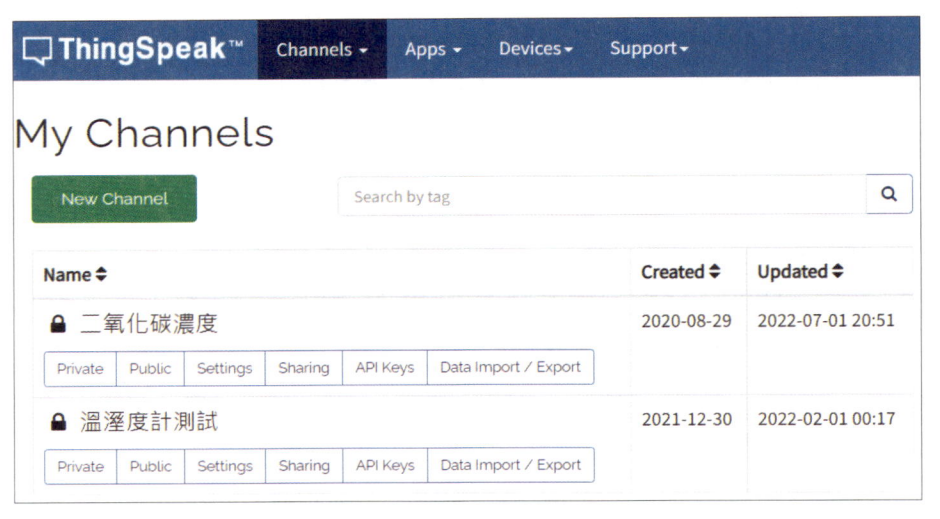

• 圖 3-26　ThingSpeak 主畫面

首先按下 NewChannel 建立新通道，如圖 3-27(a) 所示給予通道名字，給予「欄位 1」名字。通道建立後，到 API Keys 選項，取得此通道的 Write API Key，如圖 3-27(b)，這個是將資料寫入 ThingSpeak 的通行碼，將來要放入程式碼中。

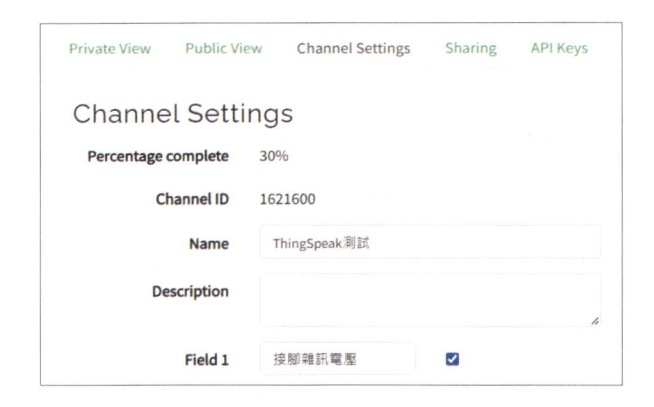

(a) 通道名字及欄位 1 名字設定

• 圖 3-27　通道建立及 API Key 取得方式

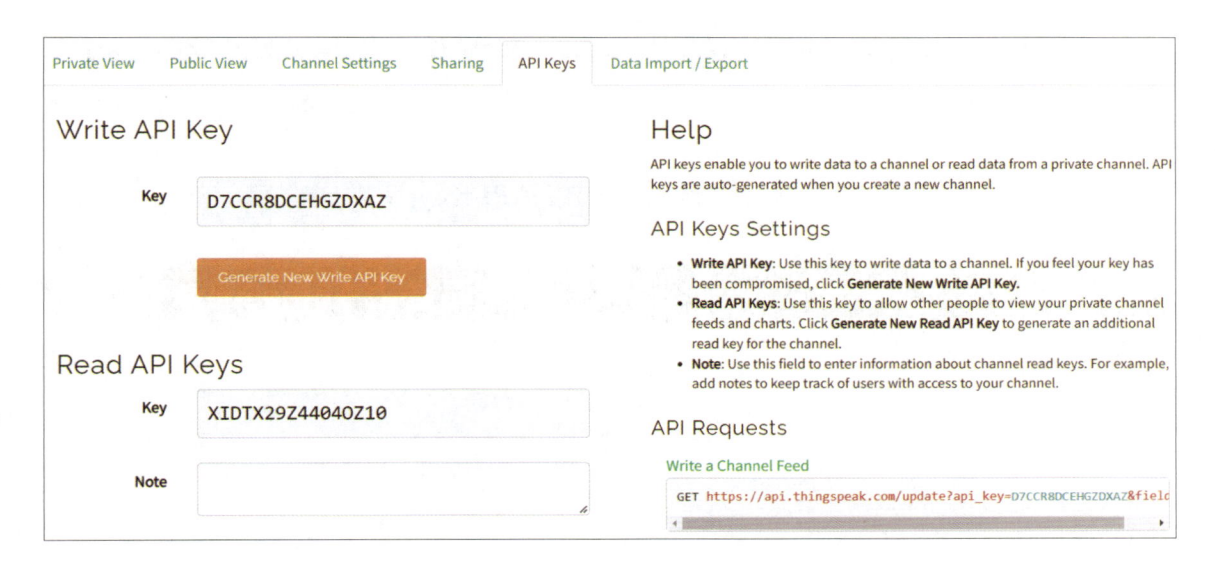

![ThingSpeak API Keys 頁面截圖]

(b) 右下角貼心的提供你完整的 APIKey 用法

● 圖 3-27　通道建立及 API Key 取得方式（續）

在 API Keys 頁面中，Write API Key 就是用來寫入資料的通行碼，網頁右下角的地方也已幫你整理好網址、API Key 以及填入資料如：

```
HTTP方法   ThingSpeak網址              你的Write API Key   第1個欄位
GET  https://api.thingspeak.com/update?api_key=XXXXXXXXXXXXXX&field1=0
                                    ↑                              ↑
                              分隔網址和查詢                    要寫入的值
                              字串的?號
```

只要把這串資料透過 GET 方法傳送出去，就可以在 ThingSpeak 留下一筆記錄。但是要寫入的值應該是會變動的，而不是如上圖那種直接指定為 0。因此我們必須加點工，將固定不變的網址，以及會變動的數值組合在一起。

方法如下，我們先使用 String 建立一個字串物件，存放網址固定不變的部分。然後再利用 + 號附加特定接腳的類比讀值，組成一個完整的網址。

```
String Data="https://api.thingspeak.com/update?api_key=XXXXXXXXXX&field1=";
Data = Data + analogRead(32);   //讀取第32腳的類比讀值，附加到字串後
```

就讓我們實作第一個物聯網吧，記得 API Key 要換成你自己的。

### 例 3-11 │ 使用 GET 方法，將接腳的讀值送上 ThingSpeak 網站

**│程式碼│**

```
01  /*
02   * 例3-11：使用GET方法，將接腳的類比讀值送上ThingSpeak網站
03   */
04  #include <WiFi.h>                              //引用Wi-Fi函式庫
05  #include <HTTPClient.h>                        //引用函式庫
06
07  HTTPClient http;                               //建立物件
08
09  const char *ssid = "基地台的SSID";              //無線網路基地台的SSID
10  const char *password = "基地台的密碼";           //無線網路基地台的密碼
11
12  void setup() {
13    Serial.begin(9600);
14    WiFi.begin(ssid, password);                  //連到無線基地台
15    while (WiFi.status() != WL_CONNECTED) {      //當狀態不是已連線
16      delay(500);                                //等待0.5秒
17      Serial.print(".");                         //印出一個點提示讓你知道
18    }                                            //回到迴圈判斷處，再判斷一次
19    Serial.println("已連上Wi-Fi");
20  }
21
22  void loop() {
23    //製作字串，最後結合成上傳到ThingSpeak的完整網址
24    String Data="https://api.thingspeak.com/update?api_key=XXXXXXXXXX&field1=";
25    Data = Data + analogRead(32);   //將空接的第32腳類比讀值附加在網址後面
26    http.begin(Data);               //ThingSpeak的網址
27    int httpCode = http.GET();      //執行GET請求
```

```
28
29      String reply = http.getString();   //取出網站回傳的資料
30      Serial.println(reply);              //印出伺服器回傳的資料
31      delay(5000);                        //間隔5秒再傳送一次，以免重複頻率太高
32    }
```

　　將程式上傳到 ESP32 後，在 ThingSpeak 點選 Channel → Private View 後，可觀察到上傳的資料，由於是空接腳的雜訊電壓，所以數值不固定。

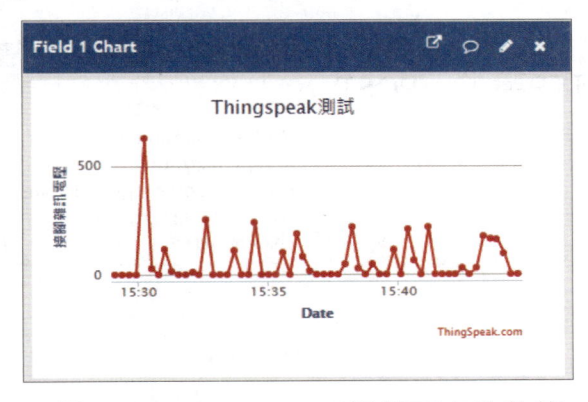

● 圖 3-28　ThingSpeak 記錄下來的數值

## 方法二　POST 方法

　　POST 原始的用意是「貼」資料到伺服端，因此可傳送的資料量比 GET 多。要傳送的資料不像 GET 是放在網址中，而是在訊息內文（message-body）中。網路上常見的表單（form）大多是使用此法傳送資料，如圖 3-29。

● 圖 3-29　常見的表單，多是使用 POST 傳送大量的填表資料到伺服器

## 如何用 ESP32 執行 POST 方法？

POST 方法要送給伺服器的資料較多，必須較為謹慎，一定要把 HTTP 訊息完整送出，如圖 3-30，步驟如下：

**Step 1** ▶ 先指定標頭、內容格式（Content-Type），使用 `addHeader()` 函式完成。

**Step 2** ▶ 再指定要傳送的內容，使用 `POST()` 函式完成。

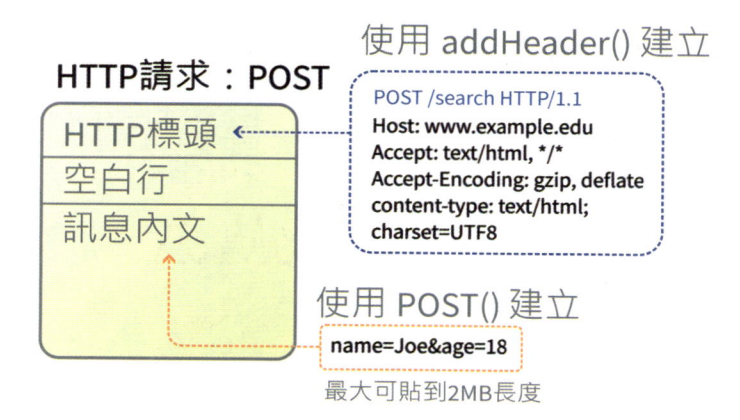

```
HTTP請求：POST
┌─────────────┐    使用 addHeader() 建立
│ HTTP標頭    │◄── POST /search HTTP/1.1
│ 空白行      │    Host: www.example.edu
│ 訊息內文    │    Accept: text/html, */*
└─────────────┘    Accept-Encoding: gzip, deflate
         ▲         content-type: text/html;
         │         charset=UTF8
         │
         │         使用 POST() 建立
         └──────── name=Joe&age=18
                   最大可貼到2MB長度
```

● 圖 3-30　使用 POST 方法時，必須使用兩個函式分別建立資料

例：ThingSpeak 也提供 POST 方法將資料傳上去，條件如下：
- 網址：https://api.thingspeak.com/update
- 訊息標頭：Content-Type: application/x-www-form-urlencoded
- 訊息內文：api_key=XXXXXXXXX&field1=01&field2=58

根據他們的條件，程式碼片段如下：

```cpp
//放在程式碼開頭
#include <HTTPClient.h>                                    //引用函式庫
HTTPClient http;                                           //宣告物件，名字為http

//一般放在loop()中
http.begin("https://api.thingspeak.com/update");   //指定ThingSpeak的網址
http.addHeader("Content-Type", "application/x-www-form-urlencoded");
//指定標頭
http.POST("api_key=XXXXXXXXX&field1=01&field2=58");   //傳送訊息內文
```

## 透過 LINE Notify 傳送訊息

註 LINE Notify 於 2025 年 3 月終止服務。

LINE Notify 可以將訊息從 ESP32 送到 LINE，我們就可以從手機上看到訊息。應用的範圍很廣，例如有人闖進你家，立刻透過 LINE Notify 通知你；或者是瓦斯外洩、溫度過高、下雨等事件，都可以輕鬆的將訊息傳送到你的手機。

要傳送給 LINE Notify 需要使用 POST 方法，操作方法如下：

### 取得通行碼

**Step 1** ▶ 首先至 https://notify-bot.line.me/，登錄。如果你有 LINE 帳號，直接使用 LINE 帳號登入即可。

**Step 2** ▶ 點選【個人頁面】→【發行權杖】，如圖 3-31(a)。

**Step 3** ▶ 輸入權杖名稱，並點選要發送的聊天室，點選第一個：透過 1 對 1 聊天，如圖 3-31(b)。

註 權杖（Token）功能等同通行碼，也有網站稱為 API Key，是一串很長的字串，利用它可以使用網站提供的服務。

(a) (b)

● 圖 3-31 設定聊天室

**Step 4** ▶ 接下來會跳出你的權杖碼,如圖 3-32(a),記得先複製下來儲存在檔案,因為它不會再顯示。接下來會在個人頁面出現已連動的服務,如圖 3-32(b)。可以申請多個,分別給別的專案使用。

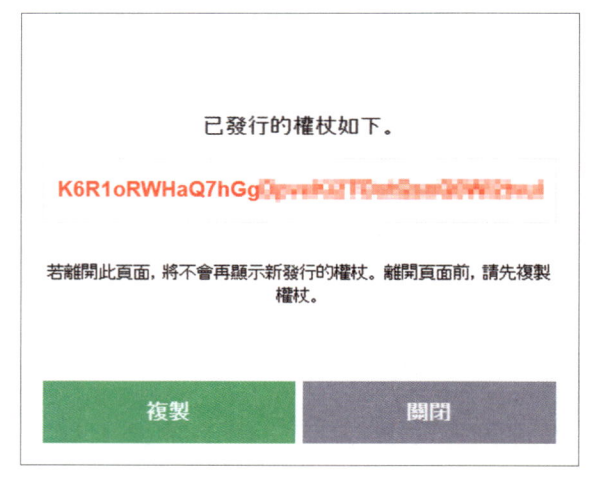

(a) 發行權杖碼　　　　　　　　(b) 申請了 2 個服務

● 圖 3-32　取得權杖碼及已連動的服務

### 傳送訊息至伺服器的格式

要把訊息丟到 LINE Notify 的方式,是使用 POST 方法,格式如下:

| 網址 | https://notify-api.line.me/api/notify |
|---|---|
| 訊息標頭 | Content-Type: application/x-www-form-urlencoded<br>Authorization: Bearer 權杖碼 |
| 訊息內文 | message=要傳送的訊息 |

例:我的權杖碼為 OOXX,要傳送的訊息為 ABCD,要傳送給 LINE Notify 的訊息內文如下。由於訊息標頭有兩行,所以要執行兩次 addHeader()。

```
http.begin("https://notify-api.line.me/api/notify");      //LINE Notify網址
http.addHeader("Content-Type","application/x-www-form-urlencoded");
http.addHeader("Authorization","Bearer OOXX");            //指定訊息標頭
http.POST("message=ABCD");                                //傳送訊息內文
```

## 例 3-12 │ 每 5 秒傳送 Hello World! 訊息至 LINE Notify

請同學使用自己的 LINE 帳號，建立自己的 LINE Notify，完成下面的範例。

**│程式碼│**

```
01  /*
02   * 例3-12：使用POST方法，傳送訊息至LINE Notification
03   */
04  #include <WiFi.h>                          //引用Wi-Fi函式庫
05  #include <HTTPClient.h>                    //引用函式庫
06  HTTPClient http;                           //建立物件
07
08  const char *ssid = "基地台的SSID";          //無線網路基地台的SSID
09  const char *password = "基地台的密碼";      //無線網路基地台的密碼
10  String token = "LINE Notify的權杖碼";       //從LINE Notify取得的權杖碼
11  String msg = "Hello World!";               //要傳送給LINE伺服器的訊息
12
13  void setup(){
14    Serial.begin(9600);
15    WiFi.begin(ssid, password);              //連到無線基地台
16    while (WiFi.status() != WL_CONNECTED) {  //當狀態不是已連線
17      delay(500);                            //等待0.5秒
18      Serial.print(".");                     //印出一個點提示讓你知道
19    }                                        //回到迴圈判斷處，再判斷一次
20    Serial.println("已連上Wi-Fi");
21  }
22
23  void loop() {
24    http.begin("https://notify-api.line.me/api/notify");
25    //LINE Notify網址
26    http.addHeader("Content-Type", "application/x-www-form-urlencoded");
27    //指定訊息標頭，有多個訊息標頭要分開指定
28    http.addHeader("Authorization", "Bearer " + token);   //指定訊息標頭
29    http.POST("message=" + msg);                          //傳送訊息內文
30
31    String reply = http.getString(); //取出網站回傳的資料
32    Serial.println(reply);           //印出來網站回傳了什麼
33
34    delay(5000);                     //間隔5秒再傳送一次，以免重覆頻率太高
35  }
```

程式上傳後，你應該可以立刻在自己的 LINE 軟體中，看到 Notify 訊息的傳送，如圖 3-33。

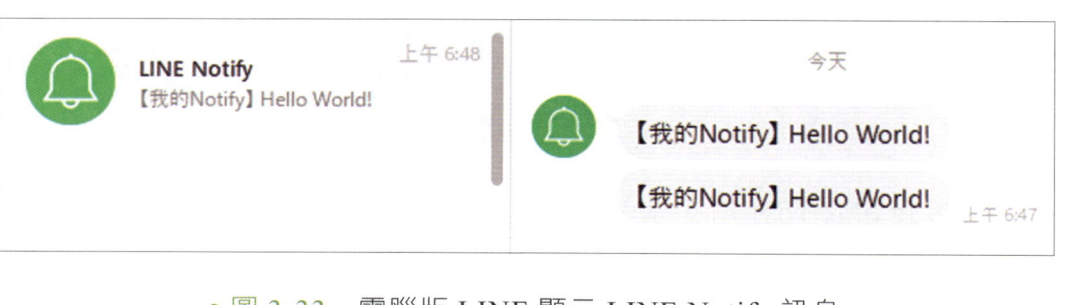

• 圖 3-33　電腦版 LINE 顯示 LINE Notify 訊息

## 自己變網頁伺服器

若要將 ESP32 變成網頁伺服器，供客戶端連入，只要引用 WebServer.h，就可以有網頁伺服器的功能。它可以處理 HTTP 請求（GET 或 POST），只能服務一個客戶端，無法同時服務二個以上的連線。

建立網頁伺服器的流程如圖 3-34 所示，由於功能較複雜，所以設定的流程也較多。每個區塊就是要做的事，而旁邊列出需要執行的指令。

引用函式庫 / 建立物件
```
#include <WebServer.h>
WebServer server(80);
```

建立各種處理程序
- 處理根目錄　`void handleRoot()`
- 處理未找到檔案　`void handleNotFound()`
- 一般處理　`void handleABC()`

setup()

登錄各種處理程序
```
server.on("/", handleRoot);
server.on("/ABC", handleABC);
server.onNotFound(handleNotFound);
```

啟動伺服器
```
server.begin();
```

loop()

重覆呼叫處理客戶程序
```
server.handleClient()
```

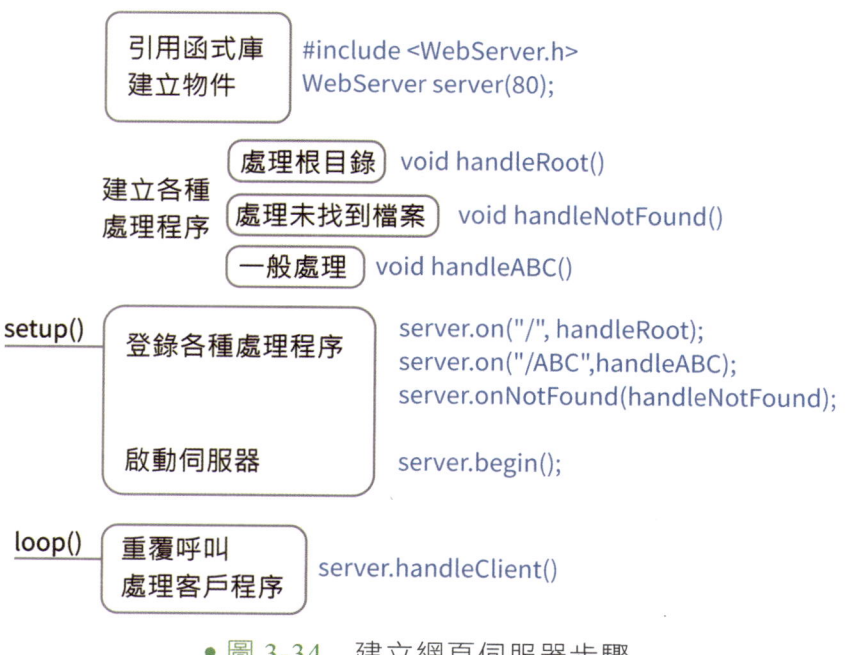

• 圖 3-34　建立網頁伺服器步驟

步驟於圖 3-34 已相當清楚，以下只作部分說明。

- 引用函式庫後，建立網頁伺服器物件，如：

`WebServer server(80);`

| 說明 |

建立的物件名字為 server，以後就都以這個名字來執行動作。

網頁伺服器一般都監聽（listen）埠號 80，所以指定埠號 80，等待客戶端連線。

- 在 WebServer 函式庫中，負責回應客戶端的是一個個的使用者自訂函式，稱為 handle（處理程序）。建議取名為「handle 動作」，如：handleRoot 是處理根目錄請求；handleABC 是處理路徑 /ABC。如此命名是為了容易分辨它們的用途，儘量養成良好的命名習慣。

在這些自訂函式中，放的是要傳給客戶端的訊息，如：

`server.send(HTTP Code, 訊息標頭, 傳輸內容);`

| 說明 |

一次傳遞給客戶端三種必要資料。若不傳送這些訊息，比較重視安全的瀏覽器如 Google Chrome 認為是非法資料，畫面上不會顯示任何東西。

例：

`server.send(404, "text/plain; charset=UTF-8", "找不到頁面");`

將會傳送以下訊息給客戶端：

1. HTTP CODE 404，表示 Not Found；
2. text/plain; charset=UTF-8：回傳給客戶端的訊息標頭；
3. 找不到頁面：傳送給客戶端的訊息內容，會出現在瀏覽器的畫面中。

- 使用 on( ) 函式登錄處理程序。如：

`server.on("/", handleRoot);`

| 說明 |

登錄處理程序，當客戶端請求 ESP32 伺服器的根目錄（/）時，會呼叫使用者自訂函式：handleRoot( ) 來處理相關事宜。

- 在 loop( ) 中重複執行 handleClient( ) 函式，便可持續監聽網路。當接收到路徑請求，就會呼叫對應的處理程序。

## 例 3-13 │ Hello World

上述說明的步驟較為複雜，直接練習一遍，會比較清楚全部的流程。本例會建立 ESP32 網頁伺服器，以回覆客戶端的請求。

**│程式碼│**

```
01  /*
02   * 例3-13：啟用ESP32網頁伺服器功能，回應客戶端的請求
03   */
04  #include <WiFi.h>                           //引用Wi-Fi函式庫
05  #include <WebServer.h>                      //引用WebServer函式庫
06
07  const char *ssid = "基地台的SSID";          //無線網路基地台的SSID
08  const char *password = "基地台的密碼";      //無線網路基地台的密碼
09
10  WebServer server(80);                       //建立伺服器物件，監聽80號埠(尚未啟動)
11
12  void handleRoot() {                         //處理程序：回覆根目錄請求
13    server.send(200, "text/html; charset=UTF-8", "Hello World!");
14    //送出訊息到客戶端
15  }
16
17  void handleNotFound() {                     //處理程序：未找到檔案時
18    server.send(404, "text/plain; charset=UTF-8", "找不到檔案");
19  }
20
21  void setup() {
22    Serial.begin(9600);
23    WiFi.begin(ssid, password);               //連線到無線基地台
24    while (WiFi.status() != WL_CONNECTED) {   //持續嘗試連線至成功為止
25      delay(500);
26      Serial.print(".");
27    }
28    Serial.print("已連線到基地台：");
```

```
29      Serial.println(ssid);
30      Serial.print("基地台配發給我的IP位址：");
31      Serial.println(WiFi.localIP());                //列出基地台配發給我的位址
32
33      server.on("/", handleRoot);                    //登錄處理程序：根目錄請求
34      server.onNotFound(handleNotFound);             //登錄處理程序：未找到檔案
35      server.begin();                                //啟動伺服器物件
36      Serial.println("HTTP伺服器已啟動");
37    }
38
39    void loop() {
40      server.handleClient();                         //啟動客戶端請求處理程序
41    }
```

程式上傳後，開啟序列埠監控視窗，可以看到 ESP32 連線到基地台的狀況，以及從基地台取得的 IP 位址，如圖 3-35。

• 圖 3-35　取得 ESP32 的連網資訊

知道 ESP32 的 IP 位址後，開啟網路瀏覽器打上 IP 位址並連線（要都連在同一個基地台下），就可以連上 ESP32 的網頁伺服器了。圖 3-36(a) 是剛連上網頁伺服器時，請求根目錄（/）的回覆；圖 3-36(b) 是隨意打一個網頁伺服器上沒有的網址，如 abc，網頁伺服器找不到對應的處理程序，回傳的訊息。

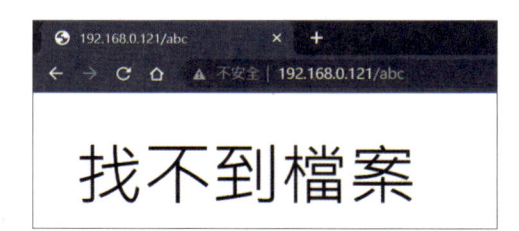

(a) 連上網頁伺服器根目錄　　　　(b) 網頁伺服器找不到網址

● 圖 3-36　使用瀏覽器連到 ESP32 建立的網頁伺服器

## 例 3-14 │ 利用網路瀏覽器控制 ESP32 上的 LED

例 3-13 是單純用文字回應客戶端的訪問。若在處理程序中加入對硬體的控制指令，就可以透過 Wi-Fi 操控 ESP32 了，例如點亮 LED 或是啟動馬達。網路的架構如圖 3-37，所有的設備都位於無線基地台範圍內，ESP32 架設伺服器，供其他設備連線並控制 LED。

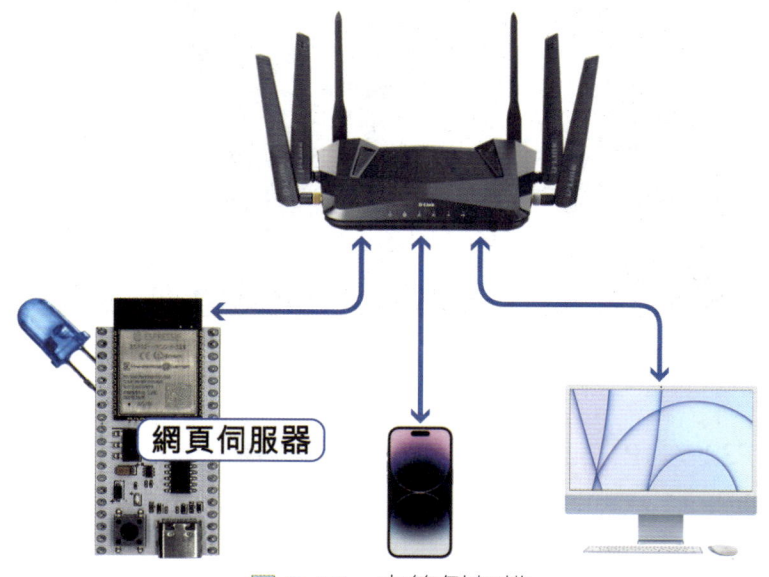

● 圖 3-37　本範例架構

本例和範例 3-13 的主要差別，就是多建立了兩個處理程序：on 及 off，然後把 digitalWrite( ) 函式寫在裡面。

由於 HTML 也是一種語言，字數也不少，所以使用字串組合的方式處理。在第 13 行 handleRoot( ) 中可看到組合 HTML 語法的動作。在第 27 行及 32 行的程式碼太長，一行放不下。解決的方式是在該行的尾巴加一個「\」符號，代表下一行的程式碼可以接續。

## 程式碼

```
/*
 * 例3-14：使用瀏覽器控制 ESP32 上的 LED 亮滅
 */
#include <WiFi.h>                              //引用 Wi-Fi 函式庫
#include <WebServer.h>                         //引用 WebServer 函式庫

const char *ssid = "基地台的SSID";              //無線網路基地台的SSID
const char *password = "基地台的密碼";          //無線網路基地台的密碼

const byte LED = 2;              //LED接腳為GPIO2
WebServer server(80);            //建立伺服器物件，設定監聽80號埠

void handleRoot() {              //處理程序：回覆根目錄請求
  String HTML = "<a href=\"/on\">開啟LED</a>";   //開始組合HTML
  HTML += "<BR>";
  HTML += "<a href=\"/off\">關閉LED</a>";
  server.send(200, "text/html; charset=UTF-8", HTML);
  //送出訊息到客戶端
}

void handleNotFound() {          //處理程序：未找到檔案時
  server.send(404, "text/html; charset=UTF-8", "找不到檔案");
}

void handleLedOn() {             //處理程序：點亮LED
  digitalWrite(LED, HIGH);
  server.send(200, "text/html; charset=UTF-8", "LED已開啟<BR>\
              <a href=/off>關閉LED</a>");
```

```
29   }
30   void handleLedOff() {              //處理程序：熄滅LED
31     digitalWrite(LED, LOW);
32     server.send(200, "text/html; charset=UTF-8", "LED已關閉<BR>\
33              <a href=/on>開啟LED</a>");
34   }
35
36   void setup() {
37     Serial.begin(9600);
38     pinMode(LED, OUTPUT);
39     WiFi.begin(ssid, password);               //連線到無線基地台
40     while (WiFi.status() != WL_CONNECTED) {   //持續嘗試連線至成功為止
41       delay(500);
42       Serial.print(".");
43     }
44     Serial.print("已連線到基地台：");
45     Serial.println(ssid);
46     Serial.print("基地台配發給我的IP位址：");
47     Serial.println(WiFi.localIP());           //列出基地台配發給我的位址
48
49     server.on("/", handleRoot);               //登錄處理程序：根目錄
50     server.onNotFound(handleNotFound);        //登錄處理程序：未找到檔案
51     server.on("/on", handleLedOn);            //登錄處理程序：點亮LED
52     server.on("/off", handleLedOff);          //登錄處理程序：熄滅LED
53     server.begin();                           //啟動伺服器物件
54     Serial.println("HTTP伺服器已啟動");
55   }
56
57   void loop() {
58     server.handleClient();                    //啟動客戶端請求處理程序
59   }
```

將程式上傳完畢後，先開啟序列埠監控視窗，看看無線網路基地台發配給 ESP32 什麼 IP 位址，如圖 3-38。

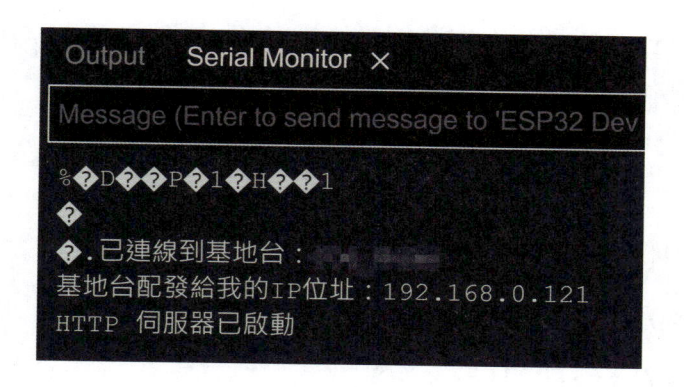

• 圖 3-38　得知 ESP32 得到的 IP 位址是 192.168.0.121

得知 IP 位址後，開啟網路瀏覽器，輸入網址，便得到如圖 3-39 的畫面，可以控制 LED 的亮滅，點擊超連結時，可以順便看看開發板上的 LED 是否有跟著作動。

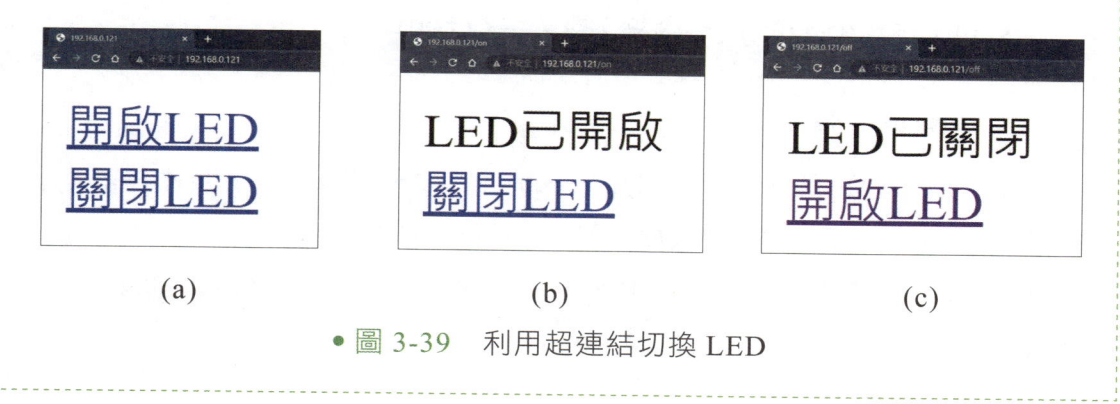

(a)　　　　　　　　　(b)　　　　　　　　　(c)

• 圖 3-39　利用超連結切換 LED

要作為網頁伺服器（Web Server），其中一個麻煩就是 HTML 的撰寫及呈現，接下來作一些簡單的介紹。

## HTML 簡介

HTML 是一種標籤式語言，利用標籤來設定屬性，方法是以 < 屬性 > 開始，以 </ > 作結束，如下指令，設定文字的大小等級為 5：

```
<font size=5>大小等級為5的文字</font>
```
（框住要被設定的物件）

完整的 HTML 複雜到可以寫成一本書，以下只列出幾個基本的語法及範例，作基本認識：

`<BR>`：換行

`<a href="網址"></a>`：超連結，連到該網址，如：

　　`<a href=/on>`開啟 LED`</a>`

　　`<a href=/off>`關閉 LED`</a>`

　　`<a href=https://www.google.com/>`連到 Google`</a>`

`<font></font>`：文字屬性設定，如：

　　`<font color="blue">`藍色文字`</font>`

　　`<font size=5>`大小等級為 5 的文字`</font>`

### ◻ HTML 放置於 C 語言的方法

HTML 其實是純文字，在程式碼中只要使用 send( ) 函式，就可以把 HTML 傳送給對方。唯一需要注意的是，HTML 中有一些字元如：雙引號「"」在 C 語言中被認定是有功能的特殊字元，**必須放置「\」符號在前面**，以取消該字元的特殊功能，如：

　　　　`\"`：取消雙引號的特殊功能，只列印出雙引號

根據此原則，示範以下 2 個 HTML 修改方法：

原始 HTML：`<a href=/on>` 開啟 LED `</a>`
沒有雙引號，不必特別處理，使用 send( ) 送出 HTML：
`server.send("<a href=/on>開啟LED</a>");`

原始 HTML：`<font color="blue">` 藍色文字 `</font>`
具有雙引號，必須使用反斜線處理，再使用 send( ) 送出 HTML：
`server.send("<font color=\"blue\">藍色文字</font>");`

## 字串的組合及傳送

一個功能較完整的網頁內容，會比較複雜，例如使用 HTML 製作兩個超連結：

開啟 LED
關閉 LED

其 HTML 原始碼為：

```
<a href="/on">開啟 LED</a>
<BR>
<a href="/off">關閉 LED</a>
```

修改成 print( ) 指令接受的格式，只要在雙引號前加上「\」：

```
<a href=\"/on\">開啟 LED</a>
<BR>
<a href=\"/off\">關閉 LED</a>
```

修改後，再將這三行訊息組合成一個字串，一次送出去給客戶端，建議使用下面的字串組合方式，可以維持 HTML 外觀來結合字串（目的是比較好閱讀原始碼）：

```
String HTML = "<a href=\"/on\">開啟 LED</a>";
HTML += "<BR>";
HTML + = "<a href=\"/off\">關閉 LED</a>";
```

最後用 send( ) 指令送出去，如：

```
server.send(200, "text/html; charset=UTF-8", HTML);
```

## 例 3-15 │ 將 ESP32 建立為 SoftAP 及網頁伺服器

在範例 3-14 中，ESP32 位在基地台的下級，我們在 ESP32 上架設網頁伺服器，用手機或電腦連上它，並控制 LED 亮滅。若你所在的環境，沒有無線網路基地台，可以考慮將 ESP32 建立為基地台（SoftAP），並架設網頁伺服器，提供客戶端服務，如圖 3-40。

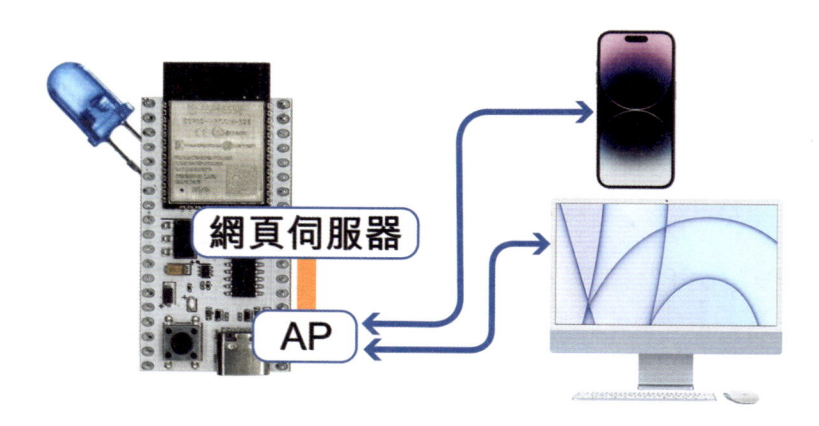

● 圖 3-40　本範例架構

本例與範例 3-14 的差別，就是使用 WiFi.softAP( ) 自建無線基地台，而不是連上現有的基地台，如程式碼中加網底處，其他部分完全相同。

### 程式碼

```
01  /*
02   * 例3-15：ESP32建立為SoftAP，並架設Web Server，供客戶端連入，使用瀏覽器控
03   *        制LED亮滅
04   */
05  #include <WiFi.h>                    //引用Wi-Fi函式庫
06  #include <WebServer.h>               //引用WebServer函式庫
07
08  const char *ssid = "ESP32基地台";    //基地台SSID
09  const char *password = "12345678";   //基地台連線密碼
10
11  const byte LED = 2;                  //LED接腳為GPIO2
12  WebServer server(80);                //建立伺服器物件，設定監聽80號埠
```

```
13
14   void handleRoot() {                      // 處理程序：回覆根目錄請求
15     String HTML = "<a href=\"/on\">開啟LED</a>";        // 開始組合HTML
16     HTML+= "<BR>";
17     HTML+= "<a href=\"/off\">關閉LED</a>";
18     server.send(200, "text/html; charset=UTF-8", HTML);
19     //送出訊息到客戶端
20   }
21
22   void handleNotFound() {                  // 處理程序：未找到檔案時
23     server.send(404, "text/html; charset=UTF-8", "找不到檔案");
24   }
25
26   void handleLedOn(){
27     digitalWrite(LED,HIGH);
28     server.send(200, "text/html; charset=UTF-8", "LED已開啟<BR>\
29              <a href=/off>關閉LED</a>");
30   }
31
32   void handleLedOff(){
33     digitalWrite(LED,LOW);
34     server.send(200, "text/html; charset=UTF-8", "LED已關閉<BR>\
35              <a href=/on>開啟LED</a>");
36   }
37
38   void setup() {
39     Serial.begin(9600);
40     pinMode(LED,OUTPUT);
41
42     WiFi.softAP(ssid, password);            // 建立無線基地台
43
44     Serial.print("\n已建立基地台：");
45     Serial.println(ssid);
46     Serial.print("我的IP位址：");
47     Serial.println(WiFi.softAPIP());        //列出基地台的位址
48
```

```
49    server.on("/", handleRoot);            //登錄處理程序：根目錄
50    server.onNotFound(handleNotFound);     //登錄處理程序：未找到檔案
51    server.on("/on",handleLedOn);          //登錄處理程序：點亮LED
52    server.on("/off",handleLedOff);        //登錄處理程序：熄滅LED
53    server.begin();                        //啟動伺服器物件
54    Serial.println("HTTP伺服器已啟動");
55  }
56
57  void loop() {
58    server.handleClient();                 //啟動客戶端請求處理程序
59  }
```

將程式上傳完畢後，開啟序列埠監控視窗，看看 ESP32 的網路建立情形，如圖 3-41。

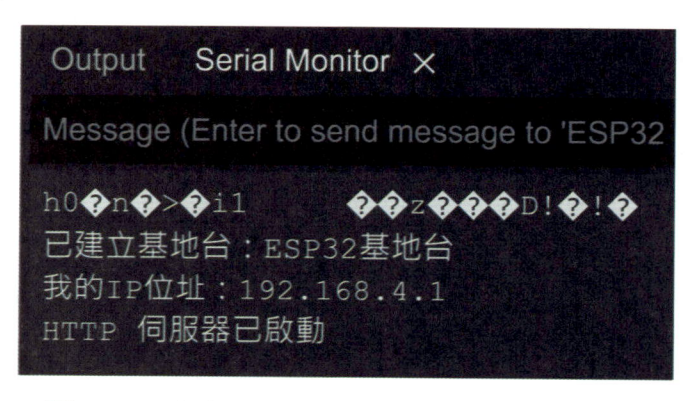

• 圖 3-41　得知 ESP32 的 IP 位址是 192.168.4.1

使用手機搜尋 Wi-Fi 基地台，尋找 ESP32 基地台並連線，密碼是 12345678。開啟網路瀏覽器，輸入網址 192.168.4.1，便得到控制畫面，可控制 LED 的亮滅。點擊超連結時，檢查看看開發板上的 LED 是否有跟著動作。

## 利用網路瀏覽器控制家電

在 ESP32 開發輔助板：Woody 上面，有一個 SSR 可用來串聯最高 2A 的交流負載，作為開關使用。以台灣的電壓 110V 為例，串接的負載消耗功率可以到達 220W，用來控制一般小功率家電相當夠用，如電燈、電風扇等，可作為智慧家電的控制器使用。

如圖 3-42 所示，要利用 Woody 開發輔助板控制 SSR 時，只要在接腳 4 設定輸出，再將其接至標示為「SSR 輸入」的接腳，撰寫程式控制接腳 4，就可以直接控制負載。（※ 燈泡、燈座另購）

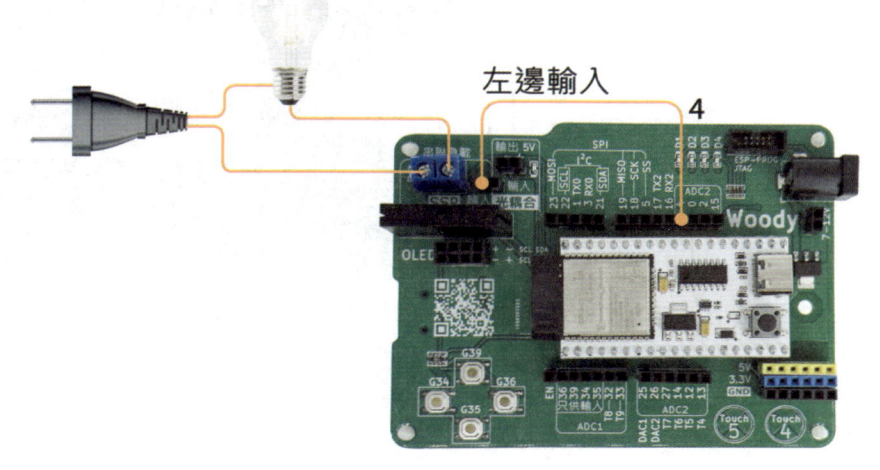

- 圖 3-42　Woody 開發輔助板與交流負載接線圖

如果要控制更大的負載，可使用額定更高的 SSR，例如陽明電機的固態繼電器，如圖 3-43，其最高規格可控制達 25A 的負載，負載消耗功率可以到達 2750W（一般家用電器最高約 1500W）。再使用 Woody 開發輔助板中的光耦合器輸出，推動固態繼電器，以控制更高瓦數的電器用品，如圖 3-44。

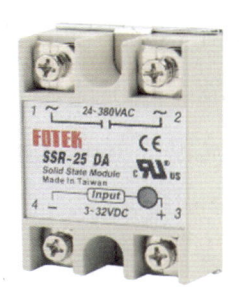

- 圖 3-43　陽明電機（FOTEK）的固態繼電器產品：SSR-25DA

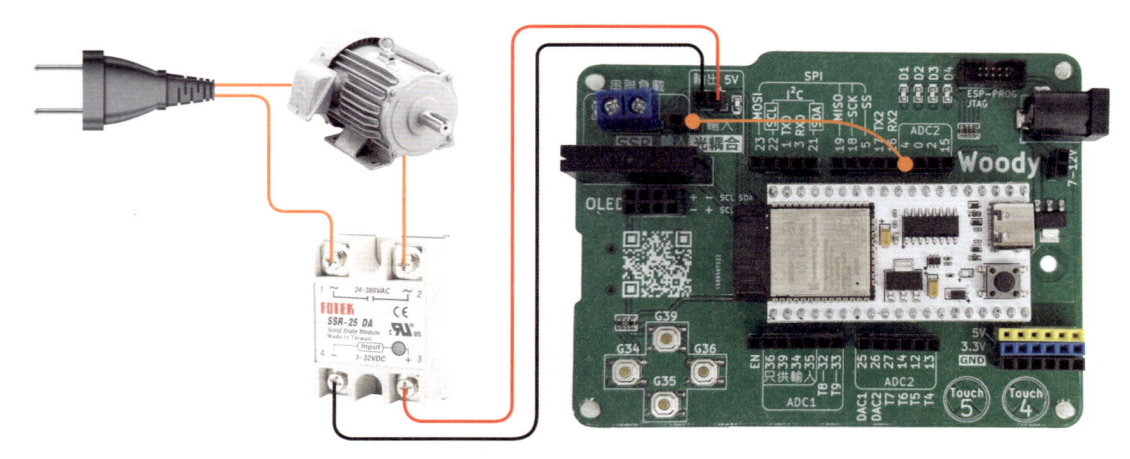

• 圖 3-44　Woody 開發輔助板與外接固態繼電器接線圖

註　家庭電器中，常見消耗功率超過 200W 的有：電冰箱、烤箱、微波爐、洗衣機、電暖器、吹風機、冷氣機。

## 3-3.4　網路時間取得

取得網路時間（NTP）

如果要設計定時動作的程式，或物聯網應用，時間是很重要的參數，記錄資料時需要時間，平常也可能會有取得時間的需求。

以往是使用 RTC（Real Time Clock，即時時鐘）模組，可是它並不精確，需要常常手動調整時間，更慘的是你還不能確定參考的時間準不準確。現在可以透過網路去取得時間，作業系統也都具有上網同步時鐘的功能，時間準確到幾毫秒，而且免費，它叫作網路時間協定。

▫ 什麼是 NTP？

網路時間協定（Network Time Protocol，NTP）可與世界協調時間（Coordinated Universal Time，UTC）同步，與格林威治標準時間（GMT）相同。

wNTP 可將 ESP32、電腦、手機、平板等的時鐘設定為世界協調時間（UTC），使用者再根據自己的時區（Time Zone）進行偏移。以台灣的時區為例，時間偏移量是 UTC+8，也就是加上 8 小時。

## 如何從 NTP 取回時間？

基本工作原理如圖 3-45，詳細步驟如下：

**Step 1 ▶** 使用埠號 123，連到 NTP 伺服器並請求資料。

**Step 2 ▶** NTP 伺服器發送時間戳記（TimeStamp）封包。

**Step 3 ▶** 解析出目前日期和時間值，再加上偏移量就得到準確的時間。

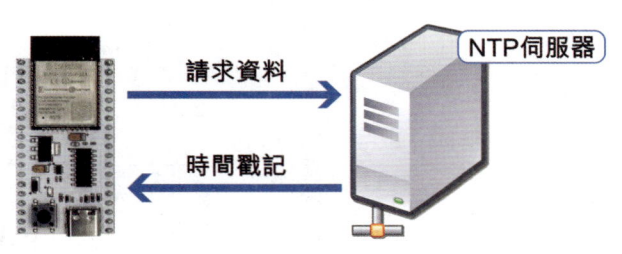

● 圖 3-45　ESP32 從 NTP 伺服器索取資料

## 例 3-16 ｜ 從 NTP 取回時間並顯示

**1 時間結構、及時間取出方式**

結構（Struct）是一種 C 語言常見的複合資料型別，在 time.h 中已經將日期及時間結構全部先定義好，我們只要使用就好。

預先定義好的結構，在此函式庫中叫作 tm，宣告結構變數的語法如下：

`struct tm timeinfo;`

**｜說明｜**

使用 struct 關鍵字，告訴 C 語言要建立結構，模板是 tm，依這個模板建立一個結構，名字為 timeinfo。

若要將 tm 內容值取出，只要使用 print( ) 函式，再加上參數就可取出想要的資料，表 3-3 列出幾個常用的參數，以 2020 年 3 月 18 日，下午 10：27 為例，加入表格中的參數，就會顯示出不同的結果。

• 表 3-3　列印時間常用參數

| 類別 | 參數 | 說明及顯示結果 |
|---|---|---|
| 年月日 | %G | 顯示年，輸出：2020 |
|  | %m | 用兩位數字顯示月，輸出 03 |
|  | %e | 用兩位數字顯示日，例如：08、09、10 |
| 時分秒 | %H | 24 小時制的「時」 |
|  | %p | 輸出：AM 或 PM |
|  | %I | 12 小時制的「時」 |
|  | %M | 分鐘 |
|  | %S | 用兩位數字顯示秒數 |
| 整組顯示 | %F | 年 - 月 - 日，輸出：2020-03-18 |
|  | %r | 12 小時制的時間，輸出：10:27:24 PM |
|  | %T | 顯示 hh:mm:ss，輸出：22:15:50 |

依表 3-3 的參數，執行 `Serial.println(&timeinfo, "%T");`

可以列印出如下訊息，相當的明確且易讀：

22:36:47

參數可以組合運用，如：

`Serial.println(&timeinfo, "%F %T");`

可列印出如下訊息：

2020-03-18 22:36:47

## ❷ 使用函式

引用 time.h 函式庫後,有幾個可用的函式。

`configTime(GMT 偏移秒數, 日光節約偏移秒數, 伺服器網址);`

**| 說明 |**

設定 NTP 伺服器及參數。參數分別為:
- GMT 偏移秒數,設定 28800 就可以偏移為台灣的時區;
- 日光節約時間偏移秒數,台灣沒在用,設定 0;
- 伺服器網址,設定 pool.ntp.org。

`getLocalTime(時間結構);`

**| 說明 |**

向 NTP 伺服器請求時間資料,並將收到的時間封包解析,儲存於時間結構中。
- 時間結構是 tm 結構,本例的名字為 timeinfo,用來接收時間資料,並以位址的方式(加上 & 符號形成 &timeinfo)傳入函式;
- 此函式是 bool 型別,執行成功與否會回傳 true 或是 false。

**| 程式碼 |**

```
01  /*
02   * 例3-16:從NTP取回時間並顯示
03   */
04  #include <WiFi.h>                              //引用Wi-Fi函式庫
05  #include <time.h>                              //引用時間格式及操作函式庫
06
07  const char *ssid = "基地台的SSID";              //無線網路基地台的SSID
08  const char *password = "基地台的密碼";          //無線網路基地台的密碼
09
10  const char *ntpServer = "pool.ntp.org";        //ntp伺服器網址
11  const long  gmtOffset_sec = 28800;             //台灣位於GMT+8,為28800秒
12  const int   daylightOffset_sec = 0;            //台灣不使用日光節約時間,設為0
13
```

```
14  void setup() {
15    Serial.begin(9600);
16    Serial.printf("連線到 %s ", ssid);
17    WiFi.begin(ssid, password);                 //連到基地台
18    while (WiFi.status() != WL_CONNECTED){      //當狀態不是已連線
19      delay(500);                               //等待0.5秒
20      Serial.print(".");                        //印出一個點提示讓你知道
21    }                                           //回到迴圈判斷處,再判斷一次
22    Serial.println("已連線");
23    configTime(gmtOffset_sec, daylightOffset_sec, ntpServer);
24    //設定NTP參數
25  }
26
27  void loop() {
28    struct tm timeinfo;                         //建立一個時間結構,名字為timeinfo
29    if (!getLocalTime(&timeinfo)) {             //取回NTP時間,請注意前面有驚嘆號
30      Serial.println("網路時間取回失敗");         //如果失敗,回傳訊息
31    } else {                                    //成功取回時間
32      Serial.println(&timeinfo, "%F %T");       //列印取回的時間
33    }
34    delay(1000);
35  }
```

### 利用 NTP 於指定時間執行開啟電風扇

從 NTP 取得正確的時間之後,我們來製作定時器。設定電風扇的執行時間以及關閉時間。

為了方便指定執行時間,我們將時間的格式轉換為常見的樣子如:24:00:00,代表 24 點 0 分 0 秒。使用函式為:

strftime( 結果存於此變數 , 最多幾個字元 , 目的格式 , 時間來源 );

例:

strftime(buffer, sizeof(buffer), "%H:%M:%S", &timeinfo);

表示從 timeinfo 的時間值，修改為「時：分：秒」，最大長度為字元陣列 buffer 的長度，結果存於 buffer 中。

轉換完格式的時間，會存於 buffer 陣列之中，假設內容為 24:00:00。我們只要利用字串比對，就可以很方便的確定是否為我們指定的時間。

電路圖如圖 3-46，我們透過 GPIO 4，輸出高 / 低電位，推動 Woody 開發輔助板上的 SSR，以推動電風扇。使用 SSR 最大的好處，就是沒有繼電器那種「答、答」聲，就算在半夜開 / 關電風扇也不會吵到睡覺。而且 SSR 的壽命也比那種小型繼電器長多了。

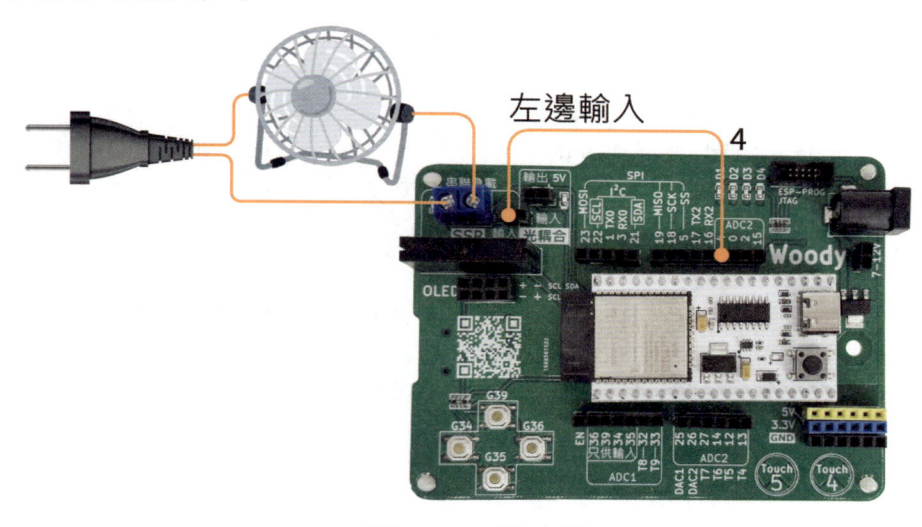

• 圖 3-46　電路圖

## 例 3-17 ｜於指定時間開啟電風扇，並於指定時間關閉電風扇

程式碼如下，加上網底處為相較於例 3-16 新增之處。

**｜程式碼｜**

```
01  /*
02   * 例3-17：於指定時間開啟電風扇，並於指定時間關閉電風扇
03   */
04  #include <WiFi.h>                        //引用Wi-Fi函式庫
05  #include <time.h>                        //引用時間格式及操作函式庫
06
```

```
07  const char *ssid = "基地台的SSID";           // 無線網路基地台的SSID
08  const char *password = "基地台的密碼";       // 無線網路基地台的密碼
09
10  const char *ntpServer = "pool.ntp.org";     //ntp伺服器網址
11  const long  gmtOffset_sec = 28800;          // 台灣位於GMT+8，為28800秒
12  const int   daylightOffset_sec = 0;         // 台灣不使用日光節約時間，設為0
13  char buffer[10];                            //用來儲存更改格式後的時間
14  String exeTime="02:00:00";                  //預訂要執行的時間，可自行修改
15  String offTime="03:10:00";                  //預訂關閉時間，可自行修改
16
17  void setup() {
18    pinMode(4,OUTPUT);
19    Serial.begin(9600);
20    Serial.printf("連線到 %s ", ssid);
21    WiFi.begin(ssid, password);               // 連到基地台
22    while (WiFi.status() != WL_CONNECTED){    // 當狀態不是已連線
23      delay(500);                             // 等待0.5秒
24      Serial.print(".");                      // 印出一個點提示讓你知道
25    }                                         // 回到迴圈判斷處，再判斷一次
26    Serial.println("已連線");
27    configTime(gmtOffset_sec, daylightOffset_sec, ntpServer);
28    //設定NTP參數
29  }
30
31  void loop() {
32    struct tm timeinfo;                       // 建立一個時間結構，名字為timeinfo
33    if (!getLocalTime(&timeinfo)) {           // 取回NTP時間，請注意前面有驚嘆號
34      Serial.println("網路時間取回失敗");      // 如果失敗，回傳訊息
35    } else {                                  // 成功取回時間
36    Serial.println(&timeinfo, "%F %T");       // 列印取回的時間
37    strftime(buffer, sizeof(buffer), "%H:%M:%S", &timeinfo);
38    //轉換時間格式
39    if(String(buffer) == exeTime){            // 如果現在時間等於預定執行的時間
40      digitalWrite(4,HIGH);                   // 驅動GPIO 4為高電位
41      Serial.println("啟動電風扇");
42    }
43    if(String(buffer) == offTime){            // 如果現在時間等於預定關閉的時間
```

```
44         digitalWrite(4,LOW);              // 驅動GPIO 4為低電位
45         Serial.println("關閉電風扇");
46      }
47   }
48   delay(1000);
49 }
```

# Chapter 3　課後習題

_____ 1. 藍牙是何種無線電？
　　(A) 低功率、長距離　　　　　　(B) 高功率、長距離
　　(C) 低功率、短距離　　　　　　(D) 高功率、短距離。

_____ 2. ESP32 使用藍牙來傳輸資料，其遵守的規格是
　　(A) 立體聲音訊傳輸規範（advance audio distribution profile，A2DP）
　　(B) 人機介面規範（human interface device profile，HID）
　　(C) 免手持裝置規範（hands-free profile，HFP）
　　(D) 序列埠規範（Serial Port Profile，SPP）。

_____ 3. 以傳送資料的角度來看，若是一個提出請求、另一個回應請求，這種架構稱為
　　(A) 主從式架構（client-server）　　(B) 點對點
　　(C) 主從模式（master/slave）　　　(D) 匯流排式。

_____ 4. 以設備的連線方式來看，只有特定一方才能提出連線需求，另一方只能回應，這種架構稱為
　　(A) 主從式架構（client-server）　　(B) 點對點
　　(C) 主從模式（master/slave）　　　(D) 匯流排式。

_____ 5. 設備的訊息傳遞，主要是以何種編碼傳輸？
　　(A) UTF-8　　　　　　　　　　(B) ASCII
　　(C) Big-5　　　　　　　　　　 (D) Unicode。

_____ 6. 在 ESP32 的藍牙連線中，是以何者來辨別不同的設備？
　　(A) ESP32 名稱　　　　　　　　(B) MAC 位址
　　(C) 藍牙名稱　　　　　　　　　(D) IP 位址。

_____ 7. Wi-Fi 基地台，通常以何種作為身分識別？
　　(A) SSID　　　　　　　　　　　(B) IP 位址
　　(C) MAC 位址　　　　　　　　　(D) 藍牙名稱。

_____ 8. 要將 ESP32 作為基地台，必須使用何種指令？
　　(A) WiFi.begin( )　　　　(B) WiFi.localIP( )
　　(C) http.GET( )　　　　　(D) WiFi.softAP( )。

_____ 9. http 傳輸中，GET 方法的主要特色是
　　(A) 資料透過序列埠傳輸　(B) 資料另外開通道傳輸
　　(C) 資料夾在 http 訊息中　(D) 資料夾在網址列後方。

_____ 10. http 傳輸中，POST 方法的主要特色是
　　(A) 資料透過序列埠傳輸　(B) 資料另外開通道傳輸
　　(C) 資料夾在 http 訊息中　(D) 資料夾在網址列後方。

_____ 11. 伺服器回傳 http 狀態碼：200，代表什麼意思？
　　(A) OK　　　　　　　　　(B) Not Found
　　(C) Internal Server error　(D) Bad Request。

_____ 12. 伺服器回傳 http 狀態碼：404，代表什麼意思？
　　(A) OK　　　　　　　　　(B) Not Found
　　(C) Internal Server error　(D) Bad Request。

_____ 13. HTML 語法中，<a href=https://www.google.com.tw/>Google</a> 代表什麼意思？
　　(A) 設定字型　　　　　　(B) 換行
　　(C) 建立表格　　　　　　(D) 建立一個連到 Google 的超連結。

_____ 14. HTML 語法中，<BR> 代表什麼意思？
　　(A) 設定字型　　　　　　(B) 換行
　　(C) 建立表格　　　　　　(D) 建立一個連到 Google 的超連結。

_____ 15. 通常我們說的「從網路取得時間」，是什麼服務？
　　(A) DNS　　　　　　　　(B) FTP
　　(C) NTP　　　　　　　　(D) BBS。

# 4

# 聲光輸出篇

**4-1** 七段顯示器

**4-2** OLED

**4-3** 蜂鳴器

**4-4** WS2812B 全彩 RGB LED

## 4-1　七段顯示器

七段顯示器在生活中是很常見的東西，例如：數位時鐘、停車場計數器等應用，如圖 4-1(a) 所示為單一位數七段顯示器的腳位圖與各字節的定義圖，七段顯示器係以 LED 組合而成的數字顯示器，依其結構又可分為共陽極與共陰極兩種，如圖 4-1(b)(c) 所示。共陽極就是將所有 LED 的陽極接在一起，而共陰極就是將所有 LED 的陰極接在一起，無論是共陽或是共陰極的顯示器，其共接的腳位稱為共同端（com）。

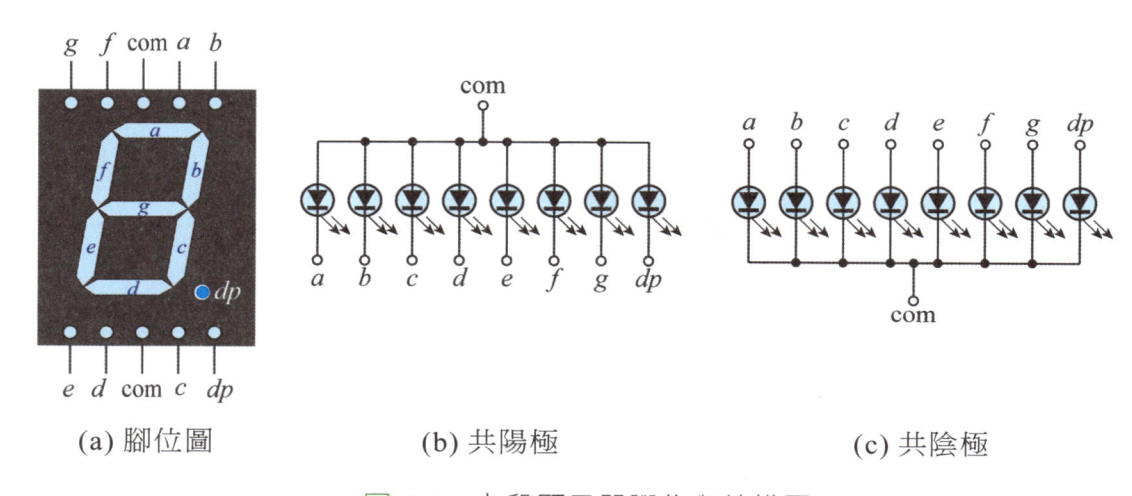

(a) 腳位圖　　　　(b) 共陽極　　　　(c) 共陰極

• 圖 4-1　七段顯示器腳位與結構圖

欲顯示數字 0，只要點亮字節 a, b, c, d, e, f；而數字 1，只要點亮 b, c 字節，其餘如圖 4-2 所示。而依共陽與共陰結構之不同，點亮相應位置之字節的電位亦有所不同，如：數字 1，應點亮的字節為 b, c，共陽極的共同端（com）接至電源正極，給予 b, c 字節低電位；而共陰極的共同端（com）則是接至電源負極（GND），而 b, c 字節給予高電位。

• 圖 4-2　七段顯示器數字圖

在撰寫程式之前，我們必須建立各數字的字型碼，在表 4-1 中所示，是以共陰極為範本所建立的，若使用共陽極的七段顯示器只需將其取反相。

• 表 4-1　七段顯示器數字 0～9 字型碼表

| 數字 | dp | g | f | e | d | c | b | a | 字型碼 |
|---|---|---|---|---|---|---|---|---|---|
| 0 | 0 | 0 | 1 | 1 | 1 | 1 | 1 | 1 | 0x3f |
| 1 | 0 | 0 | 0 | 0 | 0 | 1 | 1 | 0 | 0x06 |
| 2 | 0 | 1 | 0 | 1 | 1 | 0 | 1 | 1 | 0x5b |
| 3 | 0 | 1 | 0 | 0 | 1 | 1 | 1 | 1 | 0x4f |
| 4 | 0 | 1 | 1 | 0 | 0 | 1 | 1 | 0 | 0x66 |
| 5 | 0 | 1 | 1 | 0 | 1 | 1 | 0 | 1 | 0x6d |
| 6 | 0 | 1 | 1 | 1 | 1 | 1 | 0 | 1 | 0x7d |
| 7 | 0 | 0 | 0 | 0 | 0 | 1 | 1 | 1 | 0x07 |
| 8 | 0 | 1 | 1 | 1 | 1 | 1 | 1 | 1 | 0x7f |
| 9 | 0 | 1 | 1 | 0 | 1 | 1 | 1 | 1 | 0x6f |

## 例 4-1 ｜ 0～9 上數計數器，每隔一秒加 1

**｜接線圖｜**

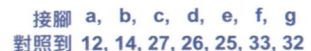

• 圖 4-3　ESP32 與七段顯示器接線圖

## ▎接線說明 ▎

| ESP32 腳位 | MEB3.0 七段顯示器（共陰）腳位 |
|---|---|
| GPIO12 | a |
| GPIO14 | b |
| GPIO27 | c |
| GPIO26 | d |
| GPIO25 | e |
| GPIO33 | f |
| GPIO32 | g |
| GPIO13 | dp |
| 3.3V | com4 |
| 3.3V | VCC |
| GND | GND |

## ▎程式碼 ▎

```
01  /*
02   * 例4-1：0~9上數計數器，每隔一秒加1
03   */
04  const byte _7SegCode[10] = {0x3f, 0x06, 0x5b, 0x4f, 0x66, 0x6d, 0x7d,
05  0x07, 0x7f, 0x6f};      //七段顯示器0~9字型碼
06  //字節對應GPIO腳位，依序為a b c d e f g dp
07  const byte _7SegPin[8] = {12,14,27,26,25,33,32,13};
08
09  void setup() {
10    for(int i=0;i<8;i++) {
11      pinMode(_7SegPin[i], OUTPUT);     //設定GPIO為OUTPUT
12    }
13  }
14
15  void loop() {
16    for(int cnt=0;cnt<10;cnt++) {       //從0開始計數至9
17      for(int seg=0;seg<8;seg++)  {     //分八次寫入GPIO腳位
18        //將字型碼寫入所對應GPIO腳位
19        digitalWrite(_7SegPin[seg], (_7SegCode[cnt] >> seg) & 0x01);
20      }
21      delay(1000);
22    }
23  }
```

## 程式說明

```
for(int seg=0;seg<8;seg++)  {
  //將字型碼寫入所對應GPIO腳位
  digitalWrite(_7SegPin[seg], (_7SegCode[cnt] >> seg) & 0x01);
}
```

此段程式的目的為將字型碼寫入 ESP32 相對應的 GPIO 腳位,每次僅能寫入一個位元,故一位元組的字型碼必須分 8 次寫入,因此,我們使用

`for(int seg=0;seg<8;seg++)`

來完成重複性的工作。而寫入 GPIO 的函式則為 digitalWrite 函式如:

`digitalWrite(_7SegPin[seg], (_7SegCode[cnt] >> seg) & 0x01);`

其中:

1. _7SegPin[seg] 為 GPIO 腳位,seg 為變數;
2. (_7SegCode[cnt] >> seg) & 0x01 則是決定要送出的訊號為 HIGH 或是 LOW 的運算。

## 舉例說明

欲顯示的數字為 0(cnt=0),_7SegCode[cnt]=0x3f,其 GPIO 腳位與輸出邏輯對照圖,如表 4-2 所示。

• 表 4-2　GPIO 腳位與輸出邏輯對照表

| 字節 | dp | g | f | e | d | c | b | a |
|---|---|---|---|---|---|---|---|---|
| GPIO | 13 | 32 | 33 | 25 | 26 | 27 | 14 | 12 |
| 邏輯 | 0 | 0 | 1 | 1 | 1 | 1 | 1 | 1 |

其操作步驟如下:

**Step 1** ▶ 當 seg=0 時,ESP32 GPIO 腳位為 12(_7SegPin[seg]=12),_7SegCode[cnt]=0x3f;將數據 0x3f 右移 0 位元(_7SegCode[cnt] >> seg)之後為 0x3f,最後再與 0x01 作 AND 運算即可取出最後一位元資料(0x3f and 0x01 = 0x01),再將此資料寫入 GPIO12。

159

**Step 2 ▶** 當 seg=1 時，ESP32 GPIO 腳位為 14（_7SegPin[seg]=14），_7SegCode[cnt]=0x3f；將數據 0x3f 右移 1 位元（_7SegCode[cnt] >> seg）之後為 0x1f，最後再與 0x01 作 AND 運算即可取出最後一位元資料（0x1f and 0x01 = 0x01），再將此資料寫入 GPIO14。

**Step 3 ▶** 其餘以此類推。

### 多位元七段顯示器

如圖 4-4 所示為一 4 位元共陰極七段顯示器使用電路圖，由圖中我們可見四顆七段顯示器的字節為共用接腳，其操作方式為利用人類視覺暫留的原理，例如：當顯示數字 0 時，字型碼為 0x3f，也就是這四顆七段顯示器的字節會同時獲得數值 0x3f。

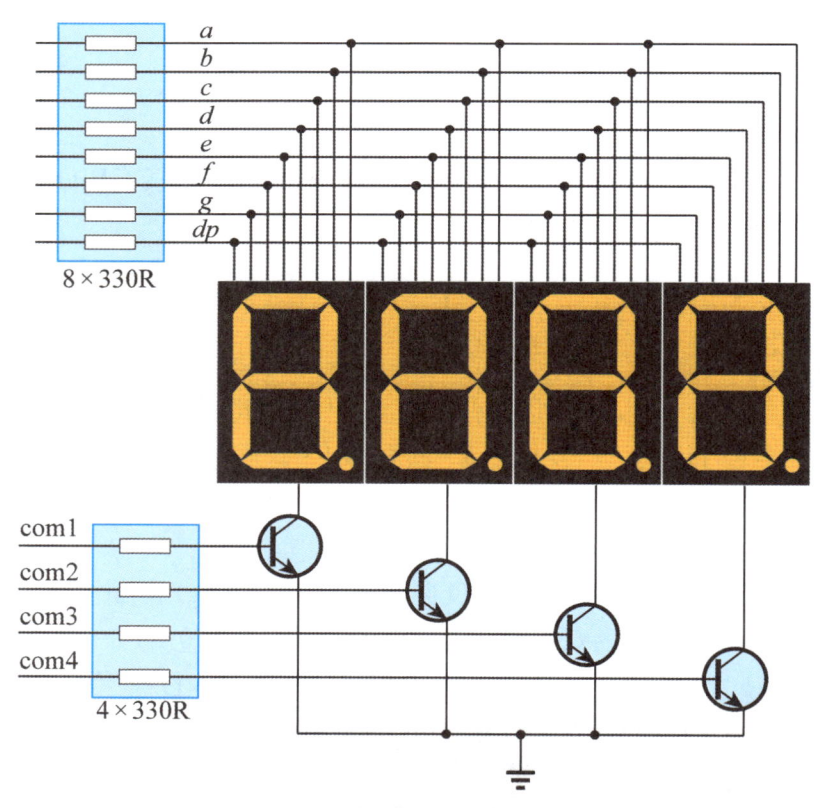

● 圖 4-4　4 位元共陰極七段顯示器使用電路圖

## Q&A

**四顆七段顯示器會全部顯示數字 0 嗎？**

答：有可能，但只要我們控制四個共同端（com1～com4）就可以控制其顯示位置。如圖 4-4 電路中的電晶體作為開關使用，如：com1～4 = 1000 時，最左邊的電晶體導通，則最左邊的七段顯示器正常工作，其餘三顆則為 OFF 狀態。

舉例來說，欲顯示「1234」，①首先 com1～4 設為 0001；②接下來送出數字「4」的字型碼，此時數字「4」將顯示在最右邊；③ com1～4 設為 0010；④送出數字「3」的字型碼，此時數字「3」將顯示在右二位置。

餘以此類推，其操作流程如圖 4-5 所示，只要這四個位元切換速度比人類視覺暫留時間（約 $\frac{1}{16}$ 秒）還要來的快，人類的眼睛將不會查覺此四個數字會是分開顯示的。

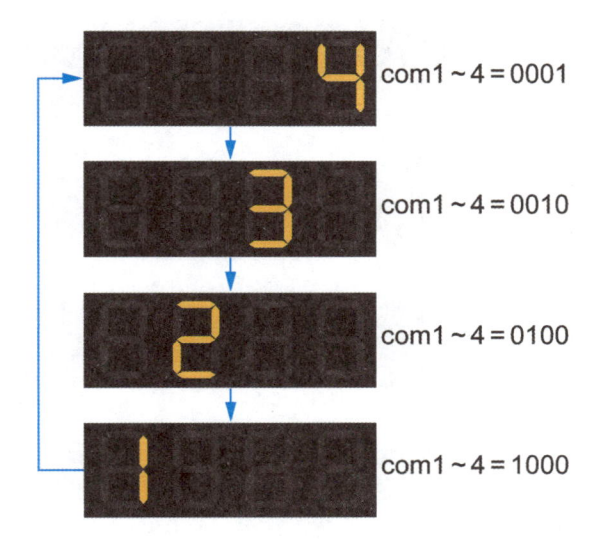

- 圖 4-5　4 位元七段顯示器操作流程圖

## 例 4-2 | 0～9999 上數計數器

**│接線圖│**

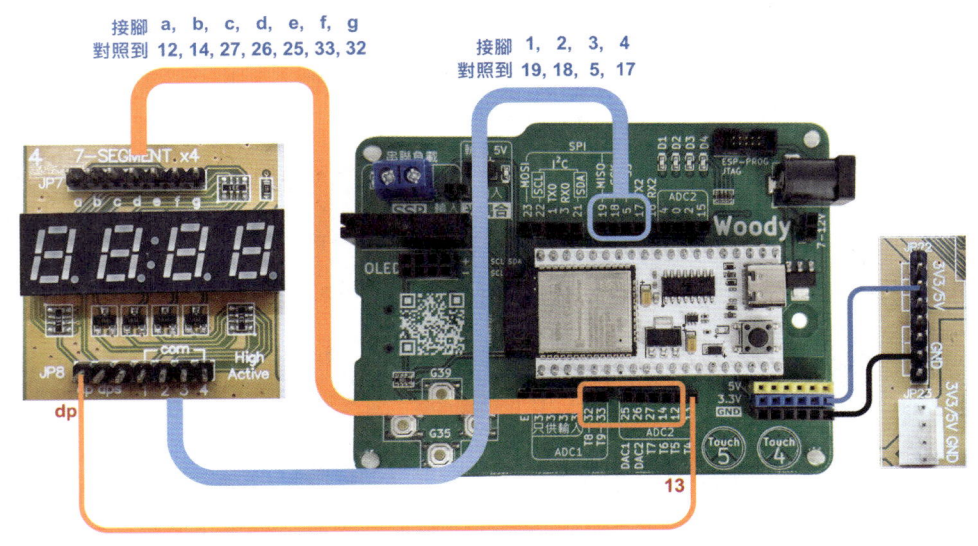

接腳 a, b, c, d, e, f, g
對照到 12, 14, 27, 26, 25, 33, 32

接腳 1, 2, 3, 4
對照到 19, 18, 5, 17

• 圖 4-6　ESP32 與四位元七段顯示器接線圖

**│接線說明│**

| ESP32 腳位 | MEB3.0 七段顯示器（共陰）腳位 |
| --- | --- |
| GPIO12 | a |
| GPIO14 | b |
| GPIO27 | c |
| GPIO26 | d |
| GPIO25 | e |
| GPIO33 | f |
| GPIO32 | g |
| GPIO13 | dp |
| GPIO19 | com1 |
| GPIO18 | com2 |
| GPIO5 | com3 |
| GPIO17 | com4 |
| 3.3V | VCC |
| GND | GND |

## 程式碼

```
/*
 * 例4-2：0~9999上數計數器
 */
const byte _7SegCode[10] = {0x3f, 0x06, 0x5b, 0x4f, 0x66, 0x6d, 0x7d,
0x07, 0x7f, 0x6f};                        //數字0~9字型碼
//字節對應GPIO腳位，依序為 a b c d e f g dp
const byte _7SegPin[8] = {12,14,27,26,25,33,32,13};
const byte _7ComPin[4] = {19,18,5,17};
//com1->19,com2->18,com3->5,com4->17
const byte com[4][4]={{0,0,0,1},          //com4正常工作，其餘off
                      {0,0,1,0},          //com3正常工作，其餘off
                      {0,1,0,0},          //com2正常工作，其餘off
                      {1,0,0,0}};         //com1正常工作，其餘off
int thous, hund, tens, units;

void setup() {
  for(int i=0;i<8;i++) {
    pinMode(_7SegPin[i], OUTPUT);     //設定ESP32 GPIO為輸出
  }
  for(int x=0;x<4;x++)   {
    pinMode(_7ComPin[x], OUTPUT);     //設定ESP32 GPIO為輸出
  }
}

void loop() {
  for(int cnt=0;cnt<10000;cnt++) {
    thous = cnt/1000;                 //取出千位數
    hund = cnt%1000/100;              //取出百位數
    tens = cnt%100/10;                //取出十位數
    units = cnt%10;                   //取出個位數
    byte Value[4] = {units, tens, hund, thous};
    //顯示順序為個位->十位->百位->千位
    for(int scan=0;scan<4;scan++) {              //com1~4掃描碼
      for(int j=0;j<4;j++)   {
        digitalWrite(_7ComPin[j], com[scan][j]);   //分別寫入com1~4
```

```
36        }
37      for(int seg=0;seg<8;seg++)   {              //七段顯示器顯示數字
38        digitalWrite(_7SegPin[seg], (_7SegCode[Value[scan]] >> seg) &
39                  0x01);
40      }
41    delay(2);
42    }
43  }
44 }
```

## 程式說明

```
thous = cnt / 1000;          //取出千位數
hund  = cnt % 1000 / 100;    //取出百位數
tens  = cnt % 100 / 10;      //取出十位數
units = cnt % 10;            //取出個位數
```

將每位數字分離，例如：數字為 1234，我們要將它分為 1、2、3、4，千位數部分：將 1234/1000 後取其商為「1」；百位數部分：1234 除以 1000 取餘數得「234」再除 100 取商得「2」，十位數與個位數可以透過類似的方式將其分離。

```
for(int scan=0;scan<4;scan++) {                    //com1~4掃描碼
  for(int j=0;j<4;j++)   {
    digitalWrite(_7ComPin[j], com[scan][j]);       //分別寫入com1~4
  }
  for(int seg=0;seg<8;seg++)   {                   //七段顯示器顯示數字
    digitalWrite(_7SegPin[seg], (_7SegCode[Value[scan]] >> seg) &
              0x01);
  }
delay(2);
}
```

上面的程式碼為顯示四位元之數字，其流程為：

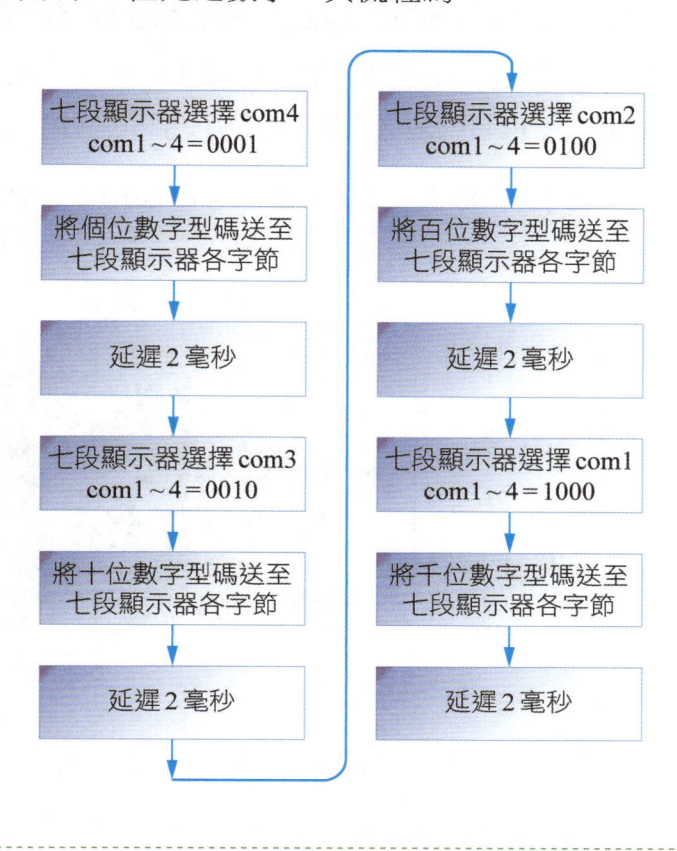

```
七段顯示器選擇com4          七段顯示器選擇com2
com1～4＝0001              com1～4＝0100
      ↓                         ↓
將個位數字型碼送至          將百位數字型碼送至
七段顯示器各字節            七段顯示器各字節
      ↓                         ↓
   延遲2毫秒                  延遲2毫秒
      ↓                         ↓
七段顯示器選擇com3          七段顯示器選擇com1
com1～4＝0010              com1～4＝1000
      ↓                         ↓
將十位數字型碼送至          將千位數字型碼送至
七段顯示器各字節            七段顯示器各字節
      ↓                         ↓
   延遲2毫秒                  延遲2毫秒
```

## 例 4-3 │ 使用函式庫操作七段顯示器

在例 4-1 學到七段顯示器的基礎原理，在實際使用時，可以使用函式庫來簡化工作，不必每次都重新造輪子，這才是函式庫的目的。

電路圖如下，接線時注意，和例 4-1 不同，總共接 8 支腳，有接到七段顯示器的 dp 點。

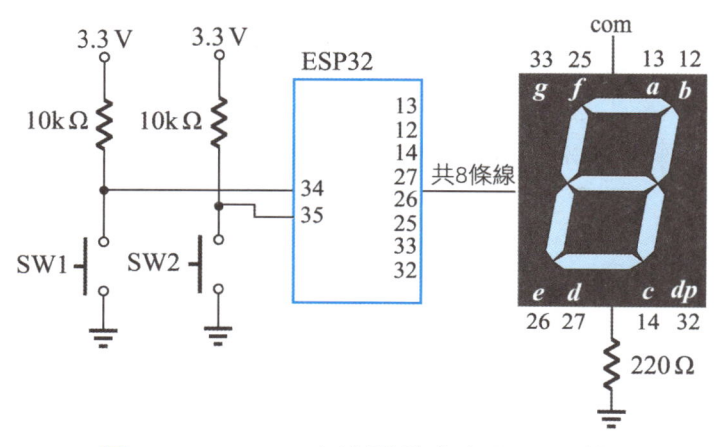

- 圖 4-7　ESP32 直接驅動七段顯示器接線

開啟程式庫管理員，搜尋「sevseg」關鍵字，可以找到函式庫，安裝它。

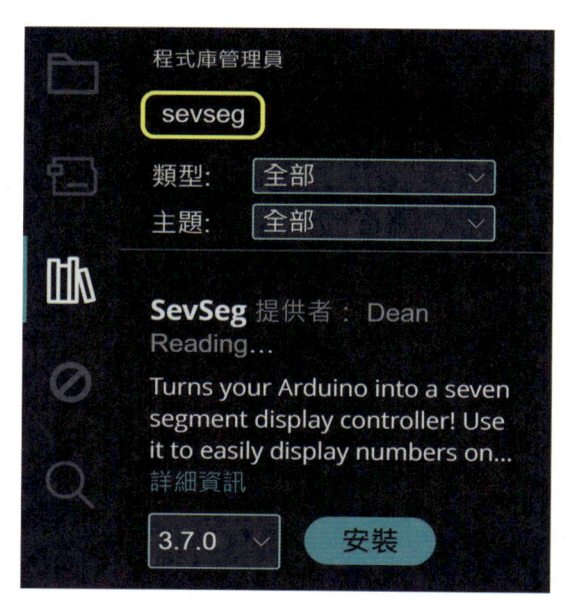

- 圖 4-8　使用作者為 DeanIsMe 的函式庫

本例動作條件為：

- 按下 SW1 時，七段顯示器加 1，加到 9 則停止再增加；
- 按下 SW2 時減 1，減到 0 時停止再減少。

**┃程式碼┃**

```
01  /*
02   * 例4-3：透過按鈕計數，顯示在七段顯示器
03   */
04
05  #include "SevSeg.h"         //引用七段顯示器函式庫
06  SevSeg sevseg;              //宣告物件，名為 sevseg
07
08  const byte sw1 = 34;        //按一下，往上計數
09  const byte sw2 = 35;        //按一下，往下計數
10  int counter = 0;            //計數值初始值為0
11
12  void setup() {
13    pinMode(sw1, INPUT);      //兩個按鈕設定為輸入模式
14    pinMode(sw2, INPUT);
15    byte digitPins[]={15};    //隨意指定一支沒用到的接腳
16    byte segmentPins[] = { 13, 12, 14, 27, 26, 25, 33, 32 };
17    //七段顯示器a到dp的燈管接腳
18    sevseg.begin(COMMON_CATHODE, 1, digitPins, segmentPins, true, false,
19                 false, true);
20    //共陰極、1個七段顯示器、共同接腳、燈管接腳、接腳沒有接電阻器、更新不延
21       遲、前面不放0、不用小數點
22
23  }
24
25  void loop() {
26
27    if (digitalRead(sw1) == false) {      //如果按了加一
28      delay(20);                          //延時20ms
29      if (digitalRead(sw1) == false) {    //再次確認是否按下
30        while (digitalRead(sw1) == false)
31          ;                               //當開關還沒放開，什麼事都不做
```

```
32        if (counter < 9) {              // 如果還沒加到9
33          counter++;                    // 加1
34        }
35      }
36    }
37    if (digitalRead(sw2) == false) {    // 如果按了減一
38      delay(20);                        // 延時20ms
39      if (digitalRead(sw2) == false) {  // 再次確認是否按下
40        while (digitalRead(sw2) == false)
41          ;                             // 當開關還沒放開，什麼事都不做
42        if (counter > 0) {              // 如果還沒減到0
43          counter--;                    // 減1
44        }
45      }
46    }
47    sevseg.setNumber(counter);          // 顯示數字到七段顯示器
48    sevseg.refreshDisplay();            // 七段顯示器顯示
49  }
```

### 延伸練習

1. 這個函式庫也是可以輸出字元的，例如：sevseg.setChars("A"); 就可以顯示字母 A，嘗試看看輸出字母的功能。

## 4-2 OLED

　　OLED 的全名是有機發光二極體（Organic Light-Emitting Diode），它具有自發光性、高反應速率等優點。我們使用的是 0.96 寸的 OLED，0.96 寸指的是螢幕的對角線長度。

簡易硬體規格如下：
1. 採用 I$^2$C 界面，位址 0x3C。
2. 解析度：128×64。
3. 可視角度：大於 160°。
4. 低功耗：全部點亮時 0.08W。
5. 電壓：3V～5V。

● 圖 4-9

　　OLED 螢幕的原點在左上角，X 軸向右數值增大；Y 軸向下數值增大。

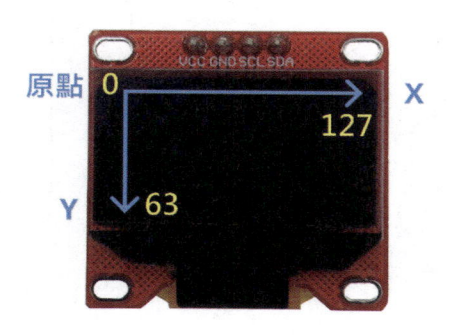

● 圖 4-10

　　最早推出 OLED 函式庫為 Adafruit 公司，但要顯示中文字必須以圖形方式轉換。後來出現 u8g2 函式庫（Universal 8bit Graphics Library 第二版），可以直接印出中文字，使用起來方便多了。

● 圖 4-11　u8g2 標誌

在 Arduino IDE 的程式庫管理員，搜尋 u8g2，並安裝它。

• 圖 4-12　安裝作者為 oliver 的函式庫

OLED 接線圖如圖 4-13，因為走的是 I²C 介面，只要將相同標記的線互相對接即可。

Woody 開發輔助板預接兩組 OLED 插座，分別為 VCC、GND、SCL、SDA 以及 GND、VCC、SCL、SDA 兩種，適用市面上常見的兩種 I²C 介面 0.96 吋 OLED，如圖 4-14 所示，只要找到正確的接腳序，再插上即可。

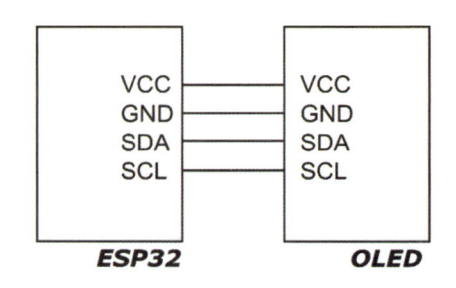

• 圖 4-13　OLED 接線圖

• 圖 4-14　方便的 OLED 插槽

## 例 4-4 | 輸出英數字

針對程式碼，以下幾點稍作說明：

#include <Wire.h> 因為 $I^2C$ 是有版權的，所以有另一個功能相容、只有名字不一樣的函式庫，稱為 Wire.h。

U8g2 提供了三種記憶體管理方式，其中 Page Buffer 記憶體使用量較少、硬體相容性較高，因此選用此法來管理記憶體。所以你會在程式碼中看到 firstPage( ) 和 nextPage( ) 指令。

顯示文字前，先使用 setCursor( ) 設定座標，由於游標在字形的左下角，至少要把 Y 座標往下拉約 22 個點（依字型大小而定），讓座標從 (0, 22) 開始。

● 圖 4-15

### | 程式碼 |

```
01  /*
02   * 例4-4：使用u8g2函式庫，顯示Hello World
03   */
04  #include <U8g2lib.h>     //引用u8g2函式庫
05  #include <Wire.h>        //引用wire.h函式庫，以便驅動I2C
06  U8G2_SSD1306_128X64_NONAME_1_HW_I2C u8g2(U8G2_R0, U8X8_PIN_NONE);
07  //硬體設定
08
09  void setup() {
10    u8g2.begin();          //啟動u8g2
```

```
11  }
12
13  void loop() {
14    u8g2.setFont(u8g2_font_10x20_mf);    //指定使用字型
15    u8g2.firstPage();                    //使用Page Buffer的記憶體管理方式
16    do {
17      u8g2.setCursor(0, 22);             //指定座標位置(X,Y);
18      u8g2.print("Hello World!");        //顯示文字
19    } while ( u8g2.nextPage() );
20  }
```

程式上傳後，可以在 OLED 看到如圖 4-16 畫面。

● 圖 4-16

U8g2 提供非常多字體可用，本例使用的 u8g2_font_10x20_mf 字型只不過是其中一種，如果有興趣，可以自行到 https://github.com/olikraus/u8g2/wiki 查看。

## 例 4-5 │ 輸出中文字

　　u8g2 函式庫安裝後，內附的中文字庫都是簡體字，作者已經幫你製作好了，依照教育部公布的 4808 常用字製作，檔名為：u8g2_fonts.c，檔案不小，放在書本所附的資源包中，只要直接把它拷貝到如圖 4-17 目錄中，覆蓋掉原本的檔案即可。

● 圖 4-17

　　Arduino IDE 會將編譯過的部分檔案暫存下來，以加快下一次編譯速度。但反而成為負擔，如果你是從上個範例改程式碼，會使用到之前的舊字庫。請開啟新檔案，重新輸入程式碼，就可以避免這個問題。

　　要輸出中文之前，有幾點需要注意：

1. 中文被編在萬國碼（Unicode）中，並採用 UTF-8 方式編碼，必須在 setup() 中加入 u8g2.enableUTF8Print();，以啟動列印 UTF-8 字元的功能。

2. 作者預先編碼的中文字，命名為 u8g2_font_unifont_t_chinese1，使用前必須先指定使用該字型，才會正常列印出來，語法為：
u8g2.setFont(u8g2_font_unifont_t_chinese1);。

## 程式碼

```
01  /*
02   * 例4-5：使用u8g2函式庫，顯示中文
03   */
04  #include <U8g2lib.h>      //引用u8g2函式庫
05  #include <Wire.h>         //引用wire.h函式庫，以便驅動I2C
06
07  U8G2_SSD1306_128X64_NONAME_1_HW_I2C u8g2(U8G2_R0, U8X8_PIN_NONE);
08  //硬體設定
09
10  void setup() {
11    u8g2.begin();           //啟動u8g2
12    u8g2.enableUTF8Print();
13    //啟用UTF8文字的功能，便可顯示雙位元組的字元（含中文）
14  }
15
16  void loop() {
17    u8g2.setFont(u8g2_font_unifont_t_chinese1);  //指定字型
18    u8g2.firstPage();
19    do {
20      u8g2.setCursor(0, 15);                     //指定座標位置(X,Y);
21      u8g2.print("健康快樂");                     //輸出中文字
22    } while (u8g2.nextPage());
23  }
```

程式上傳後，可以在 OLED 看到如圖 4-18 畫面。

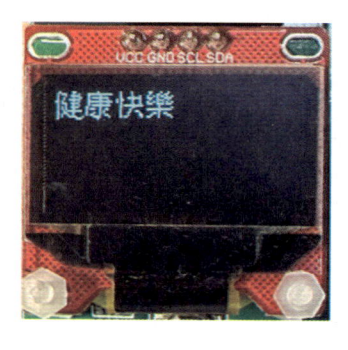

● 圖 4-18

## 例 4-6 顯示圖片

一般來說，圖片屬於二進位檔。但在這裡，我們反而要將它編碼為 C 語言的陣列形式，這種檔案格式名為 XBM（X BitMap）。

詳細操作如下：

1. 開啟小畫家，在【檔案】→【影像內容】設定畫布大小為寬度：128、高度：64 相素，如圖 4-19。

2. 畫上你喜歡的圖。

3. 另存成 JPG 格式。

4. 開啟線上工具：https://convertio.co/jpg-xbm/，將圖檔讀入，並下載轉換好的圖檔，如圖 4-20。

5. 使用「記事本」軟體，打開該 XBM 檔，如圖 4-21。

6. 拷貝編碼的內容到本例的程式碼中，標記網底處即可。

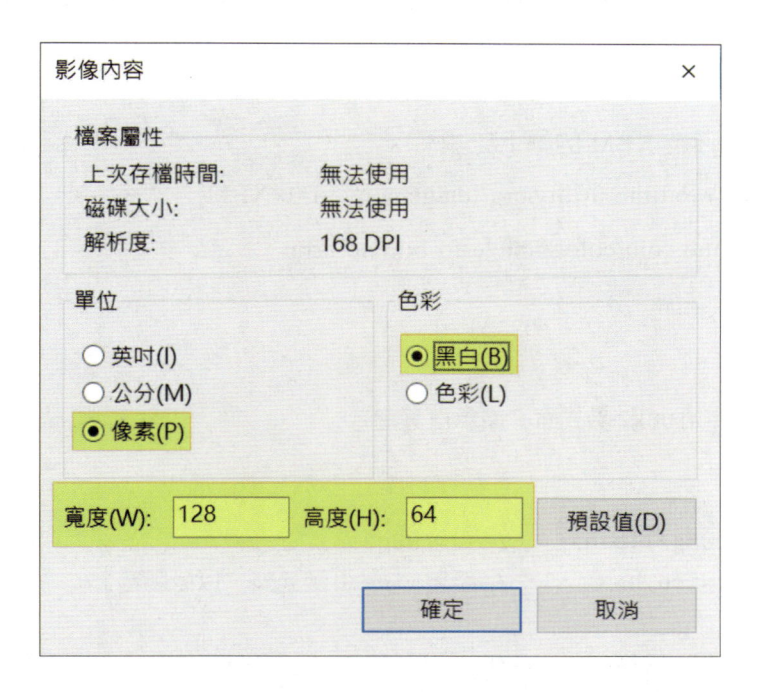

- 圖 4-19　設定黑白、128×64 像素

• 圖 4-20　圖檔轉換器

• 圖 4-21　拷貝 XBM 檔中，陣列內容即可

> 註　其餘轉換圖形為 XBM 的線上工具有：
> ・https://www.online-utility.org/image/convert/to/XBM
> ・https://github.com/coloz/image-to-bitmap-array

**│程式碼│**

```
01  /*
02   * 例4-6：使用u8g2函式庫，顯示自訂圖片
03   */
04
05  #include <U8g2lib.h>      //引用u8g2函式庫
06  #include <Wire.h>         //引用wire.h函式庫，以便驅動I2C
07
08  U8G2_SSD1306_128X64_NONAME_1_HW_I2C u8g2(U8G2_R0, U8X8_PIN_NONE);
09  //硬體設定
10
```

```
11  //轉換出來的圖放這裡，圖形名稱取為myImage1
12  static const unsigned char PROGMEM myImage1[] ={
13  0X00,0X00,0X00,0X00,0X00,0X00,0X00,0X00,0X00,0X00,0X00,0X00,0X00,0X00,
14                     為節省篇幅，只節錄2行，實際上很多
15  0X00,0X00,0X00,0X00,0X00,0X00,0X00,0X00,0X00,0X00,0X00,0X00,0X00,0X00,
16  };
17
18  void setup() {
19    u8g2.begin();
20  }
21
22  void loop() {
23    u8g2.firstPage();
24    do {
25      u8g2.drawXBMP(0, 0, 128, 64, myImage1);        //將圖畫出來
26      //參數為：(x座標，y座標，圖寬,圖高,圖形陣列名稱)
27    } while ( u8g2.nextPage() );
28  }
```

程式上傳後，可以在 OLED 看到如圖 4-22 畫面。

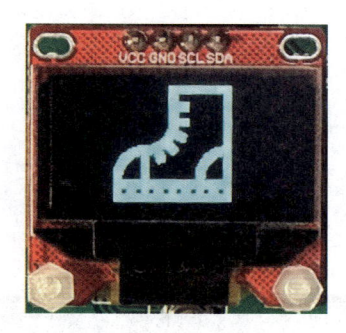

● 圖 4-22

## 例 4-7 │ 顯示動畫

所謂的動畫，就是一張張圖片依序播放，請同學發揮想像力，畫個簡易的動畫，讓 OLED 依序顯示。並且練習將這些資料另存成一個 .h 檔，將它引用進來，以降低主程式的複雜度。

詳細操作如下：

1. 利用小畫家，畫 3 張動作連續的圖，分別取名 1.png、2.png、3.png，如圖 4-23 所示。

• 圖 4-23

2. 到 https://convertio.co/png-xbm/，將圖檔讀入，並下載轉換好的圖檔。

3. 將轉好的圖檔，副檔名 xbm 改為 h，這種檔案可被 Arduino IDE 自動讀入。

4. 把這些檔案，和程式檔（*.ino）放在一起，如圖 4-24 所示。

5. 把程式檔（*.ino）打開，就會看到 Arduino IDE 自動讀入 1.h、2.h、3.h，如圖 4-25 所示。

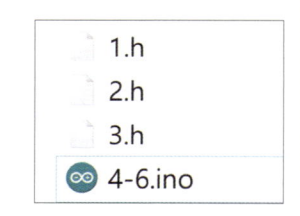

• 圖 4-24

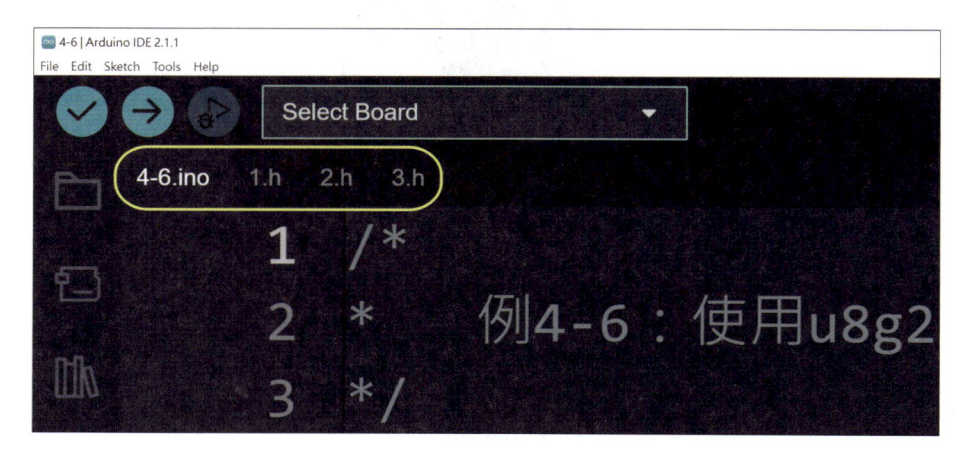

• 圖 4-25

6. 點選 1.h，刪除前 2 行，把陣列的名字改為 img1。前面的宣告改為 static const unsigned char PROGMEM。改完的樣子如圖 4-26 所示，剩下 2 個檔案以此類推。

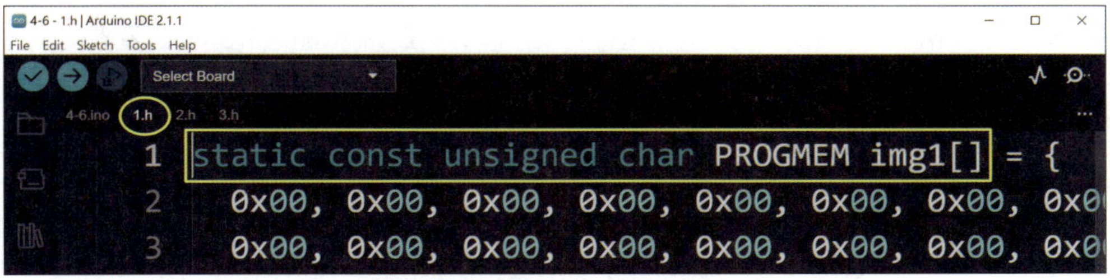

• 圖 4-26

**| 程式碼 |**

```
01  /*
02   * 例4-7：使用u8g2函式庫，顯示動畫
03   */
04  #include "1.h";         //引用第一張圖的檔案
05  #include "2.h";         //引用第二張圖的檔案
06  #include "3.h";         //引用第三張圖的檔案
07  #include <U8g2lib.h>    //引用u8g2函式庫
08  #include <Wire.h>       //引用wire.h函式庫，以便驅動I2C
09
10  U8G2_SSD1306_128X64_NONAME_1_HW_I2C u8g2(U8G2_R0, U8X8_PIN_NONE);
11  //硬體設定
12
13  void setup() {
14    u8g2.begin();          //驅動u8g2物件
15  }
16
17  void loop() {
18    u8g2.firstPage();
19    do {
20      u8g2.drawXBMP(0, 0, 128, 64, img1);   //將第一張圖畫出來
21    } while ( u8g2.nextPage() );
22    delay(500);                              //圖和圖之間的播放延時
```

```
23    //以下就是重覆的動作,播放後續的圖片
24    u8g2.firstPage();
25    do {
26      u8g2.drawXBMP(0, 0, 128, 64, img2);   //將第二張圖畫出來
27    } while ( u8g2.nextPage() );
28    delay(500);                              //圖和圖之間的播放延時
29
30    u8g2.firstPage();
31    do {
32      u8g2.drawXBMP(0, 0, 128, 64, img3);   //將第三張圖畫出來
33    } while ( u8g2.nextPage() );
34    delay(500);                              //圖和圖之間的播放延時
35 }
```

程式上傳後,可以在 OLED 看到動畫,如圖 4-27 所示,當然這一張是截圖。

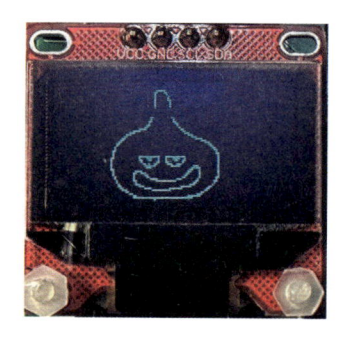

● 圖 4-27

## 4-3 蜂鳴器

想要讓 ESP32 發出聲音，通常會採用蜂鳴器（buzzer），因為它的結構簡單，所以音質並不佳。蜂鳴器分成有源以及無源兩種，有源蜂鳴器內建振盪電路，所以只要通電它就會發出聲音；而無源蜂鳴器如圖 4-28，必須供應 PWM 信號，振動它以發出聲音。

● 圖 4-28　無源蜂鳴器

無源蜂鳴器接線方式相當簡單，只要把它標示 + 的接腳接到 ESP32 的接腳，另一支接到 GND 即可。

### 程式部分

使用 PWM 輸出就可以使蜂鳴器發出聲音，指令操作步驟整理如圖 4-29，ledcAttach( ) 函式請參閱第 2-2.2 節。

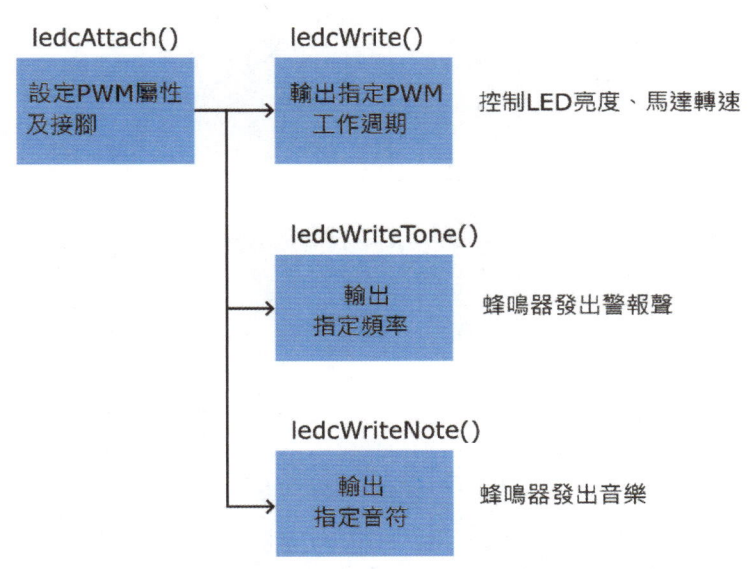

| ledcAttach()<br>設定PWM屬性及接腳 | ledcWrite()<br>輸出指定PWM工作週期 | 控制LED亮度、馬達轉速 |
| --- | --- | --- |
|  | ledcWriteTone()<br>輸出指定頻率 | 蜂鳴器發出警報聲 |
|  | ledcWriteNote()<br>輸出指定音符 | 蜂鳴器發出音樂 |

● 圖 4-29　PWM 相關指令操作步驟及用途

要讓 ESP32 發出聲音的指令有二種。第一種指令，適合讓蜂鳴器發出警報聲、電話聲等音效。語法如下：

```
ledcWriteTone(接腳, 頻率);
```

**│說明│**

下達指令後，必須加上延時指令 delay()，讓此信號持續一段時間，才能有聲音出來，否則信號只會發出一瞬間就停止了。

例：

```
ledcWriteTone(25,800);    //從第25腳輸出頻率800Hz
delay(500);               //播放0.5秒
```

## 例 4-8 │ 發出特定頻率的聲音

只發出特定頻率聲音，適用的場合是警報聲，或是嗶聲之類的提示音，電腦開機時嗶一聲、接收到訊息時嗶一聲等用途。接線如圖 4-30，若覺得蜂鳴器聲音太吵，電阻值請自己測試到感覺舒適的音量為止。

**│接線圖│**

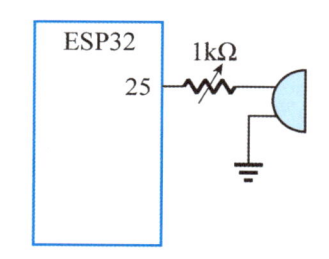

● 圖 4-30　蜂鳴器接線圖

**│程式碼│**

```
01  /*
02   * 例4-8：從蜂鳴器發出特定頻率的聲音，發聲0.5秒；停止0.5秒
03   */
04
05  const byte buzzerPin = 25;            //蜂鳴器接於第25腳
06
07  void setup() {
08    ledcAttach(buzzerPin, 1000, 8);     //接腳，頻率1000Hz，解析度8位元
```

```
09
10      for (int i = 1; i <= 3; i++) {      //播放3次就好
11        ledcWriteTone(buzzerPin, 800);    //發聲,頻率為800Hz
12        delay(500);                       //持續發聲0.5秒
13        ledcWriteTone(buzzerPin, 0);      //發聲,頻率0Hz代表靜音
14        delay(500);                       //持續發聲0.5秒
15      }
16    }
17
18    void loop() {}                        //本例沒用到
```

> **延伸練習**
>
> 2. 電腦開機時會有很短的一個嗶聲,請修改參數,能否調出這種聲音呢?

## 例 4-9 │ 發出傳統電話鈴聲

傳統電話鈴聲的特色,是兩個不同頻率的聲音快速切換,讓我們實作看看。

※ 接線圖同例 4-8。

**┃程式碼┃**

```
01  /*
02   * 例4-9:從蜂鳴器發出電話鈴聲
03   */
04
05  const byte buzzerPin = 25;              //蜂鳴器接於第25腳
06
07  void setup() {
08    ledcAttach(buzzerPin, 1000, 8);       //接腳,頻率1000Hz,解析度8位元
09  }
10
11  void loop() {
12    for (int i = 0; i <= 13; i++) {       //響鈴14次
```

```
13      ledcWriteTone(buzzerPin, 700);     //發聲，頻率為700Hz
14      delay(50);
15      ledcWriteTone(buzzerPin, 900);     //發聲，頻率為900Hz
16      delay(50);
17    }
18    ledcWriteTone(buzzerPin, 0);         //發聲，頻率0Hz代表靜音
19    delay(1000);
20  }
```

> **延伸練習**
> 3. 嘗試修改不同的頻率，讓蜂鳴器發出不同的電話鈴聲。

## 例 4-10 發出音符聲音

第二種指令，可以指定音調和音符，適合用於讓蜂鳴器播放音樂。語法如下：

`ledcWriteNote(接腳 , 音符 , 音程)`

**｜說明｜**

- 音符（note），指定方法如表 4-3 參數欄位；
- 八度音程（octave），可指定 0 到 7。常用的中音程是 4，音程小於 4 的聲音頻率較低，便宜的蜂鳴器可能會出現破聲；
- 此函式不需加上 delay( )，聲音就可持續發出。

例：從第 25 腳發出最常見的主音：中音 Do

`ledcWriteNote(25, NOTE_C, 4);`     //音符Do，中音程

## 程式碼

```
/*
 * 例4-10：從蜂鳴器發出中音程音符，從Do發音到So
 */

const byte buzzerPin = 25;              //蜂鳴器接於第25腳

void setup() {
  ledcAttach(buzzerPin, 1000, 8);       //接腳，頻率1000Hz，解析度8位元

  int octave = 4;                                    //中音程
  ledcWriteNote(buzzerPin, NOTE_C, octave);   //發出Do音
  delay(200);
  ledcWriteNote(buzzerPin, NOTE_D, octave);   //發出Re音
  delay(200);
  ledcWriteNote(buzzerPin, NOTE_E, octave);   //發出Mi音
  delay(200);
  ledcWriteNote(buzzerPin, NOTE_F, octave);   //發出Fa音
  delay(200);
  ledcWriteNote(buzzerPin, NOTE_G, octave);   //發出So音
  delay(200);
  ledcWriteTone(buzzerPin, 0);                //頻率0Hz代表靜音
}

void loop() {}                                       //本例沒用到
```

## 例 4-11 ｜ 演唱一段音樂

採用 NOTE_C 作為參數，可讓 ESP32 發出 Do 的音，但如果要演唱出一首歌曲，光用文字作為參數，程式會寫到懷疑人生。因此對於大量的音符，還是使用數字表達較方便。為了完整表達所有音符，及升記號（Sharp）、降記號（Flat），因此重新編碼如表4-3及圖4-31。常用的中音，位在音程4。

• 表 4-3　ledcWriteNote( ) 函式參數

| 參數（音名） | 唱名 | 重新編碼 |
| --- | --- | --- |
| NOTE_C | Do | 0 |
| NOTE_Cs |  | 1 |
| NOTE_D | Re | 2 |
| NOTE_Eb |  | 3 |
| NOTE_E | Mi | 4 |
| NOTE_F | Fa | 5 |
| NOTE_Fs |  | 6 |
| NOTE_G | So | 7 |
| NOTE_Gs |  | 8 |
| NOTE_A | La | 9 |
| NOTE_Bb |  | 10 |
| NOTE_B | Si | 11 |
| NOTE_MAX |  | 12 |

註　重新編碼非簡譜，為例 4-11 要用到的。

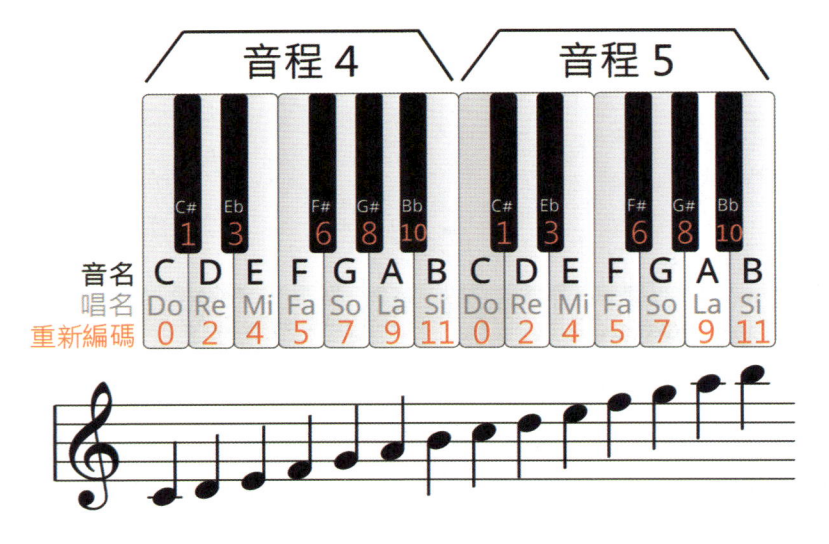

• 圖 4-31　音符、音名、重新編碼對照

本例以經典遊戲：小精靈開頭曲（Pac-Man intro music）為例，樂譜如圖 4-32。由於蜂鳴器只能發出一個頻率的聲音，所以合弦部分無法完成，因此忽略。

• 圖 4-32　經典遊戲：小精靈開頭曲
資料來源：https://musescore.com/user/85429/scores/107109

**| 拍速的計算 |**

由於樂譜並沒有標示拍速，所以可由彈奏者自由發揮。因為樂譜中有 32 分音符，佔用時間最短，以此為時間基準，其餘音符則以時間倍數呈現，整理如表 4-4。

• 表 4-4　本曲使用到的音符及時間關係

|  | 四分音符 | 八分音符 | 16 分音符加點 | 16 分音符 | 32 分音符 |
|---|---|---|---|---|---|
| 音符記號 | ♩ | ♪ | ♪. | ♬ | ♬ |
| 時間倍數 | 8 | 4 | 3 | 2 | 1（基準） |

將整首歌曲的音程、自行編碼、時間倍數，統整成 melody[ ] 陣列，於程式碼中。

## 程式碼

```
/*
 * 例4-11：透過蜂鳴器播放經典遊戲：小精靈開頭曲
 */
const byte buzzerPin = 25;     //蜂鳴器接於第25腳
const int timeBase = 60;       //以32分音符為本曲的時基，時間可以自行修改，
                               //將決定曲目的速度

note_t note[]= {               //以系統預定的自訂型別：note_t，宣告陣列
    NOTE_C, NOTE_Cs, NOTE_D, NOTE_Eb, NOTE_E, NOTE_F, NOTE_Fs,
    NOTE_G, NOTE_Gs, NOTE_A, NOTE_Bb, NOTE_B, NOTE_MAX
};

const int melody[3][31] = {    //樂曲的音程、自行編碼、時間倍數
    {4, 5, 5, 5, 5, 5, 5,      5, 6, 5, 5, 6, 5, 5,
     4, 5, 5, 5, 5, 5, 5,      5, 5, 5, 5, 5, 5, 5, 5, 5, 5},   //音程
    {11, 11, 6, 3, 11, 6, 3,   0, 0, 7, 4, 0, 7, 4,
     11, 11, 6, 3, 11, 6, 3,   3, 4, 5, 5, 6, 7, 7, 8, 9, 11},  //編碼
    {2, 2, 2, 2, 1, 2, 4,      2, 2, 2, 2, 1, 2, 4,
     2, 2, 2, 2, 1, 2, 4,      1, 1, 2, 1, 1, 2, 1, 1, 2, 4}    //時間
};

void setup() {
  ledcAttach(buzzerPin, 1000, 8);      //接腳，頻率1000Hz，解析度8位元

  for (int i = 0; i <= 30; i++) {   //利用迴圈把所有的音符播放出來
    int temp = melody[1][i];        //把樂曲中的自行編碼，從陣列讀出
    note_t myNote = note[temp];     //讀取note[]陣列的資料，其格式為
                                    //note_t，為下一行的參數

    ledcWriteNote(buzzerPin, myNote, melody[0][i]); //發出音符
    delay(melody[2][i] * timeBase);                 //延時：時基 x 倍數

    ledcWriteTone(buzzerPin, 0);    //從通道0發聲，頻率0Hz代表靜音
    delay(timeBase/3);              //短暫的靜音，讓各音符聲音更鮮明
  }
```

```
36  }
37
38  void loop() {}                          //本例沒用到
```

> **延伸練習**
>
> 4. 試著找一首比較簡易的樂曲，自己譜看看。

## 4-4　WS2812B 全彩 RGB LED

R（紅色）、G（綠色）、B（藍色）為光的三原色，只要調整 RGB 三種顏色的比例，即可獲得不同的色彩，例如：R＝255，G＝255，B＝0，組合而成的色彩為黃色，由此可知，黃色是由紅色與綠色所組合而成的，其餘以此類推。

WS2812B 為一全彩 RGB LED，其腳位如圖 4-33 所示，一顆 LED 的色彩係由 RGB 各 8 位元組合而成，故其色彩將會有 $2^{24}$ 種變化，因此該 LED 稱為全彩 RGB LED，各腳位功能如表 4-5 所示。

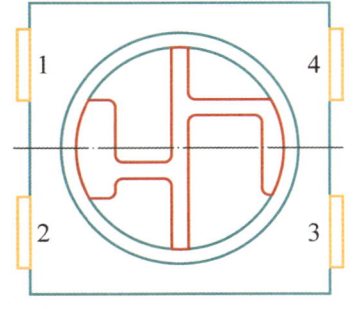

● 圖 4-33　WS2812B 腳位圖

● 表 4-5　WS2812B 腳位功能表

| 腳位 | 功能 | 說明 |
| --- | --- | --- |
| 1 | $V_{DD}$ | 電源供應（+3.5V～+5.3V） |
| 2 | $D_{out}$ | 資料輸出腳位 |
| 3 | $V_{SS}$ | 接地 |
| 4 | $D_{in}$ | 資料輸入腳位 |

以單一顆 WS2812B 色彩控制為例，首先，建立一筆 24 位元的數位資料，分別由 R（紅色）、G（綠色）、B（藍色）各占 8 位元所組合而成的色彩資料，並由 $D_{in}$ 腳位依序輸入 G → R → B 資料。ESP32 由高位元資料先送出，其傳送次序如表 4-6 所示，先送出 G7、再送出 G6，餘以此類推送至 $D_{in}$。

• 表 4-6　24 位元色彩次序

| G7 | G6 | G5 | G4 | G3 | G2 | G1 | G0 | R7 | R6 | R5 | R4 | R3 | R2 | R1 | R0 | B7 | B6 | B5 | B4 | B3 | B2 | B1 | B0 |
|----|----|----|----|----|----|----|----|----|----|----|----|----|----|----|----|----|----|----|----|----|----|----|----|

上述為單一顆 WS2812B 資料傳輸方式與次序，若多顆 WS2812B 要如何連接？且資料要如何傳輸呢？如圖 4-34，我們只要將 D1 的 $D_{out}$ 接至 D2 的 $D_{in}$ 即可，後續的 LED 以此類推。

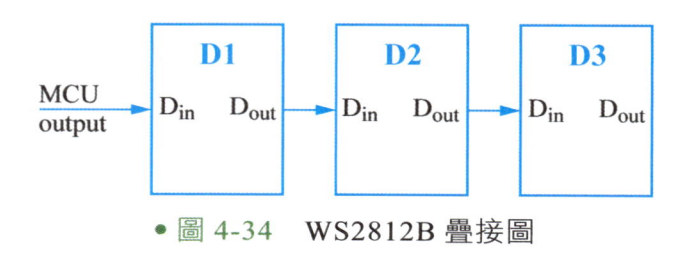

• 圖 4-34　WS2812B 疊接圖

若要傳送 3 顆 LED 的 RGB 資料，則是組合一筆為 72 位元（由 24*3 位元組合）的資料，而首筆 24 位元的資料則會被第一顆 LED 所接收，第二筆 24 位元資料則是第二顆 LED 接收，餘以此類推。

綜合上述，了解到 WS2812B 傳輸方式為序列傳輸，若只想要改變第三顆 LED 顏色時，並不能只傳送第三顆 LED 顏色資料（24 位元），而是要傳送第 1～3 顆 LED 的資料（共 72 位元），且 WS2812B 具有資料栓鎖器，故 LED 顏色資料會維持住，ESP32 不需持續傳送資料，僅在需要改變時再傳送。

## 電路圖

在本實驗中，我們將 ESP32 的 GPIO32 接至 WS2812B 的 $D_{in}$，將 WS2812B 的 $V_{DD}$ 與 $V_{SS}$ 分別接至電源的正與負極，其接線方式如圖 4-35 所示。

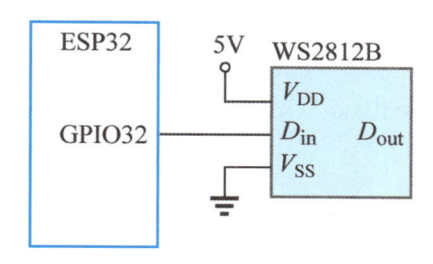

- 圖 4-35　ESP32 與 WS2812B 接線圖

## 安裝函式庫

剛才描述的是它的工作原理，如果使用函式庫時，不必考慮那些，直接使用即可。在 Arduino IDE 中，選擇【工具】→【程式庫管理員】，並輸入「NeoPixel」，如圖 4-36 所示。

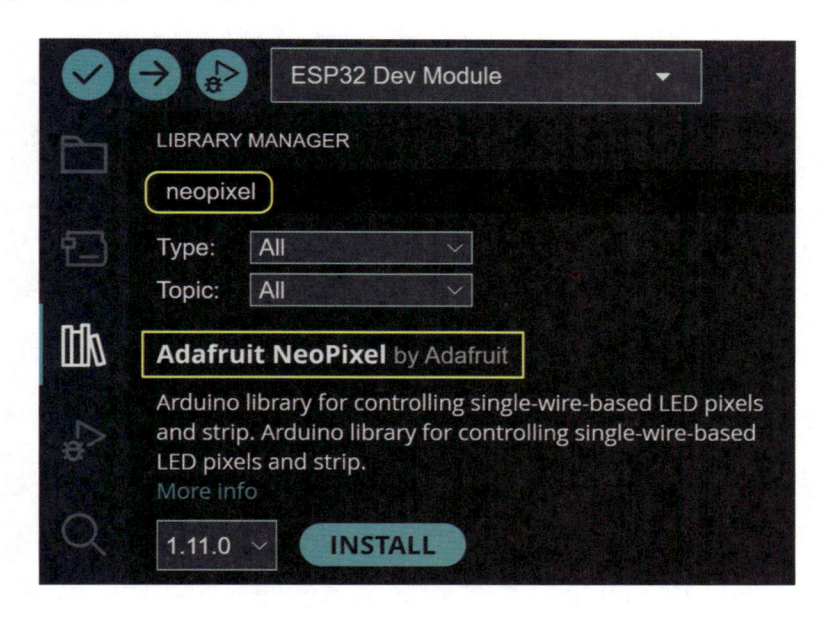

- 圖 4-36　使用 Adafruit 公司的函式庫

## 例 4-12 | WS2812B 基礎顯示操作實驗

**| 程式碼 |**

```
01  /*
02   * 例4-12：WS2812B基礎顯示操作實驗
03   */
04
05  #include <Adafruit_NeoPixel.h>
06
07  #define PIN 32                  //WS2812B Din接腳
08  #define NUMPIXELS 8             //LED燈條上的LED數量
09
10  Adafruit_NeoPixel pixels(NUMPIXELS, PIN, NEO_GRB + NEO_KHZ800);
11
12  void setup() {
13    pixels.begin();               //LED燈條初始化
14  }
15
16  void loop() {
18    pixels.clear();               //顯示資料清除
19    pixels.setBrightness(10);     //設定亮度，範圍0到255
20
21    for (int i = 0; i < NUMPIXELS; i++) {             //依序點亮每顆LED
22      pixels.setPixelColor(i, pixels.Color(0, 0, 255)); //藍色
23      pixels.show();              //傳送資料至LED
24      delay(500);                 //延遲500ms
25    }
26  }
```

**| 函式說明 |**

1. `Adafruit_NeoPixel pixels(NUMPIXELS, PIN, NEO_GRB +NEO_KHZ800)`

   **| 說明 |**

   　　使用 Adafruit_NeoPixel 產生一個名為 pixels 的物件，名稱的部分使用者可以自行命名。

| 參數 |

- NUMPIXELS：LED 數量。
- PIN：資料輸入的腳位。
- NEO_GRB：資料傳輸順序為 G → R → B。
- NEO_KHZ800：以 800kHz 傳輸資料。

2. 物件名稱.begin()：物件初始化。

3. 物件名稱.clear()：所有 LED 色彩資料清除。

4. 物件名稱.Color(R, G, B)：轉換為 32 位元顏色資料，RGB 分別表示紅色、綠色、藍色數位值，每個數位值介於 0～255 之間。

5. 物件名稱.setPixelColor(n, c)

| 說明 |

使用 32 位元 RGB 顏色數位值來設定單顆 LED 顏色。

| 參數 |

- n：第幾顆 LED，編號從 0 開始。
- c：32 位元顏色數位值。

## 例 4-13 │ 利用可變電阻改變 LED 亮燈數

| 接線圖 |

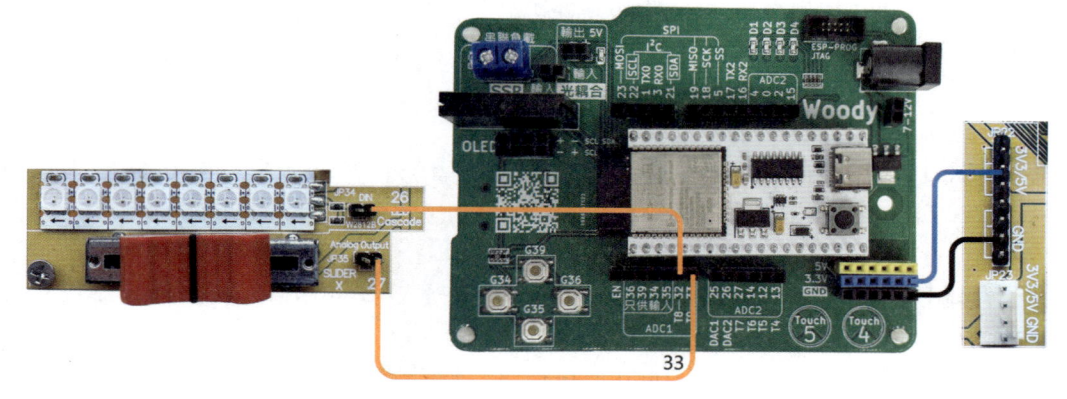

- 圖 4-37　ESP32 與八位元全彩 RGB LED

## |接線說明|

| ESP32 腳位 | MEB3.0 腳位 |
|---|---|
| 3.3V | 3.3V |
| GND | GND |
| GPIO32 | WS2812 DIN |
| GPIO33 | SLIDER AnalogOutput（JP35） |

## |程式碼|

```
01  /*
02   * 例4-13：利用可變電阻改變LED亮燈數
03   */
04
05  #include <Adafruit_NeoPixel.h>
06
07  #define PIN 32           //WS2812B Din 接腳
08  #define SliderPIN 33     //可變電阻類比電位輸入腳
09  #define NUMPIXELS  8     //LED燈條上的LED數量
10
11  int count = 0;           //要亮燈的數量
12
13  Adafruit_NeoPixel pixels(NUMPIXELS, PIN, NEO_GRB + NEO_KHZ800); //建立物件
14
15  void setup() {
16    pixels.begin();        //LED燈條初始化
17  }
18
19  void loop() {
20    pixels.clear();                     //顯示資料清除
21    pixels.setBrightness(10);           //設定亮度，範圍0到255
22
23    count = analogRead(SliderPIN) / 585; //讀取可變電阻值，除以585可以得到0-7
24
25    for (int i = 0; i <= count; i++) { //依序點亮每顆LED
```

```
26        pixels.setPixelColor(i, pixels.Color(255, 255, 0));   //黃色
27     }
28     pixels.show();        //傳送資料至LED
29 }
```

# Chapter 4　課後習題

_____ 1. 共陽極的七段顯示器欲顯示數字 ⌐,則 abcdefg 各字節應輸入數位訊號為
   (A) 0001111　　　　　　　　(B) 1110000
   (C) 1010101　　　　　　　　(D) 1001111。

_____ 2. 共陰極七段顯示器,其共同端(com)應接至
   (A) 高電位　　　　　　　　(B) 低電位
   (C) $V_{CC}$　　　　　　　　　(D) 以上皆可。

_____ 3. 若有一個數字為 3400,我要把 400 篩選出來,可以使用何種指令?
   (A) 3400 % 1000 / 100　　　(B) 3400 / 1000
   (C) 3400 % 1000　　　　　　(D) 3400 / 400。

_____ 4. 下列何者為 OLED 之特性?
   (A) 需背光源才能看到顯示字幕
   (B) 成本較 LCD 低
   (C) 較 LCD 薄與具備可撓性
   (D) 消耗功率較 LCD 高。

_____ 5. 如果要在 OLED 中顯示中文字,必須把它當作什麼來處理?
   (A) 圖形　　　　　　　　　(B) 文字
   (C) 動畫　　　　　　　　　(D) 聲音。

_____ 6. 關於有源與無源蜂鳴器的敘述,下列何者正確?
   (A) 有源與無源蜂鳴器皆具備振盪源
   (B) 有源蜂鳴器必須輸入具有頻率的訊號,才能發出聲音
   (C) 無源蜂鳴器必須輸入具有頻率的訊號,才能發出聲音
   (D) 有源蜂鳴器較無源蜂鳴器便宜。

_____ 7. 要讓蜂鳴器發出特定頻率的聲音，以建立警報聲，可以使用下列何種指令？
   (A) ledcWriteNote( )　　　　　　(B) analogWrite( )
   (C) ledcWrite( )　　　　　　　　(D) ledcWriteTone( )。

_____ 8. 要讓蜂鳴器發出特定的音調或音符，以發出音樂，可以使用下列何種指令？
   (A) ledcWriteNote( )　　　　　　(B) analogWrite( )
   (C) ledcWrite( )　　　　　　　　(D) ledcWriteTone( )。

_____ 9. WS2812B 為一全彩 RGB LED，其可以表示的色彩有多少種？
   (A) $2^{24}$　　　　　　　　　　(B) $2^{8}$
   (C) $2^{16}$　　　　　　　　　　(D) $2^{12}$。

_____ 10. WS2812B 為串列式 RGB LED，現在有三顆 RGB LED 串聯，而欲改變最後一顆 LED 之色彩，則必須輸入幾個位元資料？
   (A) 24　　　　　　　　　　　　(B) 48
   (C) 72　　　　　　　　　　　　(D) 64。

# 5

## 動力輸出篇

**5-1** 直流馬達
**5-2** 伺服馬達
**5-3** 步進馬達
**5-4** 無刷馬達
**5-5** 智慧小車

馬達（motor）正式名稱為電動機，是一種將電能轉變為動力的裝置。藉由將電流轉變為磁場，再利用磁力的互斥或互吸，使轉子旋轉，以便帶動外部的負載，在生活中相當常見，例如：電動車、抽水馬達、電梯、手機振動馬達、冷氣、電風扇等，由此可見人們的生活已經離不開馬達。

馬達若以電源種類來區分，可分為直流馬達及交流馬達。交流馬達常見於較大功率的環境，利如家電、工廠；直流馬達常用於電子應用，例如：玩具車、CPU 風扇、遊戲機手把震動馬達等。

# 5-1 直流馬達

常見的直流馬達如圖 5-1 所示，只要加上 3 V 到 5 V 直流電壓，馬達就會開始旋轉，轉軸常會加上減速齒輪組，減速並增加扭力。

## 5-1.1 直流馬達

以日本 Mabuchi 公司生產的馬達，型號：FA-130RA-18100（俗稱 130 馬達）為例說明，外形如圖 5-1 所示。

此型直流馬達，拆開後內容物如圖 5-2，主要元件分別為電刷、轉子、磁鐵。電刷將外部電流引入轉子，轉子得到電流後，於漆包線產生磁場，與定子上的磁鐵產生推斥力，讓轉子旋轉。

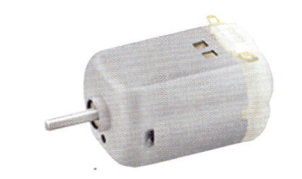

● 圖 5-1　Mabuchi FA-130RA-18100 直流馬達

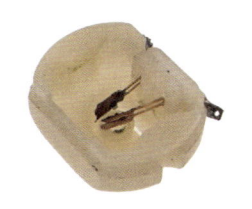

● 圖 5-2　直流馬達元件

本馬達工作電壓為 1.5 V 到 3.0 V，正常使用時為 3 V，表 5-1 列出馬達常見三種工作模式時的狀態：

1. **無載**：馬達空轉，沒有掛載任何負載，轉速為 12300 rpm，取用電流最小，為 0.15 A。

2. **最大效能時**：轉速較慢，取用電流 0.56 A，已超出 ESP32 接腳能提供的電流量（40 mA）。轉矩（Torque）單位為 0.76 g·cm，意思指當轉軸掛個 1 cm 長的桿子，可在 1 公分處得到 0.76 克的力。

3. **堵轉**（Stall）：當馬達拖動的負載太重，讓馬達停止，此時取用電流最大，有 2.1 A，輸出轉矩也最大，為 36 g·cm。要盡量避免這種情形發生，因為取用電流太大，溫升會太高，長時間來看對馬達不利。

• 表 5-1　Mabuchi FA-130RA-18100 規格

| 無載 || 最大效能 ||||| 堵轉 |||
|---|---|---|---|---|---|---|---|---|---|
| 速度 | 取用電流 | 速度 | 取用電流 | 轉矩 || 輸出功率 | 轉矩 || 取用電流 |
| r/min | A | r/min | A | mN·m | g·cm | W | mN·m | g·cm | A |
| 12300 | 0.15 | 9710 | 0.56 | 0.74 | 7.6 | 0.76 | 3.53 | 36 | 2.10 |

由表 5-1 可知，直流馬達如果直接輸出動力，轉速太高、轉矩太小，無法拖動常見的負載如：自走車，因此常會再加裝減速箱（gearbox），利用齒輪減速，同時又增加力矩，較能達到實用的程度。如圖 5-3 之 TT 馬達，減速比為 1：48，代表轉速下降 48 倍，但轉矩會上升 48 倍。

• 圖 5-3　直流馬達加了齒輪減速箱的產品

> 雜訊消除

　　直流馬達使用電刷傳輸電能，在高速旋轉時，電刷有高速頻繁的機械磨擦及通斷切換，產生大量的雜訊（noise）及電源突波（spike），這些電磁波雜訊會影響到附近的元件及回送到電源，導致各種誤動作如：ESP32 異常等。建議在馬達電源接腳並聯 0.1 μF 陶瓷電容器（電容器外觀標示：104），如圖 5-4，高頻雜訊使電容抗極低，雜訊會改走阻抗較小的電容器，便可消除雜訊了。

● 圖 5-4　將直流馬達接點兩端焊接 0.1 μF 電容器

## 5-1.2　N30 強磁馬達

　　傳統直流馬達採用的磁鐵，磁力較小。而強磁馬達採用釹磁鐵（Neodymium）或稱為釹鐵硼磁鐵（NdFeB）作為磁場，具有較大的扭力及較高的轉速，常用於四軸直升機，外型如圖 5-5，規格如表 5-2。

● 圖 5-5　N30 強磁馬達

● 表 5-2　N30 強磁馬達外加電壓及轉速、電流對照表

| 電壓 | 轉速（空載） | 取用電流 |
| --- | --- | --- |
| 1.5 V | 9800 rpm | 170 mA |
| 3.7 V | 26000 rpm | 195 mA |
| 5.0 V | 36200 rpm | 225 mA |
| 7.4 V | 52000 rpm | 295 mA |

## 5-1.3 馬達控制電路

一般直流馬達，若接於 ESP32 的接腳會難以推動，主因是 ESP32 接腳輸出電流不足。建議使用額外的電源，不要用 ESP32 的接腳推動。

實際使用上我們很少會直接由單晶片推動馬達，都會透過一個中介開關來作控制，可以使用電晶體、或是 H 橋（L298N、L9110）等驅動晶片來達成。另外，當馬達斷電時會有反電勢的問題，可能打穿電晶體，因此要加上飛輪二極體（flyback diode，freewheeling diode）消化反電勢。根據上述，組合成如圖 5-6 電路，可以開關馬達轉動，並消化馬達斷電時產生的反電勢。

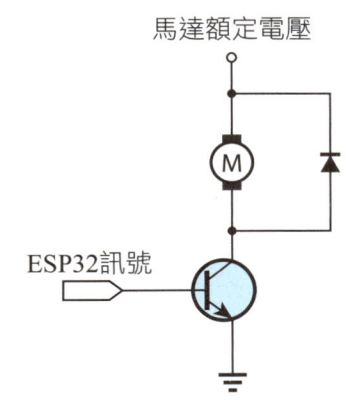

● 圖 5-6　利用電晶體控制馬達旋轉

如圖 5-7(a) 電路，當 ESP32 接腳輸出高電位，從電晶體的基極導通電晶體時，電流從電源通過馬達，再經過電晶體的 C-E 端，使馬達旋轉。當 ESP32 接腳輸出低電位，電晶體截止，馬達斷電，根據冷次定律，馬達會產生同方向的瞬間較大電流。電流會流過旁邊的二極體，將此電流消化掉，因為時間相當短暫，不會造成馬達的損壞，而且因為反力矩，有煞車的作用，如圖 5-7(b)。

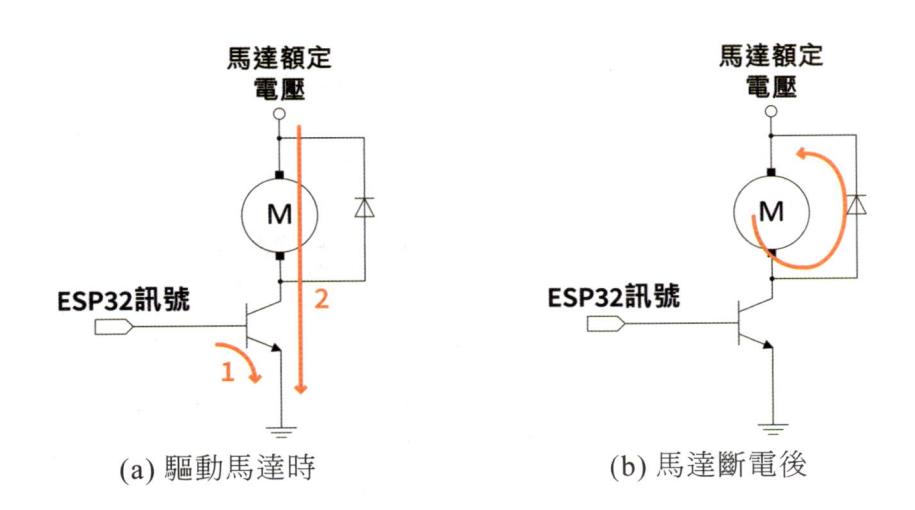

(a) 驅動馬達時　　　　(b) 馬達斷電後

● 圖 5-7　馬達電流流向

## 5-1.4 H 橋

如果要在不改變電源接線的情況下，控制馬達的正反轉，必須要 4 組開關，如圖 5-8 所示。這種電路的外型很像英文字母 H，因此稱為 H 橋（H bridge）。4 個開關皆由電晶體製成，反應速度極快，所以可進行 PWM 控制。

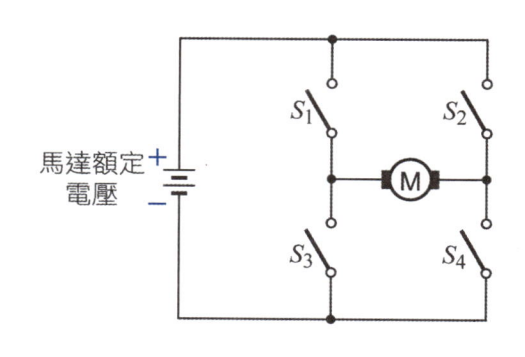

• 圖 5-8 H 橋馬達控制晶片結構圖

要使馬達旋轉時，只要將 S1、S4 導通，電流將會從馬達的左方流入，使馬達旋轉，如圖 5-9(a)；如果換導通 S2、S3，則電流從另一個方向流入馬達，馬達便會反轉了，如圖 5-9(b)。

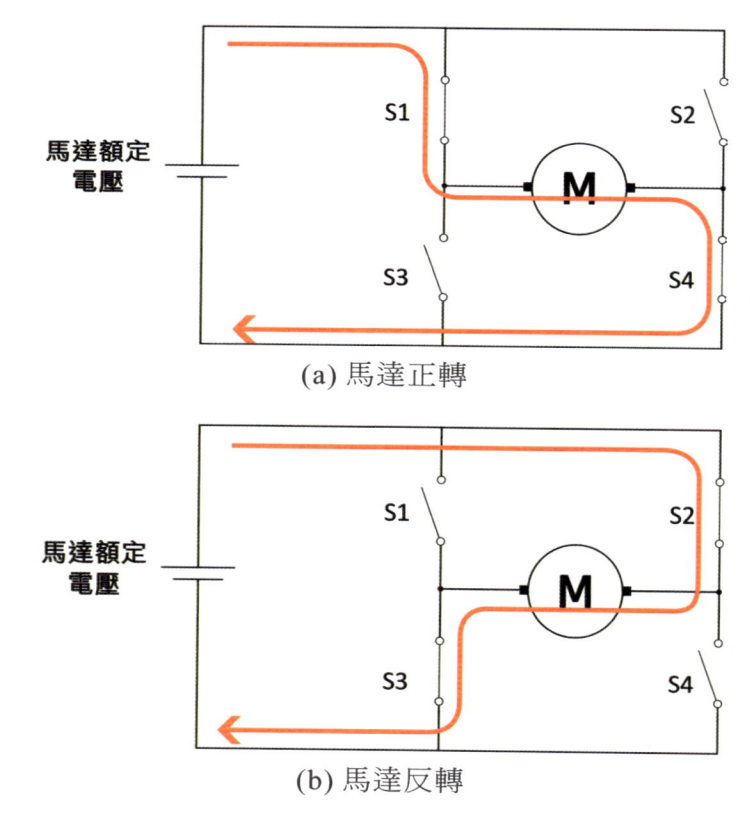

(a) 馬達正轉

(b) 馬達反轉

• 圖 5-9 H 橋控制馬達轉向原理

市面上最常看到的 H 橋驅動晶片有：L298N、L9110 兩種，分述如下。

## L298N 驅動晶片

L298N 是內建雙 H 橋的馬達控制晶片，能夠驅動 2 顆最大 46 V、2 A 的馬達，模組外型及接線配置如圖 5-10 所示。

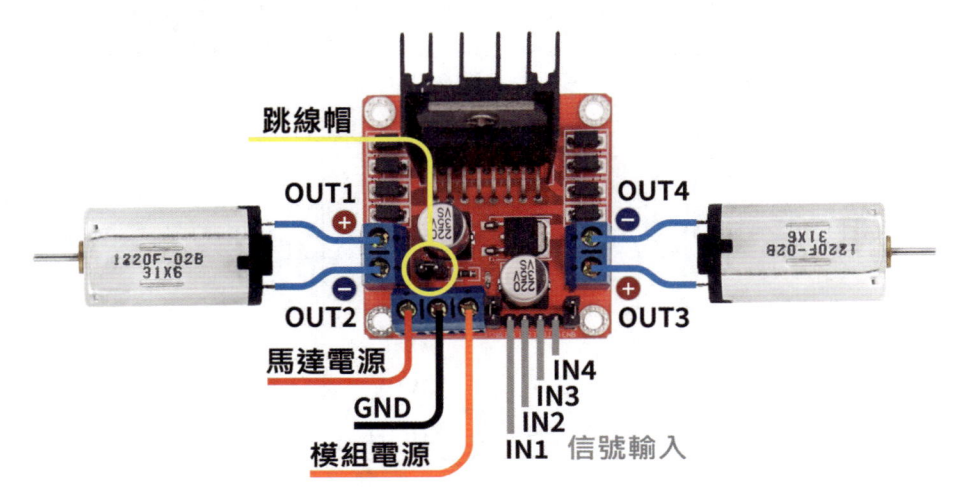

● 圖 5-10　L298N 模組外型及接線配置

L298N 模組中，電源相關接腳有：

- **+12 V**：馬達電源（標示 +12 V 讓不少人搞錯），如果馬達工作電壓是 5 V，此接腳加 5 V；如果馬達工作電壓是 30 V，則加 30 V；
- **GND**：接地；
- **跳線帽**：若接上時，會引用馬達電源，經過穩壓 IC 取得 5 V 供應晶片電源。如果馬達電源大於 12 V，穩壓 IC 無法負荷，此跳線必須移開；
- **+5 V**：跳線帽若移開時，此接腳必須再加上 5 V，以供應晶片電源。

L298N 模組上信號相關接腳有：

- **IN1、IN2**：給馬達 A 的信號輸入；
- **IN3、IN4**：給馬達 B 的信號輸入；
- **EN1**：將馬達 A 致能（Enable），此跳線帽一般都是接著；
- **EN2**：將馬達 B 致能（Enable），此跳線帽一般都是接著。

上述的四個信號線，共有 4 種組合，產生的效果如表 5-3。當兩個信號腳同電位時，沒有電位差，馬達就不會旋轉了。

• 表 5-3　L298N 輸入信號及馬達動作

| IN1 | IN2 | IN3 | IN4 | 馬達 A | 馬達 B |
| --- | --- | --- | --- | --- | --- |
| HIGH | LOW | | | 正轉 | |
| LOW | HIGH | | | 反轉 | |
| LOW | LOW | | | 停止 | |
| HIGH | HIGH | | | 停止 | |
| | | HIGH | LOW | | 正轉 |
| | | LOW | HIGH | | 反轉 |
| | | LOW | LOW | | 停止 |
| | | HIGH | HIGH | | 停止 |

## H 橋晶片工作方式

如圖 5-11 所示，馬達的電源是 L298N 提供的，不是 ESP32 的接腳提供的。ESP32 接腳只提供信號，用來切換 L298N 使馬達正逆轉。

如圖 5-11(a)，當 IN1 得到高電位信號，IN2 得到低電位信號時，OUT1 輸出 5 V；OUT2 輸出 0 V，使馬達正轉。圖 5-11(b) 供給的信號剛好相反，L298N 輸出的電位就相反，馬達因此反轉。

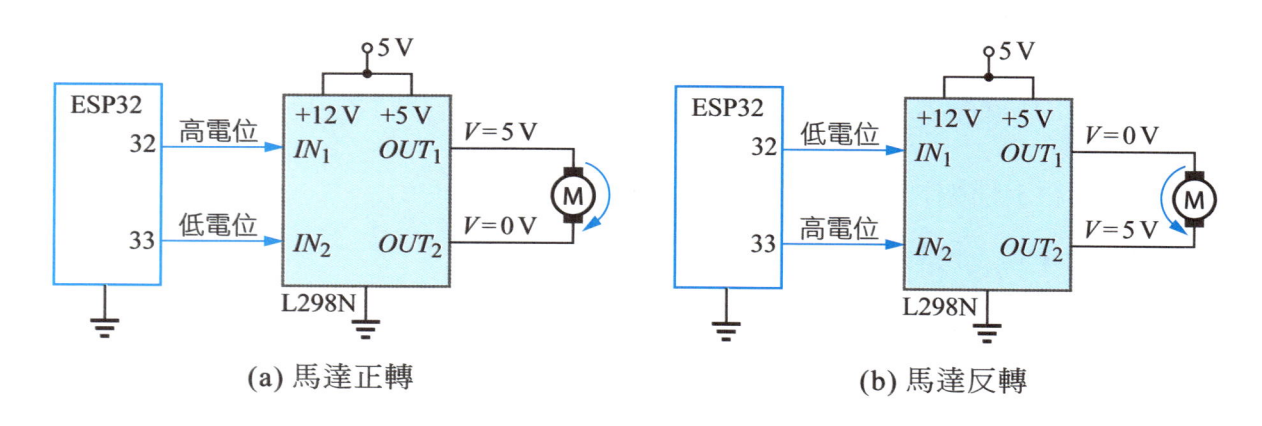

(a) 馬達正轉　　(b) 馬達反轉

• 圖 5-11　L298N 模組控制信號及輸出電位差異

Chapter 5　動力輸出篇

## 例 5-1 ｜使用 L298N 控制直流馬達正逆轉

　　因為使用小型馬達，此實驗的馬達電源可由開發板的 5 V 接腳提供。若以後因專題使用較大的馬達，則必須獨立給予電源。建議採用如下圖所示之 9V 電源插頭，接到 Woody 開發輔助板，以提供充沛的電流。

**┃材料┃**

- ESP32 開發板
- 馬達控制模組，型號：L298N
- 強磁馬達，型號：N30

**┃接線圖┃**

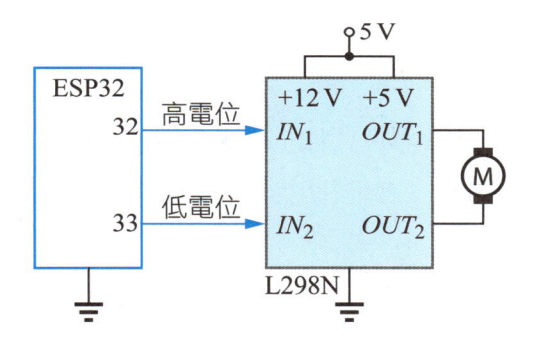

**┃程式碼┃**

```
01  /*
02   * 例5-1：利用L298N控制直流馬達正轉3秒，停止0.5秒，反轉3秒，重複執行
03   */
04  const byte MotorA1 = 32;        //輸出至L298N模組IN1
05  const byte MotorA2 = 33;        //輸出至L298N模組IN2
06
07  void setup() {
08    pinMode(MotorA1, OUTPUT);
09    pinMode(MotorA2, OUTPUT);
10  }
11
12  void loop() {
13    digitalWrite(MotorA1, HIGH);   //假設為正轉
```

```
14      digitalWrite(MotorA2, LOW);
15      delay(3000);                    // 延時3秒，馬達正轉3秒
16
17      digitalWrite(MotorA1, LOW);     // 模組不給信號，讓馬達失去電壓不運轉
18      digitalWrite(MotorA2, LOW);
19      delay(1000);                    // 延時1秒，給予馬達停止的時間
20
21      digitalWrite(MotorA1, LOW);     // 假設為反轉
22      digitalWrite(MotorA2, HIGH);
23      delay(3000);                    // 延時3秒，馬達反轉3秒
24
25      digitalWrite(MotorA1, LOW);     // 模組不給信號，讓馬達失去電壓不運轉
26      digitalWrite(MotorA2, LOW);
27      delay(1000);                    // 延時1秒，給予馬達停止的時間
28  }
```

**| 程式說明 |**

程式碼中，設定延時 3 秒，目的是讓馬達停止後，再給予反轉信號，不可以直接給予反轉的電壓，瞬間切換轉向可能會燒毀控制它的 L298N。

### Q&A

**程式無法上傳！？**

如果馬達正在運轉中，很容易發生程式無法上傳的問題。

主因是電流被馬達搶走了，燒錄也需要大電流的。此時只需要將馬達斷電，再上傳程式就 OK 了。

### 獨立電源

馬達取用電流較單晶片接腳能提供的還大，通常不會直接由 ESP32 接腳直接供應馬達電流，也許電壓足夠讓馬達轉動，但電流不足使馬達有氣無力，或是無法拖動負載。根本的解決之道，就是改用獨立電源供應馬達所需。

如圖 5-12 所示，馬達額定電壓 12 V，採用獨立 12 V 電源，可以使用電源插座、電池組皆可。而 5 V 則供應給 L298N 模組晶片，記得接地點（GND、負極）都要接在一起，以獲得共同的參考電壓。

※ 採用獨立電源，可以明顯感受到馬達轉速變快、扭力強勁。

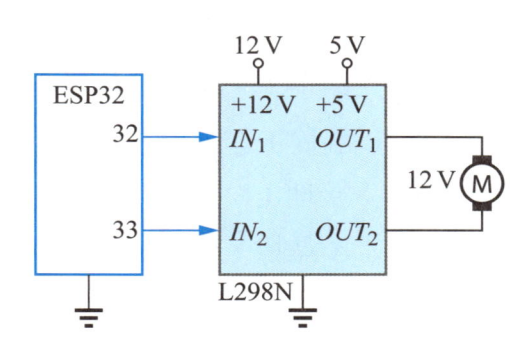

• 圖 5-12　採用獨立電源供應馬達

## L9110 驅動晶片

L9110（相同產品：HG7881）模組可以同時驅動 2 個直流馬達，此模組輸入電壓等於供給馬達的電壓，範圍為：2.5 V 到 12 V。一個 L9110 晶片驅動一個馬達，此模組上有兩個 L9110 晶片，因此可以驅動兩個馬達。請特別注意接腳，當 A-1A 輸入相對高電位時，馬達接腳輸出極性剛好反過來，如圖 5-13 所示之標註。

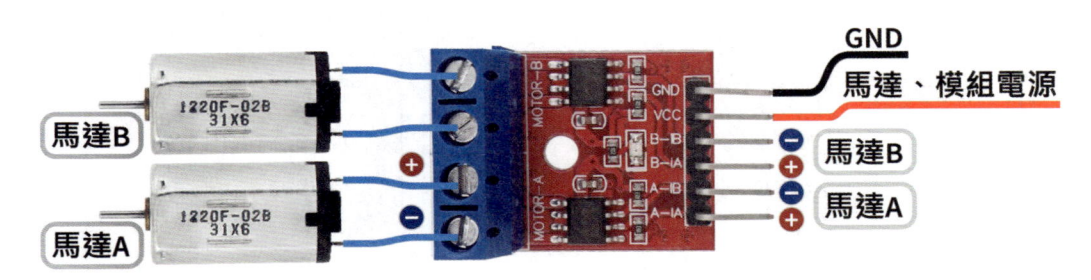

• 圖 5-13　L9110 模組外型及接線配置

表 5-4 是兩種直流馬達控制晶片比較，L298N 適合推動較大功率的馬達；倘若要推動的是小型馬達，且空間有限的情況下，可選擇 L9110。

• 表 5-4　常見的直流馬達控制晶片比較

| 控制晶片 | 晶片工作電壓 | 馬達最高電流 | 馬達最高電壓 |
| --- | --- | --- | --- |
| L298N | 5 V | 2 A | 46 V |
| L9110 | 2.5 V～12 V | 0.8 A | 同晶片工作電壓 |

L9110 接腳分配說明如下。

電源及輸入端子：
- VCC：晶片工作電壓，可輸入 2.5 V～12 V，也會供給馬達；
- GND：接地；
- A-IA：A 晶片，驅動 A 馬達，輸入第 1 腳；
- A-IB：同上，第 2 腳；
- B-IA：B 晶片，驅動 B 馬達，輸入第 1 腳；
- B-IB：同上，第 2 腳。

L9110 輸出端子：
- MOTOR A：A 馬達；
- MOTOR B：B 馬達。

表 5-5 是 L9110 輸入信號及輸出控制對照，和 L298N 完全相同，可無痛轉換晶片使用。

• 表 5-5　L9110 輸入信號及馬達動作

| A-IA | A-IB | B-IA | B-IB | 馬達 A | 馬達 B |
|---|---|---|---|---|---|
| HIGH | LOW |  |  | 正轉 |  |
| LOW | HIGH |  |  | 反轉 |  |
| LOW | LOW |  |  | 停止 |  |
| HIGH | HIGH |  |  | 停止 |  |
|  |  | HIGH | LOW |  | 正轉 |
|  |  | LOW | HIGH |  | 反轉 |
|  |  | LOW | LOW |  | 停止 |
|  |  | HIGH | HIGH |  | 停止 |

## 例 5-2 ｜使用 L9110 控制直流馬達正逆轉

因為 L9110 和 L298N 都是 H 橋控制晶片，操控方式相同。本例只將例 5-1 的控制晶片作改變而已，其餘相同，程式碼省略，放置於附檔中。

Chapter 5　動力輸出篇

**┃材料┃**

- ESP32 開發板
- L9110 馬達控制模組
- N30 強磁馬達

**┃接線圖┃**

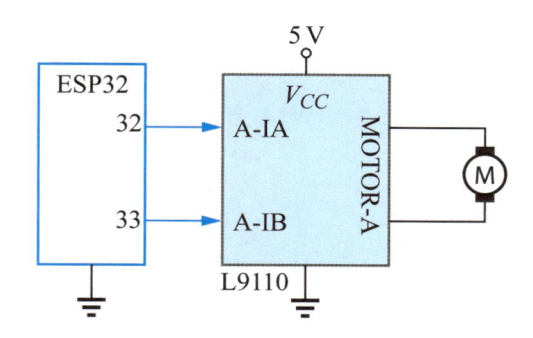

到目前為止，做到馬達的正、逆轉控制，使用 H 橋控制晶片解決了控制電路的問題。接下來要談馬達的調速，在電源固定的條件下，輸出不同電壓給馬達，讓馬達的轉速依電壓大小而改變。

## 5-1.5　PWM 控制

在第二章的類比輸出提過，PWM 是一種透過快速切換 ON/OFF，調整工作週期來調整輸出平均電壓的技術。使用這種技術用來控制馬達的轉速相當的方便，一般所稱的直流變頻就是這個，常見於電風扇、冷氣、冰箱的馬達中。

### 例 5-3 ｜使用 PWM 加上 L9110 驅動直流馬達

由於 H 橋晶片是利用電晶體作開關切換，因此反應速度極快，除了給予高 / 低電位控制轉向外，更可以送頻率高的 PWM 信號進行轉速控制。

如圖 5-14 所示，從 ESP32 送出工作週期為 80% 的信號，L9110 的輸入電壓為 5 V 時，就會送出 5 V × 80% = 4 V 的電壓，另一支接腳送出工作週期 0% 的信號，則輸出 0 V。在馬達兩端的電位差為 4 V − 0 V = 4 V，馬達得到 4 V 的電壓並旋轉。

211

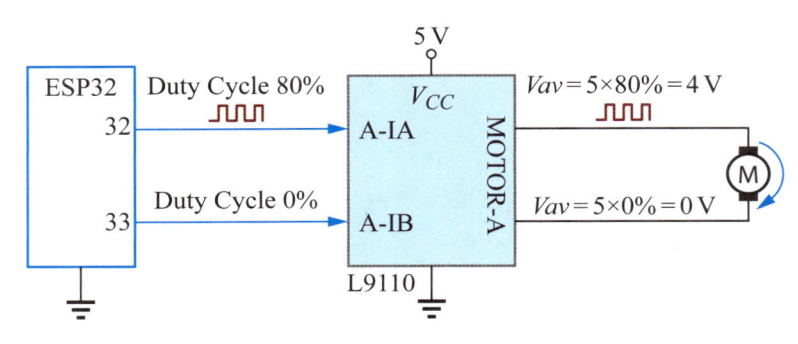

• 圖 5-14　使用 PWM 方式驅動直流馬達

### 如何推算輸出的電壓？

若將 ESP32 的 PWM 解析度設定為 8 位元，則可設定範圍為 0 到 255，接腳輸出平均電壓為：

$$接腳輸出平均電壓（V_{av}）= 3.3\,V \times \frac{工作週期級數}{255}$$

若指定工作週期級數為 160，則接腳輸出電壓（$V_{av}$）= $3.3\,V \times \dfrac{160}{255}$ = 2.07 V

為了計算方便，將上式移項後，得：

$$工作週期級數 = \frac{V_{av} \times 255}{3.3\,V}$$

例如需要輸出 1 V，則工作週期級數為：$\dfrac{1 \times 255}{3.3\,V}$ = 77.27，取整數至 77 即可得近似電壓。如果透過 L298N 或是 L9110 之類的 H 橋控制晶片，因為馬達的電源由外部供應，要將上述式子中 3.3 V 的部分改為外加的電壓。

統整所有觀念後，得：

$$工作週期級數 = \frac{V_{av} \times 255}{外加馬達電壓}$$

例：若外加馬達電壓為 5 V，需要最後供應給馬達的電壓 $V_{av}$ = 4 V，則

$$工作週期級數 = \frac{4\,V \times 255}{5\,V} = 204$$

例：若外加馬達電壓為 12 V，需要最後供應給馬達的電壓 $V_{av} = 9$ V，則

$$\text{工作週期級數} = \frac{9\,\text{V} \times 255}{12\,\text{V}} \cong 192$$

讓我們先從簡單的控制開始，本例透過 L9110 加上 PWM 信號，推動馬達單向運轉，測試不同的 PWM 輸出，使馬達得到的不同的工作電壓，而有不同的轉速。

| 材料 |

- ESP32 開發板
- 可變電阻，10kΩ
- 馬達控制模組，型號：L9110
- 強磁馬達，型號：N30

| 電路圖 |

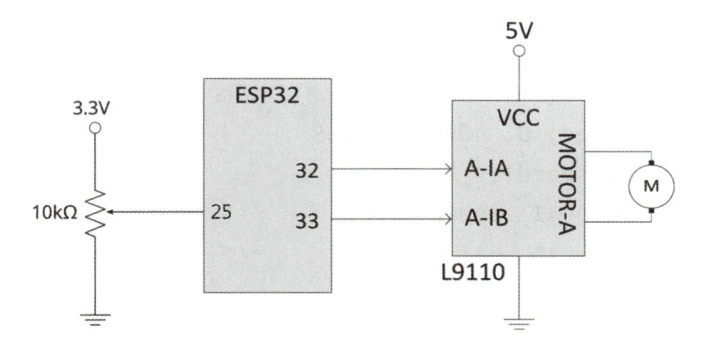

使用 analogRead( ) 讀取可變電阻的值，讀到的資料範圍為 0 到 4095，而 analogWrite( ) 輸出的範圍為 0 到 255。使用 map( ) 來作數值轉換最方便，函式用法如下：

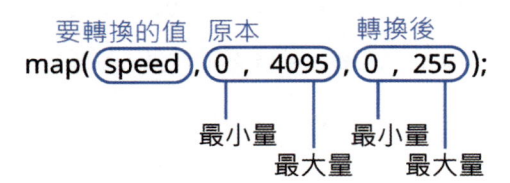

map(speed, 0, 4095, 0, 255);

- 要轉換的值：speed
- 原本：0（最小量），4095（最大量）
- 轉換後：0（最小量），255（最大量）

如果要把變數 speed 的值，從 0 到 4095 等比例轉換到 0 到 255，語法如下：

```
map(speed, 0, 4095, 0, 255);
```

註 Arduino ESP32 核心存在 Bug，此例必須加入 Serial.println( ) 函式，功能才會正常。

## 程式碼

```
01  /*
02   * 例5-3:旋轉可變電阻,改變馬達轉速
03   */
04
05  const byte MotorA1 = 32;              //馬達第一支接腳
06  const byte MotorA2 = 33;              //馬達第二支接腳
07  const byte VR = 25;                   //可變電阻接腳
08
09  void setup() {
10    pinMode(VR, INPUT);
11    pinMode(MotorA1, OUTPUT);
12    pinMode(MotorA2, OUTPUT);
13    Serial.begin(9600);
14  }
15
16  void loop() {
17    int speed = analogRead(VR);              //從可變電阻讀取類比讀值
18    speed = map(speed, 0, 4095, 0, 255);     //透過map()函式轉換數值
19    Serial.println(speed);
20    analogWrite(MotorA1, speed);             //送至馬達
21    analogWrite(MotorA2, 0);                 //另一支腳為0電位
22  }
```

### 延伸練習

1. 本例提供馬達不同的電壓,請測試看看,當輸出多少 PWM 級數,會使馬達轉不動?再用剛才提到的算法,往回推算你手上的馬達,供應多少電壓時會讓它轉不動。

   記錄:

   馬達型號:_____

   讓它轉不動的 PWM 級數:_____    推算回去的電壓:_____

## 例 5-4 │ 使用 PWM 加上 L9110 驅動直流馬達正逆轉

控制直流馬達正逆轉的方式，是改變馬達接腳電位的極性。我們延續上例，除了改變電壓極性，再加上 PWM 控制，改變不同電壓，控制轉向及速度，如圖 5-15。

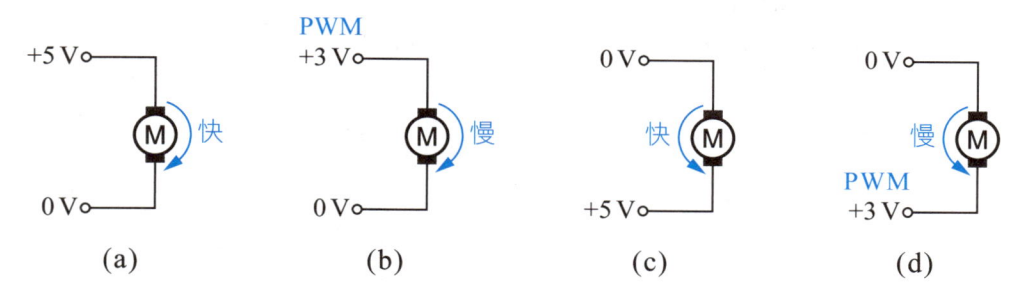

● 圖 5-15　利用 PWM 調整各種工作週期，改變輸出平均電壓，令馬達旋轉

### ┃材料┃

- ESP32 開發板
- 馬達控制模組，型號：L9110
- 強磁馬達，型號：N30

### ┃電路圖┃

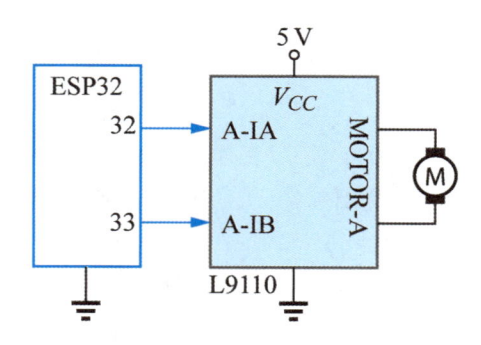

## 程式碼

```
/*
 * 例5-4：透過L9110加上PWM信號，推動馬達正逆轉、及轉速測試
 *         以3V正轉2秒、停止1.5秒、3V逆轉2秒，停止1.5秒
 */

const byte MotorA1 = 32;        // 輸出至L9110模組A-IA
const byte MotorA2 = 33;        // 輸出至L9110模組A-IB

void setup() {
}

void loop() {

  analogWrite(MotorA1, 153); // 工作週期153，L9110輸出平均電壓為3V
  analogWrite(MotorA2, 0);   // 工作週期0，輸出平均電壓0V，馬達以3V慢速正轉
  delay(2000);

  analogWrite(MotorA1, 0);   // 工作週期0，L9110輸出平均電壓為0V
  analogWrite(MotorA2, 0);   // 工作週期0，兩支接腳的電位差為0V，馬達停止
  delay(1500);

  analogWrite(MotorA1, 0);   // 工作週期0，L9110輸出平均電壓為0V
  analogWrite(MotorA2, 153); // 工作週期153，輸出平均電壓3V，馬達以3V慢速
                             // 逆轉
  delay(2000);

  analogWrite(MotorA1, 0);   // 工作週期0，L9110輸出平均電壓為0V
  analogWrite(MotorA2, 0);   // 工作週期0，兩支接腳的電位差為0V，馬達停止
  delay(1500);
}
```

一般直流馬達的操控大多到此為止，使用這些方式便可控制自走車或是其他用途，想想看，有哪些場合可以用上？

## 5-2　伺服馬達

伺服馬達（Servo motor）可依命令隨時且隨意動作，如：位置、正反轉、改變轉速、停止，常用於位置控制和速度控制。可分為工業控制使用之交流伺服馬達，以及小型直流伺服馬達。交流伺服馬達一般都是成套販售，包含伺服馬達驅動器再加上交流伺服馬達，功能強、售價高，主要由 PLC（Programmable Logic Controller）控制。而直流伺服馬達價位相對低廉，常用於小型玩具或是創客用途。

### 5-2.1　伺服馬達結構

伺服馬達的結構，是由控制電路＋馬達＋回授（feedback）機制組成，屬於閉迴路（close loop）控制，如圖 5-16 所示。馬達連結著旋轉編碼器（rotary encoder）回饋位置，讓控制晶片得知現在馬達運行狀態，再控制馬達的轉動。因此伺服馬達能忠實的達成指令要求，不像開迴路（open loop）馬達如：步進馬達，若是失步（轉速跟不上外加信號）也無從得知，任其一直誤差下去。

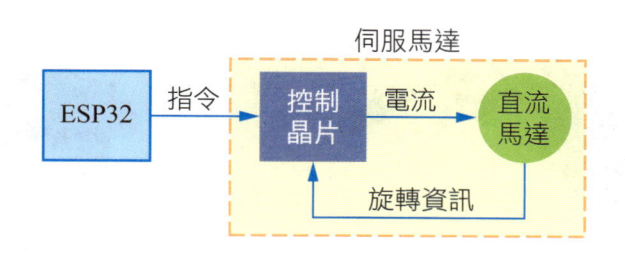

● 圖 5-16　伺服馬達回授示意圖

## 5-2.2 直流伺服馬達的類型

直流伺服馬達可分成連續旋轉型（Continuous Rotation Servo）及定位型兩種。

**1 連續旋轉型**

運動特性是可調速的正轉、反轉，如圖 5-17(a) 之 GWS S35。可用於：自走車的馬達、帶動齒輪讓機械運動、推動如樂高科技系列積木等應用。

**2 定位型**

運動特性是 0° 到 180° 的擺動，如圖 5-17(b) 之 Tower Pro SG90。可用於角度控制，如：攝影機的移動、門鎖、開關垃圾筒、超音波感測器的基座、機械手臂、按壓按鈕等。

伺服馬達通常需要再加上機構，以組合成有功能的作品。機構的來源可以是 3D 列印、樂高積木、飛機木（巴爾沙木）、壓克力等，隨著無限的創意有無限的可能。

(a) 連續旋轉型：GWS S35　　　(b) 定位型：Tower Pro SG90

● 圖 5-17　常見的直流伺服馬達

直流伺服馬達的接線相當簡單，控制晶片已經做好大部分的事，只有三條引線拉出：電源、接地和信號。使用小型直流伺服馬達時，可以直接從 ESP32 模組供電。如果使用多個伺服馬達或較大馬達，需要使用外部電源供電。

## 5-2.3 伺服馬達的控制方式

伺服馬達採用 PWM 控制，控制信號機制如圖 5-18 所示，是週期 20 ms 的脈波，以高電位的時間長度為指令，0.5 ms 為最小值，2.5 ms 是最大值。但實際上由於產品品質不一，各個伺服馬達操控的信號範圍有誤差，使用前最好親自測過每顆馬達的信號範圍。

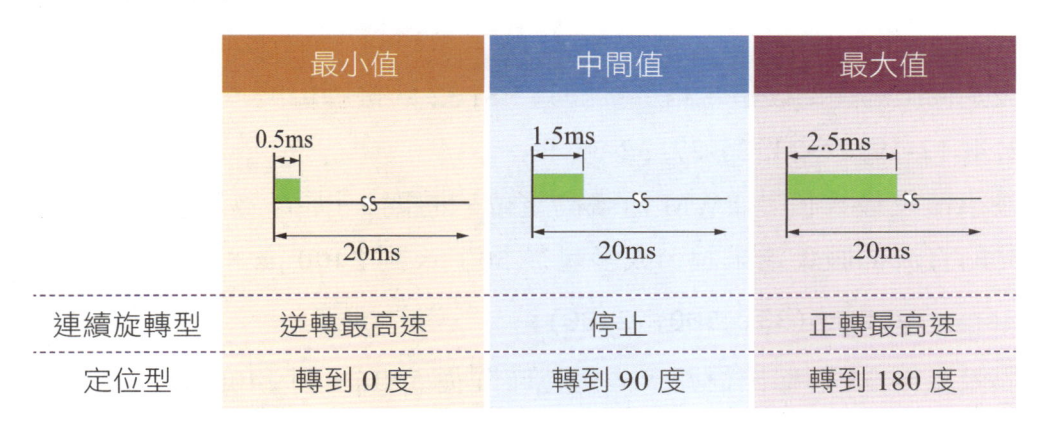

|  | 最小值 (0.5ms / 20ms) | 中間值 (1.5ms / 20ms) | 最大值 (2.5ms / 20ms) |
| --- | --- | --- | --- |
| 連續旋轉型 | 逆轉最高速 | 停止 | 正轉最高速 |
| 定位型 | 轉到 0 度 | 轉到 90 度 | 轉到 180 度 |

● 圖 5-18　伺服馬達的信號結構

## 5-2.4　安裝 ESP32 的伺服馬達函式庫

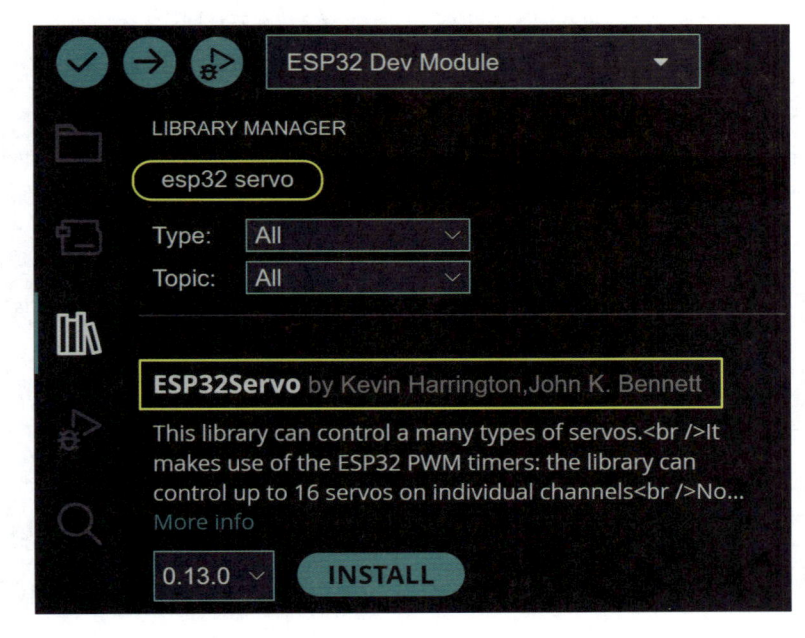

適用於 ESP32 的伺服馬達函式庫，可透過主畫面選單的【草稿碼】→【匯入程式庫】→【管理程式庫】，開啟程式庫管理員。在搜尋列中尋找關鍵字「esp32 servo」，會搜尋出函式庫，如圖 5-19。

● 圖 5-19　在程式庫管理員安裝伺服馬達的函式庫

函式庫使用的方式如下：

```
#include <ESP32Servo.h>        //引用函式庫
Servo myServo;                 //建立物件，名字為myServo
myServo.setPeriodHertz(50);    //設定信號波形頻率為50Hz，也就是週期20ms
myServo.attach(接腳, 最小值, 最大值);
```

|說明|

- 設定伺服馬達的硬體規格，接腳為 ESP32 的接腳編號，建議使用：2, 4, 12-19, 21-23, 25-27, 32-33。
- 最小值及最大值為 PWM 信號高電位的時間，以 μs 為單位，以市面上常見的直流伺服馬達來說，大多是從 500 μs 到 2400 μs。如：

```
myServo.attach(33, 500, 2400);
```

意思是從第 33 腳輸出信號，高電位時間從 500 μs 到 2400 μs。

```
myServo.write(角度);
```

|說明|

要求伺服馬達轉指定的角度，如：

```
myServo.write(0);       //轉至0度
myServo.write(180);     //轉至180度
```

　　函式庫其實是將指定的角度值轉成信號，因此連續旋轉型伺服馬達也可以使用，只不過在語意上感覺很奇怪，形成：

```
myServo.write(0);       //逆轉最高速
myServo.write(90);      //停止不轉
myServo.write(180);     //正轉最高速
```

```
myServo.writeMicroseconds(信號高電位時間);
```

|說明|

不經過函式庫轉換，直接指定送出信號的高電位時間，如：

```
myServo.writeMicroseconds(500);    //高電位時間為500μs
myServo.writeMicroseconds(2400);   //高電位時間為2400μs
```

## 5-2.5 定位型伺服馬達

定位型伺服馬達的特色,是旋轉角度只在 0 到 180 度之間,本例使用 Tower Pro SG90,如圖 5-20,適合入門使用。

• 圖 5-20 定位型伺服馬達,Tower Pro SG90

### Tower Pro SG90 硬體規格

- 尺寸:23×12.2×29 mm
- 額定電壓:4.8 V
- 轉矩:1.8 kg-cm(於 4.8 V 時)
- 運轉速度:0.1 秒 / 60 度(於 4.8 V 時)
- 脈衝寬度範圍:500～2400 μs(官方規格,但實測後是 650～2500 μs)
- 外部接線:
  - 信號:橘
  - 5 V:紅
  - GND:棕

## 例 5-5 ｜ 掃瞄伺服馬達的信號範圍

　　剛才提到，每顆伺服馬達能接受的信號範圍都不太一樣，甚至有誤差，所以一開始，先來掃瞄伺服馬達的信號範圍，掃瞄完後記錄下來。

　　實作的方式是讀取可變電阻的分壓，讀取其數位值，再利用 map( ) 函式將數位值轉換到一般伺服馬達的信號範圍，觀察伺服馬達的反應，以記錄該馬達真正的信號範圍。

### ▌材料▌

- ESP32 開發板
- 可變電阻，10 kΩ
- 直流伺服馬達，型號：Tower Pro SG90

### ▌電路圖▌

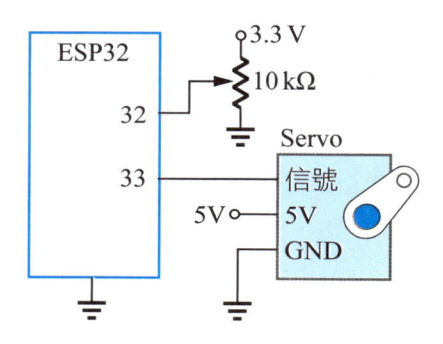

程式上傳後，開啟序列埠監控視窗。旋轉可變電阻，觀察伺服馬達的動作，及當時的信號量，記錄下來。

**| 程式碼 |**

```
01  /*
02   * 例5-5：旋轉可變電阻，測試伺服馬達信號上下限、及反應
03   */
04
05  #include <ESP32Servo.h>          //引用函式庫
06
07  Servo myServo;                   //建立伺服馬達物件，名稱為myServo
08
09  const byte servoPin = 33;        //使用GPIO33作為信號輸出
10  const byte VR = 32;              //使用GPIO32作為可變電阻之信號輸入
11  short val;                       //可變電阻之數位讀值儲存處
12
13  void setup() {
14    pinMode(servoPin, OUTPUT);
15    pinMode(VR, INPUT);
16    Serial.begin(9600);
17    myServo.setPeriodHertz(50); //50hz代表信號週期為20ms
18    myServo.attach(servoPin);    //連接伺服馬達物件
19  }
20
21  void loop() {
22    val = analogRead(VR);                    //讀取可變電阻的數位值(0到4095)
23    val = map(val, 0, 4095, 500, 2500);      //轉換到500到2500之間
24    Serial.print(val);                       //印出目前數位值
25    Serial.println("us");                    //印出單位
26    myServo.writeMicroseconds(val);          //驅動到伺服馬達
27  }
```

程式上傳後，開啟序列埠監控視窗，旋轉可變電阻，將馬達的反應記錄在下表。未來在製作專題時，也必須依此法，確定該顆馬達的基本特性。

## 伺服馬達特性測試記錄

伺服馬達類型：□定位型　□連續旋轉型。

廠牌：_____。

型號：_____。

1. 將馬達套上配件單旋臂（角度隨意）。
2. 旋轉可變電阻，讓馬達轉到最右邊，不動且不會發抖，此時序列埠監控視窗顯示的數值為：_____μs。將旋臂重新鎖到下圖 A 處，此處為 0 度。
3. 旋轉可變電阻，讓馬達轉到最左邊，不動且不會發抖，數值為：_____μs，此處為 180 度。
4. 旋轉可變電阻，讓馬達轉到中間，不動且不會發抖，數值為：_____μs，此處為 90 度。

附上作者實驗的數據供參考，驅動 Tower Pro SG90 定位型伺服馬達：
- 670 μs 時，轉至 0 度；
- 1420 μs 時，轉至 90 度；
- 2340 μs 時，轉至 180 度。

## 例 5-6 | 測試直流伺服馬達

在上一個範例中，已經取得了你手上這顆伺服馬達的信號上、下限值，現在把這個參數放在程式碼中，可以讓程式用最精確的數值控制伺服馬達。在第 13 行 `myServo.attach(32, 500, 2500);` 指令中，把 500 換成你剛才量到的下限值；2500 換成你量到的上限值。

### ▌材料▐

- ESP32 開發板
- 直流伺服馬達，型號：Tower Pro SG90

### ▌電路圖▐

```
       ESP32                  Servo
                             ┌──────┐
         33 ───────────────── 信號    ⬤
                        5V ── 5V
                             ─ GND
          ┴                   ┴
```

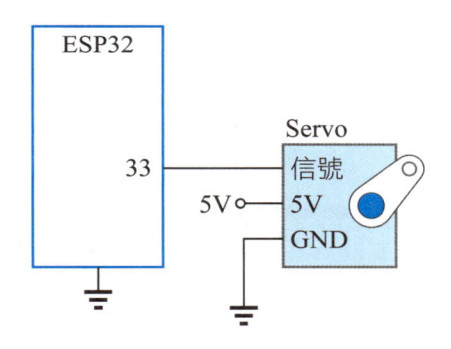

### ▌程式碼▐

```
01  /*
02   * 例5-6：測試直流伺服馬達，將你從上一個範例得到的參數值，套用到第13行中
03   * 若為定位型馬達，會在0度到180度之間擺動
04   * 若為連續旋轉型馬達，會在逆轉、停、正轉之間改變
05   */
06
07  #include <ESP32Servo.h>          //引用函式庫
08
09  Servo myServo;                    // 建立伺服馬達物件，名稱為myServo
10  int pos = 0;                      //儲存伺服馬達位置
11
12  void setup() {
13    myServo.attach(33, 500, 2500);  //伺服馬達信號由第33腳輸出
```

```
14   }
15
16   void loop() {
17     for (pos = 0; pos <= 180; pos++) {          //從0度到180度
18       myServo.write(pos);     //下指令給伺服馬達，轉至變數pos所指的位置
19       delay(15);              //等待15ms讓伺服馬達轉至該處
20     }
21     for (pos = 180; pos >= 0; pos--) {          //從180度到0度
22       myServo.write(pos);     //下指令給伺服馬達，轉至變數pos所指的位置
23       delay(15);              //等待15ms讓伺服馬達轉至該處
24     }
25   }
```

本例主要的目的，是要把你在上一個實驗測得的數據，實際測試看看是否可用。因為要使用伺服馬達，都有定位或是精確移動的需求，所以必須要先測量並取得最準確的控制信號範圍，才能減少誤差。

## 例 5-7 │ 同時操作多個伺服馬達

若要利用伺服馬達作為更複雜的應用，例如：機械手臂，則同時需要 2 個以上伺服馬達。

此範例採用兩個伺服馬達，USB 提供的電流尚足夠使用。若使用體積更大的馬達，或是馬達數量更多，電流供應可能不足，應以獨立的電源供電，而且記得接地腳（GND、或負極）要接在一起。

**│材料│**

- ESP32 開發板
- 可變電阻，10kΩ，2 個
- 直流伺服馬達，型號：Tower Pro SG90，2 個

## 電路圖

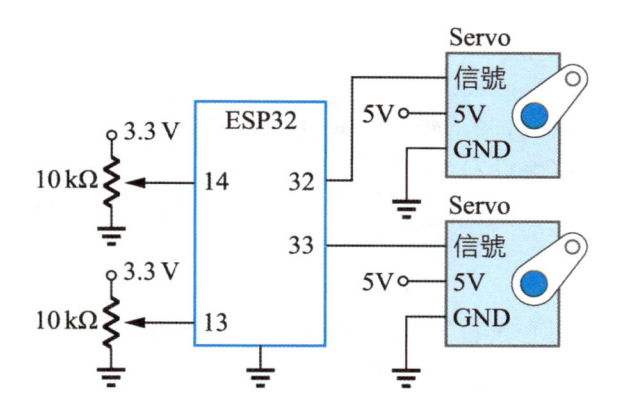

## 程式碼

```
01  /*
02   * 例 5-7：利用 2 個可變電阻，同時操作 2 個伺服馬達
03   * 可用於伺服馬達輸出接腳：2,4,5,12-19,21-23,25-27,32-33
04   */
05  #include <ESP32Servo.h>        //引用函式庫
06  const byte servo1 = 33;        //伺服馬達1接腳
07  const byte servo2 = 32;        //伺服馬達2接腳
08  const byte VR1 = 14;           //可變電阻1
09  const byte VR2 = 13;           //可變電阻2
10
11  Servo myServo1;                //建立伺服馬達物件，名稱為myServo1
12  Servo myServo2;                //建立伺服馬達物件，名稱為myServo2
13
14  void setup() {
15    myServo1.attach(servo1);     //伺服馬達1信號由第33腳輸出
16    myServo2.attach(servo2);     //伺服馬達2信號由第32腳輸出
17    pinMode(VR1, INPUT);
18    pinMode(VR2, INPUT);
19  }
20
21  void loop() {
22    int data1 = analogRead(VR1);              //讀取第一個可變電阻值
23    data1 = map(data1, 0, 4095, 0, 180);      //轉換為0到180度
```

227

```
24      myServo1.write(data1);                  //輸出至伺服馬達1
25      delay(15);                              //等待15ms讓伺服馬達轉至該處
26
27      int data2 = analogRead(VR2);            //讀取第二個可變電阻值
28      data2 = map(data2, 0, 4095, 0, 180);    //轉換為0到180度
29      myServo2.write(data2);                  //輸出至伺服馬達2
30      delay(15);                              //等待15ms讓伺服馬達轉至該處
31  }
```

程式上傳後，可旋轉看看兩個可變電阻，觀察伺服馬達的移動情形。大部分複雜的機構動作，就是由這種方式組合的。

## 5-2.6 連續旋轉型伺服馬達

連續旋轉型伺服馬達（Continuous Rotation Servo）的特色是可持續旋轉，並可調速。本例使用之伺服馬達為：GWS S35，如圖 5-21，特性如表 5-6。

● 圖 5-21　GWS S35 連續旋轉型伺服馬達

● 表 5-6　GWS S35 STD 硬體規格

| 重量<br>（公克） | 工作電壓 4.8V 時 ||||  工作電壓 6V 時 ||||
|---|---|---|---|---|---|---|---|---|
| | 轉速<br>（RPM） | 速度<br>（秒/360°） | 速度<br>（秒/60°） | 扭力<br>（kg-cm） | 轉速<br>（RPM） | 速度<br>（秒/360°） | 速度<br>（秒/60°） | 扭力<br>（kg-cm） |
| 41 | 37 | 1.620 | 0.270 | 4.1 | 45 | 1.330 | 0.220 | 5.0 |

**S35 STD** 的外部接線：

・信號：橘

・5 V：紅

・GND：棕

**S35 STD 的信號規格：**

官方手冊提供，操縱信號的高電位時間範圍為：1 ms 到 2 ms，週期仍是 20 ms。拿到一顆陌生的伺服馬達，仍建議進行「例 5-5：掃瞄伺服馬達的信號範圍」實驗，及「例 5-6：測試直流伺服馬達」這兩個實驗。程式碼及接線完全相同於定位型伺服馬達，請依照剛才的作法，對你手上這顆伺服馬達進行實驗，並記錄資訊。

# 5-3 步進馬達

步進馬達（Stepper motor）是一種直流無刷馬達。結構具有齒輪狀突起的定子和轉子，如圖 5-22，藉由切換定子線圈的電流，激磁吸引轉子，以特定角度逐步轉動的馬達。常用於印表機、3D 列印機、光碟機、單眼相機鏡頭的對焦馬達等，可精準定位。

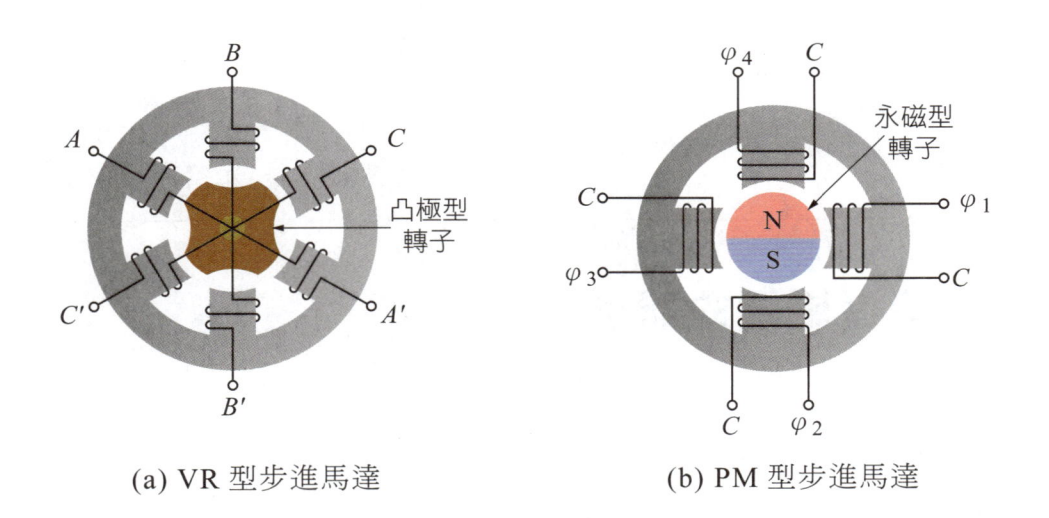

(a) VR 型步進馬達　　(b) PM 型步進馬達

• 圖 5-22　步進馬達結構

步進馬達通常使用開迴路（Open loop）控制，無法得知目前旋轉的資訊。若有需要，高精度控制也可以加裝旋轉編碼器作信號回授。有了信號回授後，就可以得知馬達實際旋轉情形，並加以修正。

步進馬達的工作方式是以脈波的方式驅動，送一個脈波，步進馬達就走一步，能達成精確的位置和速度控制。常用的步進馬達，一步的角度不大，約 1.8 度左右，若要讓步進馬達轉一圈，則需要 $\frac{360°}{1.8°/脈波} = 200$ 個脈波。

以 1.8°/脈波的步進馬達來說，要它旋轉 9°，只需要下達 5 個脈波即可。表 5-7 是常見的直流馬達、直流伺服馬達、步進馬達比較，可作為專題製作時，選擇材料的參考。

• 表 5-7　直流馬達、直流伺服馬達、步進馬達比較

|  | 直流馬達 | 伺服馬達 | 步進馬達 |
|---|---|---|---|
| 驅動方式 | 直流電 | PWM 信號 | 直流脈波 |
| 信號回授 | 無（開迴路） | 有（閉迴路） | 無（開迴路） |
| 失步時可否修正 | 無 | 可 | 無 |
| 操控性 | 易 | 易 | 較複雜 |
| 主要功能 | 帶動物體，如：車體或風扇 | 定位控制 | 定位控制 |

## 5-3.1　步進馬達的類型

步進馬達依內部構造，可分為下列三種：

1. **永久磁鐵型**（permanent magnet type，PM）；
2. **可變磁阻型**（variable reluctance type，VR）；
3. **複合型**（hybrid type，HB）。

市面上較常買到的步進馬達有兩種。圖 5-23(a) 的永久磁鐵型常用於空調機器，如冷氣或是空氣清淨機出風口的扇葉方向控制；圖 5-23(b) 的複合型常用於 3D 列印機。

## 5-3.2　步進馬達的移動方式

步進馬達操控方式說明如下。

(a) 永久磁鐵型　　(b) 複合型

● 圖 5-23　常見的步進馬達

### 全步進

全步進（Full step）的驅動方式，是每次激磁相同數量的線圈，如：

- 一次激磁一個線圈，在電工機械稱為單相激磁、1 相激磁，如圖 5-24 所示；
- 一次激磁兩個線圈，在電工機械稱為 2 相激磁，如圖 5-25 所示。

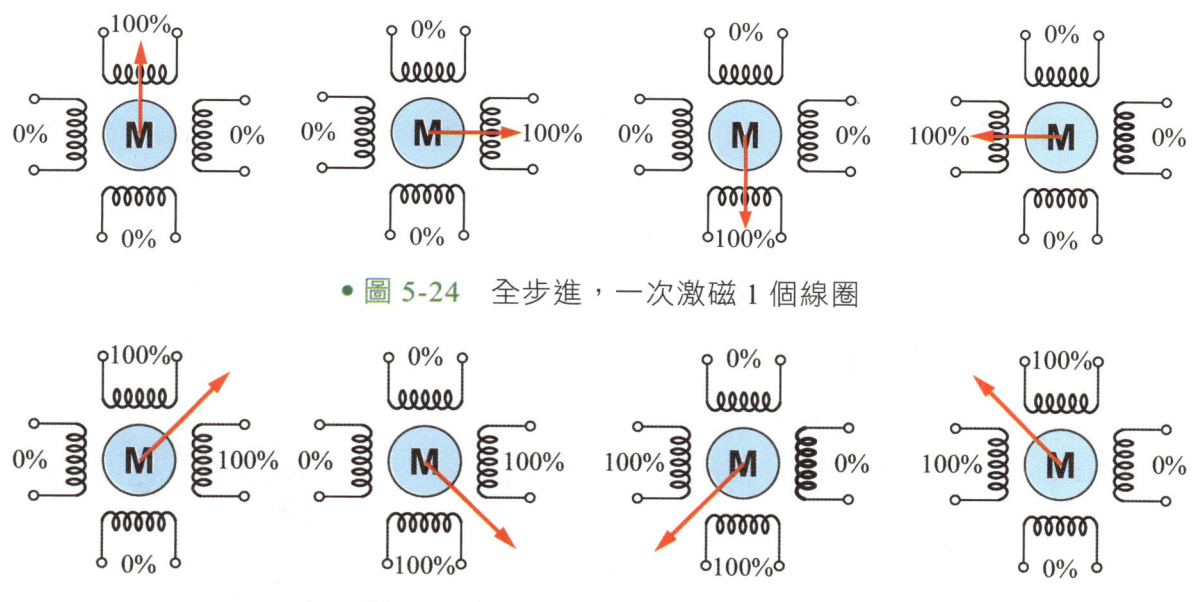

● 圖 5-24　全步進，一次激磁 1 個線圈

● 圖 5-25　全步進，一次激磁 2 個線圈

這兩種激磁方式中，一般會選擇一次激磁 2 個線圈，這樣產生的向量合力比較大，力矩較大，但電流消耗也較大。由上圖可知，將定子線圈激磁後，轉子會被吸引過去。只要依順序對各相線圈激磁，轉子就會產生轉動效果。

### 半步進

　　半步進（Half step）的激磁方式，在電工機械稱為：1-2 相激磁，是因為激磁順序為：一相、二相輪流激磁，激磁順序如圖 5-26 所示。

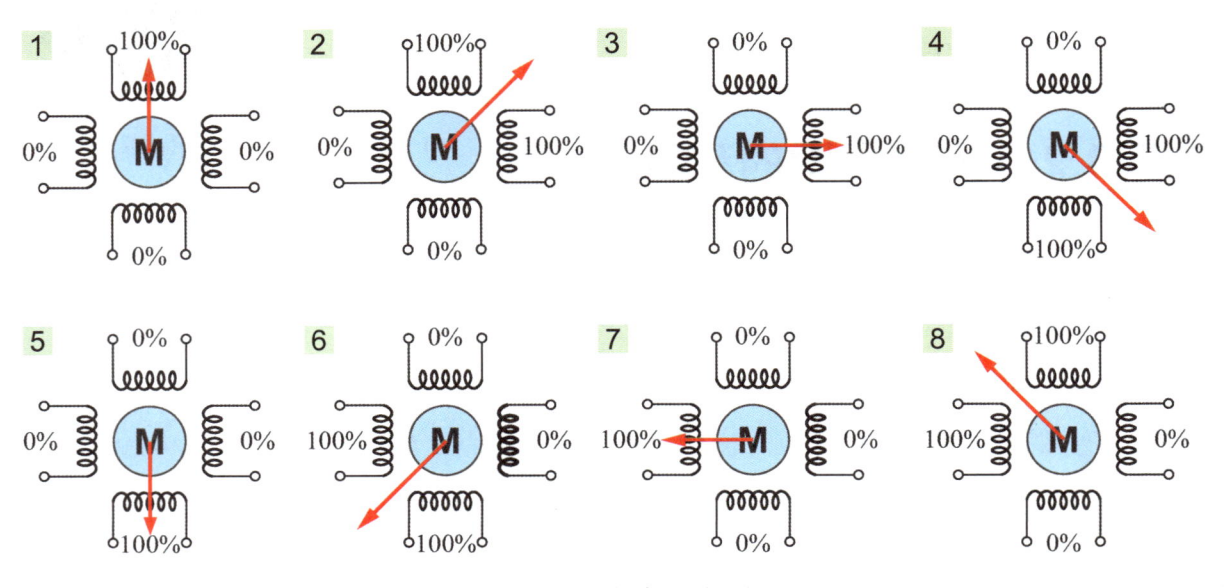

• 圖 5-26　半步進激磁

　　這種激磁方式，每次轉動的角度為一相或二相激磁的一半，可以使步進角變成硬體規格的一半。如果步進馬達使用全步進時，激磁 64 步才能轉一圈的話，使用半步進則需要 128 步才能轉一圈。

## 5-3.3　單極性步進馬達

　　單極性的意思，是指馬達內部線圈流通的**電流只有單向**，如圖 5-27。該馬達官方提供規格如下：

・相數：4，可產生 4 個磁極；
・步進角：半步進時 5.625 度；

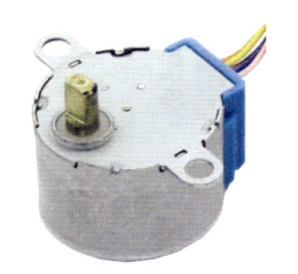

• 圖 5-27　單極性步進馬達，型號：28BYJ-48

- 減速比（Gear ratio）：1/64，接在馬達軸心外的減速齒輪組，把馬達的步進角再除以齒輪比，才是最後輸出步進角，即 $\frac{5.625}{64} = 0.08789$ 度。

因此馬達轉一圈需要 $\frac{360°}{0.08789°} = 4096$ 步

若是全步進時，則一圈需要一半的步數，為 2048 步；
- 工作電壓：5 V 到 12 V；
- 5 線式。

### 步進馬達的線圈

此步進馬達的出線頭有五條線，對應到的內部結構如圖 5-28 所示，有 A 相、$\overline{A}$ 相、B 相、$\overline{B}$ 相。一般接線方式，第 1 腳接高電位，其餘 4 個接腳依照信號變更為低態，讓電流流過對應的線圈，以激磁吸引轉子。

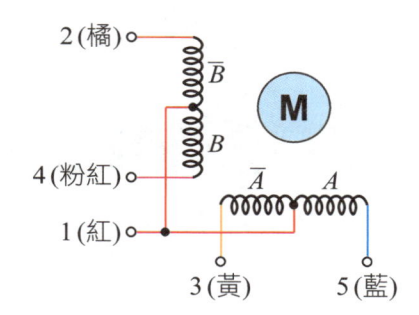

- 圖 5-28　單極性步進馬達 28BYJ-48 線圈示意圖

### 步進馬達的驅動晶片

此型的步進馬達，需透過電晶體電路進行信號放大操控。採用搭配販售的模組即可，控制晶片的名稱為 ULN2003，如圖 5-29 所示。

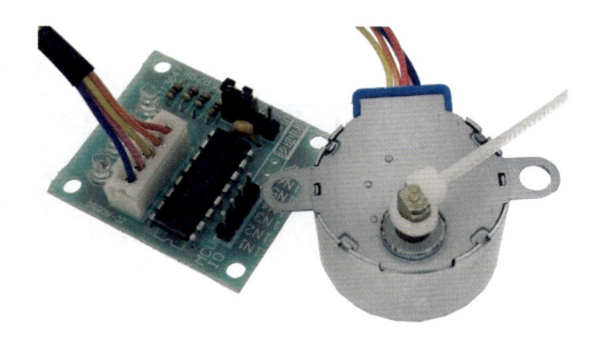

- 圖 5-29　28BYJ-48 馬達及 ULN2003 驅動模組

ULN2003 內部結構有 7 個 NPN 達靈頓電晶體陣列（Darlington Array），加裝飛輪二極體，最後加上反相器。模組接腳如圖 5-30 所示，如果是搭配步進馬達購買的話，只要把步進馬達的排線接在連接座上即可。模組右方是步進馬達的電源；下方是信號輸入腳。

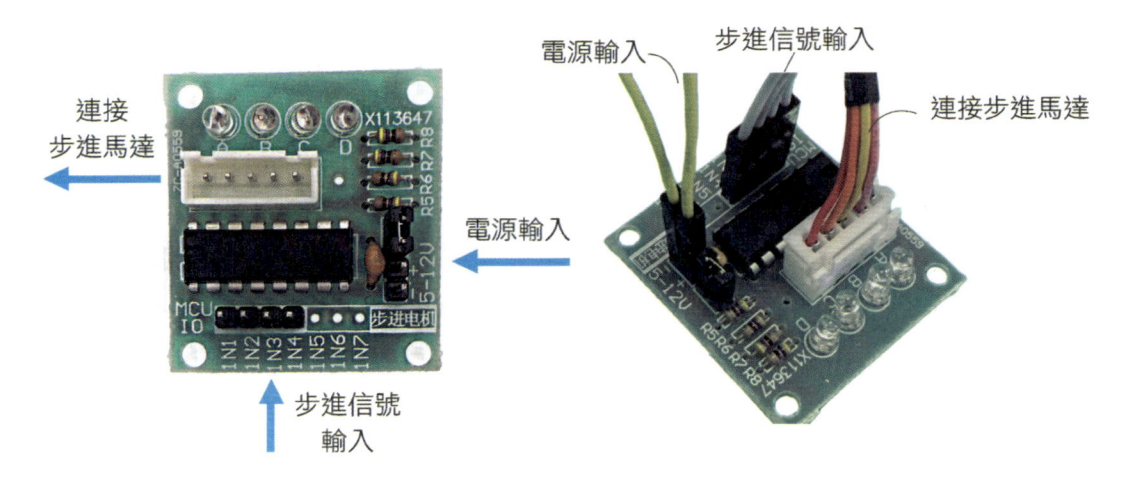

• 圖 5-30　ULN2003 模組及接線完成圖

## 例 5-8 │ 單極性步進馬達測試

**│材料│**

- ESP32 開發板
- 步進馬達驅動模組，型號：ULN2003
- 直流步進馬達，型號：28BYJ-48

**│接線圖│**

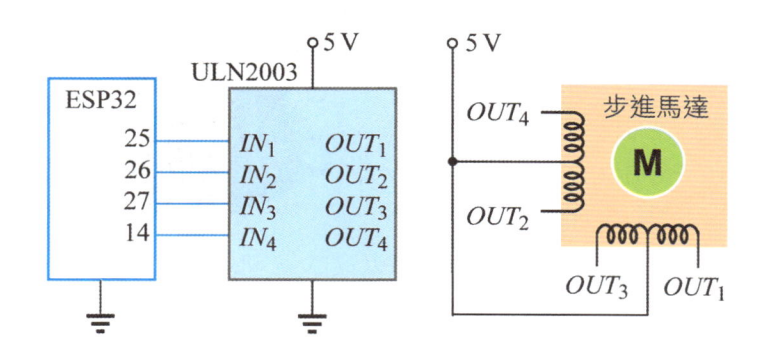

接線圖看似複雜，其實只要把馬達的排線接在模組上的插座，可以少掉馬達部分的接線，只剩下左半邊信號線的部分。

全步進激磁方式有兩種：1 相激磁及 2 相激磁。本例採用 2 相激磁，一次激磁兩相，步驟如表 5-8：

• 表 5-8　全步進激磁順序

| 接腳編號 | 步驟 1 | 步驟 2 | 步驟 3 | 步驟 4 |
|---|---|---|---|---|
| IN1 | 1 |  |  | 1 |
| IN2 | 1 | 1 |  |  |
| IN3 |  | 1 | 1 |  |
| IN4 |  |  | 1 | 1 |

┃程式碼┃

在第 10 行是控制每一次激磁後，等待轉子轉動過去的時間，同時也是控制馬達轉速的地方。本例設定為 2，套入 delay() 函式得到 2 ms，大概是此馬達能反應的最短時間。如果設定的時間更小，轉子還來不及轉動過去，激磁方向就換了，此時馬達根本不會動，只會在原地發抖。

```
01  /*
02   * 例5-8：從ESP32的接腳傳送信號，利用ULN2003模組控制單極性步進馬達28BYJ-48
03   * 旋轉方向：順時針
04   */
05
06  const byte pin1 = 25;         //定義接腳編號
07  const byte pin2 = 26;
08  const byte pin3 = 27;
09  const byte pin4 = 14;
10  const byte delayTime = 2;     //必要的延遲，讓馬達的轉子足夠反應，走到定位
11
12  void setup() {
13    pinMode(pin1, OUTPUT);
14    pinMode(pin2, OUTPUT);
15    pinMode(pin3, OUTPUT);
```

```
16      pinMode(pin4, OUTPUT);
17    }
18
19    void loop() {
20      digitalWrite(pin4, LOW);
21      digitalWrite(pin3, LOW);
22      digitalWrite(pin2, HIGH);
23      digitalWrite(pin1, HIGH);
24      delay(delayTime);
25
26      digitalWrite(pin4, LOW);
27      digitalWrite(pin3, HIGH);
28      digitalWrite(pin2, HIGH);
29      digitalWrite(pin1, LOW);
30      delay(delayTime);
31
32      digitalWrite(pin4, HIGH);
33      digitalWrite(pin3, HIGH);
34      digitalWrite(pin2, LOW);
35      digitalWrite(pin1, LOW);
36      delay(delayTime);
37
38      digitalWrite(pin4, HIGH);
39      digitalWrite(pin3, LOW);
40      digitalWrite(pin2, LOW);
41      digitalWrite(pin1, HIGH);
42      delay(delayTime);
43    }
```

此程式執行後，當你正對著馬達轉軸時，它是順時針旋轉的。

## 例 5-9 | 步進訊號反轉

延續例 5-8,試著修改程式碼,如何讓馬達反轉?你第一個想到的應該是把 digitalWrite( ) 中的 pin4, pin3…pin1 倒過來改為 pin1, pin2…pin4,如圖 5-31 標記處,可是這種方法需要修改到全部的程式碼,較為繁瑣。

| 原始程式碼 | 修改為反轉 |
|---|---|
| digitalWrite(pin4, LOW);<br>digitalWrite(pin3, LOW);<br>digitalWrite(pin2, HIGH);<br>digitalWrite(pin1, HIGH); | digitalWrite(pin1, LOW);<br>digitalWrite(pin2, LOW);<br>digitalWrite(pin3, HIGH);<br>digitalWrite(pin4, HIGH); |

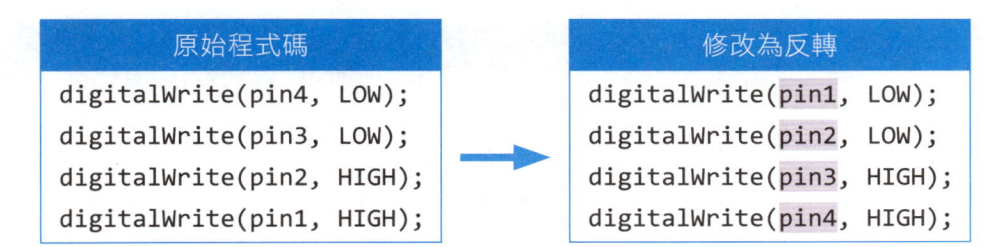

● 圖 5-31　修改指令使步進馬達反轉方法 1

還有一個比較快的方法,就是改接腳指定的腳位,如圖 5-32 標記處,等於腳位順序反著數。

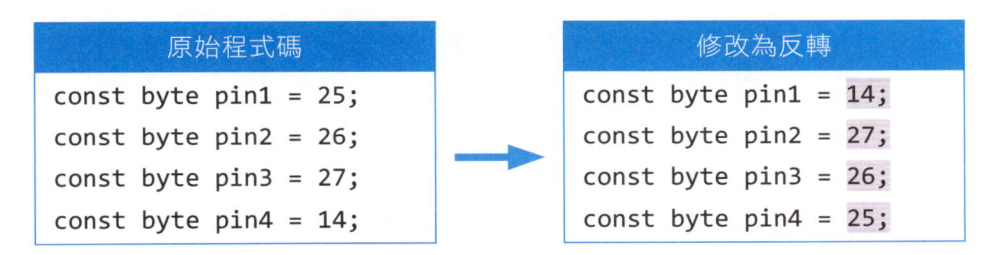

| 原始程式碼 | 修改為反轉 |
|---|---|
| const byte pin1 = 25;<br>const byte pin2 = 26;<br>const byte pin3 = 27;<br>const byte pin4 = 14; | const byte pin1 = 14;<br>const byte pin2 = 27;<br>const byte pin3 = 26;<br>const byte pin4 = 25; |

● 圖 5-32　修改指令使步進馬達反轉方法 2

※ 接線圖同例 5-8,程式除了接腳定義不同,其餘全和上一個範例相同,程式碼省略,放置於附檔中。

## 例 5-10 │ 半步進激磁

表 5-9 為半步進的激磁順序，你有找出它的順序嗎？如果例 5-9 的程式要改為半步進，程式碼該如何寫？

• 表 5-9　半步進激磁順序

| 接腳編號 | 步驟1 | 步驟2 | 步驟3 | 步驟4 | 步驟5 | 步驟6 | 步驟7 | 步驟8 |
|---|---|---|---|---|---|---|---|---|
| IN1 | 1 | 1 |  |  |  |  |  | 1 |
| IN2 |  | 1 | 1 | 1 |  |  |  |  |
| IN3 |  |  |  | 1 | 1 | 1 |  |  |
| IN4 |  |  |  |  |  | 1 | 1 | 1 |

※ 接線圖同例 5-8。

**│程式碼│**

```
01  /*
02   * 例5-10：從ESP32的接腳送信號，控制單極性步進馬達28BYJ-48
03   * 激磁方式：半步進
04   * 旋轉方向：順時針
05   */
06
07  const byte pin1 = 25;        //定義接腳編號
08  const byte pin2 = 26;
09  const byte pin3 = 27;
10  const byte pin4 = 14;
11  const byte delayTime = 2;    //必要的延遲，讓馬達的轉子足夠反應，走到定位
12
13  void setup() {
14    pinMode(pin1, OUTPUT);
15    pinMode(pin2, OUTPUT);
16    pinMode(pin3, OUTPUT);
17    pinMode(pin4, OUTPUT);
18  }
19
20  void loop() {
21    digitalWrite(pin4, LOW);   //半步激磁的原理，就是1相、2相、1相、2相
```

```
22     digitalWrite(pin3, LOW);    //以此類推
23     digitalWrite(pin2, LOW);
24     digitalWrite(pin1, HIGH);
25     delay(delayTime);
26
27     digitalWrite(pin4, LOW);
28     digitalWrite(pin3, LOW);
29     digitalWrite(pin2, HIGH);
30     digitalWrite(pin1, HIGH);
31     delay(delayTime);
32
33     digitalWrite(pin4, LOW);
34     digitalWrite(pin3, LOW);
35     digitalWrite(pin2, HIGH);
36     digitalWrite(pin1, LOW);
37     delay(delayTime);
38
39     digitalWrite(pin4, LOW);
40     digitalWrite(pin3, HIGH);
41     digitalWrite(pin2, HIGH);
42     digitalWrite(pin1, LOW);
43     delay(delayTime);
44
45     digitalWrite(pin4, LOW);
46     digitalWrite(pin3, HIGH);
47     digitalWrite(pin2, LOW);
48     digitalWrite(pin1, LOW);
49     delay(delayTime);
50
51     digitalWrite(pin4, HIGH);
52     digitalWrite(pin3, HIGH);
53     digitalWrite(pin2, LOW);
54     digitalWrite(pin1, LOW);
55     delay(delayTime);
56
57     digitalWrite(pin4, HIGH);
58     digitalWrite(pin3, LOW);
```

```
59    digitalWrite(pin2, LOW);
60    digitalWrite(pin1, LOW);
61    delay(delayTime);
62
63    digitalWrite(pin4, HIGH);
64    digitalWrite(pin3, LOW);
65    digitalWrite(pin2, LOW);
66    digitalWrite(pin1, HIGH);
67    delay(delayTime);
68    }
```

上面幾個範例，讓我們實作了全步進、半步進、正轉及反轉的動作，有助於了解步進馬達基本的運作機制，未來便可以進行更多的應用。

## 步進馬達函式庫

在前面幾個範例，可以發現使用 digitalWrite() 指令操控步進馬達是一件相當煩人的事，必須撰寫大量的輸出指令，一不小心會混亂，導致馬達不會旋轉。還好有內建函式庫可用，省下不少麻煩，語法如下。

`#include <Stepper.h>`　　　　//引用函式庫

`Stepper myStepper(步數, 接腳1, 接腳2, 接腳3, 接腳4);`

|說明|

宣告步進馬達物件，名字叫 myStepper，並定義轉一圈所需的步數，以及信號輸出的腳位。

Stepper 函式庫預設採用全步進激磁，若要使用半步進激磁，只能採用例 5-10 的方式，或是尋找其他函式庫。

`myStepper.setSpeed(轉速);`

|說明|

設定步進馬達每分鐘轉速（RPM）。

`myStepper.step(步進數);`

**▍說明▍**

命令馬達走指定的步數，正值表示正方向，負值表示反方向。

例：

`myStepper.step(2048);`　　//馬達正轉2048步

`myStepper.step(-1024);`　　//馬達逆轉1024步

## 例 5-11 │ 採用函式庫操控單極性步進馬達

　　本範例使用 28BYJ-48 步進馬達，若使用函式庫的指令直接執行，馬達只會轉一個方向，無法逆轉。是因為這顆馬達的接線順序，與 Stepper 函式庫預設的不同，第二條線和第三條線位置相反。

有兩個方式可以解決：

1. 在 ESP32 上將第二條線和第三條接線對調；

2. 建立 Stepper 物件時，在參數的部分，將 pin2 與 pin3 對調。

我們選用軟體方式下手，對調 pin2 與 pin3，宣告 28BYJ-48 步進馬達物件，指令如下：

`Stepper myStepper(2048, pin1, pin3, pin2, pin4);`

※ 接線圖同例 5-8。

**▍程式碼▍**

```
01  /*
02   * 例5-11：使用stepper函式庫，控制單極性步進馬達28BYJ-48
03   */
04
05  #include <Stepper.h>         //引用函式庫
06
07  const byte pin1 = 25;        //定義接腳編號
08  const byte pin2 = 26;
09  const byte pin3 = 27;
```

```
10  const byte pin4 = 14;
11
12  //為了修正此馬達接線和函式庫相異處,須將pin2及pin3互換位置
13  Stepper myStepper(2048, pin1, pin3, pin2, pin4);   //初始化馬達
14
15  void setup() {
16    myStepper.setSpeed(10);   //指定轉速為10rpm
17  }
18
19  void loop() {
20    myStepper.step(2048);     //順時針旋轉2048步,馬達轉一圈
21    delay(500);
22
23    myStepper.step(-500);     //逆時針旋轉500步
24    delay(500);
25  }
```

## 5-3.4 雙極性步進馬達

如圖 5-33 之步進馬達,在 3D 列印機及工業控制中很常見,名為 NEMA17。NEMA 是美國電氣製造商協會(National Electrical Manufacturers Association),制定不少標準。此馬達的正面長、寬為 1.7 英吋,為 17 之由來。

NEMA17 步進馬達的特性如下:

- 極性:雙極性(bipolar),外部拉出 4 個線頭;

● 圖 5-33　NEMA17 步進馬達

- 步進角(step):1.8 度,馬達轉一圈共需 200 步;
- 額定電壓:正常工作時的電壓,有 5 V、12 V、24 V 等,依規格而定。

## 雙極性線圈

　　雙極性線圈代表同一線圈可以流入**不同方向**的電流，產生不同的極性。馬達內有 A 及 B 兩線圈，標記 A+ 代表電流流入時，產生一個磁極（N 極或 S 極）；若電流從 A– 流入，則產生反向的磁極，這樣稱為 2 相，若再加上另一個線圈，總共就有 4 相。

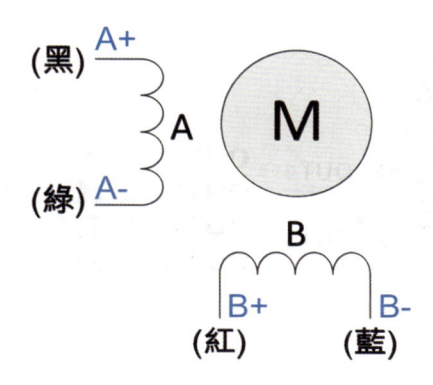

● 圖 5-34　雙極性步進馬達 NEMA17 線圈示意圖

如圖 5-35，第 1、4 線是同一組線圈；第 3、6 線是同一組線圈。

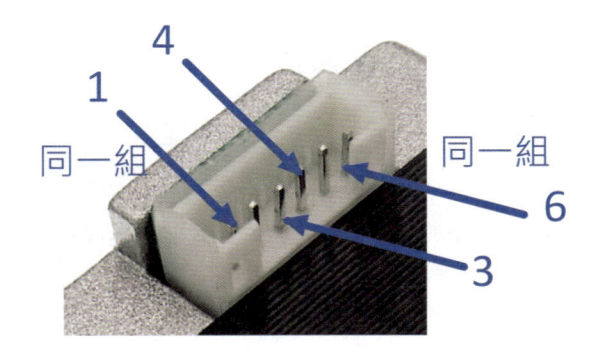

● 圖 5-35　NEMA17 外部接頭

## 例 5-12 │ 利用 L298N 驅動雙極性步進馬達

　　大部分的步進馬達激磁順序相同，都是輪流激磁不同線圈。本馬達的激磁順序為：A+、B+、A−、B−，跟內建函式庫相容，可以直接使用接線圖如圖 5-36。

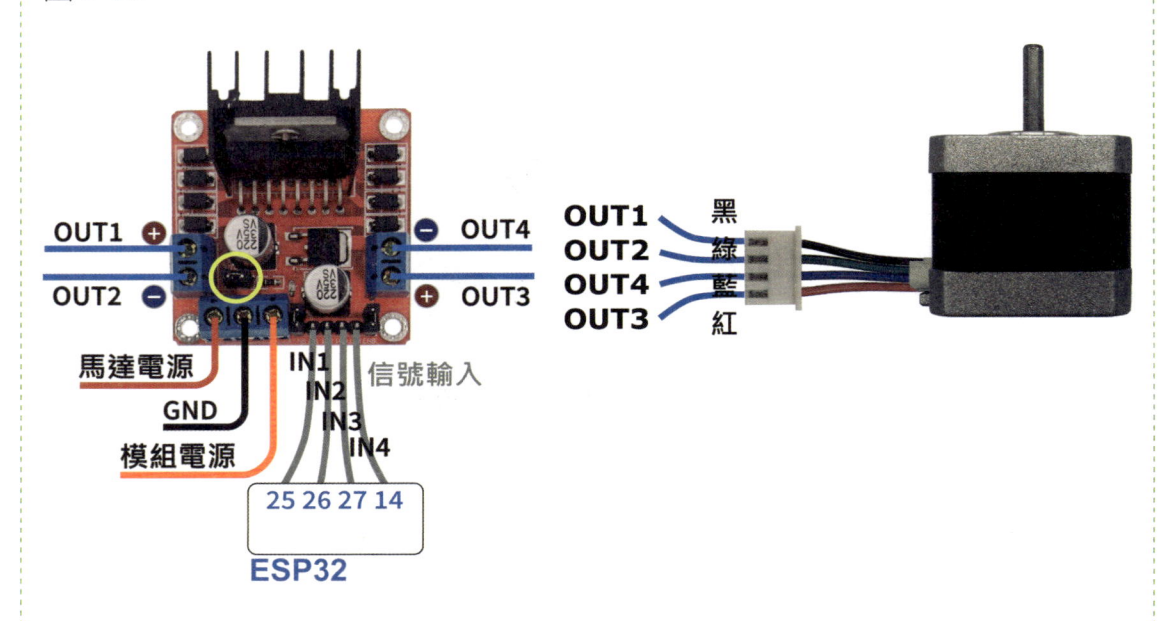

• 圖 5-36　L298N 及雙極性步進馬達接線

### |程式碼|

```
01  /*
02   * 例5-12：利用L298N驅動雙極性步進馬達（常見型號為NEMA17）
03   */
04
05  #include <Stepper.h>                      //引用步進馬達函式庫
06
07  Stepper NEMA17(200, 25, 26, 27, 14);   //建立物件，名為NEMA17
08  //函式參數為：(轉一圈步數, IN1, IN2, IN3, IN4)
09
10  void setup() {
11    NEMA17.setSpeed(100);   //設定轉速為100rpm，太快或太慢馬達會轉不動
12  }
13
```

```
14  void loop() {
15    NEMA17.step(200);          //走200步,走完才會將控制權還回來
16    delay(1000);
17    NEMA17.step(-200);         //走-200步,走完才會將控制權還回來
18    delay(1000);
19  }
```

此種馬達很常加上機構,以帶動各種物體,如圖 5-37。3D 列印機大多使用這種方式組成,但是 3D 列印機是使用更精密的微步進(microstepping)來推動,可以讓步進角更小。

● 圖 5-37　步進馬達 + 連軸器 + 螺桿 + 滑台

### 微步進

除了上一節提到,使用 L298N 來控制雙極性步進馬達之外,更可使用最先進的微步進方式來驅動。方法是利用 PWM 產生兩個相差 90 度的近正弦波電流,原理近似單相感應馬達。波形如下:

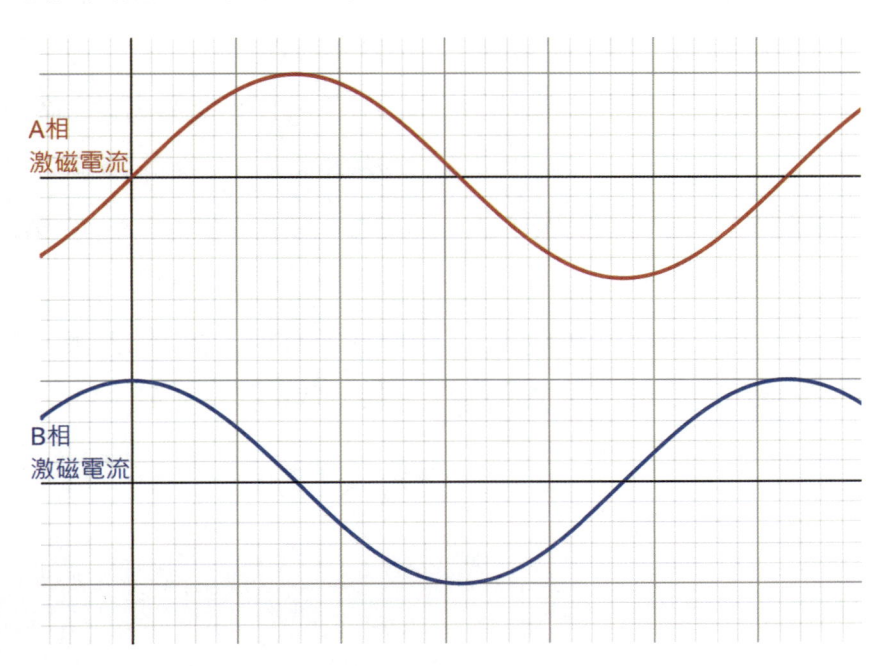

● 圖 5-38　用來牽引步進馬達的磁場波形

### A4988 驅動晶片

此晶片的使用相當簡單，只需要下達指令，晶片會產生磁場驅動步進馬達。它可以達到全步進、半步進，並可更精密，細至 1/16 步進。A4988 驅動外觀及接腳圖、功能說明如下：

- **DIRECTION**：旋轉方向，HIGH 及 LOW 會讓馬達轉向不同。
- **STEP**：收到脈衝時，驅動晶片送出信號，讓馬達走一步。
- **MS3、MS2、MS1**：設定步進或微步進模式。
- $\overline{\text{SLEEP}}$、$\overline{\text{RESET}}$：這兩支接腳接在一起時，馬達才能工作。
- $\overline{\text{ENABLE}}$：致能此模組，內建下拉電阻已將電位拉低，空接即可。
- **VDD**：此晶片的驅動電壓，範圍為 3 到 5.5 V。
- **GND**：兩個 GND 在模組內部其實是短路的。
- **1A 和 1B**：步進馬達的第一組線圈。
- **2A 和 2B**：步進馬達的第二組線圈。
- **VMOTOR**：馬達電源，晶片可接受範圍為 8 V 到 35 V。

## 步進和微步進

NEMA17 步進馬達的步進角為 1.8 度，旋轉一圈共需執行 200 步。A4988 提供 5 種不同的微步進模式，可將步進角改為 $\frac{1}{2}$ 倍到 $\frac{1}{16}$ 倍步進角，如表 5-10 所示。

• 表 5-10　步進模式設定

| MS3 | MS2 | MS1 | 操作模式 | 步進角 | 馬達轉一圈所需步數 |
|---|---|---|---|---|---|
| 0 | 0 | 0 | 全步進 | 1.8 度 | 200 步 |
| 0 | 0 | 1 | 1/2 步 | 0.9 度 | 400 步 |
| 0 | 1 | 0 | 1/4 步 | 0.45 度 | 800 步 |
| 0 | 1 | 1 | 1/8 步 | 0.225 度 | 1600 步 |
| 1 | 1 | 1 | 1/16 步 | 0.1125 度 | 3200 步 |

註　1 為高電位；0 為低電位。

### 調整 A4988 提供的電流

使用 A4988 驅動模組前，必須根據步進馬達規格，自行調整電流。電流過大馬達會過熱；電流太小會因為磁力太小而轉不動。

圖 5-39 是市面上販售的 A4988 模組，唯一的差別在於 $R_{CS}$ 電阻不同，如圖 5-39(a)，紅色電路板的限流電阻 $R_{CS}$ = 0.05Ω；圖 5-39(b) 綠色電路板的限流電阻 $R_{CS}$ = 0.1Ω。

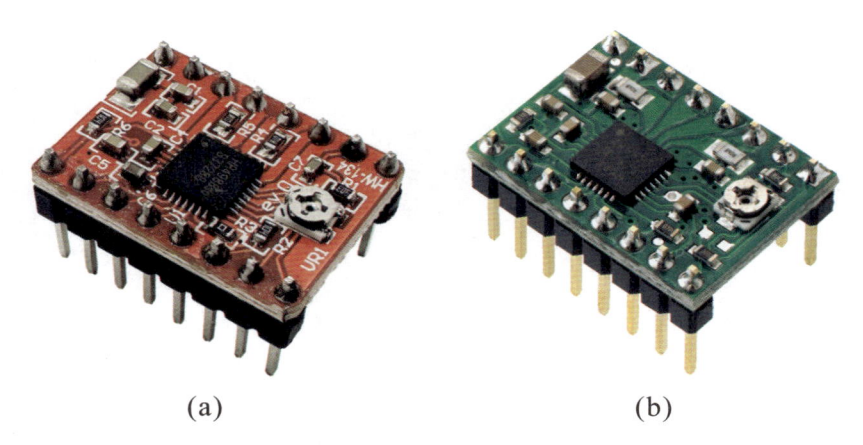

(a)　　　　　　　　(b)

• 圖 5-39　市面上販售的 A4988 驅動模組

A4988 限制電流的方式，是以晶片的 SENSE1 及 SENSE2 接腳外接電阻 $R_{CS}$，以及參考電壓 $V_{REF}$ 之間的關係決定的，此資料可參考規格書得知。它們之間的關係為：$I_{MAX} = \dfrac{V_{REF}}{8 \times R_{CS}}$

移項後得：$V_{REF} = 8 \times I_{MAX} \times R_{CS}$

這個 $V_{REF}$ 電壓，可在模組上的半固定可變電阻量測到，也是從此處調整電流限制值。

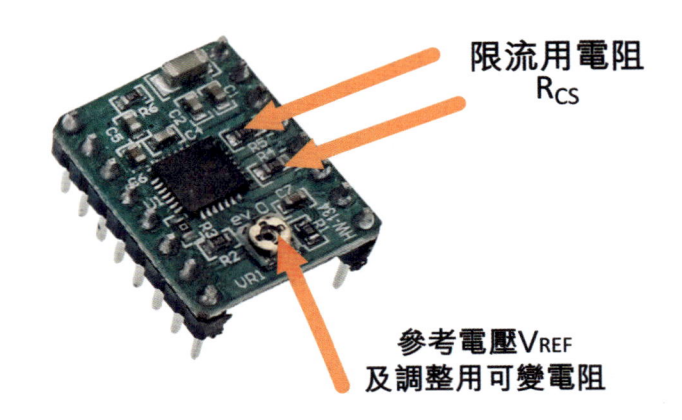

● 圖 5-40　A4988 模組上，關於限制電流的元件

輸出至馬達的電流，如果超過 1 安培，晶片上必須貼上散熱片；若超過 1.5 安培，須再加上散熱風扇，晶片最大工作電流為 2 安培。

## 限流電阻調整範例

本例使用之 NEMA17 步進馬達，額定電流為 1.3 A。A4988 模組採用綠色 PCB 板，作法如下：

**Step 1 ▶** 按照圖 5-41 接線。

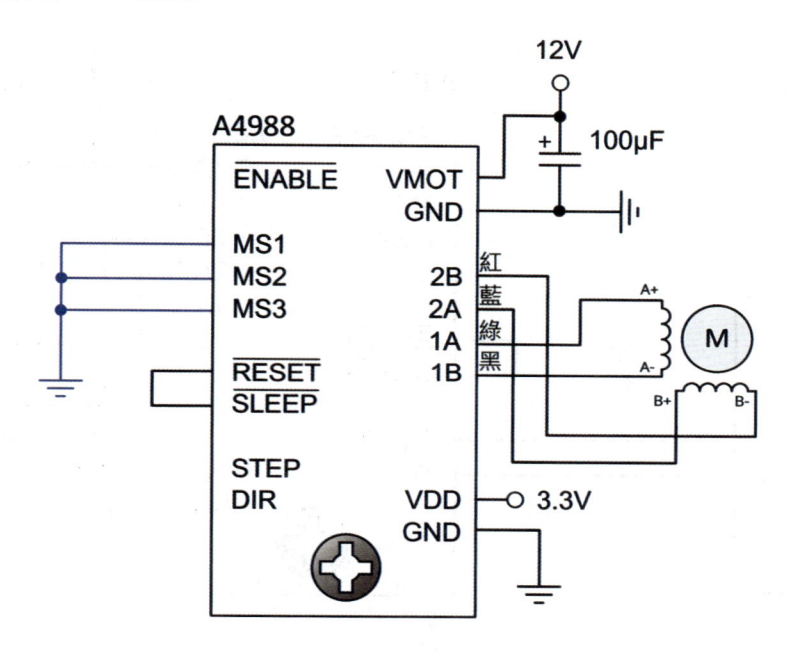

• 圖 5-41　A4988 驅動模組，從模組正面看下去的接線

**Step 2 ▶** 計算須調整參數：

(1) 決定限制電流量，為馬達的額定電流，例如 1.3 A。

(2) 找出 A4988 模組上 $R_{SENSE}$ 電阻值，此綠色模組上電阻為 0.1Ω。

(3) 算出 $V_{REF}$ 電壓，$V_{REF} = 8 \times I_{MAX} \times R_{CS} = 8 \times 1.3A \times 0.1Ω = 1.04V$。

**Step 3 ▶** 設定限制電流：

根據剛才的計算，得知必須將參考電壓（$V_{REF}$）設定為 1.04V。設定方法如下：

(1) 使用數位式三用電表測量模組上的可變電阻電位。

(2) 旋轉可變電阻，直到電位為 1.04V 為止。

## 例 5-13 ｜ NEMA17 步進馬達正反轉

調整完 A4988 模組的電流限制後，就可以開始操控馬達了。

**| 電路圖 |**

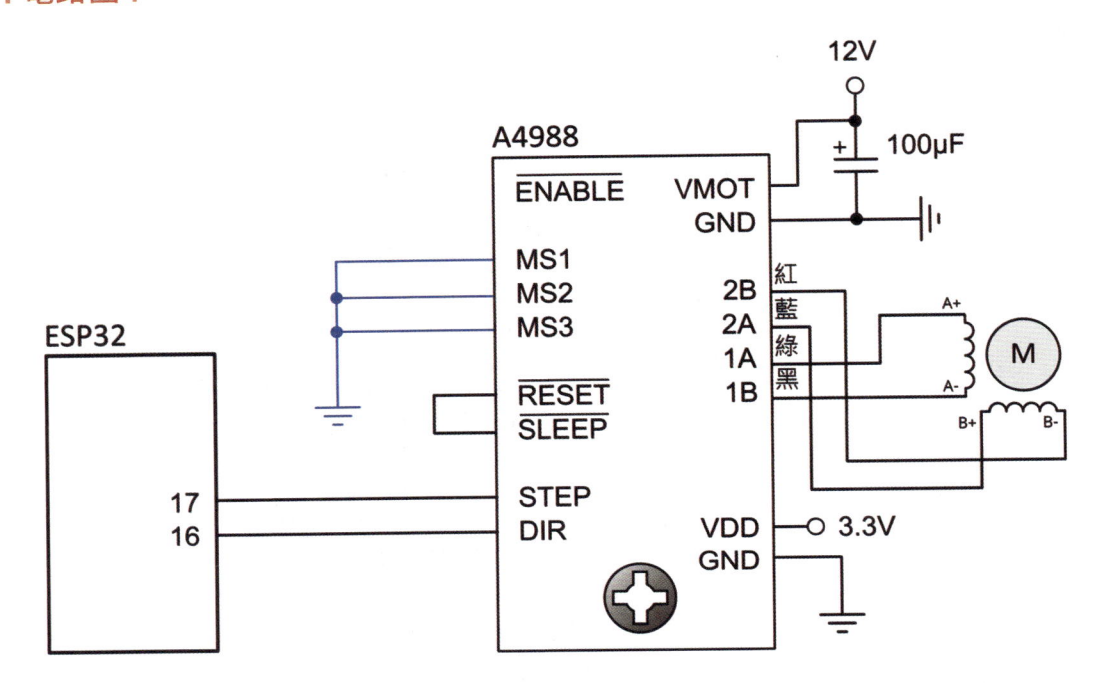

• 圖 5-42　A4988 驅動模組，全步進接線

**| 程式碼 |**

```
01  /*
02   * 例5-13：A4988控制NEMA17步進馬達，正轉一圈、反轉一圈
03   * 步進模式：全步進(MS3=0, MS2=0, MS1=0)
04   */
05
06  const byte stepPin = 17;      //脈衝輸出接腳
07  const byte dirPin = 16;       //方向設定接腳
08
09  void setup() {
10    pinMode(stepPin,OUTPUT);
11    pinMode(dirPin,OUTPUT);
12  }
13
```

```
14  void loop() {
15    digitalWrite(dirPin,HIGH);     //方向腳設定高電位
16    runStep(200,500);              //呼叫產生脈衝函式，指定產生200個脈衝
17    delay(200);                    //休息0.2秒
18
19    digitalWrite(dirPin,LOW);      //方向腳設定低電位，旋轉方向相反
20    runStep(200,500);              //呼叫產生脈衝函式，指定產生200個脈衝
21    delay(200);                    //休息0.2秒
22  }
23
24  void runStep(int steps, int delayTime){  //使用者自訂函式，功能：產生脈衝
25    for(int i = 0; i < steps; i++) {       //產生脈衝送至馬達
26      digitalWrite(stepPin,HIGH);          //高電位
27      delayMicroseconds(delayTime);        //延時delayTime個us
28      digitalWrite(stepPin,LOW);           //低電位
29      delayMicroseconds(delayTime);        //延時delayTime個us
30    }
31  }
```

## 例 5-14 | 以微步進模式，驅動 NEMA17 步進馬達正反轉

修改步進設定，將 MS1、MS2、MS3 接到高電位，即可設定為 1/16 微步進，步進角縮小到原本的 1/16，代表精確度提高了 16 倍。

**| 電路圖 |**

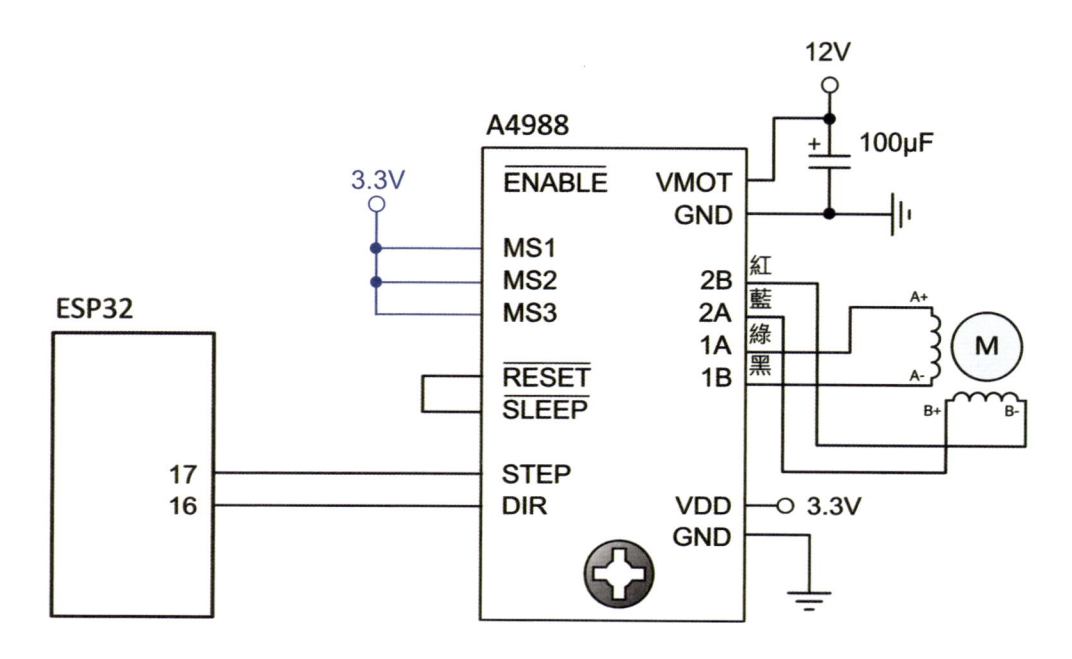

• 圖 5-43　A4988 驅動模組，微步進接線

程式碼和上一個範例完全一樣。觀察看看，是不是馬達旋轉的量只剩 1/16？代表在微步進模式下，步進角變小了。在 3D 列印機這種需要高精確度的需求下，通常都會採用微步進來驅動。

# 5-4 無刷馬達

無刷馬達（Brushless DC Motor，BLDC）屬於沒有電刷的直流馬達。是電力電子進步的產物，雖然外部通直流電，其實內部有一個變頻器電路，將直流電轉變成交流電，再以感應電動機的方式拉動轉子（電工機械課程）。

無刷馬達最大的特色就是電樞的磁極特別多，可以想成工人比較多，所以推力大、安靜、速度快、慢速也可正常工作，如圖 5-44 所示。常見於四軸飛行器、電動機車、電動腳踏車等。圖中，上方為三相無刷馬達，電樞的磁極是 3 的倍數，共有 12 極；而下方是單相無刷馬達，電樞極數是 2 的倍數，共有 4 極。

- 圖 5-44　上方是筋膜按摩槍的馬達，下方是電腦風扇的馬達

本實驗採用網路上容易取得的無刷馬達，用於四軸飛行器，主要的零件如下，圖 5-45 是馬達；圖 5-46 是電子調速器，負責將直流轉換為交流。

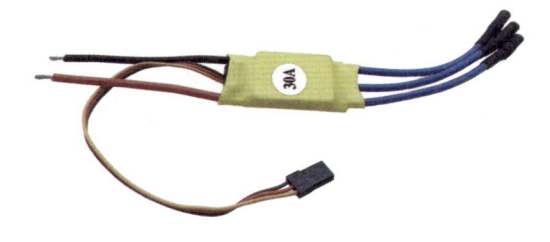

- 圖 5-45　馬達加上螺旋槳
- 圖 5-46　電子調速器，簡稱電調

馬達的主要規格如圖 5-47 所示，1400 KV 代表 1400 rpm/V，額定電壓為 12 V。取用電流相當大，一定要使用外部電源。

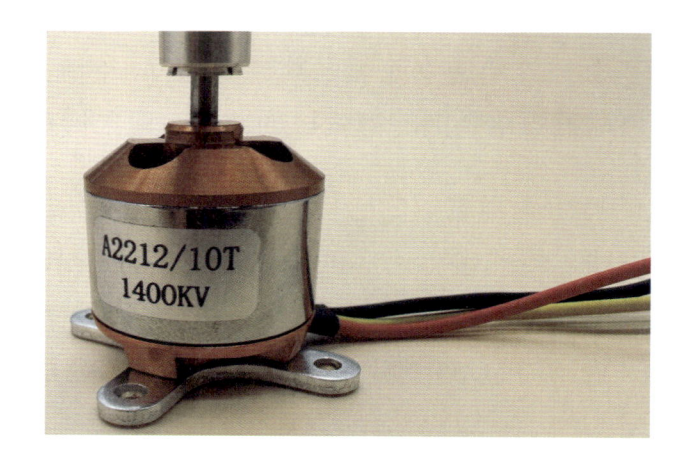

• 圖 5-47　四軸飛行器無刷馬達的規格

## 電子調速器

電子調速器（Electronic Speed Control，ESC）的規格如下，操作方法和伺服馬達相似。因為模型玩具，除了有控制方向的伺服馬達，也會有控制轉速的無刷馬達，兩者使用相同種類的電信號，以控制的面向會比較輕鬆。

- 信號結構：PWM；
- 信號電壓準位：3.3 V 到 5 V；
- 信號週期：20 ms；
- 信號高電位時間：1 ms～2 ms。

電子調速器剛通電時，會有兩種狀況：

- 未接收到信號時，會每隔一秒嗶一聲（聲音是透過高速振動轉子產生）；
- 接收到可用信號，會發出「嗶嗶嗶、嗶------」進入待機模式。

## 例 5-15 │ 無刷馬達實作

既然信號結構相同，使用的函式庫和伺服馬達的相同，請參閱 5-2.4 節，將函式庫安裝好。

馬達有三條線，代表使用的是三相交流電，隨意接即可。如果轉向和你要的不同，改接隨便兩條線就可以更換轉向了，這是三相電的特色。電源一定要使用外部電源，例如 18650 等鋰電池，否則會無力旋轉。

**│電路圖│**

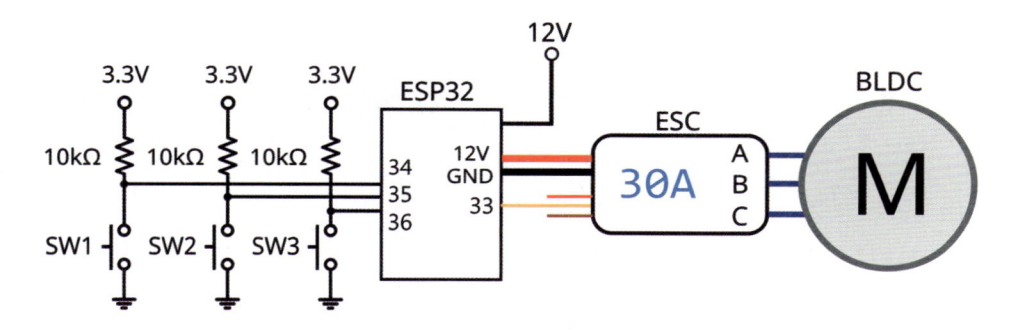

• 圖 5-48 　三相無刷馬達控制電路接線

**│功能要求│**

- 通電時，無刷馬達進入就緒狀態；
- 按下 SW1，低速旋轉（1200μs 信號）；
- 按下 SW2，略高速旋轉（1300μs 信號）；
- 按下 SW3，馬達停止（1000μs 信號）。

程式碼如下，關鍵在於一開始就要先送 1000μs 的 PWM 信號，讓電子調速器進入待機模式，才能開始推動馬達。

**│程式碼│**

```
01  /*
02   * 例 5-15：無刷馬達實作
03   */
04
```

```
05  #include <ESP32Servo.h>                        //引用函式庫
06
07  Servo myBLDC;                                  //建立伺服馬達物件，名稱為myBLDC
08  const byte PWM = 33;                           //PWM信號由第33腳輸出
09  const byte button1 = 34;                       //按鈕1
10  const byte button2 = 35;                       //按鈕2
11  const byte button3 = 36;                       //按鈕3
12
13  void setup() {
14    myBLDC.attach(PWM, 1000, 2000);              //PWM信號範圍從1000μs到2000μs
15    pinMode(button1,INPUT);                      //按鈕為輸入模式
16    pinMode(button2,INPUT);
17    pinMode(button3,INPUT);
18    myBLDC.writeMicroseconds(1000);              //輸出1000μs PWM信號，讓ESC就緒
19  }
20
21  void loop() {
22    if(digitalRead(button1)==false)              //按鈕1按下
23      myBLDC.writeMicroseconds(1200);            //輸出1200μs，低速旋轉
24    if(digitalRead(button2)==false)              //按鈕2按下
25      myBLDC.writeMicroseconds(1300);            //輸出1300μs，轉速提升
26    if(digitalRead(button3)==false)              //按鈕3按下
27      myBLDC.writeMicroseconds(1000);            //輸出1000μs，停止旋轉
28  }
```

## 三相逆變器原理

簡易電路圖如圖 5-49，前段就是電子調速器的內部結構，它是先前直流馬達提到的 H 橋的延伸。如果有兩個臂，可以做一個相的正負變換，就是交流電了。如果再加一個臂，形成三臂就可以輸出三相交流電。

S1 到 S6 使用 MOSFET 作為開關，現今很少使用 BJT 電晶體了。在這些開關的前面還有一個控制晶片，負責送出信號來切換這些 MOSFET，以改變電流流向。

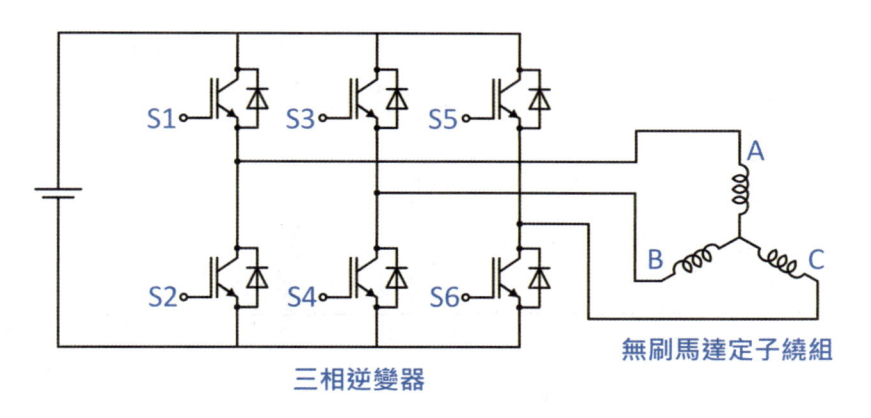

• 圖 5-49　三相逆變器及 Y 接馬達電路簡圖

　　激磁信號的發送方式有非常多種，圖 5-50 是入門的梯形換向（trapezoidal commutation），名字的由來是轉子的反電勢長的很像梯形。此種方式不採用霍爾元件作為轉子位置的偵測，而是利用信號中間的空檔，偵測轉子的反電勢，當轉子的反電勢極性相反時，再決定下一個信號如何發送。

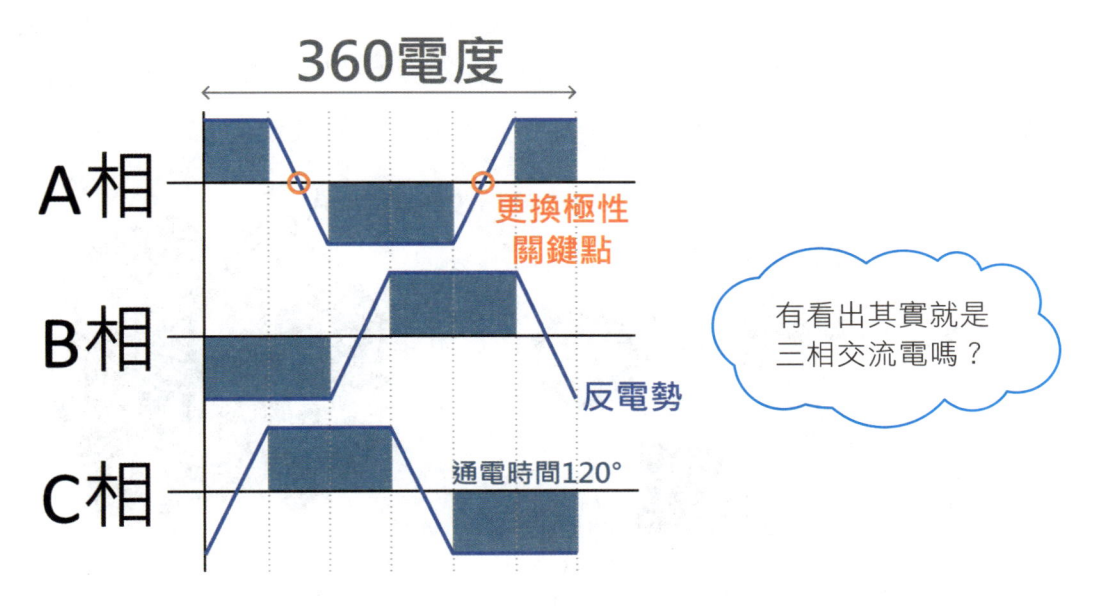

• 圖 5-50　三相無刷馬達的激磁信號

上述的激磁方法只是單純的依序送出高、低電壓。如果使用更高階的激磁方式，再加上 PWM，可以組合成有效值等於正弦波的電壓，如圖 5-51 所示，馬達轉起來會更順暢、更有力。

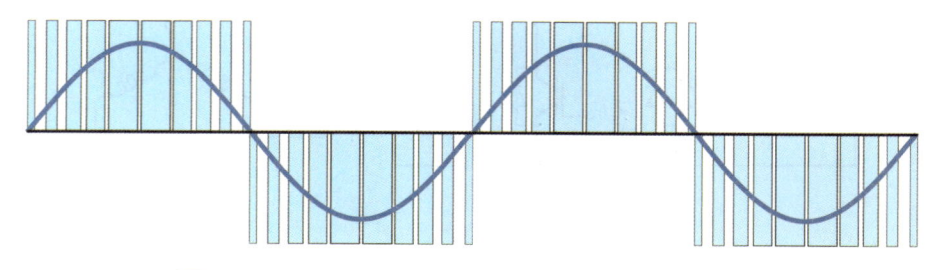

• 圖 5-51　透過 PWM 組合成等效正弦波有效值

## 5-5　智慧小車

製作專題時，智慧小車（Smart robot car, Smart car）是很常見的載具。最便宜的方案外形如圖 5-52(a)，常見且易於購買，是入門的好材料。通常是由 TT 馬達、壓克力板、L298N 控制直流馬達、ESP32 控制。一定要搭配外部電源，如電池盒，否則電流量會不足，馬達動不了。組合成品大致如圖 5-52(b)。

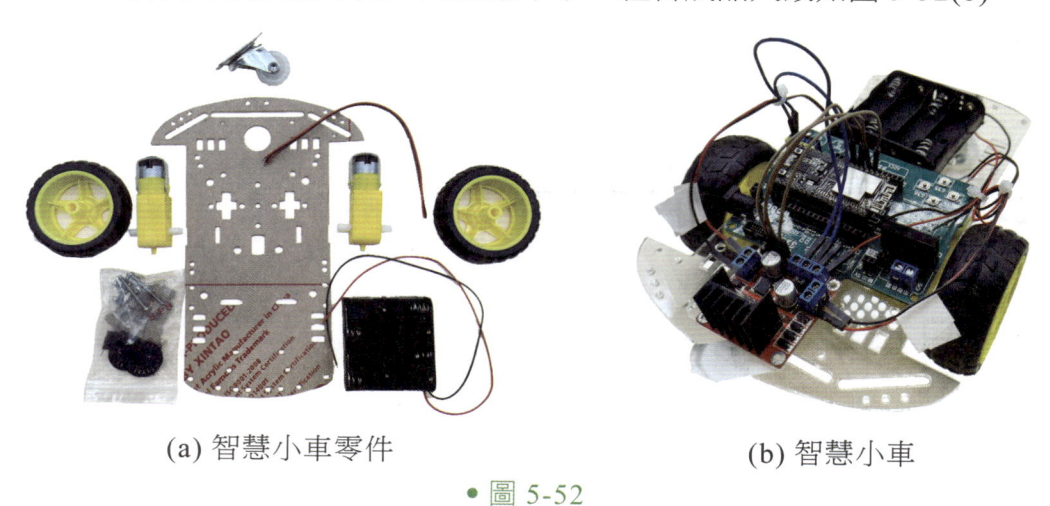

(a) 智慧小車零件　　　　　　　　(b) 智慧小車

• 圖 5-52

而電池盒的容器是 4 顆 3 號電池，理想狀況可以達到 6 V，但仍顯不足。使用充電電池則更慘，因為每一顆的電壓只有 1.2 V。強烈建議使用 18650 電池，一顆就有 3.7 V，兩顆串聯就有 7.4 V。

## 5-5.1　人類控制智慧小車

由人類下指令，是入門的做法，也是最可控的方式，可以協助理解基本原理。

> 接線及移動原理

因為馬達是一邊朝左、一邊朝右接在車體上的。要讓車子前進，左右兩邊的馬達轉向是不同的。

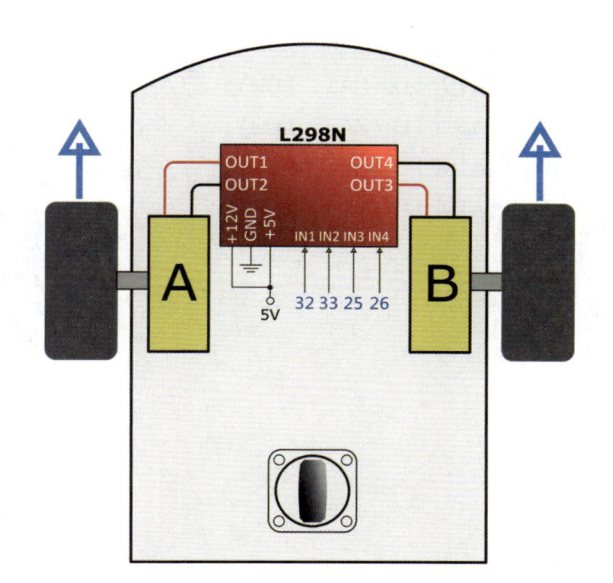

請你先調整接線，確定以下狀況。

- 當 OUT1、OUT2 分別為 HIGH、LOW 時，左輪是往前轉的。
- 當 OUT3、OUT4 分別為 HIGH、LOW 時，右輪是往前轉的。

後續會以此定義撰寫程式碼。

接線時，線材要特別注意。建議使用電子實習的單心線，線徑較粗，能通過的電流也較大。市售的杜邦線很容易斷或接觸不良，建議自己壓接杜邦線。最好一條到底，別一節一節的接線並延長，將來可能為了除錯而傷透腦筋。

將接腳編號宣告如下，以利未來更換接腳時，直接改變此處的數值即可：

```
const byte MA1 = 32;   //MA代表馬達A，1為其第一支接腳
const byte MA2 = 33;   //馬達A的第二支接腳
const byte MB1 = 25;   //馬達B的第一支接腳
const byte MB1 = 26;
```

為了方便呼叫使用，將整組的指令集合在一起，寫成使用者自訂函式：

```
void forward(){                    //車子前進
  digitalWrite(MA1, HIGH); //左輪前進
  digitalWrite(MA2, LOW);
  digitalWrite(MB1, HIGH); //右輪前進
  digitalWrite(MB2, LOW);
}
```

```
void backward(){                   //車子後退
  digitalWrite(MA1, LOW);  //左輪後退
  digitalWrite(MA2, HIGH);
  digitalWrite(MB1, LOW);  //右輪後退
  digitalWrite(MB2, HIGH);
}
```

```
void right(){                      //車子向右轉
  digitalWrite(MA1, HIGH); //左輪前進
  digitalWrite(MA2, LOW);
  digitalWrite(MB1, LOW);  //右輪靜止
  digitalWrite(MB2, LOW);
}
```

```
void left(){                       //車子向左轉
  digitalWrite(MA1, LOW);  //左輪靜止
  digitalWrite(MA2, LOW);
  digitalWrite(MB1, HIGH); //右輪前進
  digitalWrite(MB2, LOW);
}
```

```
void stop(){                       //車子停止
  digitalWrite(MA1, LOW);  //左輪靜止
  digitalWrite(MA2, LOW);
  digitalWrite(MB1, LOW);  //右輪靜止
  digitalWrite(MB2, LOW);
}
```

將這種組合的功能寫在一起後，只要直接執行 forward( ); 就可以讓車子向前移動了。

## 例 5-16　使用序列埠操控小車

使用遊戲常用的操控方式，透過序列埠監控視窗，將指令傳送給 ESP32，控制車子的移動。

- 圖 5-53　遊戲常見的控制方式

## 程式碼

```
/*
 * 例5-16：智慧小車操作
 */

const byte MA1 = 32;                          //MA代表馬達A，接腳1
const byte MA2 = 33;                          //馬達A，接腳2
const byte MB1 = 25;                          //馬達B，接腳1
const byte MB2 = 26;                          //馬達B，接腳2
char data;                                    //接收序列埠傳來的值

void setup() {
  pinMode(MA1, OUTPUT);                       //接腳設定為輸出模式
  pinMode(MA2, OUTPUT);
  pinMode(MB1, OUTPUT);
  pinMode(MB2, OUTPUT);
  Serial.begin(9600);                         //驅動序列埠傳輸功能
}

void loop() {
  if (Serial.available()) {                   //如果序列緩衝區有資料
    data = Serial.read();                     //從緩衝區讀取一個字元
    if (data == 'w' || data == 'W') {         //如果讀到字元w或W
      Serial.println("車子前進");
      forward();                              //呼叫前進函式，其餘以此類推
    } else if (data == 's' || data =='S'){    //如果讀到字元s或S
      Serial.println("車子後退");
      backward();
    } else if (data == 'a' || data == 'A'){   //如果讀到字元a或A
      Serial.println("車子左轉");
      left();
    } else if (data == 'd' || data == 'D'){   //如果讀到字元d或D
      Serial.println("車子右轉");
      right();
    }
    else if (data == 'q' || data == 'Q'){     //如果讀到字元q或Q
      Serial.println("車子靜止");
```

```
37        stop();
38      }
39    } //if(Serial.available())結束
40  }    //loop()結束
41
42  //定義車體的5種動作
43
44  void forward() {            //車子前進
45    digitalWrite(MA1, HIGH);  //左輪前進
46    digitalWrite(MA2, LOW);
47    digitalWrite(MB1, HIGH);  //右輪前進
48    digitalWrite(MB2, LOW);
49  }
50  void backward() {           //車子後退
51    digitalWrite(MA1, LOW);   //左輪後退
52    digitalWrite(MA2, HIGH);
53    digitalWrite(MB1, LOW);   //右輪後退
54    digitalWrite(MB2, HIGH);
55  }
56  void right() {              //車子向右轉
57    digitalWrite(MA1, HIGH);  //左輪前進
58    digitalWrite(MA2, LOW);
59    digitalWrite(MB1, LOW);   //右輪靜止
60    digitalWrite(MB2, LOW);
61  }
62  void left() {               //車子向左轉
63    digitalWrite(MA1, LOW);   //左輪靜止
64    digitalWrite(MA2, LOW);
65    digitalWrite(MB1, HIGH);  //右輪前進
66    digitalWrite(MB2, LOW);
67  }
68  void stop() {               //車子停止
69    digitalWrite(MA1, LOW);   //左輪靜止
70    digitalWrite(MA2, LOW);
71    digitalWrite(MB1, LOW);   //右輪靜止
72    digitalWrite(MB2, LOW);
73  }
```

程式上傳後,開啟序列埠監控視窗,選擇「沒有行結尾」,輸入 a 後再按 Enter,把資料送到 ESP32,就可以讓車子往左方移動。其餘類推,你可以在車底墊個東西,把車體架高,看看輪子空轉的狀況。

### 延伸練習
2. 參考第 3 章 3-2 節 BLE,修改程式,將操控方式改用 BLE,操控智慧小車。

## 5-5.2 麥克納姆輪車

麥克納姆輪(Mecanum wheel)的特色,就是上面有許多斜 45 度角的「滾子(roller)」,車子可原地旋轉、側向移動、斜向移動,這些是直向輪辦不到的。適合空間狹窄、直角彎作業環境。其缺點為:推力效率低、易磨損,不適合粗糙地面(更容易磨損)。

(a) 麥克納姆輪　　　　　　　　(b) 車體

● 圖 5-54

### 輪子位移原理

秘密就在這些斜向的滾子,它可以將直向前進的輪子,抵消掉 45 度的分量,利用剩下的 45 度分量來推動車子。詳細原理的分析步驟如下:

**Step 1** ▶ 麥克納姆輪的俯視圖，如圖 5-55(a)。

**Step 2** ▶ 當輪子轉到與地面接觸時，方向剛好相反，並可以分割成兩個分量：1 和 2，如圖 5-55(b)。

**Step 3** ▶ 馬達帶動輪子向前旋轉，為向量 3。因為向量 2 被滾子旋轉消除，只剩下向量 1，如圖 5-55(c)。

**Step 4** ▶ 回到俯視來看，1 就是這個輪子實際移動方向，如圖 5-55(d)。

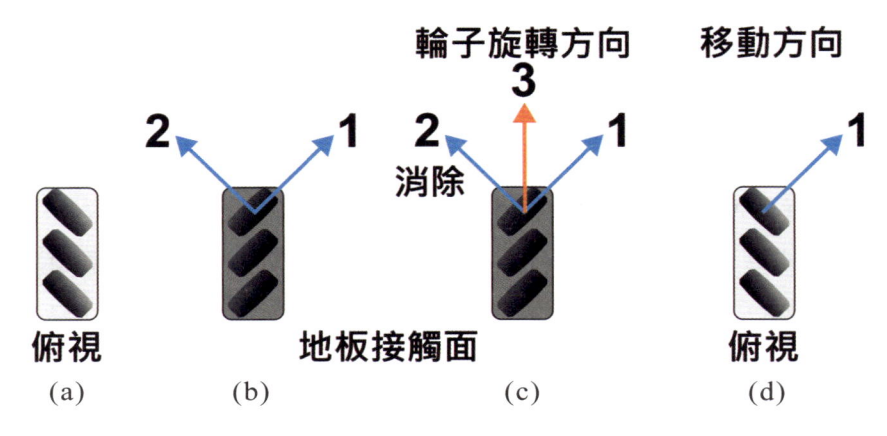

● 圖 5-55　單一輪子的位移向量

## 輪序、接線、動作設計

　　車體輪子的裝配，以滾輪的方向來看，主要原則是讓它以 X 型分配，或以菱形分配為主，如圖 5-56 所示，本書選擇 X 型分配。

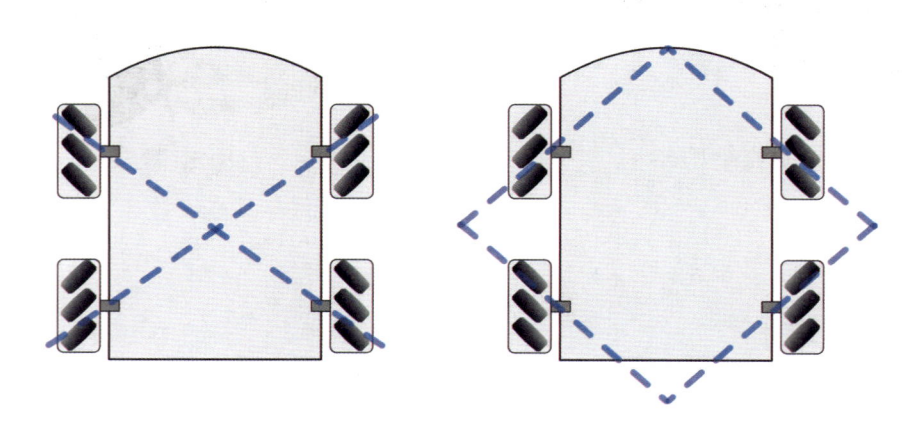

● 圖 5-56　麥克納姆輪車輪序

Chapter 5　動力輸出篇

　　因為馬達是一邊朝左、一邊朝右接在車體上的。要讓車子前進，左右兩邊的馬達轉向是不同的。

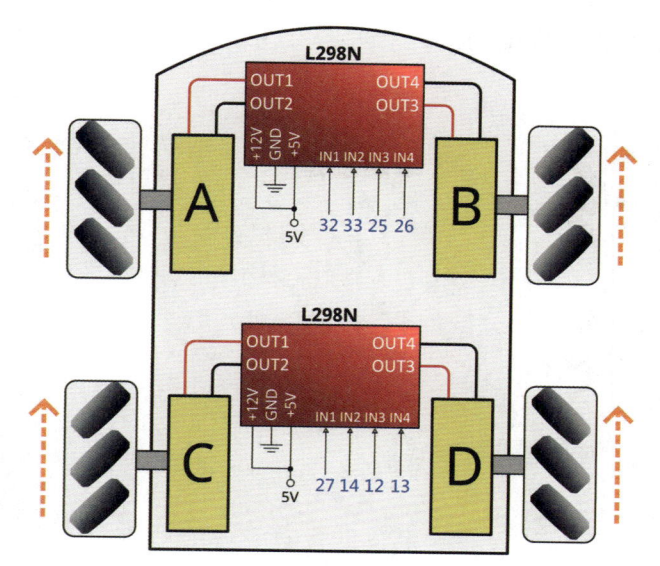

請你先調整接線，確定以下狀況。

- 當 OUT1、OUT2 分別為 HIGH、LOW 時，左側輪是往前轉的。
- 當 OUT3、OUT4 分別為 HIGH、LOW 時，右側輪是往前轉的。

後續會以此定義撰寫程式碼。

將接腳編號宣告如下，以利未來更換接腳時，直接改變此處的數值即可：

```
const byte MA1 32    //馬達A(左前輪)，接腳1
const byte MA2 33    //馬達A，接腳2
const byte MB1 25    //馬達B(右前輪)，接腳1
const byte MB2 26    //馬達B，接腳2
const byte MC1 27    //馬達C(左後輪)，接腳1
const byte MC2 14    //馬達C，接腳2
const byte MD1 12    //馬達D(右後輪)，接腳1
const byte MD2 13    //馬達D，接腳2
```

## 車體位移原理

圖 5-57 中，橘色箭頭為馬達的轉向，藍色斜向箭頭為受力的方向。如果要讓車體前進，必須讓馬達如圖中所示的方式驅動。

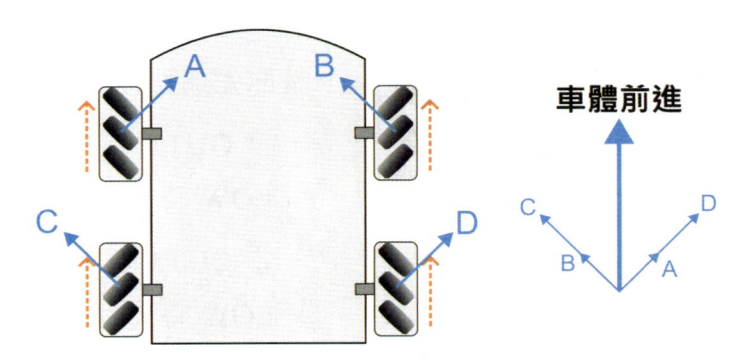

● 圖 5-57　車體前進驅動方式

車體平移，可如圖 5-58 所示讓馬達旋轉。

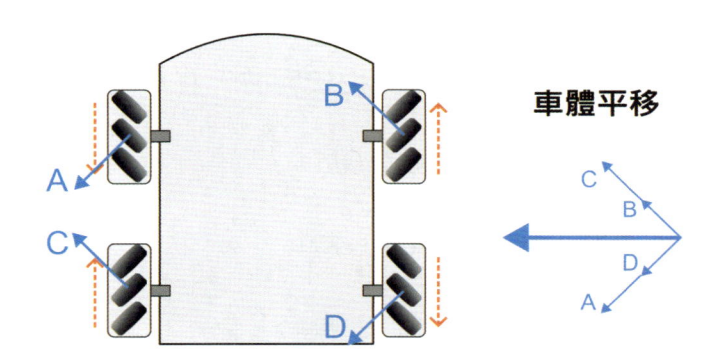

● 圖 5-58　車體平移驅動方式

斜向移動，只需要驅動 2 個馬達即可。

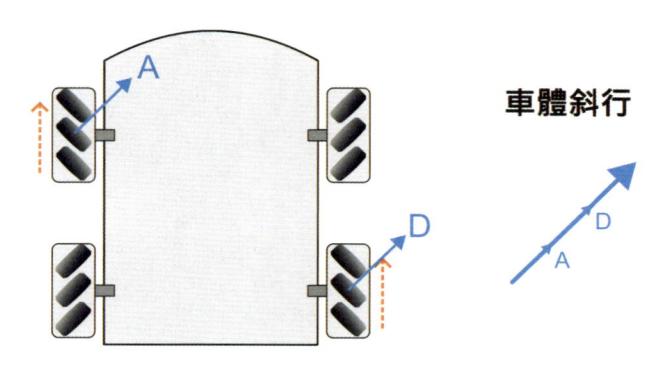

● 圖 5-59　車體斜行驅動方式

車體原地旋轉，如下設定馬達轉向即可。

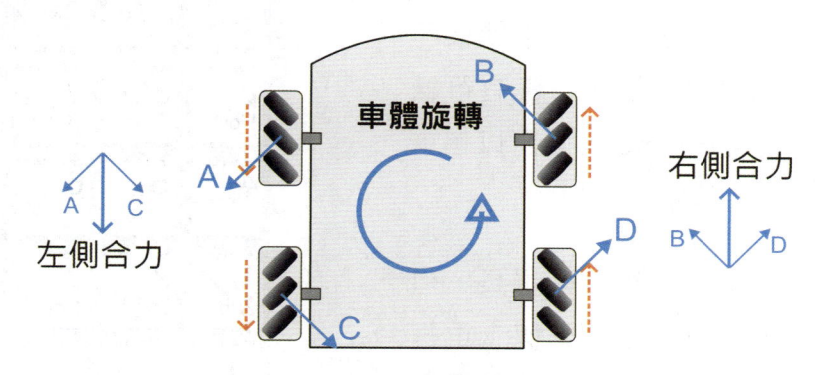

• 圖 5-60　車體原地旋轉驅動方式

根據上述原理，如果要讓車體有上、下、左平移、右平移、4 個斜向、2 個原地旋轉、停止，總共需要設定 11 種動作。為了方便呼叫使用，將整組的指令集合在一起，寫成使用者自訂函式，舉例如下，其餘動作於完整程式碼表達：

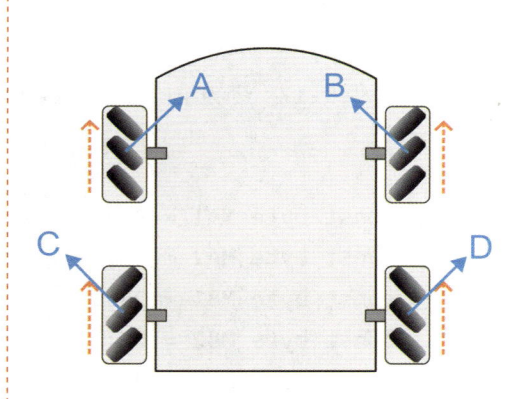

```
void forward() {                    //車體前進
  digitalWrite(MA1, HIGH);          //A輪前進
  digitalWrite(MA2, LOW);
  digitalWrite(MB1, HIGH);          //B輪前進
  digitalWrite(MB2, LOW);
  digitalWrite(MC1, HIGH);          //C輪前進
  digitalWrite(MC2, LOW);
  digitalWrite(MD1, HIGH);          //D輪前進
  digitalWrite(MD2, LOW);
}
```

我們使用鍵盤右方數字鍵來操控，包含旋轉、平移等功能。程式上傳後，開啟序列埠監控視窗，選擇「沒有行結尾」，輸入 1 後再按 Enter，就可以讓車子往左後方移動，其餘類推。

完整程式碼如下，程式碼很長，但邏輯非常簡單，只不過是相同概念重複 11 次，以符合 11 種動作而已。

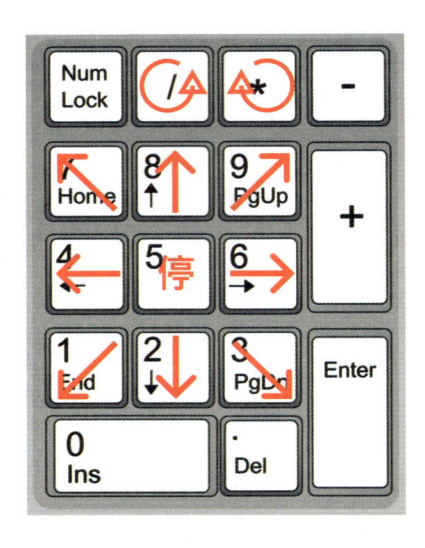

• 圖 5-61　利用數字鍵做多方向操控

## 例 5-17｜麥克納姆輪（Mecanum wheel）車操作

**┃程式碼┃**

```
01  /*
02   * 例5-17：麥克納姆輪（Mecanum wheel）車操作
03   */
04
05  const byte MA1 = 32;      //馬達A(左前輪、A輪)，接腳1
06  const byte MA2 = 33;      //馬達A，接腳2
07  const byte MB1 = 25;      //馬達B(右前輪、B輪)，接腳1
08  const byte MB2 = 26;      //馬達B，接腳2
09  const byte MC1 = 27;      //馬達C(左後輪、C輪)，接腳1
10  const byte MC2 = 14;      //馬達C，接腳2
11  const byte MD1 = 12;      //馬達D(右後輪、D輪)，接腳1
12  const byte MD2 = 13;      //馬達D，接腳2
13
14  void setup() {
15    pinMode(MA1, OUTPUT);   //接腳設定為輸出模式
16    pinMode(MA2, OUTPUT);
17    pinMode(MB1, OUTPUT);
18    pinMode(MB2, OUTPUT);
19    pinMode(MC1, OUTPUT);
```

```
20    pinMode(MC2, OUTPUT);
21    pinMode(MD1, OUTPUT);
22    pinMode(MD2, OUTPUT);
23    Serial.begin(9600);           //開啟序列埠傳輸功能
24  }
25
26  void loop() {
27    if (Serial.available()) {     //如果序列埠有傳送資料來
28      switch (Serial.read()) {    //讀取序列緩衝區的值
29        case '1':                 //如果是字元1
30          leftBackward();         //呼叫函式
31          Serial.println("車子往左後方移動");  //印出來給你看
32          break;
33        case '2':
34          backward();
35          Serial.println("車子後退");
36          break;
37        case '3':
38          rightBackward();
39          Serial.println("車子往右後方移動");
40          break;
41        case '4':
42          left();
43          Serial.println("車子往左平移");
44          break;
45        case '5':
46          stop();
47          Serial.println("車子停止移動");
48          break;
49        case '6':
50          right();
51          Serial.println("車子往右平移");
52          break;
53        case '7':
54          leftForward();
55          Serial.println("車子往左前方移動");
56          break;
```

```
57          case '8':
58            forward();
59            Serial.println("車子往前進");
60            break;
61          case '9':
62            rightForward();
63            Serial.println("車子往右前方移動");
64            break;
65          case '/':
66            CCW();
67            Serial.println("車子逆時針原地旋轉");
68            break;
69          case '*':
70            CW();
71            Serial.println("車子順時針原地旋轉");
72            break;
73        }
74      }   //if(Serial.available())結束
75    }     //loop()結束
76
77    //定義車體的11種動作
78
79    void forward() {              //車體前進
80      digitalWrite(MA1, HIGH);    //A輪前進
81      digitalWrite(MA2, LOW);
82      digitalWrite(MB1, HIGH);    //B輪前進
83      digitalWrite(MB2, LOW);
84      digitalWrite(MC1, HIGH);    //C輪前進
85      digitalWrite(MC2, LOW);
86      digitalWrite(MD1, HIGH);    //D輪前進
87      digitalWrite(MD2, LOW);
88    }
89
90    void backward() {             //車體後退
91      digitalWrite(MA1, LOW);     //A輪後退
92      digitalWrite(MA2, HIGH);
93      digitalWrite(MB1, LOW);     //B輪後退
```

```
94      digitalWrite(MB2, HIGH);
95      digitalWrite(MC1, LOW);     //C輪後退
96      digitalWrite(MC2, HIGH);
97      digitalWrite(MD1, LOW);     //D輪後退
98      digitalWrite(MD2, HIGH);
99    }
100
101   void left() {                  //車體左平移
102     digitalWrite(MA1, LOW);     //A輪後退
103     digitalWrite(MA2, HIGH);
104     digitalWrite(MB1, HIGH);    //B輪前進
105     digitalWrite(MB2, LOW);
106     digitalWrite(MC1, HIGH);    //C輪前進
107     digitalWrite(MC2, LOW);
108     digitalWrite(MD1, LOW);     //D輪後退
109     digitalWrite(MD2, HIGH);
110   }
111
112   void right() {                 //車體右平移
113     digitalWrite(MA1, HIGH);    //A輪前進
114     digitalWrite(MA2, LOW);
115     digitalWrite(MB1, LOW);     //B輪後退
116     digitalWrite(MB2, HIGH);
117     digitalWrite(MC1, LOW);     //C輪後退
118     digitalWrite(MC2, HIGH);
119     digitalWrite(MD1, HIGH);    //D輪前進
120     digitalWrite(MD2, LOW);
121   }
122
123   void leftForward() {           //車體左前移
124     digitalWrite(MA1, LOW);     //A輪靜止
125     digitalWrite(MA2, LOW);
126     digitalWrite(MB1, HIGH);    //B輪前進
127     digitalWrite(MB2, LOW);
128     digitalWrite(MC1, HIGH);    //C輪前進
129     digitalWrite(MC2, LOW);
130     digitalWrite(MD1, LOW);     //D輪靜止
```

```cpp
131      digitalWrite(MD2, LOW);
132    }
133
134    void rightForward() {        // 車體右前移
135      digitalWrite(MA1, HIGH);   //A輪前進
136      digitalWrite(MA2, LOW);
137      digitalWrite(MB1, LOW);    //B輪靜止
138      digitalWrite(MB2, LOW);
139      digitalWrite(MC1, LOW);    //C輪靜止
140      digitalWrite(MC2, LOW);
141      digitalWrite(MD1, HIGH);   //D輪前進
142      digitalWrite(MD2, LOW);
143    }
144
145    void leftBackward() {        // 車體左後移
146      digitalWrite(MA1, LOW);    //A輪後退
147      digitalWrite(MA2, HIGH);
148      digitalWrite(MB1, LOW);    //B輪靜止
149      digitalWrite(MB2, LOW);
150      digitalWrite(MC1, LOW);    //C輪靜止
151      digitalWrite(MC2, LOW);
152      digitalWrite(MD1, LOW);    //D輪後退
153      digitalWrite(MD2, HIGH);
154    }
155
156    void rightBackward() {       // 車體右後移
157      digitalWrite(MA1, LOW);    //A輪靜止
158      digitalWrite(MA2, LOW);
159      digitalWrite(MB1, LOW);    //B輪後退
160      digitalWrite(MB2, HIGH);
161      digitalWrite(MC1, LOW);    //C輪後退
162      digitalWrite(MC2, HIGH);
163      digitalWrite(MD1, LOW);    //D輪靜止
164      digitalWrite(MD2, LOW);
165    }
166
167    void CW() {                  // 車體順時鍾旋轉(Clockwise)
```

```
168    digitalWrite(MA1, HIGH);    //A輪前進
169    digitalWrite(MA2, LOW);
170    digitalWrite(MB1, LOW);     //B輪後退
171    digitalWrite(MB2, HIGH);
172    digitalWrite(MC1, HIGH);    //C輪前進
173    digitalWrite(MC2, LOW);
174    digitalWrite(MD1, LOW);     //D輪後退
175    digitalWrite(MD2, HIGH);
176  }
177
178  void CCW() {                   //車體逆時鍾旋轉(Counter Clockwise)
179    digitalWrite(MA1, LOW);     //A輪後退
180    digitalWrite(MA2, HIGH);
181    digitalWrite(MB1, HIGH);    //B輪前進
182    digitalWrite(MB2, LOW);
183    digitalWrite(MC1, LOW);     //C輪後退
184    digitalWrite(MC2, HIGH);
185    digitalWrite(MD1, HIGH);    //D輪前進
186    digitalWrite(MD2, LOW);
187  }
188
189  void stop() {                  //車體停止
190    digitalWrite(MA1, LOW);     //全部馬達接腳給予低電位
191    digitalWrite(MA2, LOW);
192    digitalWrite(MB1, LOW);
193    digitalWrite(MB2, LOW);
194    digitalWrite(MC1, LOW);
195    digitalWrite(MC2, LOW);
196    digitalWrite(MD1, LOW);
197    digitalWrite(MD2, LOW);
198  }
```

將程式上傳之後,開啟序列埠監控視窗,使用右邊的數字鍵盤,操作各個移動方向,看看結果如何。

# Chapter 5　課後習題

_____ 1. 直流馬達如果想要提高轉矩，需要再加裝
(A) 電容　(B) 電池　(C) 支架　(D) 減速齒輪。

_____ 2. 若想降低直流馬達運轉時的雜訊輸出，需要在其電源處焊接
(A) 電容器　(B) 電阻器　(C) 電感器　(D) 短路線。

_____ 3. 如果要控制直流馬達正反轉，通常會使用何種電路？
(A) 惠斯登電橋　(B) H 橋　(C) 橋式整流　(D) 凱爾文電橋。

_____ 4. 控制馬達開關的電晶體，通常會加裝何種裝置，保護馬達停止瞬間的反電動勢破壞電晶體？
(A) 電阻器　(B) 電感器　(C) 飛輪二極體　(D) LED。

_____ 5. L298N 晶片可操控直流馬達，是因為其內部是
(A) 凱爾文電橋　(B) 橋式整流　(C) H 橋　(D) 惠斯登電橋。

_____ 6. 功能和 L298N 相同，可控制功率較小，體積也較小，適合用在小功率馬達的模組是
(A) 惠斯登電橋　(B) 橋式整流電路　(C) DHT11　(D) L9110。

_____ 7. ESP32 如果同時連接多顆直流馬達，卻發現馬達轉不動，最有可能的問題是什麼？
(A) 馬達型號不同　　　　　(B) 電腦等級不高
(C) 電壓不夠　　　　　　　(D) 電流不足。

_____ 8. 若要同時操控 2 顆直流馬達的正逆轉以控制自走車，下列最適合的模組是　(A) $I^2C$　(B) L298N　(C) SPI　(D) OPA。

_____ 9. 哪種馬達可以依使用者的需求正、逆轉，並可以調速，甚至可以定位？　(A) 直流馬達　(B) 同步馬達　(C) 感應馬達　(D) 伺服馬達。

_____ 10. 小型直流伺服馬達是使用何種技術操控？
 (A) PAM　(B) PWM　(C) 電流大小　(D) 電壓大小。

_____ 11. 小型直流伺服馬達是一般直流馬達加上何種裝置組成？
 (A) 減速齒輪及電位計　　　　(B) 碳刷及換向器
 (C) 短路環及虛設線圈　　　　(D) 分相電容器。

_____ 12. 要操控小型伺服馬達，可以呼叫哪個函式庫以操控它？
 (A) Wire.h　(B) SPI.h　(C) Ethernet.h　(D) Servo.h。

_____ 13. 步進馬達的驅動信號是
 (A) PAM　(B) PWM　(C) 有順序的脈衝電壓　(D) 直流電壓。

_____ 14. 單極性步進馬達是指
 (A) 一次只能驅動一相
 (B) 一次只能驅動二相
 (C) ESP32 只能接一顆步進馬達
 (D) 線圈電流只會單方向流過。

_____ 15. 步進馬達有幾種驅動方式，下列何者為非？
 (A) 一相激磁　(B) 零相激磁　(C) 二相激磁　(D) 一-二相激磁。

# 6

# 輸入及感測器篇

**6-1** 矩陣鍵盤
**6-2** 環境品質感測
**6-3** 土壤溼度感測器
**6-4** 物體感測
**6-5** 重量感測

## 6-1 矩陣鍵盤

矩陣鍵盤是一種很常見的輸入設備，外型不盡相同。如圖 6-1 所示為 4×4 薄膜式矩陣鍵盤（Matrix Membrane Keypad）以及其內部電路圖。

(a) 4×4 薄膜式矩陣鍵盤 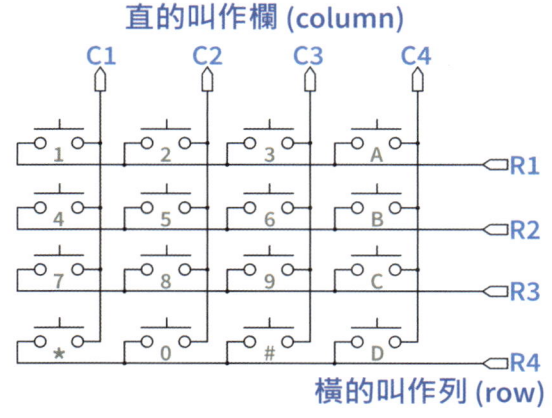　　(b) 內部電路圖

• 圖 6-1

讀取鍵盤值的方式，稱為掃瞄。可以由列 1～4 送出掃描碼（Scancode），之後再讀取行 1～4 的狀態。

**| 原理解說 |**

1. 從 R1 到 R4 送入 0111；
2. 讀取 C1 到 C4；
3. 若 C1 讀到低電位，代表按鈕 1 被按下；如果 C3 讀到低電位，代表按鈕 3 被按下；
4. 第二輪則由 R1 到 R4 改送入 1011，其餘步驟相似。

讓我們先統一接腳，未來在改用其他種類鍵盤時，轉換才會快速。如圖 6-2，藍字部分為欄、列的標記。

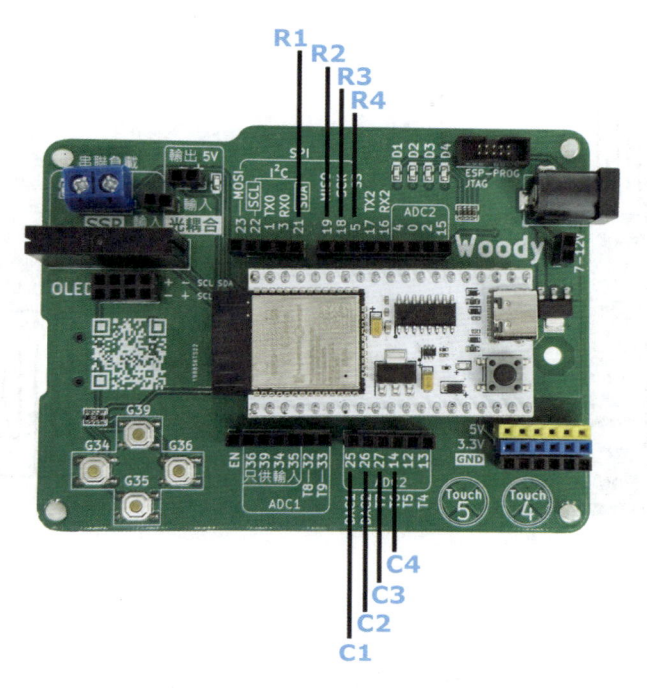

• 圖 6-2　固定此接腳序（後續接法同）

市面上的矩陣鍵盤種類繁多，以下列出各種常見的鍵盤，以及接線的腳位。

(a) 4×4 薄膜式矩陣鍵盤

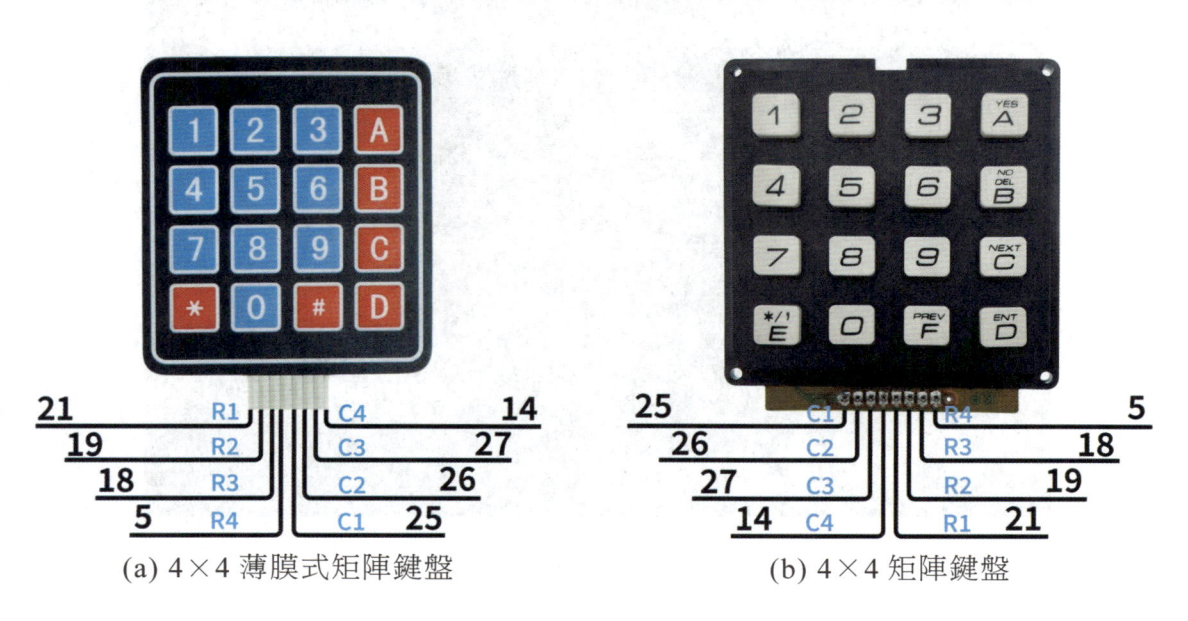

| 21 | R1 | C4 | 14 |
| 19 | R2 | C3 | 27 |
| 18 | R3 | C2 | 26 |
| 5  | R4 | C1 | 25 |

(b) 4×4 矩陣鍵盤

| 25 | C1 | R4 | 5  |
| 26 | C2 | R3 | 18 |
| 27 | C3 | R2 | 19 |
| 14 | C4 | R1 | 21 |

• 圖 6-3　各類型矩陣鍵盤

279

(c) 4×3 薄膜式矩陣鍵盤　　　　　(d) 4×3 矩陣鍵盤

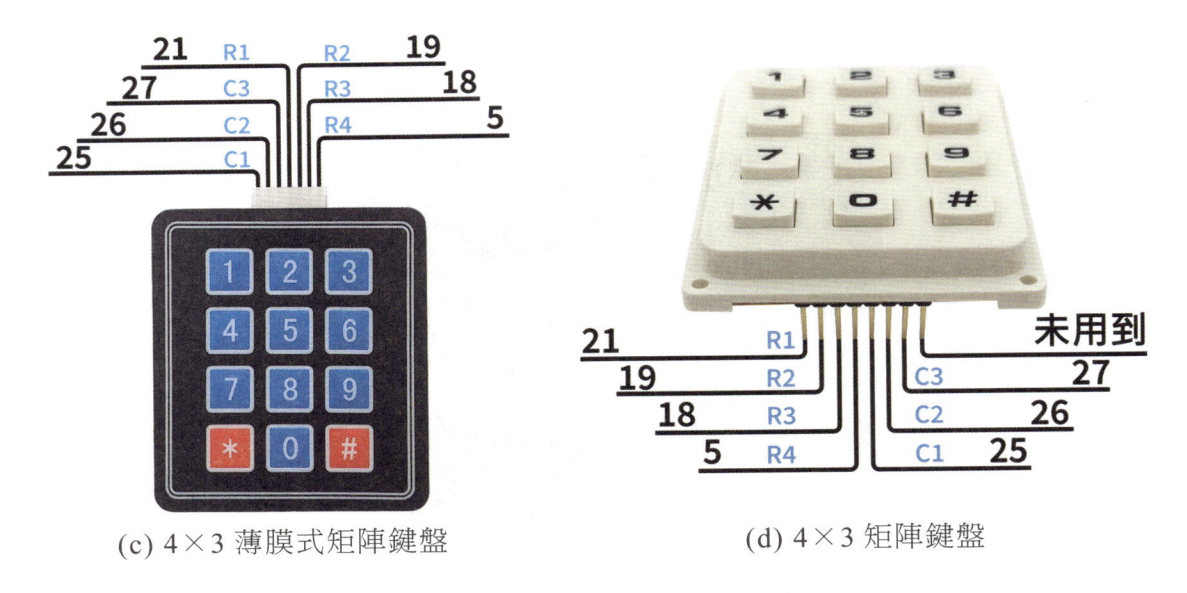

● 圖 6-3　各類型矩陣鍵盤（續）

使用的函式庫如圖 6-4，在 Arduino IDE 中下載即可。

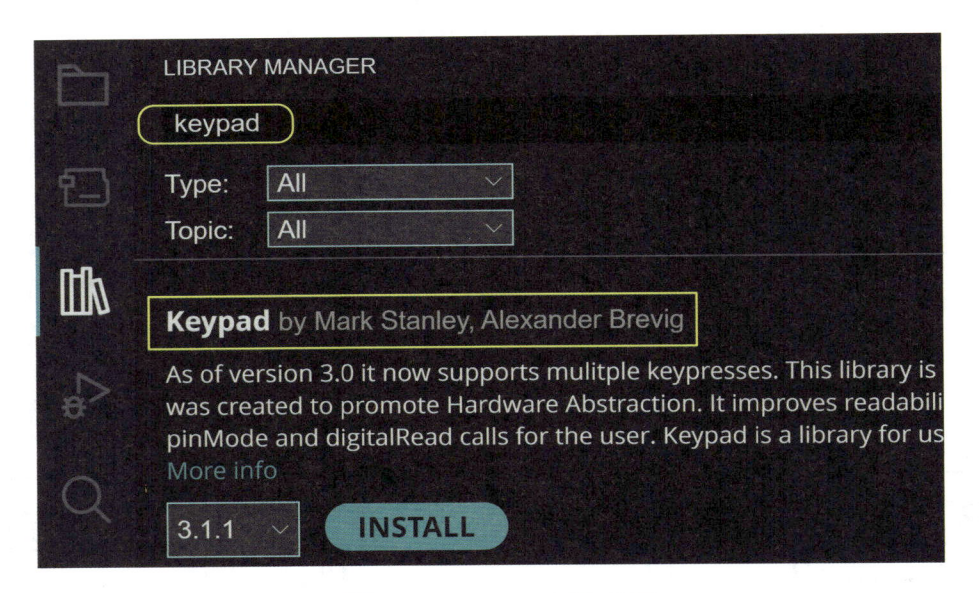

● 圖 6-4　Keypad 函式庫

## 例 6-1 | 4×3 矩陣鍵盤基本操作

### 接線圖

由於矩陣鍵盤的線太多，接線方式簡易表達如圖 6-5。

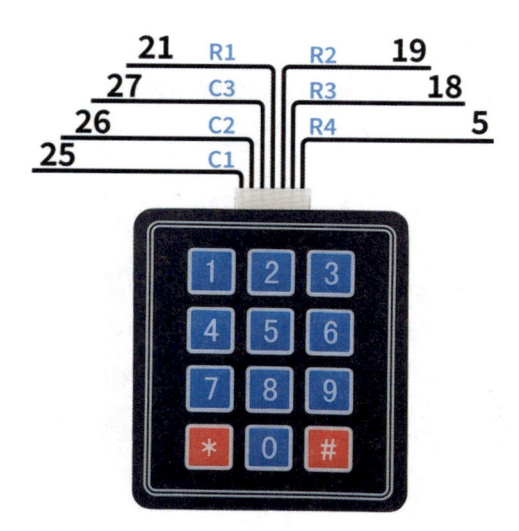

• 圖 6-5　4×3 薄膜式矩陣鍵盤接線圖

### Q&A

為什麼鍵盤的行（Col）接線不接到 4、0、2、15 腳？

答：因為這幾支腳已接到 Woody 開發輔助板的 LED，再接上鍵盤就變成並聯了。當矩陣鍵盤按鍵按下去時，電流會走比較小電阻的路，讓 LED 亮而不流入 ESP32 的接腳。記得，一支接腳不要接 2 種輸出或輸入，一支接腳一個電路功能就好。

程式碼需要注意的地方有兩處，第一個是矩陣鍵盤的字元位置；第二個是接腳的部分。皆以網底標記在程式碼中。

### 程式碼

```
01  /*
02   * 例6-1：4×3矩陣鍵盤基本操作，列印在序列埠監控視窗中
03   */
```

```
04  #include <Keypad.h>           //引用函式庫
05
06  const byte ROWS = 4;           //4列（rows）
07  const byte COLS = 3;           //3行（columns）
08
09  //以圖6-5鍵盤為例
10  char keys[ROWS][COLS] = {  //定義矩陣鍵盤對應的位置，修改為你拿到的鍵盤樣式
11    {'1','2','3'},
12    {'4','5','6'},
13    {'7','8','9'},
14    {'*','0','#'}
15  };
16
17  byte rowPins[ROWS] = {21, 19, 18, 5};//列接腳：Row 1、Row 2、Row 3、Row 4
18  byte colPins[COLS] = {25, 26, 27};   //行接腳：Col 1、Col 2、Col 3
19
20  //建立物件，並加入剛才設定的參數
21  Keypad myPad = Keypad(makeKeymap(keys), rowPins, colPins, ROWS, COLS);
22
23  void setup(){
24    Serial.begin(9600);          // 啟動序列埠傳輸，速度9600bps
25  }
26
27  void loop(){
28    char key = myPad.getKey();   //取得按下的鍵
29    if (key){                    //如果真的有回傳值，代表有按下按鍵
30      Serial.println(key);       //印出按下的鍵值
31    }
32  }
```

程式上傳後，開啟序列埠監控視窗，嘗試按按看不同的按鍵，看看字元是否能正確顯示。

下面範例和前一個範例功能一樣，差別在於前一個是4×3鍵盤；下一個是4×4鍵盤，程式碼不同處以網底標記。

## 例 6-2 │ 按下 4×4 矩陣鍵盤，字碼會列印在序列埠監控視窗中

**│程式碼│**

```
01  /*
02   * 例6-2：按下4×4矩陣鍵盤，字碼會列印在序列埠監控視窗中
03   */
04  #include <Keypad.h>          //引用函式庫
05
06  const byte ROWS = 4;         //4列（rows）
07  const byte COLS = 4;         //4行（columns）
08
09  //使用圖6-3(a)鍵盤
10  char keys[ROWS][COLS] = {    //定義矩陣鍵盤對應的位置，修改為你拿到的鍵盤樣式
11    {'1', '2', '3', 'A'},
12    {'4', '5', '6', 'B'},
13    {'7', '8', '9', 'C'},
14    {'E', '0', 'F', 'D'}
15  };
16
17  byte rowPins[ROWS] = {21, 19, 18, 5};    //列接腳：Row 1、Row 2、Row 3、
18                                           //Row 4
19  byte colPins[COLS] = {25, 26, 27, 14};   //行接腳：Col 1、Col 2、Col 3、
20                                           //Col 4
21
22  //建立物件，並加入剛才設定的參數
23  Keypad myPad = Keypad(makeKeymap(keys), rowPins, colPins, ROWS, COLS);
24
25  void setup() {
26    Serial.begin(9600);                    //啟動序列埠傳輸，速度9600bps
27  }
28
29  void loop() {
30    char key = myPad.getKey();             //回傳按下的鍵
31    if (key) {                             //如果真的有回傳值，代表有按下鍵
32      Serial.println(key);                 //把按下的鍵印出
33    }
34  }
```

## 例 6-3 │ 數字密碼鎖

我們來做個小專題,使用例 6-2 的硬體條件,當密碼輸入正確時,亮 LED 燈 D1;如果錯,LED 不會反應,可再重新輸入。

第一個觀念是如何把資料存入陣列。陣列是一連串的空間,使用索引來指示要存取的位子,動作流程如下:

```
userInput[count] = key;    // 把字元放入 count 所指的位子中
count++;                   // 索引值加 1
```

這樣子就可以在存入一個字元後,把索引值往後推一個,以便儲存下一個字元。

當我們希望存了 4 個字,就不再接受存入,可以這樣寫:

```
if (key && count < 4) {        // 如果有按下按鍵,及儲存少於
                               // 4 個字,就可以再儲存字元
    userInput[count] = key;    // 把字元放入 count 所指的位子中
    count++;                   // 索引值加 1
}
```

這樣子的話,只要索引值(也是計數值)到達 4,代表已經輸入 4 個字元,就不再接受資料輸入陣列了。

第二個觀念是如何比對輸入值和密碼。我們使用 memcmp( ) 函式,它接受 3 個參數,格式如下:

memcmp(陣列 1, 陣列 2, 比對字數);

例:

memcmp(userInput, password, 4);

意思是比對這兩個陣列,只比 4 個字,如果完全一樣,會回傳數字 0。我們只要用 if 判斷式來判定它的比對結果是否為 0,就可以知道是不是正確的密碼了。

## 程式碼

```
01  /*
02   * 例6-3：4×4矩陣鍵盤密碼鎖
03   */
04  #include <Keypad.h>                        //引用函式庫
05
06  const byte ROWS = 4;                       //4列（rows）
07  const byte COLS = 4;                       //4行（columns）
08
09  //使用圖6-3(a)鍵盤
10  char keys[ROWS][COLS] = {                  //定義矩陣鍵盤對應的陣列
11    {'1', '2', '3', 'A'},
12    {'4', '5', '6', 'B'},
13    {'7', '8', '9', 'C'},
14    {'E', '0', 'F', 'D'}
15  };
16
17  byte rowPins[ROWS] = {21, 19, 18, 5};      //列接腳：Row 1、Row 2、Row 3、
18                                             //Row 4
19  byte colPins[COLS] = {25, 26, 27, 14};     //行接腳：Col 1、Col 2、Col 3、
20                                             //Col 4
21
22  //建立物件，並加入剛才設定的參數
23  Keypad myPad = Keypad(makeKeymap(keys), rowPins, colPins, ROWS, COLS);
24
25  char userInput[4];                         //宣告陣列，存放使用者輸入字元
26  char *password = "1234";                   //正確密碼。字元指標等價於字元陣列
27  byte count = 0;                            //計數輸入的字元數
28
29  void setup() {
30    Serial.begin(9600);                      //啟動序列埠傳輸，速度9600bps
31    pinMode(4, OUTPUT);                      //LED燈：D1
32  }
33
34  void loop() {
35    char key = myPad.getKey();               //取得按下的鍵
36    if (key && count < 4) {                  //如果有按下按鍵，及陣列未滿
```

```
37        Serial.print(key);
38        userInput[count] = key;         //把字元放入陣列中
39        count++;                        //計數值加1
40      }
41      //輸入了4個字元，並比對密碼
42      if (count == 4 && memcmp(userInput, password, 4) == 0) {
43        //如果使用者輸入和密碼相同
44        digitalWrite(4, HIGH);          //亮D1燈
45        Serial.println("解鎖");
46        delay(2000);                    //延遲2秒後，再度上鎖
47        digitalWrite(4, LOW);           //熄D1燈
48        Serial.println("2秒後自動上鎖");
49        count = 0;                      //將計數值清空，便可重新輸入
50      }
51      else if (count == 4 && memcmp(userInput, password, 4) != 0) {
52        //如果使用者輸入和密碼不同
53        Serial.println("密碼錯誤，請重新輸入");
54        count = 0;                      //將計數值清空，便可重新輸入
55      }
56    }
```

## 6-2　環境品質感測

### 6-2.1　溫濕度感測器

測量溫度的元件有幾種：

- 熱電偶（thermocouple）可用來測量鍋或爐的溫度；
- 熱電堆（thermopile）由多個熱電偶組成，可用來製作額溫槍；
- 連續串聯多顆，擺放各處進行多點測溫的 DS18B20。

除了上述元件外，還有一種可同時測量環境溫度及溼度，稱為 DHT 系列的產品，比較如表 6-1，外觀如圖 6-6。

Chapter 6　輸入及感測器篇

• 表 6-1　DHT11 及 DHT22 比較

| 型號 | DHT11 | DHT22（AM2302B） |
|---|---|---|
| 工作電壓 | \multicolumn{2}{c}{3 到 5V（5V 可不用接提升電阻）} ||
| 溫度量程 | 0～50°C，誤差 ±2°C | –40～80°C，誤差 ±0.5°C |
| 溼度量程 | 20～80% RH，誤差 5% | 0～100% RH，誤差 2～5% |
| 輸出數值 | 整數 | 浮點數，達小數第一位 |
| 取樣頻率 | 1 秒取樣一次 | 2 秒取樣一次 |

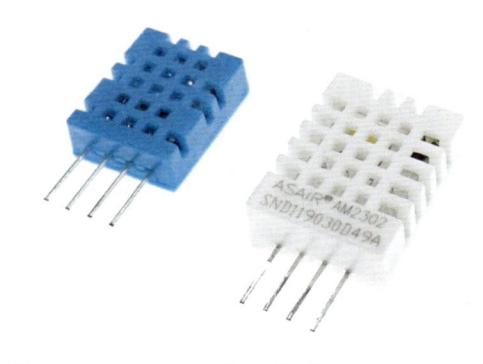

• 圖 6-6　DHT11（左）及 DHT22（右）

接線

　　DHT11 及 DHT22 的接腳相同，如圖 6-7 所示，各接腳說明如下：

- 第 1 腳，$V_{CC}$：接於 3.3V；
- 第 2 腳，Data：信號輸出，要接一個 5k 到 10kΩ 的提升電阻至 3.3V；
- 第 3 腳：空接；
- 第 4 腳：接地。

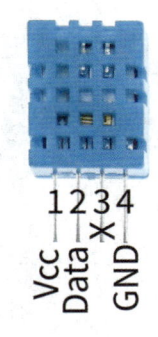

• 圖 6-7　DHT11 接腳

▶ ESP32 微處理機實習與物聯網應用

下圖列出接線方式供參考。

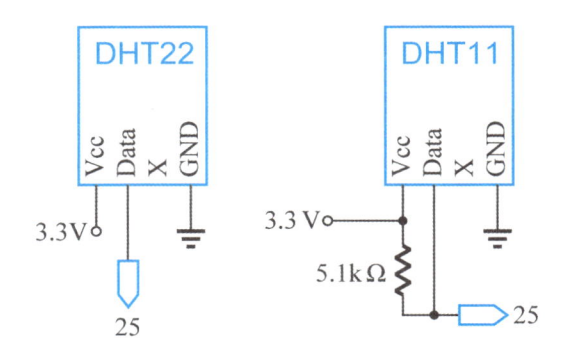

### 函式庫安裝

DHT11/22 感測器的通訊方式為複雜，因此使用現成的函式庫可簡化操作的複雜性。從 Arduino IDE 選單中【草稿碼】→【匯入程式庫】→【管理程式庫】，或是熱鍵 Ctrl + Shift + I 開啟程式庫管理員。

在程式庫管理員中，如圖 6-8 所示，使用「dhtesp」進行搜尋，便可找到 DHT sensor library for ESPx 函式庫，將之安裝於電腦中。

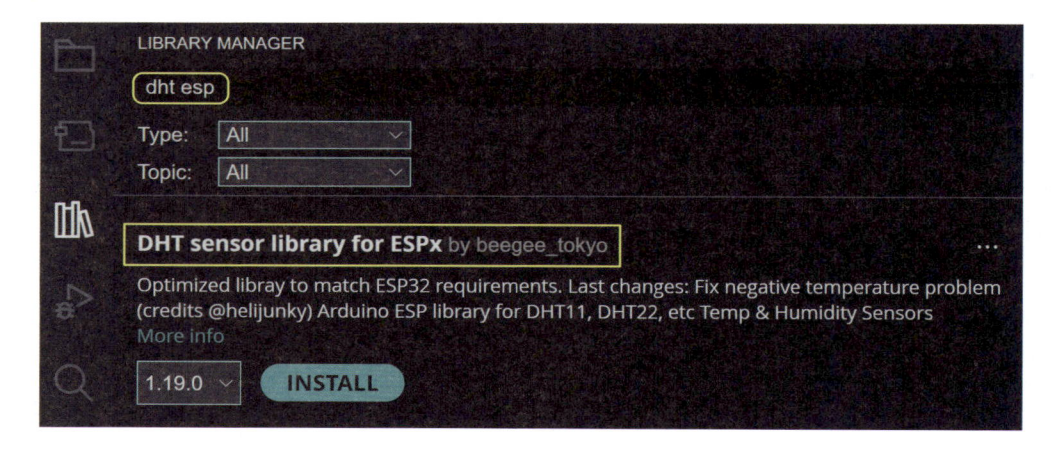

- 圖 6-8 使用作者為 beegee_tokyo 的函式庫

此函式庫的主要用法如下：

引用函式庫，並建立物件

```
#include <DHTesp.h>          //引用函式庫
DHTesp myDHT;                //宣告物件，命名為myDHT
```

初始化感測器，dhtPin 為接腳編號。並設定感測器類型：DHT11 或是 DHT22

```
myDHT.setup(dhtPin, DHTesp::DHT11);
```

```
myDHT.getTemperature();     //得到溫度
myDHT.getHumidity();        //得到溼度
```

## 例 6-4 │ DHT 溫溼度感測器功能測試

**│接線圖│**

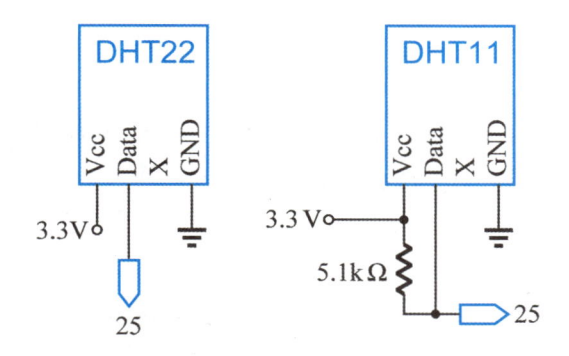

**│程式碼│**

```
01  /*
02   * 例6-4：DHT溫溼度感測器
03   */
04
05  #include <DHTesp.h>              //引用函式庫
06  DHTesp myDHT;                    //建立物件，命名為：myDHT
07  const byte dhtPin=25;            //使用GPIO 25接收溫溼度
08
09  void setup() {
10    Serial.begin(9600);            //啟動序列埠傳輸功能
```

```
11      myDHT.setup(dhtPin, DHTesp::DHT11); //若使用DHT22，則改為DHT22
12    }
13
14    void loop() {
15      Serial.println("溫度:"+String(myDHT.getTemperature())+"度C");
16      Serial.println("溼度:"+String(myDHT.getHumidity())+"%RH");
17      delay(2000);
18    }
```

上述程式碼第 15 行，採用了字串組合的方式，將字串及變數進行合併後，再印出。要先使用 String( ) 函式，將變數轉換為字串，再用「+」號進行合併。

## 例 6-5 ｜依據溫、溼度切換風扇開關

維持理想的溫溼度是生活舒適的要件，很多時候一些簡單的自動化，可以讓生活方便不少。

本程式功能是，當溫度大於等於 28 度，開啟電風扇，LED 亮；溫度低於 27 度時，關閉電風扇，LED 熄滅。

### ┃材料表┃

| 品名 | 規格 | 數量 |
| --- | --- | --- |
| 單晶片微處理器 | ESP32 | 1 |
| 溫溼度感測器 | DHT22 或 DHT11 | 1 |
| 光耦合器 | PC817 | 1 |
| 固態繼電器 | Omron G3MB-202PL | 1 |
| LED |  | 1 |
| 限流電阻 | 220Ω～1kΩ | 1 |
| 提升電阻 | 5.1kΩ | 1 |

Chapter 6　輸入及感測器篇

　　使用固態繼電器對電風扇作開關控制，好處是不會有傳統繼電器激磁時的機械彈跳聲，在深夜或是需要安靜的場所相當好用。由於 ESP32 的接腳輸出電流不足推動固態繼電器，因此利用光耦合器推動它。

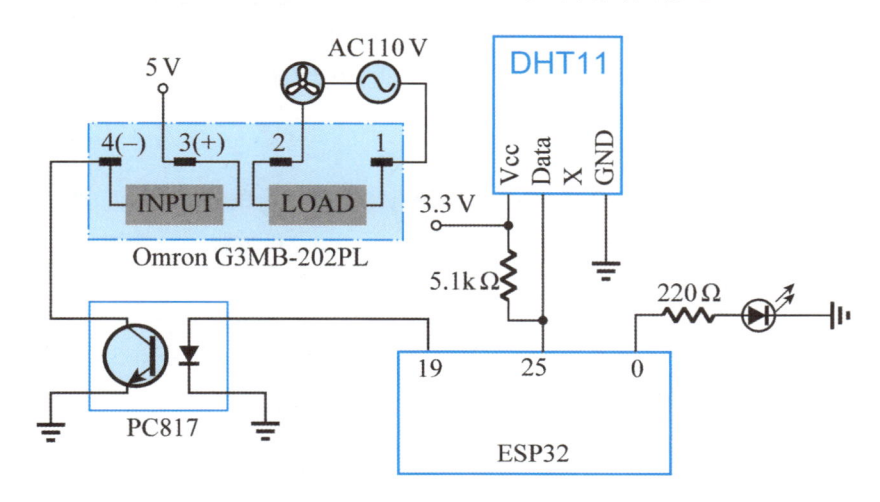

　　若使用 Woody 開發輔助板，將第 19 腳接至左上方 SSR 輸入即可驅動固態繼電器。

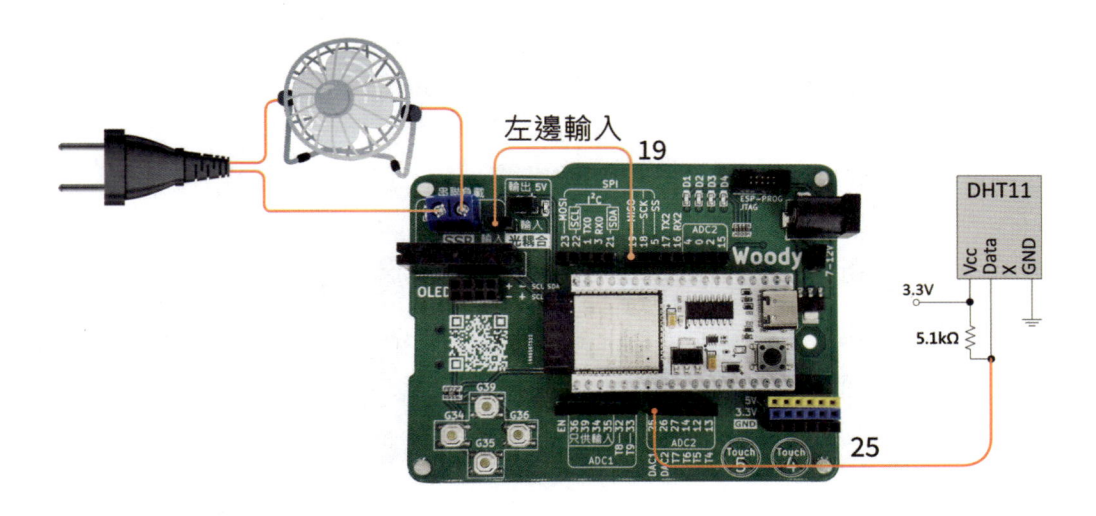

**┃程式碼┃**

```
01  /*
02   * 例6-5：依據溫、溼度切換風扇開關
03   */
04  #include <DHTesp.h>                    //引用函式庫
```

291

```
05  DHTesp myDHT;                                //建立物件，命名為：myDHT
06
07  const byte dhtPin = 25;                      //GPIO 25接收溫溼度
08  const byte LED = 0;                          //GPIO 0推動LED
09  const byte SSR = 19;                         //GPIO 19推動SSR
10  int temp;                                    //儲存量測到的室溫
11
12  void setup() {
13    myDHT.setup(dhtPin, DHTesp::DHT11);        //若使用DHT22，則把DHT11改為DHT22
14    pinMode(LED, OUTPUT);                      //LED接腳設定為輸出
15    pinMode(SSR, OUTPUT);                      //驅動光耦合器
16  }
17
18  void loop() {
19    temp = myDHT.getTemperature();             //取得溫溼度值
20    if(temp >= 28){                            //如果溫度大於等於28
21      digitalWrite(LED, HIGH);                 //點亮LED
22      digitalWrite(SSR, HIGH);                 //驅動電風扇
23    }
24    else if(temp < 27) {                       //如果溫度小於27
25      digitalWrite(LED, LOW);                  //熄滅LED
26      digitalWrite(SSR, LOW);                  //關閉電風扇
27    }
28    delay(2000);
29  }
```

相同方法也可以用於浴室抽風扇，浴室變化最明顯的是溼度，以溼度為抽風機開關的依據：當溼度高於 80% RH 時，開啟電風扇，LED 亮；溼度低於 70% RH 時，關閉電風扇，LED 熄滅。

**延伸練習**

1. 家裡的鞋櫃是臭味的來源，該如何把這個實驗用在鞋櫃？
2. 學校或家裡還有什麼地方需要這種溫溼度調控電路？

## 6-2.2　灰塵感測器

SHARP 光學式灰塵感測器（Compact Optical Dust Sensor），原本是為了測量空氣中香煙濃度而製作，可測量空氣中 0.8μm 以上的微小粒子，例如香煙產生的煙氣（微粒直徑約 0.1μm 到 1μm）和花粉、房屋粉塵等。裝設在空氣清淨機、冷氣機等空調設備，作為空氣品質監測器，外型如圖 6-9 所示。

● 圖 6-9　SHARP GP2Y1014AU 灰塵感測器，白線為第 1 腳

本灰塵感測器的內部結構如圖 6-10(a)，主要分成兩個電路：一個是控制 iRED（InfraRed Emitting Diodes）發光照射空氣後；再由另一個電路接收信號，並以類比電壓傳送出去。

依照官方規格書，轉換特性曲線如圖 6-10(b)，有效的輸出範圍約在 0.9V～3.4V 之間，分別對照灰塵密度 70μg/m³～430μg/m³，這區間是線性的轉換，超過範圍的數據可能會有誤差。

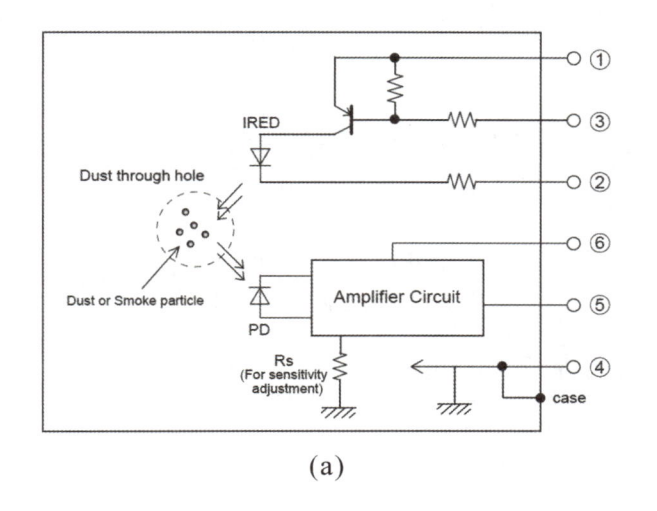

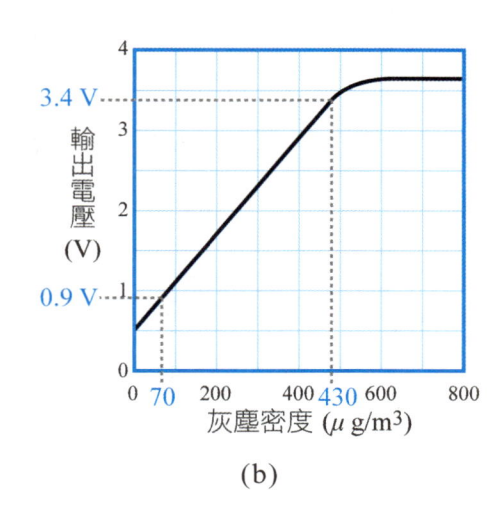

● 圖 6-10　灰塵感測器內部結構方塊圖、轉換特性曲線

## 如何轉換類比數值

因為 ESP32 的類比讀取參考電壓是 3.3V，本感測器的類比信號輸出電壓超出 3.3V，必須使用電阻分壓電路將信號等比例降壓再輸入 ESP32。以圖 6-11 為例，5V 電壓輸入後，輸出電壓的值 = $5V \times \dfrac{2k\Omega}{1k\Omega + 2k\Omega}$ = 3.33V。分壓電阻器的值只要 1：2 即可，例如：10kΩ：20kΩ。

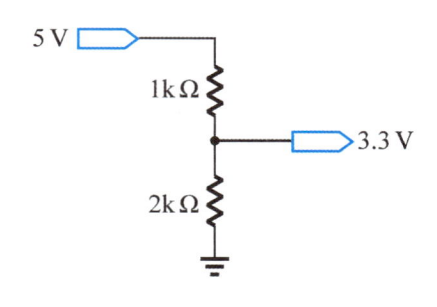

● 圖 6-11　電阻分壓電路

因為取的是轉換曲線的直線部分，所以取兩個端點計算，計算方式如下。

根據轉換曲線，取第一個端點，感測器輸出 0.9V，經過電阻分壓後，進入 ESP32 得到類比讀值為 745，以此讀值對照到灰塵密度為 70μg/m³。

類比讀值 = $0.9V \times \dfrac{20k\Omega}{10k\Omega + 20k\Omega} \times \dfrac{4095 \text{ 階}}{3.3V} \cong 745$

對照到轉換曲線的 70μg/m³

得到：745 對照到 70

第二個端點是感測器輸出的最大值，算法相同，輸出 430μg/m³。

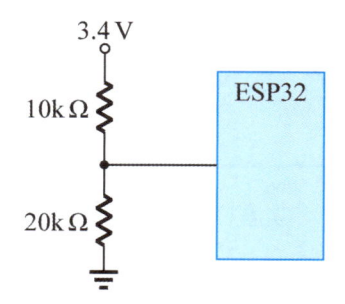

類比讀值 = $3.4V \times \dfrac{20k\Omega}{10k\Omega + 20k\Omega} \times \dfrac{4095 \text{ 階}}{3.3V} \cong 2804$

對照到轉換曲線的 430μg/m³

得到：2804 對照到 430

使用 map( ) 函式，可以作數值之間的等比例轉換，這在第 5 章例 5-3 有提到過。
語法：

map(待轉換變數, 來源下限, 來源上限, 目的下限, 目的上限);

將剛才計算轉換曲線的結果，代入 map( ) 函式中，得：

map(dustVal, 745, 2804, 70, 430);

如此便可以把灰塵感測器的輸出值（變數 dustVal），轉換為灰塵密度。

## 例 6-6 ｜ SHARP 灰塵感測器測試

**❙電路圖❙**

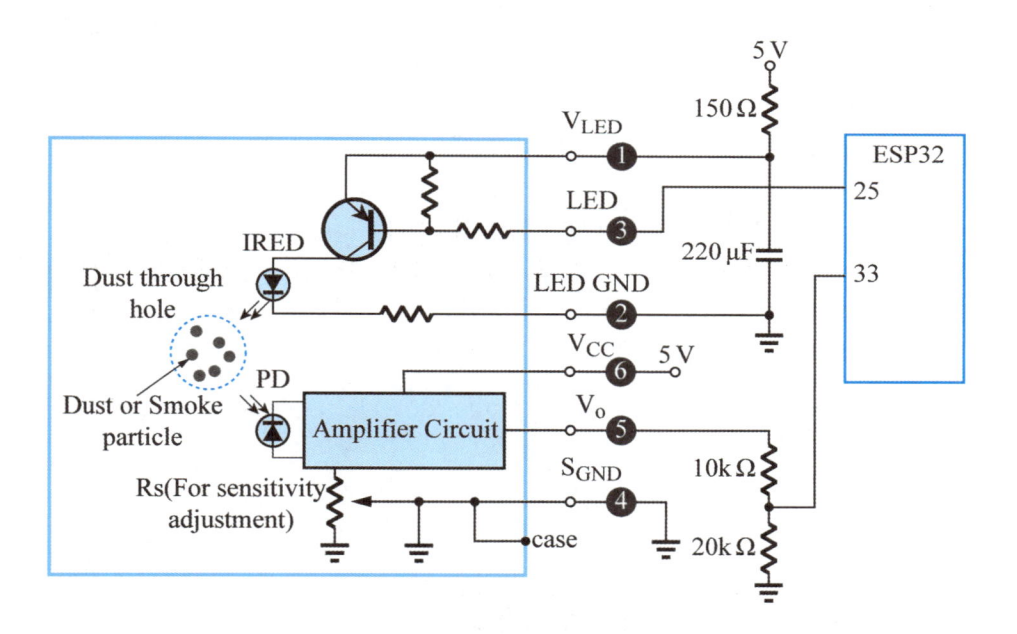

**❙程式碼❙**

```
01  /*
02   * 例6-6：SHARP灰塵感測器測試
03   */
04  const byte ledPower = 25;      // 接至感測器的第 3 腳
05  const byte dustPin = 33;       // 接至感測器的第 5 腳
06  float dustVal, result;         // 灰塵量讀取值，轉換後的結果
07
08  void setup() {
```

```
09      Serial.begin(9600);
10      pinMode(ledPower, OUTPUT);     //點亮感測器LED接腳
11    }
12
13    void loop() {
14      //灰塵感測器模組取樣
15      digitalWrite(ledPower, LOW);
16      delayMicroseconds(280);
17      dustVal = analogRead(dustPin);
18      delayMicroseconds(40);
19      digitalWrite(ledPower, HIGH);
20      delayMicroseconds(9680);
21      //取樣結束
22
23      Serial.print("\n類比讀值(0-4095)：");
24      Serial.println(dustVal);                        //ESP32得到的類比值
25
26      Serial.print("參照規格書，灰塵密度為：");
27      int result = map(dustVal, 745, 2804, 70, 430); //轉換數值範圍為灰塵密度
28      Serial.print(result);
29      Serial.println("ug/m^3");
30
31      delay(2000);
32    }
```

## 6-2.3　二氧化碳濃度感測器

　　如圖 6-12 所示為二氧化碳濃度感測器，其主要是利用非色散紅外（NDIR）原理來對空氣中的二氧化碳濃度進行檢測，紅外氣體感測器是利用氣體分子對特定波長紅外線吸收的原理來進行檢測，NDIR 感測器用一個寬譜的光源作為感測器的光源，當光源穿過待測氣體並透過濾波片後，到達紅外探測器。探測器所接收到的光通量取決於環境中待測氣體濃度。

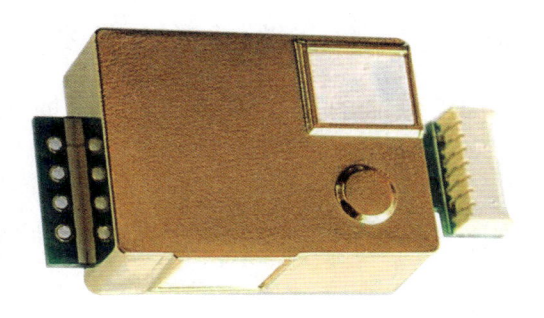

• 圖 6-12　二氧化碳濃度感測器，長 2.65cm，寬 1.95cm

本書所採用的二氧化碳濃度感測器型號為 MH-Z19B，其腳位如圖 6-13 所示。

• 圖 6-13　MH-Z19B 腳位圖

MH-Z19B 二氧化碳濃度感測器的各腳位功能說明如表 6-2 所示。

• 表 6-2　MH-Z19B 腳位功能說明表

| 腳位名稱 | 功能說明 |
| --- | --- |
| Hd | 校正用，須接至低電位長達 7 秒以上才有效 |
| Tx | UART 傳送，3.3V 準位 |
| Rx | UART 接收，3.3V 準位 |
| Vo | 依據 $CO_2$ 濃度大小，類比電壓輸出，預設輸出為 0.4～2V |
| PWM | 依據 $CO_2$ 濃度大小，輸出不同脈寬之 PWM 波形 |
| NC | 未使用 |
| GND | 接地 |
| Vin | 4.5V～5.5V |

## MH-Z19B 二氧化碳濃度感測器數據傳輸方式

MH-Z19B 二氧化碳濃度感測器數據傳輸方式有三種,其使用說明如下:

### ▫ PWM

由 PWM 腳位輸出一週期約為 1004ms 的 PWM 波形,假設 $CO_2$ 濃度量測範圍為 0~2000ppm,$CO_2$ 濃度計算公式為:

$$C_{ppm} = \frac{2000 \times (T_H - 2ms)}{T_H + T_L - 4ms}$$

$C_{ppm}$:$CO_2$ 濃度,單位為 ppm。
$T_H$:高態時間。
$T_L$:低態時間。

其 $T_H + T_L = T$,也就是 $T_H + T_L = 1004ms$,因此,當 $T_H = 2ms$ 時,$CO_2$ 濃度為 0ppm;當 $T_H = 4ms$ 時,$CO_2$ 濃度為 2ppm,其餘可以利用上述公式計算出 $CO_2$ 濃度。

### ▫ 類比電壓

依據 $CO_2$ 濃度大小並由 $V_o$ 腳位輸出一類比電壓(預設值為 0.4~2V),而 $CO_2$ 濃度與類比電壓輸出之間的關係如下:

$$V_o = 0.4 + (2.0 - 0.4) \times \frac{C_{ppm}}{量程_{ppm}}$$

$V_o$:類比電壓輸出,單位為 V。
$C_{ppm}$:$CO_2$ 濃度,單位為 ppm。
量程$_{ppm}$:量程可設定為 2000、5000、10000ppm,單位為 ppm。

## 序列傳輸（UART）

序列傳輸鮑率預設值為 9600bps，資料為 8 位元，1 個停止位元，無奇偶同位元檢查。而指令與定義如表 6-3。

• 表 6-3　指令與定義

| 指令 | 定義 |
|---|---|
| 0x86 | 讀取氣體濃度值 |
| 0x87 | 零位校準 |
| 0x88 | 跨度點校準 |
| 0x79 | 開啟 / 關閉自動歸零功能 |
| 0x99 | 設定量程 |

### 讀取氣體濃度值（0x86）

#### 發送指令

| Byte0 | Byte1 | Byte2 | Byte3 | Byte4 | Byte5 | Byte6 | Byte7 | Byte8 |
|---|---|---|---|---|---|---|---|---|
| 起始位元組 | 保留 | 指令 | — | — | — | — | — | CRC |
| 0xFF | 0x01 | 0x86 | 0x00 | 0x00 | 0x00 | 0x00 | 0x00 | 0x79 |

#### 傳回值

| Byte0 | Byte1 | Byte2 | Byte3 | Byte4 | Byte5 | Byte6 | Byte7 | Byte8 |
|---|---|---|---|---|---|---|---|---|
| 起始位元組 | 命令 | 濃度高位元組 | 濃度低位元組 | — | — | — | — | CRC |
| 0xFF | 0x01 | HIGH | LOW | — | — | — | — | checksum |

1. 校驗和（CRC）= Not ( Byte1 + Byte2 + ⋯ + Byte7 ) + 1

    例：0x01 + 0x86 + 0x00 + 0x00 + 0x00 + 0x00 + 0x00 = 0x87

    Not ( 0x87 ) + 1 = 0x78 + 1 = 0x79

2. 氣體濃度值 = HIGH × 256 + LOW

## 設定量程（0x99）

◨ 發送指令

| Byte0 | Byte1 | Byte2 | Byte3 | Byte4 | Byte5 | Byte6 | Byte7 | Byte8 |
|---|---|---|---|---|---|---|---|---|
| 起始位元組 | 保留 | 命令 | 保留 | 量程 31～24 位元 | 量程 23～16 位元 | 量程 15～8 位元 | 量程 7～0 位元 | CRC |
| 0xFF | 0x01 | 0x99 | 0x00 | 0x00 | 0x00 | 0x00 | 0x00 | checksum |

◨ 傳回值：無

量程可選擇 2000、5000、10000ppm，例如：2000ppm 量程指令為：

0xFF 0x01 0x99 0x00 0x00 0x00 0x07 0xD0 0x8F

### 例 6-7 │ 使用序列傳輸讀取 MH-Z19B $CO_2$ 濃度值

**┃接線圖┃**

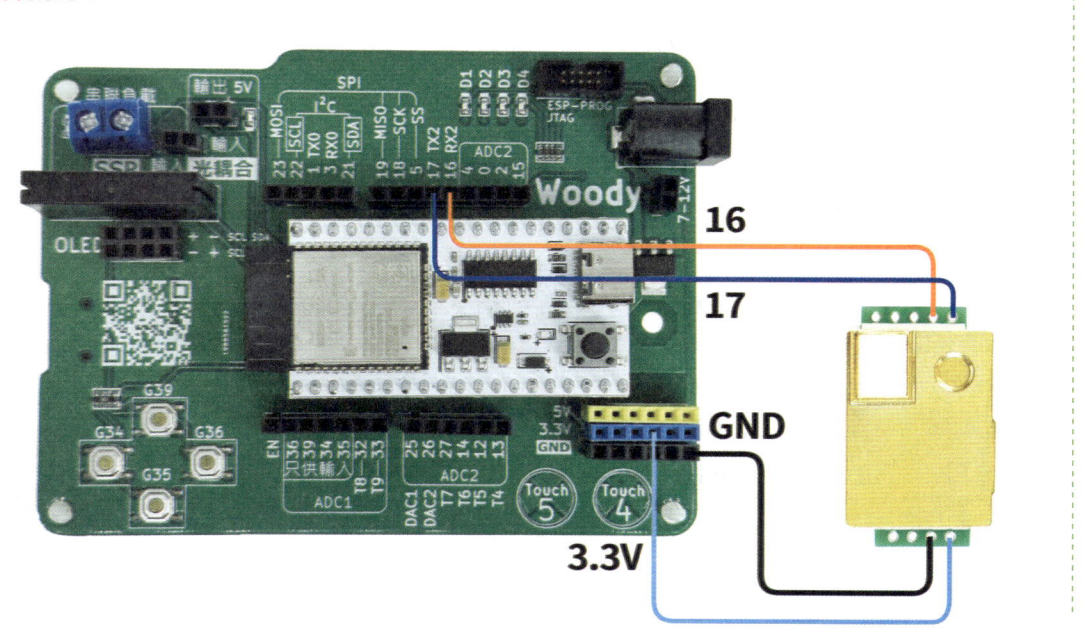

• 圖 6-14　ESP32 與 $CO_2$ 濃度感測器接線圖

## 接線說明

ESP32 可以直接使用的序列埠有 2 組：UART 0 以及 UART 2。由於 0 用來和電腦互通，所以本例使用 UART 2。

| ESP32 腳位 | $CO_2$ 濃度感測模組腳位 |
|---|---|
| 5V | Vin |
| GND | GND |
| GPIO17（TX2） | Rx |
| GPIO16（RX2） | Tx |

## 程式碼

```
01  /*
02   * 例6-7：使用序列傳輸讀取MH-Z19B CO2濃度值
03   */
04  byte cmd[9] = {0xFF,0x01,0x86,0x00,0x00,0x00,0x00,0x00,0x79};
05  //讀取CO2的指令
06  byte recv[9];                              // 接收CO2濃度傳回值
07  int j = 0, ppm;                            // 接收CO2資料之陣列由位置0開始
08
09  void setup() {
10    Serial.begin(9600);                      // 序列埠0鮑率設定為9600bps
11    Serial2.begin(9600);                     // 序列埠2鮑率設定為9600bps
12  }
13
14  void loop() {
15    for(int i = 0; i< 9 ; i++){
16      Serial2.write(cmd[i]);                 // 透過序列埠發送讀取指令
17    }
18    while(Serial2.available()==0);           // 程式停住，直到序列埠2有資料進來
19    while(Serial2.available()>0){            // 開始接收
20      recv[j] = Serial2.read();              // 讀取傳回值並存入recv[]
21      j++;                                   // 記錄讀取的字數，也作為陣列索引
22    }
23
24    if(j!=0 && CRC()==true){                 // 有資料且資料傳輸無誤
25      ppm = 256*recv[2] + recv[3];           // 轉換CO2濃度值
26      j=0;                                   // 歸零計數值
```

```
27      Serial.print("二氧化碳濃度值為：");
28      Serial.print(ppm);                  //由序列埠顯示CO2濃度值
29      Serial.println("ppm");
30    }
31    delay(10000);                         //延遲10秒
32  }
33
34  boolean CRC() {                         //校驗和(checksum)
35    byte checksum=0;
36    for(int i=1;i<8;i++)  {
37      checksum+=recv[i];                  //累加recv[1]+...+recv[7]
38    }
39    if(checksum==0)                       //接收失敗
40      return false;
41    else if((0xff-checksum+1)==recv[8])   //校驗成功，傳回true
42      return true;
43    else
44      return false;                       //校驗失敗，傳回false
45  }
```

註 CRC() 函式目的為校驗接收資料是否正確。

## 6-2.4 氣體感測器

常見的 MQ 系列氣體感測模組，其主要使用上簡便、耐用與準確，學習上較方便，故成為許多初學者入門首選元件，如表 6-4 所示為 MQ 系列氣體感測模組與偵測氣體一覽表，提供讀者參考使用。

• 表 6-4 MQ 系列氣體感測模組與偵測氣體一覽表

| 氣體感測模組 | 偵測氣體 |
| --- | --- |
| MQ-2 | 甲烷，丁烷，液化石油氣（LPG），煙 |
| MQ-3 | 酒精，乙醇，煙霧 |
| MQ-4 | 甲烷，CNG 天然氣 |
| MQ-5 | 天然氣，液化石油氣 |
| MQ-6 | 液化石油氣（LPG），丁烷氣 |

• 表 6-4　MQ 系列氣體感測模組與偵測氣體一覽表（續）

| 氣體感測模組 | 偵測氣體 |
| --- | --- |
| MQ-7 | 一氧化碳 |
| MQ-8 | 氫氣 |
| MQ-9 | 一氧化碳，可燃氣體 |
| MQ-131 | 臭氧 |
| MQ-135 | 空氣質量 |
| MQ-136 | 硫化氫氣體 |
| MQ-137 | 氨 |
| MQ-138 | 苯，甲苯，醇，丙酮，丙烷，甲醛氣體 |
| MQ-214 | 甲烷，天然氣 |
| MQ-216 | 天然氣，煤氣 |
| MQ-303A | 酒精，乙醇，煙霧 |
| MQ-306A | 液化石油氣（LPG），丁烷氣 |

## MQ-3 氣體濃度感測

如圖 6-15 所示為 MQ-3 氣體濃度感測模組，其主要檢測對象為酒精、乙醇。

• 圖 6-15　MQ-3 氣體濃度感測模組

圖 6-16 為 MQ-3 氣體感測模組的背面圖，其主要元件有電源指示燈、數位輸出指示燈、調整數位輸出⋯等。

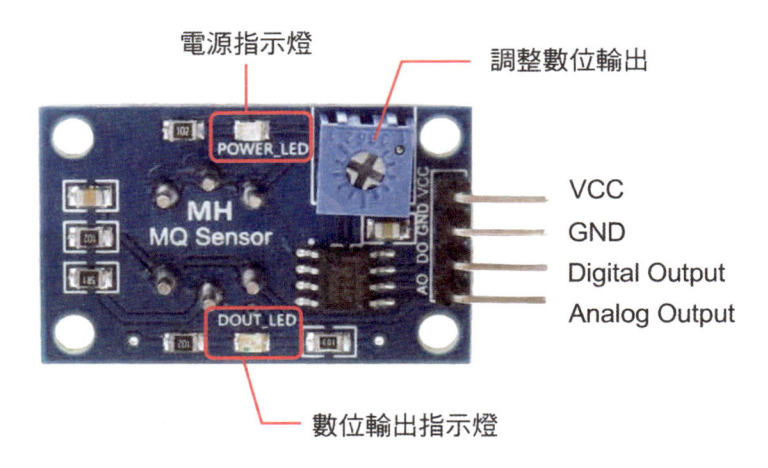

• 圖 6-16　MQ-3 氣體濃度感測模組背面圖

MQ-3 氣體濃度感測模組的各腳位功能描述如表 6-5，當氣體濃度越高時，輸出類比電壓也就越大，因此，我們可以藉由讀取 AO 腳位的電壓值來判斷濃度高低，MQ 系列氣體感測模組在使用前最好要先預熱，大多數預熱時間約 24 小時，有部分氣體感測器預熱時間不小於 48 小時。

• 表 6-5　MQ-3 氣體濃度感測模組腳位功能說明表

| 名稱 | 功能 |
| --- | --- |
| $V_{CC}$ | 4.7～5.3V |
| GND | 接地 |
| DO | 數位輸出，只要超過所設定的濃度就會輸出高電位 |
| AO | 類比輸出，依據所感測到的濃度輸出 0～5V 的類比電壓 |
| POWER LED | 電源指示燈 |
| DOUT LED | 數位輸出指示燈 |
| VR | 透過可變電阻調整濃度閥值，超過閥值數位輸出將輸出高電位 |

## 例 6-8 │ 讀取 MQ 3 氣體感測器

因為 ESP32 GPIO 輸入電壓為 3.3V，但 MQ 系列 AO 輸出之類比電壓最高為 5V，因此，我們必需使用電阻作為分壓，如圖 6-17 所示。

**│接線圖│**

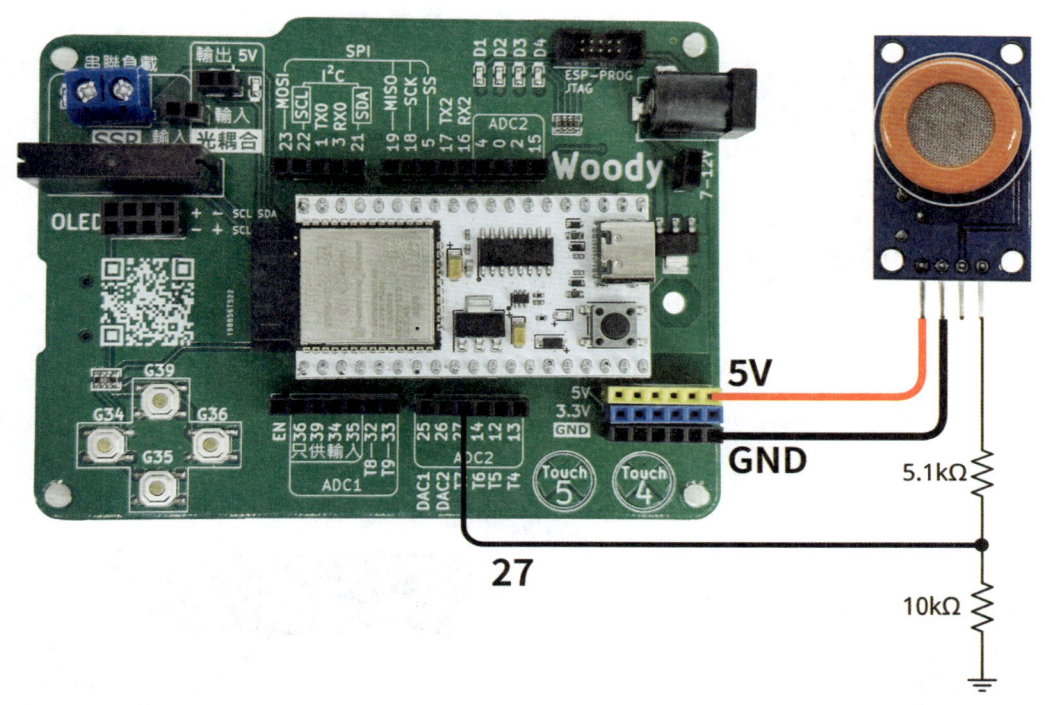

- 圖 6-17　ESP32 與 MQ-3 接線圖

**│程式碼│**

```
01  /*
02   * 例6-8：讀取MQ 3氣體感測器
03   */
04  #define MQPin 27                    //MQ感測模組AO輸出接至ESP32 GPIO27
05
06  void setup() {
07    Serial.begin(9600);
08  }
09
10  void loop() {
```

```
11     int ReadValue = analogRead(MQPin);  //讀取AO類比電壓
12     //將讀取到的數位值*3.3V/4095再乘上1.5倍換算滿格為5V電壓
13     float AlcoholVolt = ReadValue*3.3*1.5/4095;
14     Serial.print("Alcohol Volt : ");
15     Serial.println(AlcoholVolt);         //酒精感測器輸出電壓顯示於序列埠視窗
16     delay(1000);
17   }
```

所有 MQ 系列的操作方式與 MQ-3 大同小異，故在此不再贅述，請讀者自行參閱資料手冊。

## 6-3　土壤溼度感測器

土壤溼度感測器（Soil Moisture Sensor）分成兩種。電阻式的因為直接和土壤接觸，使用一星期左右就會電解掉，如圖 6-18 所示，損壞率極高。因此強烈建議改用電容式的，偵測點夾在電路板內，不會被水沾到，如圖 6-19 所示。

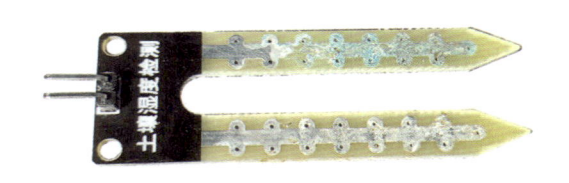

● 圖 6-18　電阻式的被電解後的結果　　● 圖 6-19　電容式的土壤濕度感測器

電容式感測器模組有三支接腳：VCC、GND、AOUT，其中 AOUT 表示類比信號輸出（Analog Out）。

・工作電壓：3.3～5.5V

・輸出電壓：0～3.0V（小數點是告訴你輸出的精度到小數第一位）

接線圖如下，當土壤濕度大時電壓輸出小；濕度小時電壓大。

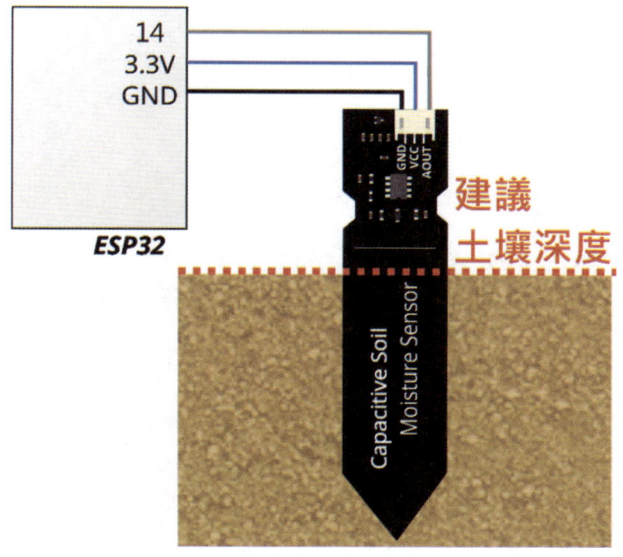

由於感測器輸出的只是電壓的變化，所以使用 analogRead( ) 指令讀取即可。由於每個人實驗的環境不同，感測器的位置、澆水處、土壤屬性、花盆大小都不同，數值必須實測。作者以自己的環境測得數值如下圖，並訂出亮燈、熄燈標準。

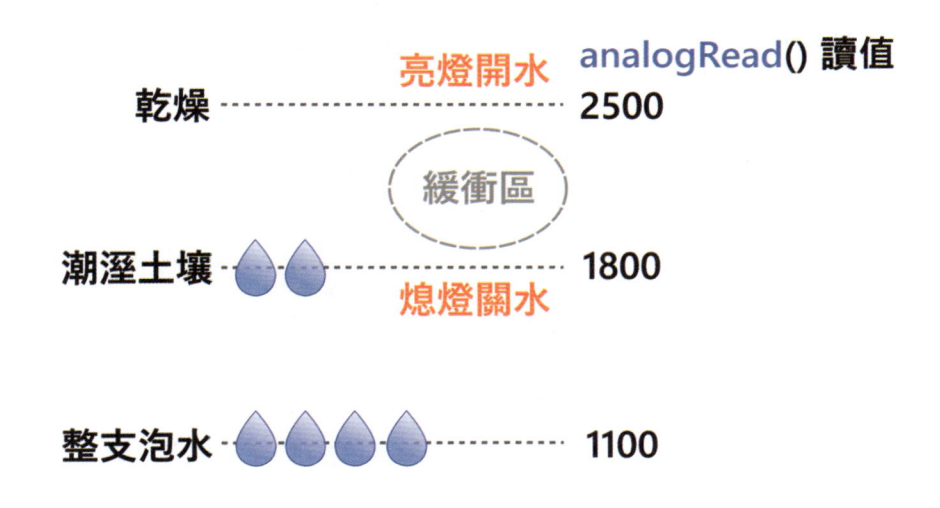

## 例 6-9 ｜依據土壤濕度，點亮 LED

**▍程式碼 ▍**

```
01  /*
02   * 例6-9：依據土壤濕度，點亮LED
03   */
04  const byte LED = 4;              //LED接腳
05  const byte Hpin = 14;            //土壤濕度感測器使用的接腳
06  int Moisture;                    //接收感測器回傳值
07
08  void setup() {
09    pinMode(LED, OUTPUT);          //設定模式為輸出
10    pinMode(Hpin, INPUT);          //設定模式為輸入
11    Serial.begin(9600);            //設定序列埠鮑率為9600bps
12  }
13
14  void loop() {
15    Moisture = analogRead(Hpin);   //讀取感測器輸出之類比電壓
16    Serial.println(Moisture);      //將讀取到的值顯示於序列埠監控視窗
17
18    if (Moisture>2500)             //如果讀值大於2500，為土壤乾燥
19      digitalWrite(LED, HIGH);     //點亮LED
20    else if(Moisture < 1800)       //如果讀值小於1800，認定土壤潮溼
21      digitalWrite(LED, LOW);      //熄滅LED
22  }
```

**延伸練習**

3. 通常讀取類比信號，資料會跳動的比較劇烈，如果不好閱讀，可以嘗試 2-3 節「移動平均法」把資料抹平再觀察看看。

## 6-4 物體感測

### 6-4.1 超音波感測器

　　如圖 6-20 所示為超音波感測模組，其腳位說明如表 6-6 所示，其操作步驟如下：

**Step 1** ▶ $V_{CC}$ 與 GND 分別接至電源的正、負極。

**Step 2** ▶ 輸入一高態訊號至感測器 Trig 腳位，且高態至少維持 10μs 以上，再將此腳位訊號拉至低態，此時感測器內部將會產生八個 40kHz 脈波。

**Step 3** ▶ 最後，感測器 Echo 腳位將會輸出一高態訊號，量測此腳位高態輸出時間 t。

**Step 4** ▶ 計算距離公尺 $d = \dfrac{340 \times t}{2}$ 公尺，

340 為音速，單位為 m/s；

t 為 Echo 腳位所輸出之脈波寬度，單位為 s。

• 表 6-6　HC-SR04P 超音波感測模組腳位

| 腳位名稱 | 說明 |
| --- | --- |
| $V_{CC}$ | 3.3～5V |
| Trig | 感測器觸發輸入腳 |
| Echo | 感測器響應輸出腳 |
| GND | 接地 |

• 圖 6-20　超音波感測模組外觀圖

超音波感測距離方式為發射一 40kHz 的超音波，另一個接收超音波反射的訊號，故在計算距離時必須將時間除以 2（假設發射至障礙物與反射回來的時間相等），其訊號時序圖如圖 6-21 所示。

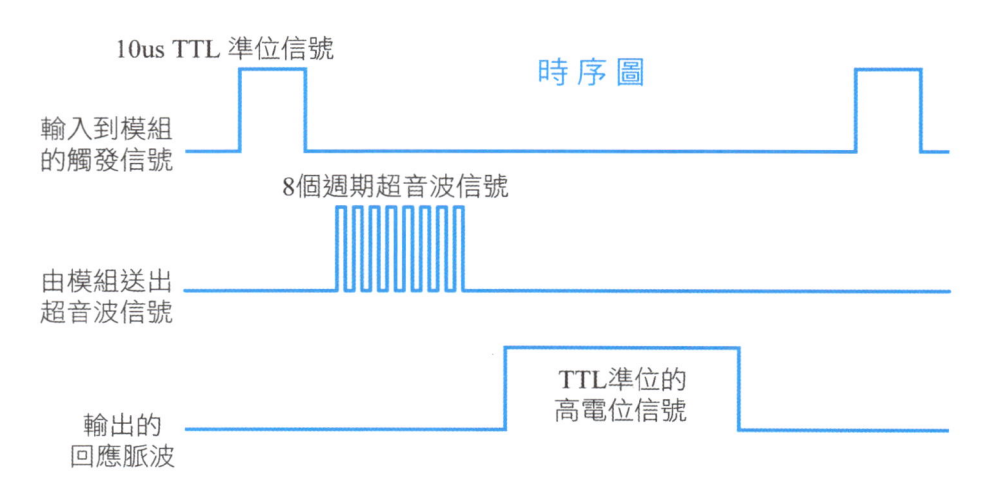

• 圖 6-21　訊號時序圖

## 例 6-10 ┃ 讀取超音波感測器之距離並顯示於序列埠監控視窗

**┃接線圖┃**

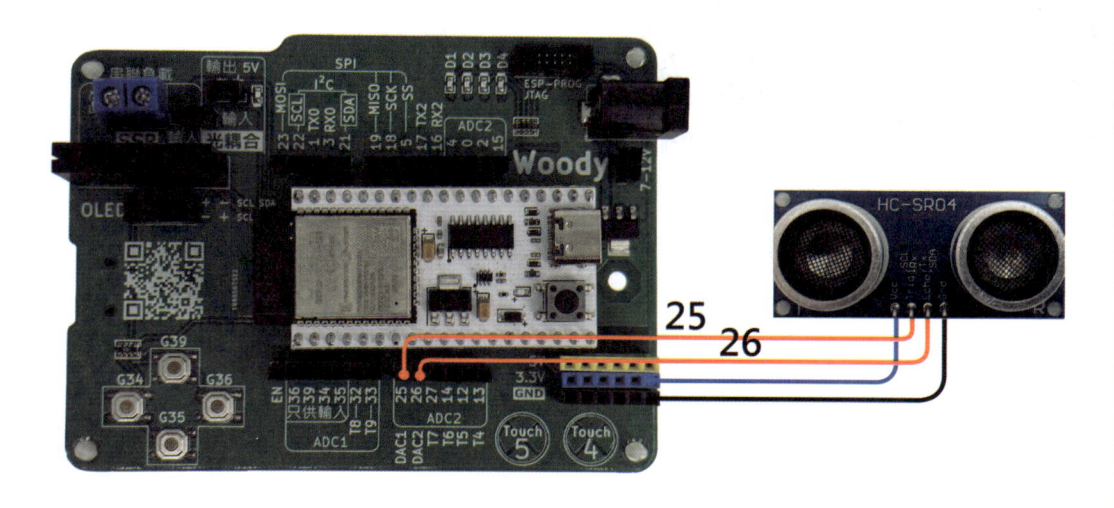

• 圖 6-22　ESP32 與超音波感測器接線圖

## ▍程式碼 ▍

```
/*
 * 例6-10：超音波感測器，將距離顯示在序列埠監控視窗
 */
const byte trigPin = 25;              //超音波模組的Trig接腳
const byte echoPin = 26;              //超音波模組的Echo接腳
long duration;                        //從超音波模組取回的高準位電壓時間
double distance;                      //計算出來的距離

void setup() {
  Serial.begin(9600);
  pinMode(trigPin, OUTPUT);
  pinMode(echoPin, INPUT);
}

void loop() {
  //觸發超音波模組工作的方式，是讓Trig接腳從低態轉成高態10us，再轉成低態
  digitalWrite(trigPin, LOW);         //發射前先降為低態
  delayMicroseconds(2);
  digitalWrite(trigPin, HIGH);        //高態
  delayMicroseconds(10);              //維持10ns
  digitalWrite(trigPin, LOW);         //低態，便可觸發超音波

  //取回信號並計算距離
  duration = pulseIn(echoPin, HIGH);
  //從Echo接腳偵測超音波模組回傳的高態時間
  distance = (duration / 2) * 0.000001 * 340 * 100;   //依公式計算距離
  /* 因為pulseIn回傳的單位是us，所以回傳值要乘上10^-6把單位轉成秒
     根據公式算出來的距離單位是公尺
     而我們想要的距單位是公分，剛才的值再乘上100
  */
  Serial.print("偵測距離：");
  Serial.print(distance);
  Serial.println("cm");
  delay(300);
}
```

┃函式說明┃

<u>pulseIn(GPIO 腳位代碼，HIGH 或 LOW, 超時時間 )</u>

┃說明┃

　　讀取 GPIO 腳位上的脈衝時間。例如：電位設定為 HIGH，則 pulseIn( ) 等待該 GPIO 腳位變為 HIGH 時，開始計時，然後等待接腳變為 LOW 停止計時並返回脈衝長度（以微秒為單位）；如果在超時時間內未收到完整的脈衝，則傳回 0。第三個參數：超時時間可以省略，預設值為 1 秒。

## 6-4.2　微波雷達感測器

　　微波雷達感測器 RCWL-0516，如圖 6-23。應用都卜勒雷達技術，用來檢測移動的物體。

　　常見的 PIR 人體紅外線感測器，只能感測「人體」散發出來的紅外線；而微波雷達感測的是「移動」，就算隔了一個木板也是感測的到，用來防盜或是偵測任何動靜更有效。

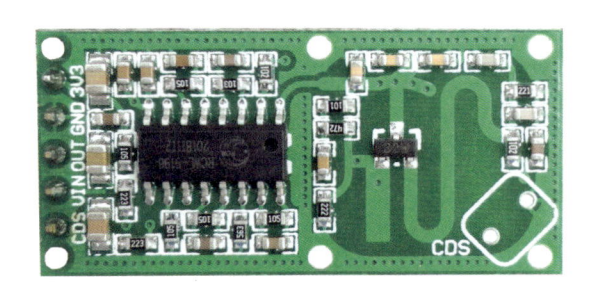

● 圖 6-23　微波雷達感測器

　　微波雷達感測器具有以下特點：
1. 靈敏度較高。
2. 感應距離較遠（5〜9 公尺）。
3. 可靠性強。
4. 感應角度較大（＜ 100 度錐角）。

5. 比 PIR 更具有穿透力。
6. 電源供應範圍廣（4～28V）。
7. 輸出邏輯 1 電壓為 3.3V，邏輯 0 電壓為 0V。
8. 可重複觸發。

模組的腳位定義如表 6-7 所示。

• 表 6-7　RCWL-0516 腳位功能表

| 名稱 | 腳位功能 |
| --- | --- |
| 3V3 | 3.3V 電壓輸出 |
| GND | 接地 |
| OUT | 控制訊號輸出腳位。偵測到物體移動時，輸出邏輯 1，反之，則輸出邏輯 0 |
| VIN | 電源輸入腳位，電壓範圍 4～28V |
| CDS | 觸發控制，小於 0.7V 時，OUT 維持邏輯 0；大於 0.7V 時，模組正常工作 |

RCWL-0516 的背面（如圖 6-24）有 3 個功能腳位可以用來調整觸發時間、檢測距離與環境光源等，其功能詳如下：

◘ C-TM

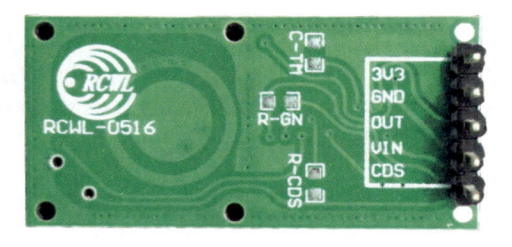

• 圖 6-24　微波雷達感測器背面圖

調整重複觸發時間，預設觸發時間為 2 秒。在此腳位接上電容可以調整觸發時間，當電容量增加時，重複觸發時間也會增加。

◘ R-GN

調整檢測距離，接上電阻器會使得檢測距離變小。依資料手冊說明，未接時，檢測距離約 7 公尺，接上 1MΩ 的電阻時，檢測距離約 5 公尺。

◘ R-CDS

R-CDS 與內部 1MΩ 電阻並聯後，再與 CDS 串聯，由 CDS 兩端輸出電壓，形成分壓的型式，當 CDS 端電壓小於 0.7V，則關閉檢測功能，故可以依環境光源需要來調整 R-CDS 之值。

## 例 6-11 | 檢測到物體移動時，LED 亮起

**|接線圖|**

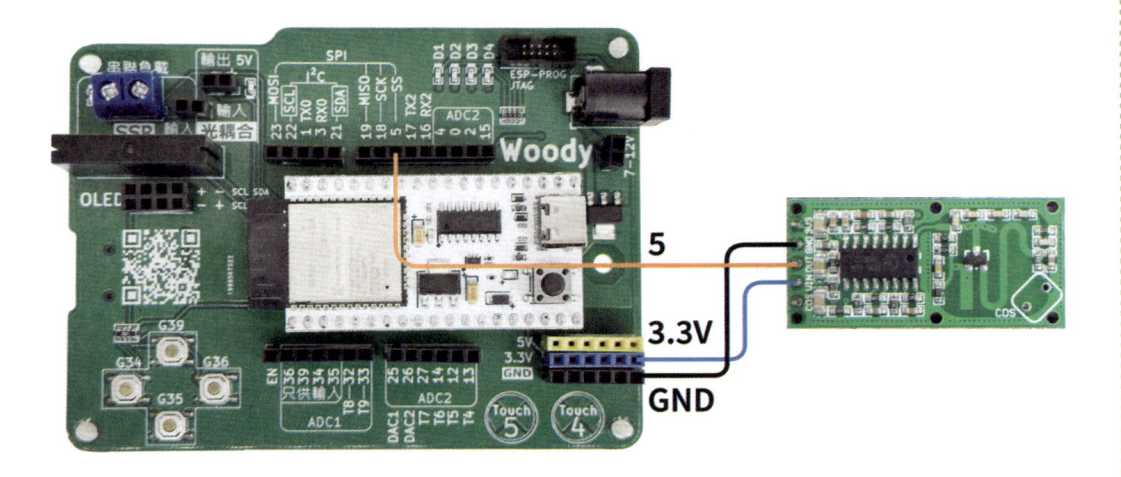

• 圖 6-25　ESP32 與微波雷達感測器接線圖

**|接線說明|**

| ESP32 腳位 | RCWL-0516 腳位 |
| --- | --- |
| 3.3V | VIN |
| GND | GND |
| GPIO5 | OUT |

**|程式碼|**

```
01  /*
02   * 例6-11：檢測到物體移動時，LED亮起
03   */
04  #define microWavePin   5          //定義RCWL-0516 OUT腳位接至GPIO5
05  #define ledPin   2                //定義LED腳位為GPIO2
06
07  void setup() {
08    Serial.begin(9600);
09    pinMode(microWavePin, INPUT);   //設定GPIO5為輸入腳位
10    pinMode(ledPin, OUTPUT);        //設定GPIO2為輸出腳位
11  }
```

```
12
13  void loop() {
14    if(digitalRead(microWavePin)) {          //當檢測到有物體移動時
15      Serial.println("注意!有人接近~~");     //從序列埠送出文字
16      digitalWrite(ledPin, HIGH);           //LED亮起
17    }
18    else
19      digitalWrite(ledPin, LOW);            //未檢測物體移動時，LED熄滅
20  }
```

## 6-5 重量感測

在生活當中，體重計、電子秤等，是使用測力器（Load cell）來感測重量的，它是由鋁塊和應變計（Strain Gauge）組合而成。

如圖 6-26 所示為單點式測力計，壓力從感測器的一個點施加。鋁塊中間挖圓形的洞，創造出變形的點，當施加壓力時，會在挖洞的地方變形。在圓洞的正上方，各貼一個應變計，當施加重量時使應變計變形，改變電阻值。

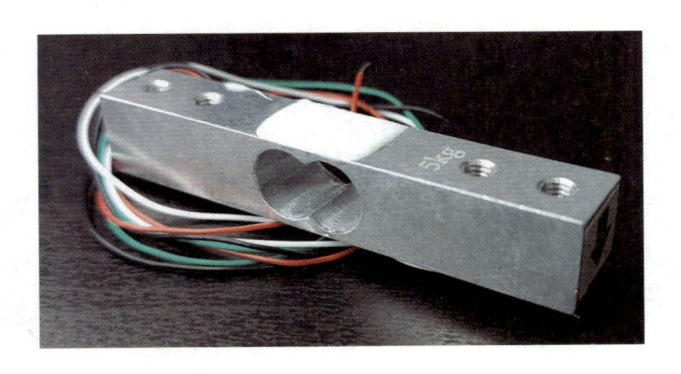

● 圖 6-26　5 kg 量程測力器

## 測力器變形及電阻變化

應變計是軟性電路板（Flexible Printed Circuit，FPC），外觀如圖 6-27(a) 所示，主要的變形方向是長度，當結構件受力變形時，它會改變長度，變化過程如圖 6-27(b) 及圖 6-27(c)。透過基本電學的電阻值公式：$R = \rho \dfrac{\ell}{A}$，長度變大，電阻值就變大，即偵測此電阻值作為信號。

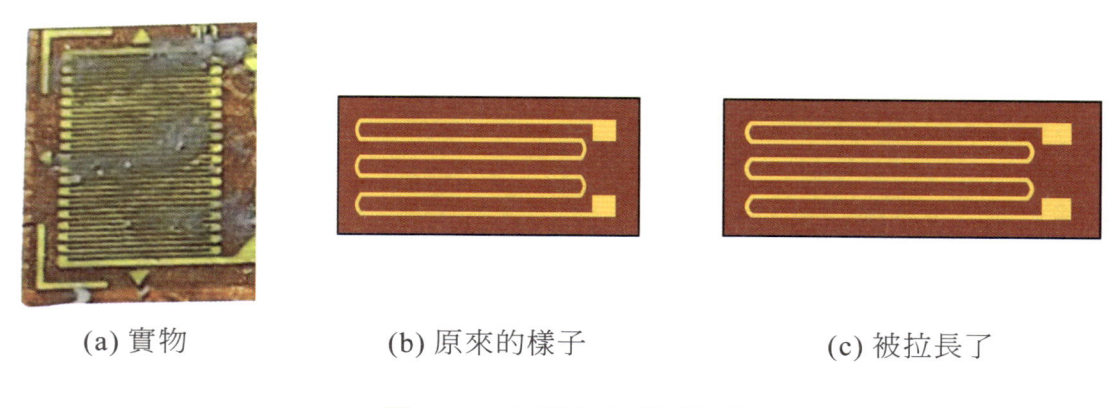

(a) 實物　　　　(b) 原來的樣子　　　　(c) 被拉長了

• 圖 6-27　應變計外觀及形變

應變計放置的位置，如圖 6-28(a) 的中間位置，被壓縮時會變短，反之變長。因為電阻變化，使電橋不平衡，電橋中間產生電位差，如圖 6-28(b)。因為應變計電阻只有零點幾 Ω 的變化，一般電路和電表量測不出來，必須送入 HX711 模組進行信號放大。

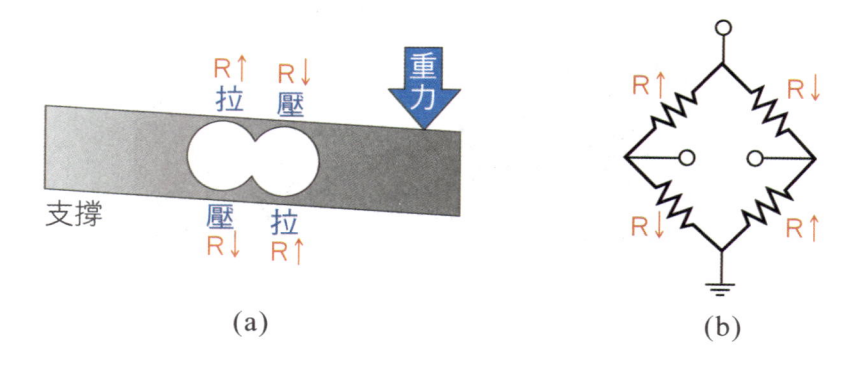

(a)　　　　(b)

• 圖 6-28　測力器受力時，應變計的電阻變化

### 安裝及接線

要使用這種測力器，必須使用如圖 6-29 所示的治具，可使用壓克力雷切，可從書本附檔：治具.dxf，找到已畫好的圖形，可直接送到雷切機切割。

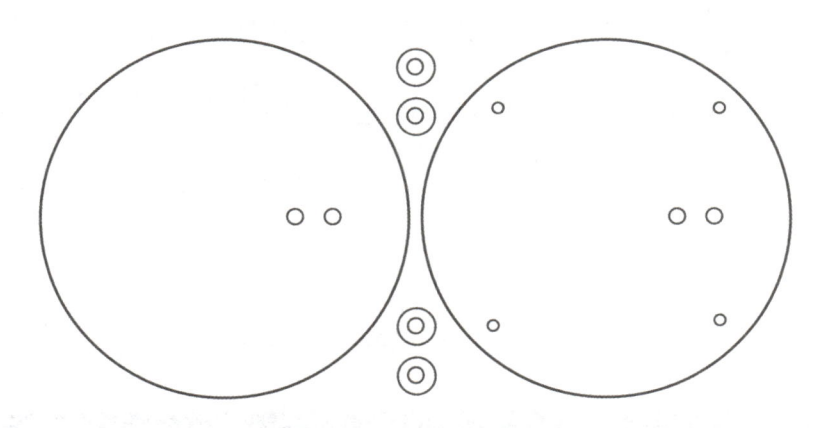

• 圖 6-29　簡單的治具，右邊是基座，左邊是秤盤

實際照片外觀如圖 6-30(a) 所示，貼箭頭的一端是施力端，東西放在上面，重量往下。有重量時會讓應變計彎曲。其螺絲孔是 M4 規格，代表公制、4 mm 直徑的機械螺絲。必須鎖成 Z 字形，如圖 6-30(b) 所示。

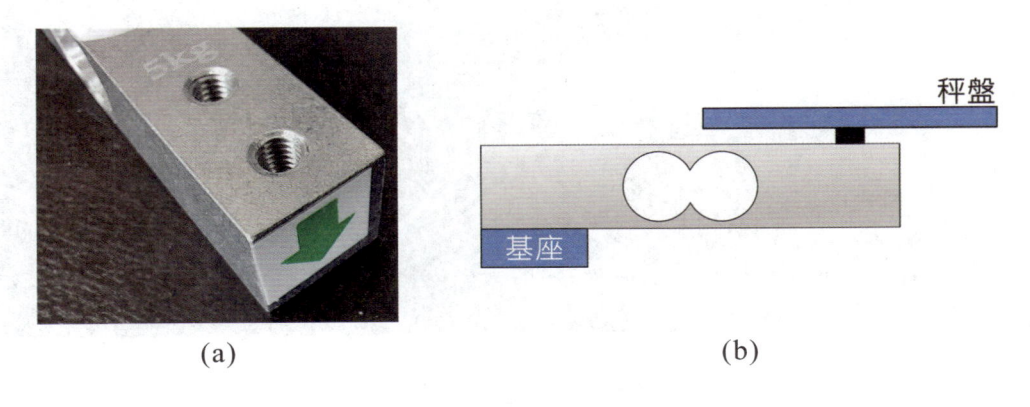

(a)　　　　　　　　　　(b)

• 圖 6-30　測力器使用方法

信號電壓放大採用 HX711 模組，外觀如圖 6-31(a)，接線如圖 6-31(b)。

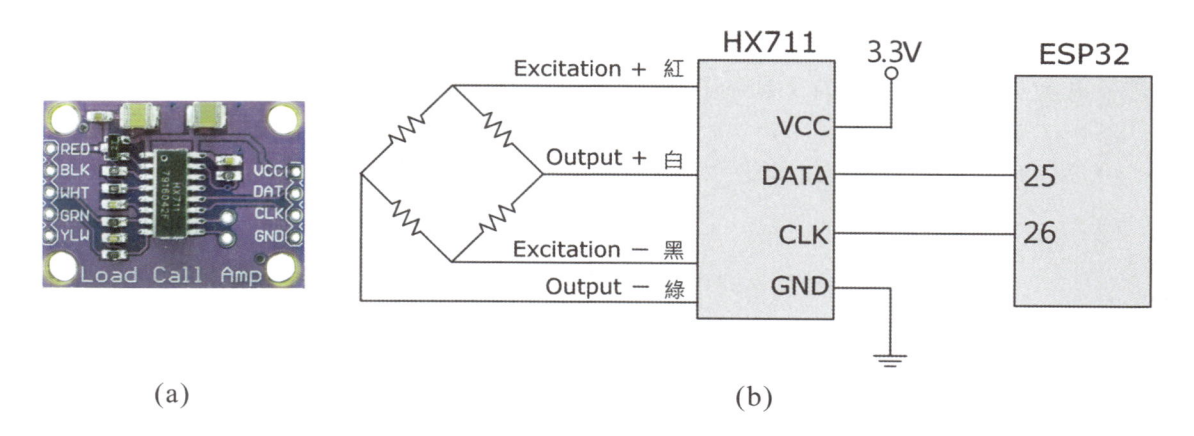

(a)          (b)

• 圖 6-31 　HX711 模組及接線圖

• 圖 6-32 　組裝完成外觀

## 函式庫

從程式庫管理員，下載 Rob Tillaart 撰寫的函式庫，如圖 6-33 所示。

## 校正

任何感測器都需要校正，作法是：沒有重量時測一次；放上已知重量物品時再測一次。這些數據在平面圖上，兩點可以畫成一條直線，就是這個感測器的輸入 / 輸出特性曲線。

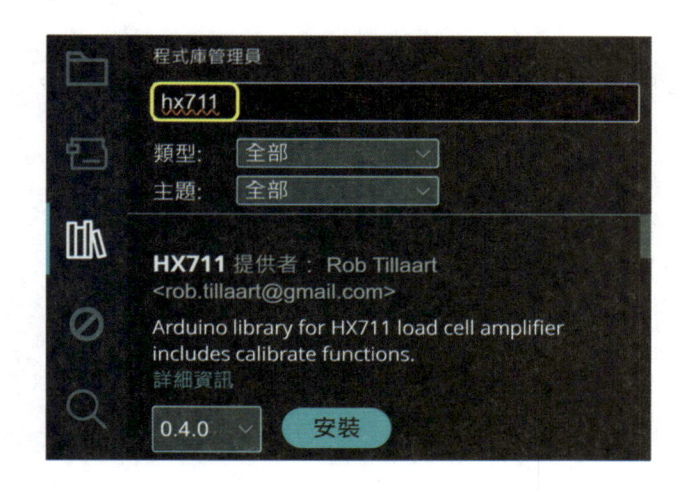

• 圖 6-33　Rob Tillaart 撰寫的 HX711 函式庫

請先從書本所附的程式碼：calibration.ino 上傳並執行，這個程式修改自函式庫所附的程式，作為校準之用。

依指示取得目前的秤重模組的參數：scaleFactor、offset，請把它記錄下來。

```
函式庫版本：0.4.0

測力器校準
==========
移除所有物品
序列埠設定為New Line（換行）模式，按下Enter

放置物品於測力器上
輸入物體的重量（克），並按Enter
你輸入的重量：380

使用offset = 4294892027以及scaleFactor = 279.064575
作為後續程式的參數
```

## 例 6-12 ｜ 電子秤

**｜程式碼｜**

```
/*
 * 例6-12：電子秤
 */

#include "HX711.h"                          //引用函式庫
HX711 scale;                                //建立物件，命名為scale

const long offset = 4294892027;             //更換為校正後的偏移量
const float scaleFactor = 279.064575;       //更換為校正後的比例因子

const byte dataPin = 25;                    //HX711的DATA腳
const byte clockPin = 26;                   //HX711的CLK腳
float weight = 0;                           //讀取到的重量

void setup() {
  Serial.begin(9600);
  scale.begin(dataPin, clockPin);           //啟動HX711
  scale.set_scale(scaleFactor);             //設定比例因子
  scale.set_offset(offset);                 //設定偏移量
}

void loop() {
  Serial.print("重量：");
  weight = scale.get_units(10);             //採樣10次
    if (weight < 0)
      weight = 0;                           //如果讀值為負，設定為0
  Serial.print(weight);
  Serial.println(" g");                     //印出單位：克(g)
  delay(50);
}
```

**延伸練習**

4. 有護校生提出需求，希望監測點滴瓶是否快滴完，以便即時通知護理站，不用人力巡邏注意，以增加工作效率。現在你接到這個案子，打算使用測力器完成它，該怎麼做？（註：測力器不是只有用壓的，也可以用拉的，方向的問題而已）

# Chapter 6　課後習題

_____ 1. 要讀取 4×4 矩陣鍵盤，基礎原理是什麼？
   (A) 掃瞄　　　　　　　　　(B) 讀取
   (C) 陣列　　　　　　　　　(D) 迴圈。

_____ 2. 現在我們要做密碼鎖，從 4×4 矩陣鍵盤讀到的資料，會存入陣列中。另一個陣列則存放正確密碼。如果要比對兩個陣列是否相同，C 語言提供哪個函式可用？
   (A) include　　　　　　　　(B) memcmp( )
   (C) for( )　　　　　　　　 (D) while( )。

_____ 3. 智慧家庭可方便我們的生活，下列何者不是智慧家庭的優勢？
   (A) 根據環境溫濕度啟動電器調節室內溫濕度
   (B) 當住戶於住宅內移動至其他房間時，自動開啟與關閉電器（如電燈等）
   (C) 於災害發生時，能即時多方通知使用者、救災單位、鄰近住戶
   (D) 使用遠端住宅監控系統，將孩童單獨留置家內，進行遠端照顧。

_____ 4. 若要發展智慧農業，下列何者不是常見感測內容？
   (A) 溫濕度感測器感測空氣的濕度
   (B) 光照度感測器感測光照度
   (C) 氣壓感測器感測大氣壓力變化
   (D) 一氧化碳感測器得知空氣中一氧化碳變化。

_____ 5. 下列何者不是測量溫度的元件
   (A) 熱電偶（thermocouple）　　(B) 熱電堆（thermopile）
   (C) 可進行多點測溫的 DS18B20　(D) NFC。

_____ 6. 溫溼度量測元件 DHT11 如果工作於 3.3V，哪支接腳必須接提升電阻，信號才能正確傳遞？
   (A) 資料輸出腳　　　　　　(B) 接地腳
   (C) 空接腳　　　　　　　　(D) 電源腳。

_____ 7. 我們要做一個專題，它可以偵測廁所溼度，當溼度過高時驅動家用的交流電風扇轉動，但我又不想用繼電器，因為它在切換時的聲音，在半夜時會吵我睡覺。我可以選用何種元件？
(A) 一個電晶體控制　　　　　　(B) 固態繼電器（SSR）
(C) 一個 FET 控制　　　　　　 (D) 電容器。

_____ 8. 如果感測器的類比信號輸出範圍從 0 到 5V，而 ESP32 只支援 0 到 3.3V 的輸入範圍時，使用下列何種比例的電阻分壓即可解決此問題？
(A) 1：2　　　　　　　　　　　(B) 3：5
(C) 4：9　　　　　　　　　　　(D) 2：3。

_____ 9. 若 ESP32 將類比信號轉出的數位值範圍是 500 到 1200，我希望將此範圍改為 0 到 1000，則可以使用何種函式進行轉換？
(A) Serial.println( )　　　　　　(B) loop( )
(C) map( )　　　　　　　　　　(D) digitalRead( )。

_____ 10. SHARP 光學式灰塵感測器，原本是為了測量空氣中香煙濃度而製作，下列何範圍不適用？
(A) 檢驗廢水槽的沼氣　　　　　(B) 在教室監測掃地後的灰塵量
(C) 在廁所偵察學生抽煙　　　　(D) 檢驗汽機車排放廢氣。

# 7

# 無線電傳輸及辨識篇

**7-1** 紅外線控制
**7-2** RFID 及 NFC
**7-3** LoRa
**7-4** ESP-NOW

## 7-1　紅外線控制

紅外線（Infrared，IR），是波長介於微波與可見光之間的電磁波，人類肉眼可見光波域為 400 nm（紫）～ 700 nm（紅）之波長，而紅外線的波長介於 760 nm～1 mm 之間，為不可見光，所以我們看不到紅外線，如圖 7-1 所示。

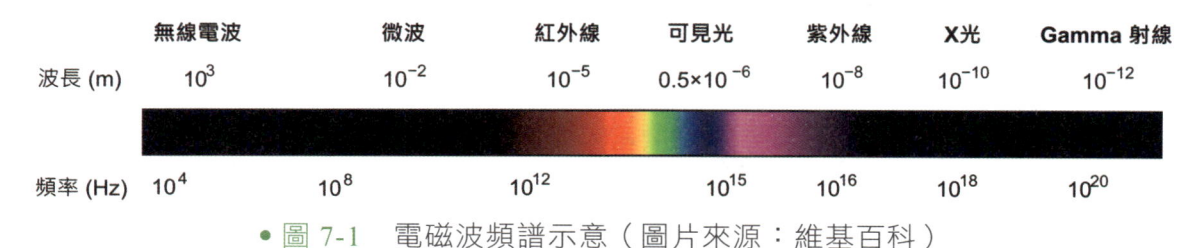

| 波長 (m) | 無線電波 $10^3$ | 微波 $10^{-2}$ | 紅外線 $10^{-5}$ | 可見光 $0.5\times10^{-6}$ | 紫外線 $10^{-8}$ | X光 $10^{-10}$ | Gamma 射線 $10^{-12}$ |
|---|---|---|---|---|---|---|---|
| 頻率 (Hz) | $10^4$ | $10^8$ | $10^{12}$ | $10^{15}$ | $10^{16}$ | $10^{18}$ | $10^{20}$ |

● 圖 7-1　電磁波頻譜示意（圖片來源：維基百科）

常見的紅外線模組，使用的載波頻率都是 38 kHz。紅外線發射器種類眾多，幾乎都通用。只有按鍵按下去時，送出去的資料不同，主要應用於家電等控制。

● 圖 7-2　紅外線發射器

圖 7-3 為紅外線接收器，也有以模組方式販售。

● 圖 7-3　紅外線接收器

在 Arduino IDE，【工具】的【程式庫管理員】中，輸入關鍵字：IRremote，可以找到需要的函式庫，如圖 7-4 所示。

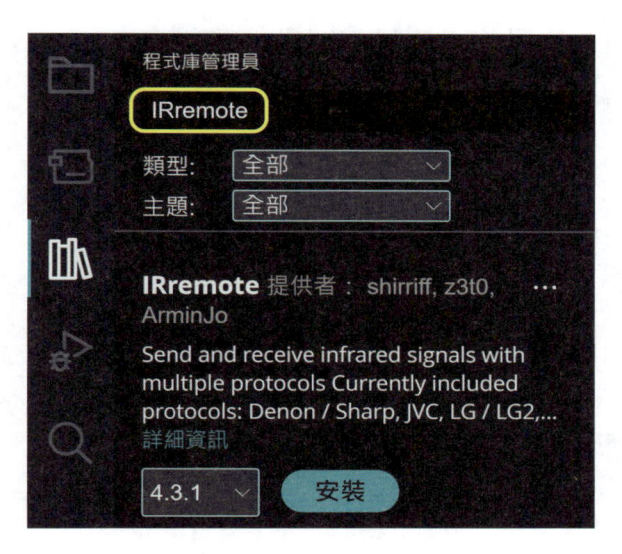

● 圖 7-4　選擇 shirriff 等撰寫的函式庫

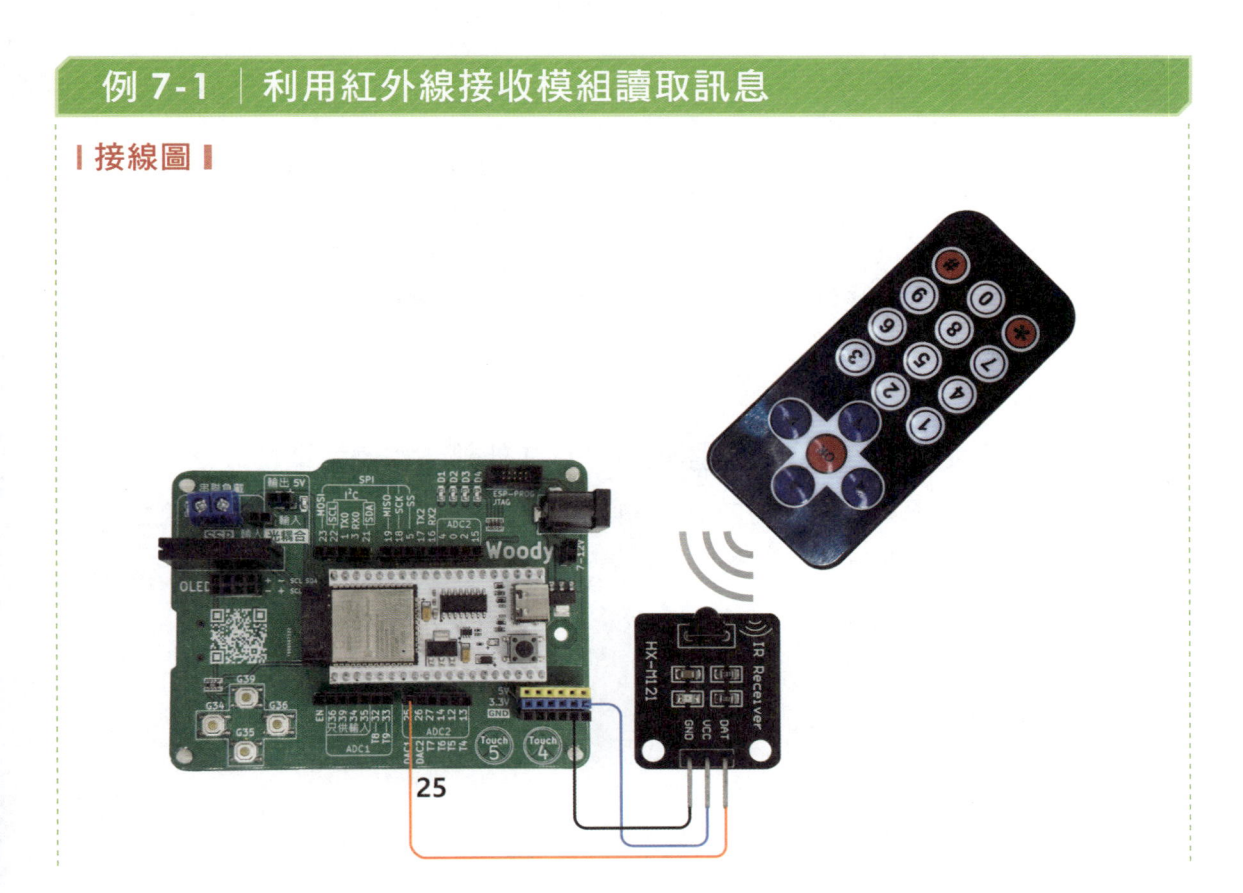

## 例 7-1 │ 利用紅外線接收模組讀取訊息

**┃接線圖┃**

程式碼中有一個非常不同的地方，就是引用函式庫，副檔名是 .hpp，而不是常見的 .h。一般的函式庫會把程式碼分成兩個部分存放，一個是標頭檔（副檔名為：.h）；另外一個是程式碼（副檔名為：.cpp）。而 .hpp 是把這兩種檔案合而為一，名字也合體了。

**┃程式碼┃**

```
01  /*
02   * 例7-1：利用紅外線接收模組讀取訊息
03   */
04
05  #include <IRremote.hpp>                          //引用函式庫
06  const byte IRPin = 25;                           //紅外線接腳
07
08  void setup() {
09    Serial.begin(9600);
10    IrReceiver.begin(IRPin, ENABLE_LED_FEEDBACK);  //啟動紅外線接收器
11  }
12
13  void loop() {
14    if (IrReceiver.decode()) {                     //如果有接收到並解碼
15      IrReceiver.resume();                         //致能接收功能
16      Serial.print("接收到的訊息：0x");              //十六進位以0x開頭表示
17      Serial.println(IrReceiver.decodedIRData.command,HEX);
18    }
19  }
```

程式上傳後，開啟序列埠監控視窗，拿紅外線遙控器對準接收器，按下任何一個按鍵，可以讀到它的內容。請記錄下按下按鍵時，ESP32 收到的資料，待下一個範例使用。通常會以 16 進位的方式表達，在 C 語言中會以 0x 字頭表達，如：0xBB。

## 例 7-2 │ 利用紅外線控制電燈泡

在上個範例取得了按鍵的資料之後，就可以拿來作為控制的依據了。

**┃接線圖┃**

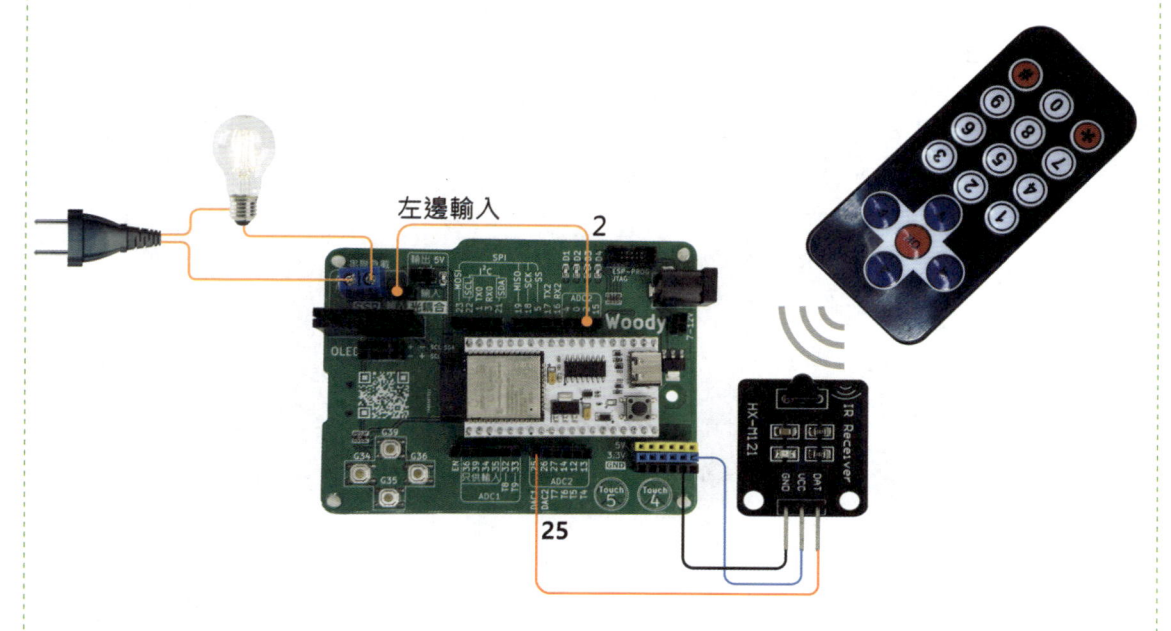

當按下紅外線遙控器的數字 1，會讓電燈泡亮；按下紅外線遙控器的數字 2，電燈泡會熄滅。

**┃程式碼┃**

```
01  /*
02   * 例7-2：利用紅外線控制電燈泡
03   */
04
05  #include <IRremote.hpp>           //引用函式庫
06  const byte IRPin = 25;            //紅外線接腳
07  const byte LEDPin = 2;            //LED接腳
08
09  void setup() {
10    Serial.begin(9600);
11    pinMode(LEDPin, OUTPUT);
12    IrReceiver.begin(IRPin, ENABLE_LED_FEEDBACK);   //啟動紅外線接收器
```

```
13  }
14
15  void loop() {
16    if (IrReceiver.decode()) {          //如果有接收到並解碼
17      IrReceiver.resume();              //致能接收功能
18      if (IrReceiver.decodedIRData.command == 0x16) {      //按了數字1
19        digitalWrite(LEDPin, HIGH);
20        Serial.println("點亮LED，並啟動電燈");
21      } else if (IrReceiver.decodedIRData.command == 0x19) { //按了數字2
22        digitalWrite(LEDPin, LOW);
23        Serial.println("熄滅LED，並關閉電燈");
24      }
25    }
26  }
```

程式上傳後，開啟序列埠監控視窗，拿紅外線遙控器對準接收器，按下遙控器上的1、2，觀察顯示的訊息，及電燈泡有無亮滅。

## 7-2 RFID 及 NFC

RFID（Radio Frequency IDentification，無線射頻辨識）最常見的應用是悠遊卡、一卡通、信用卡、學生證、門禁感應扣、商品計費貼等。必須在幾公分之內進行通訊，會這麼近是為了安全起見，一定要我們親自將它們靠近，才進行感應。

RFID 在 13.56MHz 無線頻率下工作，市面上常見的有：

● 圖 7-5　MIFARE Classic 卡

1. MIFARE：由 NXP 開發，台灣大多數的卡片使用；
2. FeliCa：由 Sony 開發，大多用於日本。

以市面上最常見的卡 MIFARE Classic 1k 為例，它是根據國際標準 ISO/IEC 14443A 規範之下設計的，內部記憶空間格式如下：

1. 唯一識別碼（UID）；
2. 記憶體規劃成 16 個區段（Sector），從 0 到 15；
3. 每個區段分割成 4 個區塊（Block），從 0 到 3；
4. 每個區塊有 16 個位元組（Byte）資料，從 0 到 15。

總共佔用空間：16 區段 ×4 區塊 ×16 位元組 = 1024 位元組 = 1k 位元組

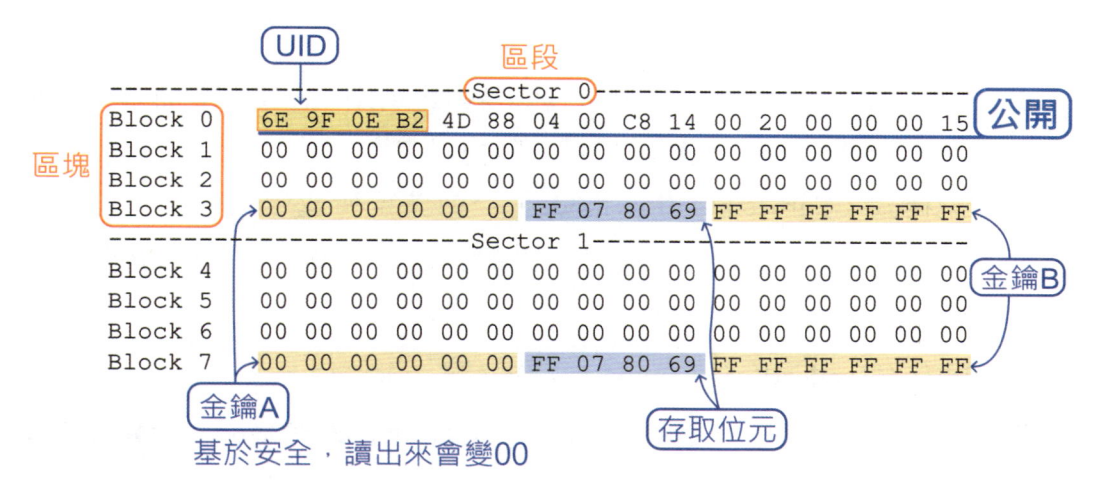

```
                         UID              區段
                          ↓              ┌────────┐
         ─────────────────────────────── Sector 0 ─────────────────────────  公開
  Block 0  6E 9F 0E B2  4D 88 04 00  C8 14 00 20  00 00 00 15
區塊 Block 1  00 00 00 00  00 00 00 00  00 00 00 00  00 00 00 00
  Block 2  00 00 00 00  00 00 00 00  00 00 00 00  00 00 00 00
  Block 3  00 00 00 00  00 00  FF 07 80 69  FF FF FF FF FF FF
         ───────────────────────────── Sector 1 ───────────────────────────
  Block 4  00 00 00 00  00 00 00 00  00 00 00 00  00 00 00 00   金鑰B
  Block 5  00 00 00 00  00 00 00 00  00 00 00 00  00 00 00 00
  Block 6  00 00 00 00  00 00 00 00  00 00 00 00  00 00 00 00
  Block 7  00 00 00 00  00 00  FF 07 80 69  FF FF FF FF FF FF

   金鑰A              存取位元
   基於安全，讀出來會變00
```

● 圖 7-6　MIFARE Classic 1k 資料配置節錄

細部規格如下：

1. 區段 0 的區塊 0 是公開的，記錄卡片的製造資料，包含 UID，是唯讀的。
2. 上圖未被標記的地方都是資料儲存處，未使用金鑰認證之前，讀出來都是 00，以確保資料安全。
3. 每個區段的最後一個區塊，存放著此區段的控制訊息：
   (1) 金鑰 A、金鑰 B 預設全是 FF；
   (2) 存取位元預設為 FF 07 80，最後的 69 未使用。FF 07 80 意思是：
   ・金鑰 A 不可見。

- 驗證金鑰 A 後，就可以讀 / 寫：金鑰 A、金鑰 B、存取控制位元，進行安全性設定，可用此計算機計算：http://calc.gmss.ru/Mifare1k/。
- 若驗證過金鑰 A 或金鑰 B，即可讀寫區塊 0、1、2。

(3) 第二個金鑰 B（Key B）為選用，預設全是 FF。

一般使用上，只要認證過金鑰 A，就可以存取資料。如果要更強化安全性，認證過金鑰 A 後，修改存取控制位元，啟用金鑰 B，便可同時使用這兩個金鑰對資料加以保護了。

## NFC

NFC（Near Field Communication，近場通訊）由 RFID 演變而來，也是工作於 13.56MHz 頻率。NFC 裝置可以用三種模式工作：

1. **卡片模擬模式**（Card emulation mode）：把裝置變成一張卡片。可以替代卡片，直接拿裝置來刷卡，例如拿手機去感應來刷卡，如：Apple Pay、Google Pay。
2. **讀卡機模式**（Reader/Writer mode）：作為讀卡機使用。
3. **對等模式**（P2P mode）：用於資料交換，只是傳輸距離較短，傳輸建立速度較快，傳輸速度也快些，功耗低。

## PN532 模組

PN532 模組外型如下，規格為：

1. 支援 I$^2$C、SPI、HSU（高速 UART），通過模組角落的指撥開關切換。
2. RFID、NFC 讀 / 寫支援：

    (1) MIFARE 1k、4k、Ultralight、DesFire

    (2) ISO/IEC 14443-4，如：CD97BX、CD light、Desfire、P5CN072 (SMX)

    (3) Innovision Jewel，如：IRT5001 card

    (4) FeliCa，如：RCS_860 和 RCS_854

    (5) 任天堂 Switch amibo 的 NTAG215

3. 模組板上天線支援 5cm～7cm 通訊距離。
4. 支援 5V 及 3.3V 電位。

PN532 模組的指撥開關，預設是切到 00，也就是高速 UART 模式，並且用透明膠帶貼起來，如果要切換的話要撕開膠帶。

接線

使用 UART 介面和 ESP32 連接，記得模組下方的指撥開關要切換為 0、0，以切換到 UART 介面。

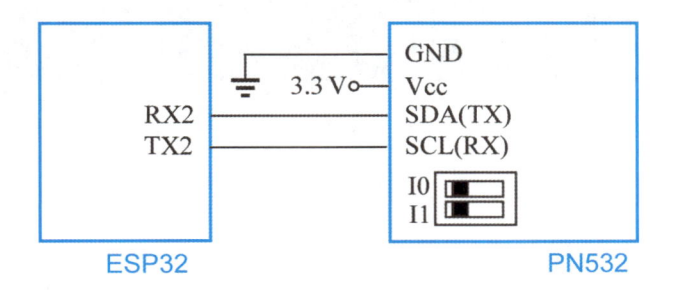

PN532 函式庫

我們採用 elechouse 提供的函式庫，網址位於：https://github.com/elechouse/PN532，本書附加檔案也有。將其中的 PN532 以及 PN532_HSU 資料夾拷貝到「本機 > 文件 > Arduino > libraries」目錄中，再重新啟動 Arduino IDE 即可。

## 例 7-3 ｜傾印（Dump）RFID 卡的全部內容

函式庫安裝後，在 Arduino IDE 的【檔案】→【範例】→【PN532】→【mifareclassic_memdump】，就可以把卡片的內容全部傾印出來。這是了解 RFID 卡全貌的好方法。

將範例檔打開之後，把第 23 行的 Serial1 改為 Serial2，就可以直接上傳。開啟序列埠監控視窗，把速率改為 115200bps。把 RFID 卡蓋在感測器上，按下 ESP32 的 RESET，就會傾印出記憶體內容如下。

```
Output    Serial Monitor  ×

Found chip PN532
Firmware ver. 1.6
Waiting for an ISO14443A Card ...
Found an ISO14443A card
  UID Length: 4 bytes
  UID Value: 6E 9F E B2
Seems to be a Mifare Classic card (4 byte UID)
--------------------------Sector 0--------------------------
Block 0   6E 9F 0E B2 4D 88 04 00 C8 14 00 20 00 00 00 15    n...M........
Block 1   00 00 00 00 00 00 00 00 00 00 00 00 00 00 00 00    ................
Block 2   00 00 00 00 00 00 00 00 00 00 00 00 00 00 00 00    ................
Block 3   00 00 00 00 00 00 FF 07 80 69 FF FF FF FF FF FF    .........i......
```

**延伸練習**

1. 試著解讀看看內容為何。

## 例 7-4 ｜印出 RFID 卡的 UID

絕大部分的門禁機器，都只讀取 RFID 卡的 UID 來辨別身份。只要你有辦法複製 UID，就可以拷貝一個可以開門的卡片。大部分的 RFID 專題，也只做到感應卡片的 UID，並執行相對應的動作而已。我們就先來看看，卡片的 UID 長什麼樣子。

## | 程式碼 |

```
01  /*
02   * 例7-4：讀取RFID卡片並印出UID
03   */
04
05  #include <PN532_HSU.h>        //引用PN532的高速UART功能函式庫
06  #include <PN532.h>
07
08  PN532_HSU pn532hsu(Serial2); //建立介面，並指定從序列埠2存取
09  PN532 nfc(pn532hsu);          //建立物件，名為nfc，採用高速UART介面
10
11  void setup() {
12    Serial.begin(9600);
13    nfc.begin();                //啟動NFC功能
14
15    if (! nfc.getFirmwareVersion()) {
16    //取得PN532晶片的韌體版本，如果沒有PN532模組
17      Serial.println("找不到PN532模組");
18      while (1);                //原地一直繞迴圈，程式停於此處
19    }
20
21    nfc.setPassiveActivationRetries(0xff);
22    //設定讀取卡片重試最大次數，0xff為不斷嘗試
23    nfc.SAMConfig();            //Security Access Module，設定為一般模式
24  }
25
26  void loop() {
27    boolean success;                        //是否成功的旗標
28    byte uid[] = {0, 0, 0, 0, 0, 0, 0};     //儲存傳回的UID
29    byte uidLength;                          //UID長度
30
31    //取得UID以及UID長度，成功後success會設定為true
32    success = nfc.readPassiveTargetID(PN532_MIFARE_ISO14443A, uid,
33                                      &uidLength);
34
35    if (success) {
36      Serial.print("找到卡片，");
```

```
37      Serial.print("UID值：");
38      for (int i = 0; i < uidLength; i++) {
39        Serial.print(uid[i], HEX);          //把陣列中的UID列出，以十六進制顯示
40        Serial.print(" ");                  //空白，為了顯示美觀
41      }
42      Serial.println();                     //換行，為了顯示美觀
43      delay(3000);
44    }
45  }
```

程式碼中，核心的部分如下。先建立陣列，準備儲存讀到的卡片 UID；再建立變數，儲存 UID 的長度，這都是重要的參數。最後從卡片讀出 UID 存到陣列 uid[] 中。讀取卡片 UID 指令格式如下：

物件名.readPassiveTargetID(卡片速率, 存入 UID, 存入 UID 長度);

|說明|

1. 卡片速率以常數 PN532_MIFARE_ISO14443A 表達；
2. UID 讀出後，會存入第二個參數；
3. UID 長度讀出後，會存入第三個參數。

程式上傳後，將 RFID 卡片靠近 PN532 模組，就可以在序列埠監控視窗中看到如下訊息。

找到卡片，UID值：6E 9F E B2
找到卡片，UID值：6E 9F E B2

### 延伸練習

2. 當感應到卡片時，點亮 LED；當卡片移開時，熄滅 LED。

## 例 7-5 │驗證金鑰，並讀取特定區塊的內容

例如悠遊卡、信用卡這類和金錢相關的卡片，每次會針對你的卡片讀取、寫入資料，並比對遠端資料庫的數據，符合才允許消費。想破解是不可能的，因為每次都會連到其伺服器更新資料。倒不如花心思好好開發新產品。

以下讓我們先練習讀取資料。關鍵指令如下：

### 驗證金鑰

要讀取資料之前，必須要先驗證金鑰，如果驗證失敗便無法存取。語法如下：

物件名.mifareclassic_AuthenticateBlock(UID, UID 長度, 區塊編號, 指定金鑰, 金鑰值)

| 說明 |

1. 要處理的卡片 UID；
2. 要處理的卡片 UID 長度；
3. 區塊編號：在 MifareClassic 卡為 0 到 63；
4. 0 代表指定金鑰 A；1 代表指定金鑰 B。

例：認證卡號 uid，卡號長度 uidLength 卡片的第 4 區塊。使用金鑰值 keyA 來驗證金鑰 A。

```
byte keyA[6] = {0xff, 0xff, 0xff, 0xff, 0xff, 0xff};
//金鑰A預設值為ff
nfc.mifareclassic_AuthenticateBlock(uid, uidLength, 4, 0, keyA);
```

只要驗證金鑰 A 通過，就可以存取區塊 4 的內容。

## ▫ 讀取資料

金鑰驗證成功後,就可以對區塊作讀取以及寫入的動作,讀/寫都是以區塊為單位,為 16Bytes。讀取資料的指令為:

<mark>物件名.mifareclassic_ReadDataBlock(</mark> 區塊編號, 資料儲存處 )

**| 說明 |**

1. 指定要讀取的區塊編號;
2. 讀出來的資料儲存於指定的陣列中。

例:將區塊 4 的資料讀出,存入 readData[ ] 陣列中。

```
byte readData[16];  //建立陣列,準備儲存讀出來的資料
nfc.mifareclassic_ReadDataBlock(4, readData);
```

**| 程式碼 |**

```
01  /*
02   * 例7-5:讀取RFID卡片第4區塊(Block)的資料
03   *       如果你的卡片第4區塊原本就沒資料,讀出來會全部是00
04   */
05
06  #include <PN532_HSU.h>          //引用PN532的高速UART功能函式庫
07  #include <PN532.h>
08
09  PN532_HSU pn532hsu(Serial2);    //建立介面,並指定從序列埠2存取
10  PN532 nfc(pn532hsu);            //建立物件,採用高速UART介面
11
12  void setup() {
13    Serial.begin(9600);
14
15    nfc.begin();                  //啟動NFC功能
16    if (! nfc.getFirmwareVersion()) {
17    //取得PN532晶片的韌體版本,如果沒有發現PN532模組
18      Serial.println("找不到PN532模組");
19      while (1);                  //原地一直繞迴圈,表示程式停於此處
```

```
20    }
21
22    nfc.setPassiveActivationRetries(0xff);
23    //設定讀取卡片重試最大次數,0xff為不斷嘗試
24    nfc.SAMConfig();              //Security Access Module,設定為一般模式
25  }
26
27  void loop() {
28    boolean success;                          //是否成功的旗標
29    byte uid[] = {0, 0, 0, 0, 0, 0, 0};       //儲存傳回的UID
30    byte uidLength;                           //UID長度
31
32    //取得UID以及UID長度後,success會設定為1
33    success = nfc.readPassiveTargetID(PN532_MIFARE_ISO14443A, uid,
34                                      &uidLength);
35    //物件名.readPassiveTargetID(卡片鮑率, 讀出後存入UID, 讀出後存入UID長度);
36
37    if (success) {                            //如果讀取成功
38      Serial.print("找到卡片,");
39      Serial.print("UID值:");
40
41      for (int i = 0; i < uidLength; i++) {
42        Serial.print(uid[i], HEX);            //把陣列中的UID列出,以十六進制顯示
43        Serial.print(" ");                    //空白,為了顯示美觀
44      }
45      Serial.println();                       //換行,為了顯示美觀
46
47      //本範例新增程式碼如下,驗證金鑰A,成功後將第4區塊的值讀出
48
49      byte keyA[6] = {0xff, 0xff, 0xff, 0xff, 0xff, 0xff};
50      //金鑰A預設值為ff
51
52      success = nfc.mifareclassic_AuthenticateBlock(uid, uidLength, 4,
53                                                   0, keyA);   //認證金鑰
54      //物件名.mifareclassic_AuthenticateBlock(UID, UID長度, 區塊編號,
55                                              指定金鑰, 金鑰值)
56
57      if (success) {
```

```
58        Serial.println("認證成功");
59        byte readData[16];                    //用來儲存讀取出來的資料
60        success = nfc.mifareclassic_ReadDataBlock(4, readData);
61        //讀取資料指令物件名.mifareclassic_ReadDataBlock(區塊編號, 資料儲存處)
62
63        if (success) {                        //讀取成功後，印出來
64          Serial.println("區塊4的資料（十六進制）：");
65          for (int i = 0; i < 16; i++) {
66            Serial.print(readData[i], HEX);  //把陣列中的資料列出，
67                                              //以十六進制顯示
68            Serial.print(" ");                //空白，為了顯示美觀
69          }
70          Serial.println();                   //換行，為了顯示美觀
71          while (nfc.readPassiveTargetID(PN532_MIFARE_ISO14443A, uid,
72                                          &uidLength));
73          //當讀到卡片時就卡在這，意思是等待卡片移開，防止一直印出來
74        }
75        else {                                //讀取失敗
76          Serial.println("區塊讀取失敗");
77        }
78      }
79      else {                                  //認證失敗
80        Serial.println("金鑰驗證失敗");
81      }
82    }
83 }
```

程式上傳後，將 RFID 卡片靠近 PN532 模組，就可以在序列埠監控視窗中看到如下訊息，下圖讀出的資料是在例 7-6 寫入的。

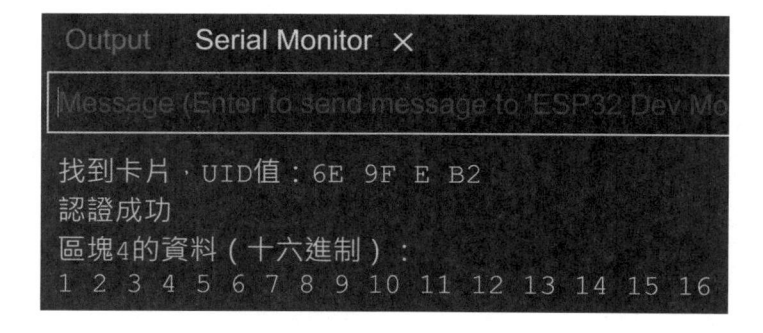

```
Output    Serial Monitor  ×

Message (Enter to send message to 'ESP32 Dev Mo

找到卡片，UID值：6E 9F E B2
認證成功
區塊4的資料（十六進制）：
1 2 3 4 5 6 7 8 9 10 11 12 13 14 15 16
```

## 例 7-6 │ 對卡片寫入資料，並讀出來確認

如果你要做出無法讓別人複製的卡片，關鍵就是要將資料寫在卡片的資料區，而不是只有認證 UID。因為只有你知道金鑰是多少，有正確的金鑰才能讀、寫資料，安全性極高。

### ▫ 寫入資料

金鑰驗證成功後，寫入資料的指令為：

`nfc.mifareclassic_WriteDataBlock(要寫入的區塊 ， 要寫入的資料)`

例：將 writeData[ ] 的值寫入 RFID 卡的第 4 個區塊。

```
byte writeData[16] = {0x01,0x02,0x03,0x04,0x05,0x06,0x07,0x08,
                      0x09,0x10,0x11,0x12,0x13,0x14,0x15,0x16};
//預設要寫入RFID卡的資料

nfc.mifareclassic_WriteDataBlock(4, writeData);
```

### ┃程式碼┃

```
01  /*
02   * 例7-6：將資料寫入RFID卡片第4區塊（Block），並且讀取出來。以確認有寫入及
03   *       讀出。
04   */
05
06  #include <PN532_HSU.h>         //引用PN532的高速UART功能函式庫
07  #include <PN532.h>
08
09  PN532_HSU pn532hsu(Serial2); //建立介面，並指定從序列埠2存取
10  PN532 nfc(pn532hsu);         //建立物件，採用高速UART介面
11
12  void setup() {
13    Serial.begin(9600);
14    nfc.begin();               //啟動NFC功能
15    if (! nfc.getFirmwareVersion()) {
16    //取得PN532晶片的韌體版本如果沒有發現PN532模組
```

```
17        Serial.println("找不到PN532模組");
18        while (1);                  //原地一直繞迴圈,表示程式停於此處
19      }
20      nfc.setPassiveActivationRetries(0xff);
21      //設定讀取卡片重試最大次數,0xff為不斷嘗試
22      nfc.SAMConfig();              //Security Access Module,設定為一般模式
23    }
24
25    void loop() {
26      boolean success;                          //是否成功的旗標
27      byte uid[] = {0, 0, 0, 0, 0, 0, 0};       //儲存傳回的UID
28      byte uidLength;                           //UID長度
29
30      //取得UID以及UID長度後,success會設定為1
31      success = nfc.readPassiveTargetID(PN532_MIFARE_ISO14443A, uid,
32                                        &uidLength);
33
34      if (success) {                            //如果UID讀取成功
35        Serial.println("找到卡片");
36        Serial.print("UID值(十六進位):");
37        for (int i = 0; i < uidLength; i++) {
38          Serial.print(uid[i], HEX);    //把陣列中的UID列出,以十六進制顯示
39          Serial.print(" ");            //空白,為了顯示美觀
40        }
41        Serial.println();               //換行,為了顯示美觀
42
43        //驗證金鑰A,成功後將第4區塊的值讀出
44        byte keyA[6] = {0xff, 0xff, 0xff, 0xff, 0xff, 0xff};
45        //使用KeyA驗證,預設值為ff
46
47        //採用UID作進一步的讀取
48        success = nfc.mifareclassic_AuthenticateBlock(uid, uidLength, 4,
49                                                      0, keyA);
50        //以區塊為單位認證
51        //參數:(UID, UID長度, 區塊編號, 指定金鑰, 金鑰值)
52
```

```
53    //本範例新增程式碼如下
54
55    if (success) {              //如果認證成功,進行寫入以及讀取的動作
56      Serial.println("認證成功,開始寫入資料");
57      byte writeData[16] = {0x01, 0x02, 0x03, 0x04, 0x05, 0x06, 0x07,
58                            0x08, 0x09, 0x10, 0x11, 0x12, 0x13, 0x14,
59                            0x15, 0x16};
60      //要寫入RFID卡的資料
61      byte readData[16];        //用來儲存讀取出來的資料
62
63      //寫入資料,參數:(區塊編號, 要寫入的資料)
64      success = nfc.mifareclassic_WriteDataBlock(4, writeData);
65      if (success)              //如果寫入成功
66         Serial.println("區塊4寫入成功");
67      else
68         Serial.println("區塊4寫入失敗");
69
70      //將資料讀取出來,看看是否相同。這是很常見的確認機制
71      success = nfc.mifareclassic_ReadDataBlock(4, readData);
72      //以區塊為單位讀取參數:(區塊編號, 資料儲存處)
73
74      if (success) {            //區塊讀取成功
75         //比較讀出來的值是否和寫入值相同,作資料確認。比較長度16Bytes
76         if (! memcmp(readData, writeData, 16))
77         Serial.println("寫入值確認無誤");
78         else
79         Serial.println("寫入的值和讀出來的值不同");
80
81         //當讀到卡片時就卡在這,意思是等待卡片移開,防止一直印出來
82         while (nfc.readPassiveTargetID(PN532_MIFARE_ISO14443A, uid,
83                                        &uidLength));
84      }
85      else {                    //區塊讀取失敗
86         Serial.println("區塊讀取失敗");
87      }
88    }                           //金鑰認證成功結束
89    else                        //金鑰認證失敗
```

```
90          Serial.println("金鑰驗證失敗");
91      }                           //UID讀取成功結束
92 }                                //loop()結束
```

程式上傳後，將 RFID 卡片靠近 PN532 模組，就可以在序列埠監控視窗中看到如下訊息。

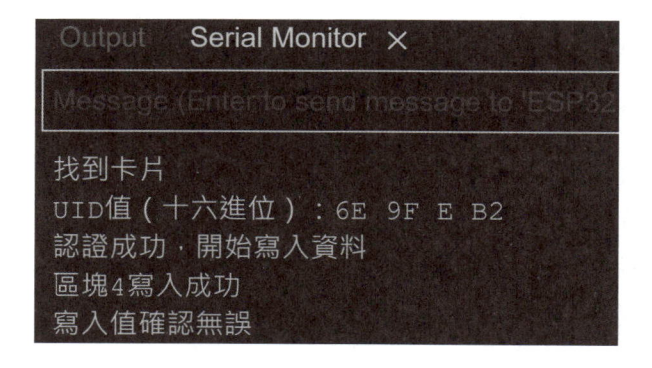

```
Output    Serial Monitor  ×
Message (Enter to send message to 'ESP32

找到卡片
UID值（十六進位）：6E 9F E B2
認證成功，開始寫入資料
區塊4寫入成功
寫入值確認無誤
```

> **延伸練習**
>
> 3. 使用電腦的小算盤，將你的行動電話號碼算成十六進位值，寫到你手中的 RFID 卡的第 5 區塊，再讀出來看看對不對。

## 7-3 LoRa

### 7-3.1 LoRa 簡介

LoRa（Long Range）是 Semtech 公司開發的 LPWAN 協定，可以在低能耗下進行長距離的通訊。而 LoRaWAN（long range wide-area network）則是架構在 LoRa 上，類似於 IP 協定，可依此建構出更大型的網路。

● 圖 7-7　LoRa 標誌

### 7-3.2 LoRa 模組

如果老闆要你做一個感測器，分布在森林裡，森林裡沒有手機信號，Wi-Fi 更不可能有，而且要長期偵測，請問該怎麼做？

在這裡點出了幾個問題：
1. 荒郊野外，科技稀缺；
2. 長距離無線傳輸；
3. 低功耗，以供長時間使用。

LoRa 就是用來解決上述幾個問題的。它的主要特性為低功耗、長距離、少量數據資料，應用於無線監測、智慧電表、遠端監控等場域是很合適的。

圖 7-8 為「正點原子哥」的產品：ATK-LoRa-01 模組，對外（ESP32）的通信介面為序列傳輸。其餘特點如下：
1. 工作頻段：410～441MHz，共有 32 個通道，預設工作於 433MHz；
2. 傳輸距離：約 3km；

● 圖 7-8　正點原子哥 LoRa 模組

3. 通信介面：UART，可用速率有 1200～115200bps，預設為 9600bps；
4. 無線電信號發射長度：512Bytes，環形 FIFO 緩衝；
5. 無線電信號接收長度：同上；
6. 模組位址：有 65536 個可供設定。

模組接腳詳細功能如表 7-1。

● 表 7-1　模組接腳

| 接腳名稱 | 說明 |
| --- | --- |
| MD0 | 經過高低電位的組合，對模組作功能指定，參考表 7-3 |
| AUX | |
| RXD | 序列輸入 |
| TXD | 序列輸出 |
| GND | 接地 |
| VCC | 3.3V 到 5V 電源輸入 |

LoRa 模組的功能是以 MD0 以及 AUX 這兩支接腳的電位高低來決定的，如表 7-2，若 VCC 接於 3.3V 時，高電位即為 3.3V；低電位為 GND。

● 表 7-2　模組功能

| | MD0 接腳 | AUX 接腳 |
| --- | --- | --- |
| 一般使用 | 低電位 | 低電位 |
| 參數設定 | 高電位 | 低電位 |
| 韌體升級 | 高電位 | 高電位 |

註 此模組 MD0 及 AUX 接腳在空接時，內部會為低電位。所以一般使用時，這兩支腳也可以空接。

表 7-3 是 LoRa 的工作模式，模式 1、模式 2 主要是用於低功耗需求。因為 LoRa 的主要目的就是超長使用時間，所以對於低功耗下了不少功夫。

• 表 7-3　LoRa 工作模式

| 模式 | 名稱 | 說明 | 接收方模式 |
| --- | --- | --- | --- |
| 0 | 一般使用 | 平時的無線傳輸工作 | 0、1 |
| 1 | 喚醒 | 在發送數據前，會加上喚醒碼，以喚醒處於模式 2 的接收方 | 0、1、2 |
| 2 | 省電 | 平時在休眠，被喚醒碼叫醒後，接收無線訊息，並透過 AUX 腳送出高準位給 ESP32，喚醒休眠中的 ESP32，再將收到的資料傳送給 ESP32 | 此模式下不具信號發射功能 |

### 參數設定

要對 LoRa 模組進行功能設定，可使用圖 7-9 之 USB2TTL 模組，並如圖 7-10 接線。接線完成後，開啟 ATK-LORA 配置軟件。

• 圖 7-9　USB2TTL 模組

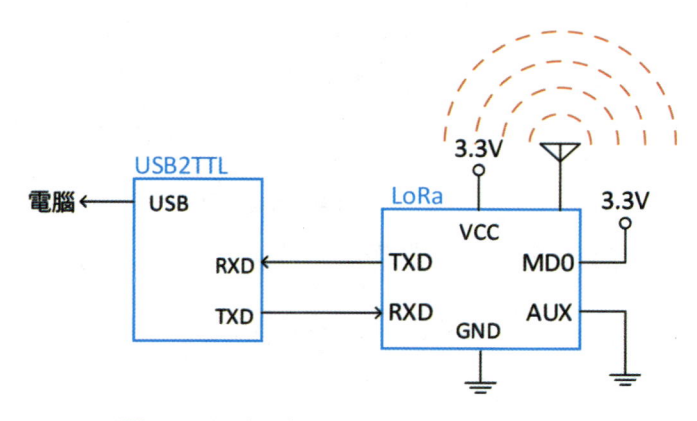

• 圖 7-10　設定 LoRa 模組的硬體接線

倘若你沒有 USB2TTL 模組，也可以利用 ESP32 模組上面的 USB2TTL 晶片對 LoRa 模組設定，接線如圖 7-11，請特別注意 **ESP32 的接腳**接法。

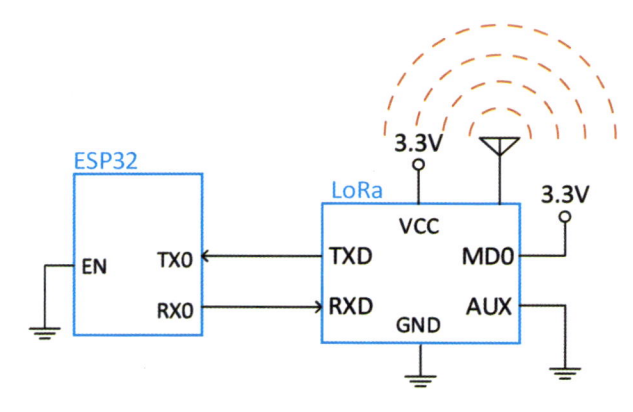

● 圖 7-11　利用 ESP32 模組上的 USB2TTL 晶片設定 LoRa 模組

### 參數查詢

使用正點原子哥原廠設定軟體（配置軟體），如圖 7-12，在配置軟體中，按下「查詢配置」，就可以在右方顯示目前模組的設定。在圖中第 3 步，出現了一堆命令，這種稱為 AT 命令集（AT command set）。

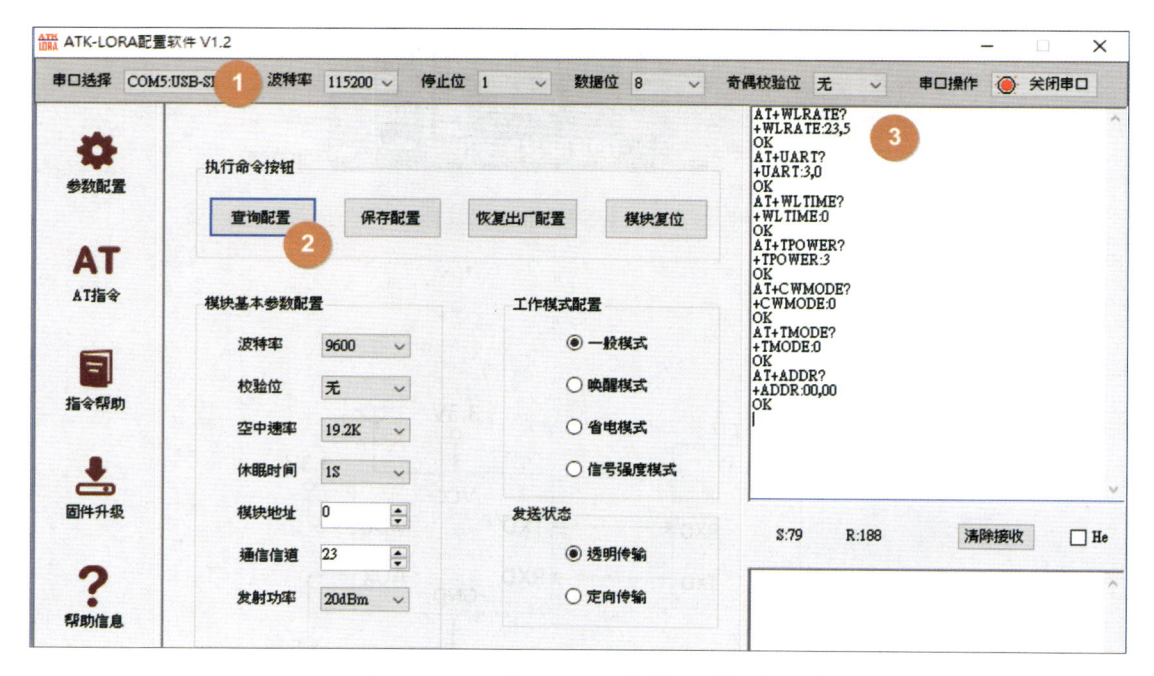

● 圖 7-12　查詢 LoRa 模組目前的設定

在通信產品中，都會使用 AT 命令集來和設備溝通。通常只能看出命令的用途，不容易看出實際的設定值，所以需要透過視窗左方的「指令幫助」協助認識命令的用途。簡單介紹一下 AT 命令：

查詢指令==有一個問號==，如：

AT+UART?　　　我對設備下達詢問命令，查詢目前的傳輸格式

+UART:3,0　　　它回答目前是3代表9600bps，0代表沒有同位元檢查

設定指令==有一個等號==，如：

AT+UART=3,0　　我要求設定傳輸格式是9600bps，沒有同位元檢查

OK　　　　　　設備回答OK，代表命令成功執行

### 參數設定

LoRa 模組是通信模組，身為中介，它必須負責和雙方溝通，所以有不少設定。以圖 7-13 為例，由於軟體為中國用詞，波特率（Baud rate）是我們稱呼的 UART 傳輸速率，也稱為鮑率；空中速率是無線電波傳輸的速率；信道我們叫作通道（Channel）；地址我們叫作位址（Address）。

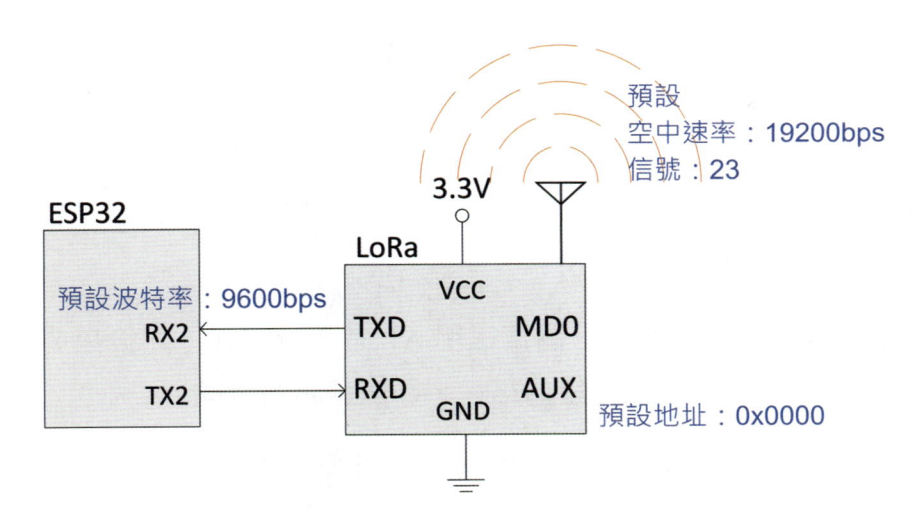

● 圖 7-13　一般工作模式之接線

若我要設定 UART 速度為 19200bps，沒有同位元檢查。只要如圖 7-14 順序設定，並按下「保存配置」，便會自動下達 AT 命令，在視窗的右方會看到操作過程的記錄。

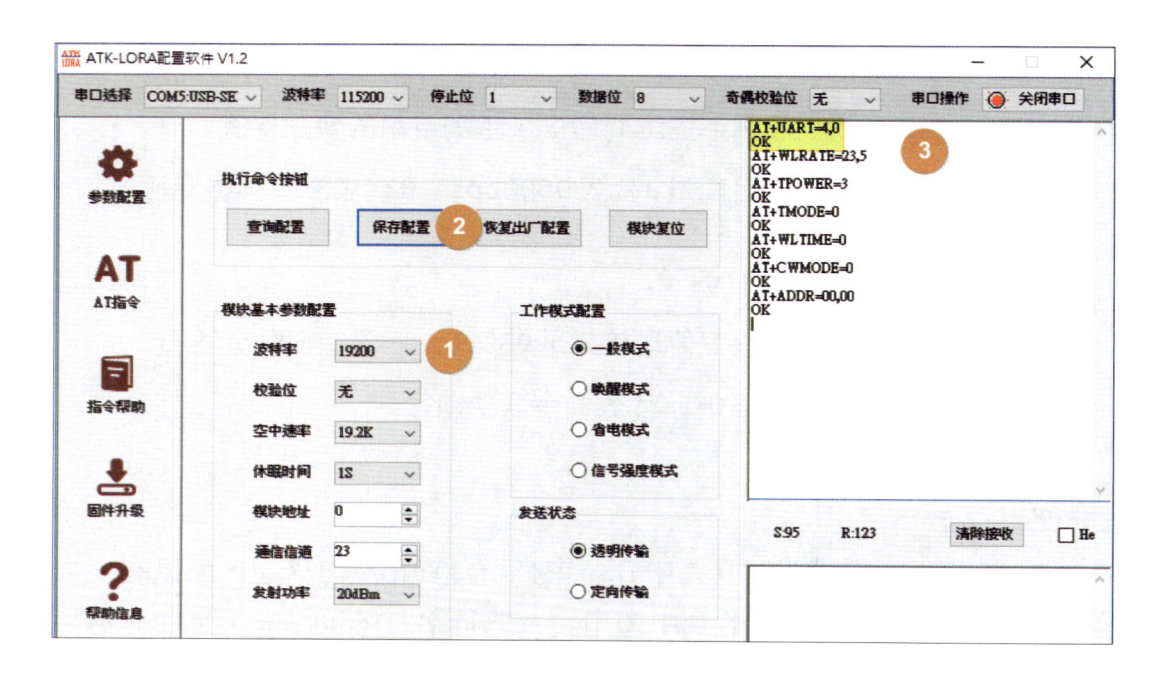

● 圖 7-14　設定 UART 格式

註 舊版模組可能會有參數無法儲存的問題，此時在寫入 AT 命令後，將 MD0 接腳接地後，再移除電源便可。

## 發送狀態

在設定軟體中，我們可以在發送狀態中，看到有「透明傳輸」以及「定向傳輸」兩種。差異如下：

- 透明傳輸（預設）：先把每一個模組用 AT 命令設定好，之後只要一通電就組網，讓你感覺不到 LoRa 模組的存在，好像透明的一樣。

- 定向傳輸：發送訊息前要指定使用的速率及通道，以動態指定要傳輸的對象。

現以定向傳輸為例，假設網路中有三個設備，如圖 7-15，位址及通道都標示出來了。要發送訊息時，必須傳輸如下格式：

> 接收端位址＋接收端通道＋想要傳輸的資料

- 當設備 A 要傳給設備 B，內容為 AA AA，我要傳送：
  12 35 17 AA AA

- 當設備 B 要傳給設備 A，內容為 BB BB，我要傳送：
  12 34 17 BB BB

- 當設備 A 要傳給設備 C，內容為 CC CC，我要傳送：
  12 36 13 CC CC

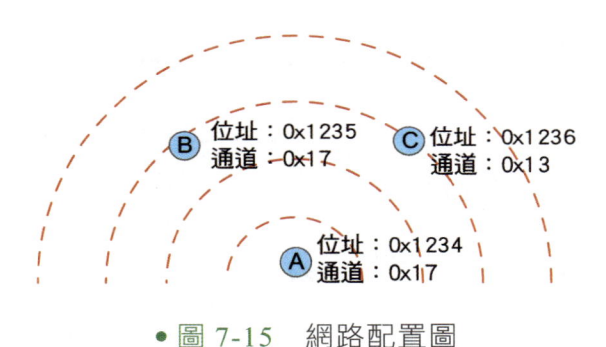

• 圖 7-15 網路配置圖

## 例 7-7 │ 兩設備每隔 1 秒傳送計數值

發送計數值，通常是檢驗通信是否正常的簡易方法。此練習必須兩位同學配合，一人為設備 A；另一人為設備 B。先依表 7-4 使用 ATK-LORA 配置軟件進行設定，若是整組或是整班同學一起練習，請同學們自行跳開位址及通道，不然信號會混在一起，無法知道是誰發的。

• 表 7-4　設備 A、B 屬性一覽表

|  | 設備 A | 設備 B |
| --- | --- | --- |
| 模式 | 一般模式 | 一般模式 |
| 發送狀態 | 定向傳輸 | 定向傳輸 |
| 鮑率（波特率） | 9600 | 9600 |
| 空中速率 | 1.2k | 1.2k |
| 位址（地址） | 0x0001 | 0x0002 |
| 通道（信道） | 0x17 | 0x17 |

使用 ATK-LORA 配置軟件，設定設備 A 的參數，方式如圖 7-16。設備 B 請依照此法設定。

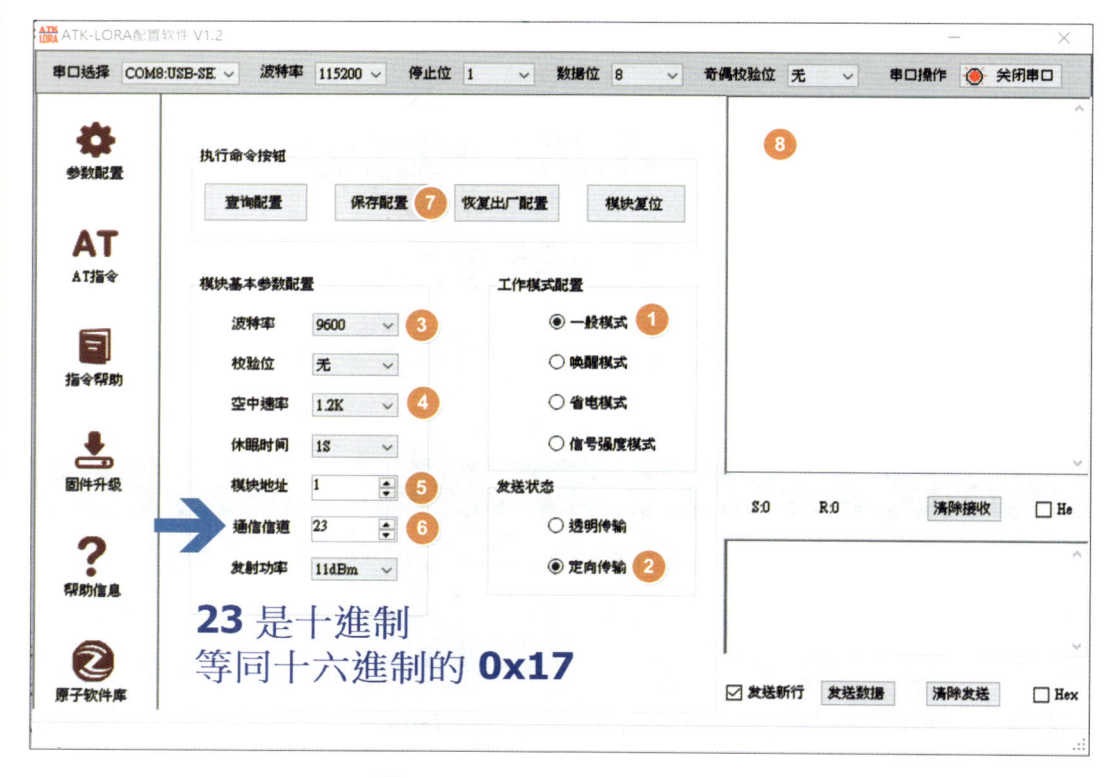

• 圖 7-16　設備 A 的參數設定

## 接線圖

接線如圖 7-17，兩位同學都相同。

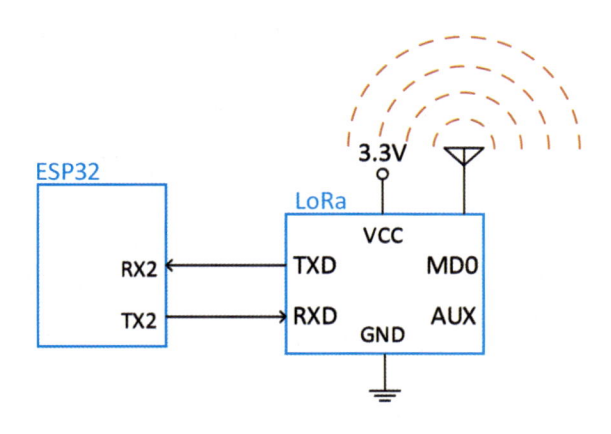

• 圖 7-17　一般使用時的接線

因為我們選用定向傳輸，LoRa 不會自己組網，所以我們發送的訊息必須自己加上接收端的位址及通道。

LoRa 的位址制定的很長，有 16 位元，使用 write( ) 指令只能送出 8 位元，所以必須將位址拆成高位元組、低位元組，分別由 ESP32 送給 LoRa 模組作發送。

## 程式碼

以下程式碼為發送端，請擔任發送端的同學使用。

```
01  /*
02   * 例7-7-1：LoRa發送端，每隔一秒計數值加1，並發送至Device B
03   */
04
05  uint8_t addr[2] = {0x00, 0x02};      // 接收端設備B位址：0002
06  uint8_t channel = 0x17;              // 接收端使用通道0x17
07  uint8_t cnt = 0;                     // 計數值
08
09  void setup() {
10    Serial.begin(9600);                // 序列埠鮑率9600bps
11    Serial2.begin(9600);               // 序列埠2鮑率9600bps
```

```
12   }
13
14   void loop() {
15     Serial2.write(addr[0]);            // 發送位址（高位元組），即：00
16     Serial2.write(addr[1]);            // 發送位址（低位元組），即：02
17     Serial2.write(channel);            // 發送通道
18     Serial2.write(cnt);                // 發送計數變數之內容值
19
20     cnt++;                             // 計數值+1
21     if (cnt == 101)                    // 計數值上限為100
22       cnt = 0;
23
24     delay(1000);                       // 延遲1秒
25   }
```

以下程式碼為接收端，請擔任接收端的同學使用。

```
01   /*
02    *  例7-7-2：LoRa接收端
03    */
04
05   void setup() {
06     Serial.begin(9600);                // 序列埠鮑率9600bps
07     Serial2.begin(9600);               // 序列埠2鮑率9600bps
08   }
09
10   void loop() {
11     if (Serial2.available()) {         // 判斷序列埠2是否有收到資料？
12       Serial.print("接收到的數值 = ");
13       Serial.println(Serial2.read());  //於序列埠監控視窗顯示序列埠2所讀取的值
14     }
15   }
```

### 延伸練習

4. LoRa 理論上的傳輸距離 3km，一般指的是空曠地。如果是在學校，還是建築物中，它能傳送多遠？親自試試看，並且嘗試說明為什麼。

## 例 7-8 │ 兩設備每隔 2 秒傳送溫、溼度值

讓我們結合第 6-2.1 章提到的溫溼度感測器，將遠方的溫、溼度透過 LoRa 傳送，以進行遠端監看的功能。發送端接線如圖 7-18；接收端接如圖 7-17。

**│接線圖│**

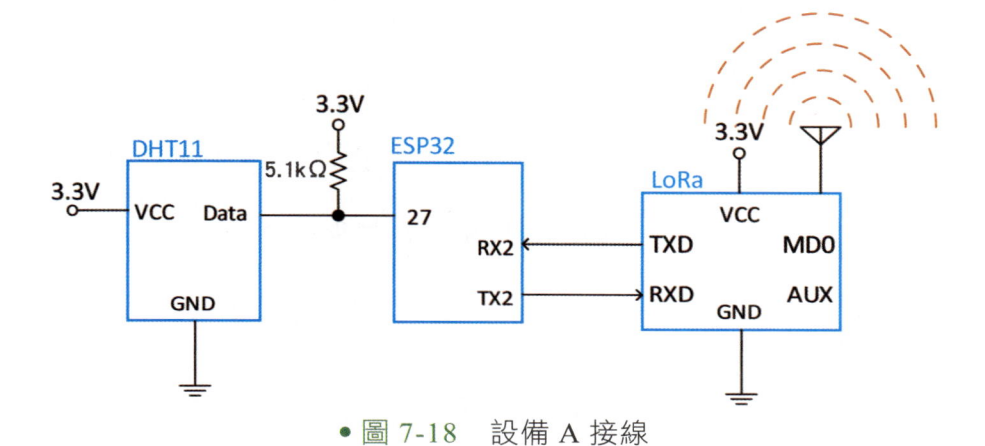

• 圖 7-18　設備 A 接線

**│程式碼│**

以下程式碼為發送端，請擔任發送端的同學使用。

```
01  /*
02   * 例7-8-1：LoRa發送端，每隔2秒將DHT11的溫、濕度值發送至Device B
03   */
04
05  #include "DHTesp.h"
06  #define DHTpin 27                              //定義DHT11接至GPIO27
07  DHTesp myDHT;                                  //建立物件，名字為myDHT
08
09  uint8_t addr[2] = {0x00, 0x02};                //接收端設備B位址：0002
10  uint8_t channel = 0x17;                        //接收端使用通道0x17
11
12  void setup() {
13    Serial2.begin(9600);                         //序列埠2鮑率9600bps
14    myDHT.setup(DHTpin, DHTesp::DHT11);          //DHT11接至ESP32 GPIO27
```

```
15  }
16
17  void loop() {
18    int temperature = myDHT.getTemperature();   // 抓取DHT11溫度值
19    int humidity = myDHT.getHumidity();         // 抓取DHT11濕度值
20    Serial2.write(addr[0]);                // 發送位址（高位元組），即：00
21    Serial2.write(addr[1]);                // 發送位址（低位元組），即：02
22    Serial2.write(channel);                // 發送通道
23    Serial2.write(temperature);            // 發送溫、溼度
24    Serial2.write(humidity);
25    delay(2000);                           // 延遲2秒
26  }
```

以下程式碼為接收端，請擔任接收端的同學使用。

```
01  /*
02   * 例7-8-2：LoRa接收端
03   */
04
05  int recv[2];          // 陣列變數 recv[0] 存溫度值、recv[1] 存濕度值
06  int recv_cnt = 0;     // 計數接收資料筆數用
07
08  void setup() {
09    Serial.begin(9600);              // 序列埠鮑率9600bps
10    Serial2.begin(9600);             // 序列埠2鮑率9600bps
11  }
12
13  void loop() {
14    if (Serial2.available()) {            // 判斷序列埠2是否有收到資料？
15      recv[recv_cnt] = Serial2.read();    // 接收資料後並儲存於陣列recv中
16      recv_cnt++;                         // 接收計數變數值+1
17
18      if (recv_cnt == 2) {         // 當recv_cnt值等於2時，表示已接收完畢
19        Serial.print("設備A傳過來的溫度 = ");
20        Serial.print(recv[0]);            // 於序列埠監控視窗顯示溫度值
21        Serial.println(" C");             // 溫度單位
22        Serial.print("設備A傳過來的溼度 = ");
```

```
23            Serial.print(recv[1]);              //於序列埠監控視窗顯示溫度值
24            Serial.println(" %RH");             //溼度單位
25            recv_cnt = 0;                       //接收計數變數值歸零
26        }
27    }
28 }
```

### 延伸練習

5. 把溫溼度感測器換成第 6 章提到的任何一種感測器，你就又完成一種遠端感測的功能了。

# 7-4 ESP-NOW

如果你的專案愈做愈大，需要多個 ESP32 做不同的工作，又有資料互傳的需求，可以考慮使用 ESP-NOW，它可以讓多個 ESP32 互相通信，等效於：

- 多個 ESP32 同時工作；
- 接腳數量的擴充；
- 一個 ESP32 中引用太多函式庫導致相衝，可以分別執行於不同的 ESP32。如圖 7-19 所示。

● 圖 7-19　ESP-NOW 可用作多工

ESP-NOW 的特色：

1. 設備之間配對完成後，會持續連接。若斷電或重置，重新啟動後將自動連接；
2. 一次最多可以傳輸 250 Bytes 的資料；
3. 若為加密連線，最多可以 10 個互連；未加密則最多 20 個互連；
4. 可以同時使用 Wi-Fi 和 ESP-NOW。

### 取得 MAC 位址

要使用 ESP-NOW，必須先知道 ESP32 的 MAC 位址，它是以此辨識對方的。執行以下程式，可列印出你這顆 ESP32 的位址，請拿筆將 MAC 位址抄下來。

```
/*
 * 查看ESP32的MAC位址
 */

#include "WiFi.h"

void setup(){
  Serial.begin(9600);      //啟動序列傳輸
}

void loop() {
  Serial.println("我的MAC位址：" + String(WiFi.macAddress()));
  delay(5000);
}
```

程式碼中，String( ) 函式的意思是，將裡面的數值，轉換為字串。這樣就可以在 Serial.println( ) 中使用字串相加「+」功能，將字串及變數作組合，一併輸出。

## 單向點對點通信

先從最基本的範例開始，如圖 7-20 所示，彼此為同儕（peer）。兩個 ESP32 的 MAC 位址為了表達方便，先訂為圖中的位址，實際應用時，必須要先查詢 MAC 位址，並登錄在程式碼中。

兩個 ESP32 必須建立相同資料型別的變數，作為傳輸的容器。圖 7-20 中，1 號建立資料型別為 int 的變數，2 號也要建立 int 型別的變數，接收傳送過來的資料。

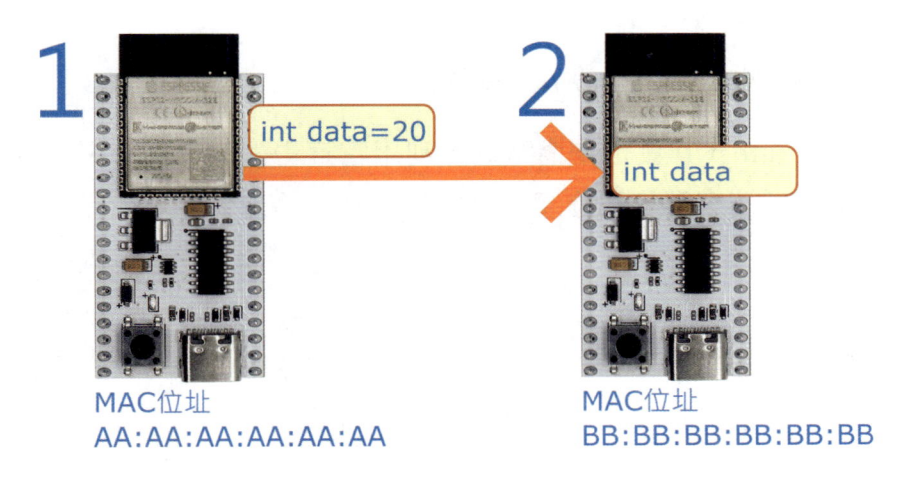

**1** int data=20 → **2** int data

MAC位址　　　　　　　　　MAC位址
AA:AA:AA:AA:AA:AA　　　BB:BB:BB:BB:BB:BB

● 圖 7-20　單方向、點對點 ESP-NOW 通信

## 發送端

必須指定接收端的位址及相關屬性，例 7-10 會以結構（Structure）的方式來存放接收端資訊，一次打包所有屬性值。

### ◨ 結構

變數要使用之前必須先宣告，例如：int size = 8; 如果一次要儲存的資料比較多種，可以將它們打包在一起，稱為結構（structure）。如圖 7-21，裡面儲存了 4 種資料，有不同的資料型別以及數值。

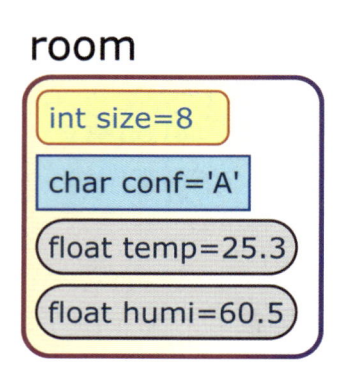

```
room
int size=8
char conf='A'
float temp=25.3
float humi=60.5
```

結構名字為 room
利用點號「.」來指定結構中的元素

· 可從 room.size 取得數值 8
· 可利用 room.temp = 28.6 指定數值
我可以把它改名為 room_t，這樣別人就知道
這是個自定義的資料型別了

● 圖 7-21　結構是多種資料的集合

你會在程式碼中看到這句宣告同儕的指令：

`esp_now_peer_info_t peerInfo={};`

esp_now_peer_info_t 其實是結構型別，利用它宣告一個變數，名為 peerInfo，這樣 peerInfo 這個容器就建立起來，可以讓放入資料。

### 回呼函式

ESP-NOW 是以回呼函式（callback）的方式處理動作的。當傳送完資料、或接收到資料，會自動呼叫回呼函式，以執行我們想要的動作。

回呼函式就是在呼叫函式時，把另一個函式當作參數，傳遞過去。很像是把一個大動作，拆分成幾個小動作，再組合回去。如圖 7-22，函式 A 是已經寫好的，但保留部分功能給使用者自訂；函式 B 是讓使用者自己定義要做些什麼事。

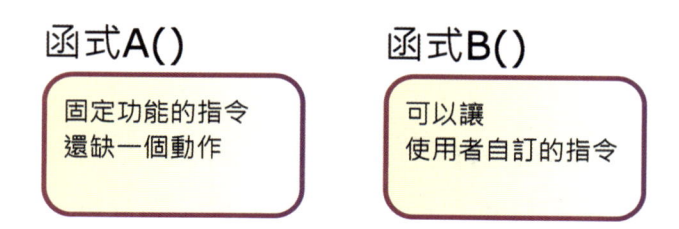

```
函式A()                    函式B()
┌─────────────┐           ┌─────────────┐
│ 固定功能的指令 │           │ 可以讓       │
│ 還缺一個動作   │           │ 使用者自訂的指令│
└─────────────┘           └─────────────┘
```

● 圖 7-22　兩個各自分開的函式，但必須組合在一起才有完整功能

**│作法│**

叫函式 A 時，把函式 B 當參數傳入。

例：函式 A(函式 B);

結果如圖 7-23，等效於兩個函式合併，而函式 B 是讓使用者自訂功能的，程式的結構就更靈活了。

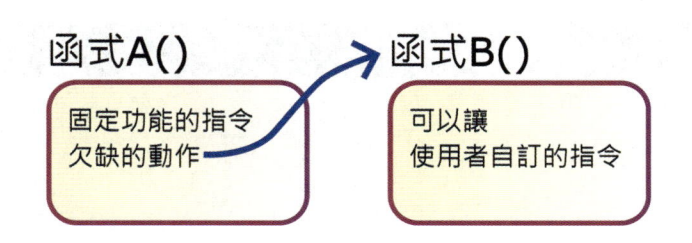

• 圖 7-23　回呼函式等同分工合作

在範例的程式碼中，你會看到這個：

```
void OnDataSent(const uint8_t *mac_addr, esp_now_send_status_t status) {
  Serial.print("訊息傳送結果：");
  Serial.println(status == ESP_NOW_SEND_SUCCESS ? "對方收到了" : "對方沒
                 收到");
}
```

這只是個普通的函式，用途就是回傳訊息傳送的結果。但如果把它當作是參數，附加在函式裡面，它就是回呼函式了。

## 簡化的 if 指令

在上方程式碼，第 3 行有一個特殊的寫法「?:」，稱為三元運算子（Ternary Operator）。這是一種為了節省程式碼長度的簡寫，很像我們懶的講很長的一句話，想用幾個字代替。等效於：

```
if(status == ESP_NOW_SEND_SUCCESS)
  Serial.println("對方收到了" );
else
  Serial.println( "對方沒收到");
```

如果對程式碼不熟悉時,不要使用這種寫法,這招是炫技用的,如此而已。

## 例 7-9 | ESP-Now 單向點對點

◻ 發送端

┃程式碼┃

```
01  /*
02   * 例7-9-1:ESP-Now單向點對點,發送端
03   */
04
05  #include <WiFi.h>        //引用Wi-Fi函式庫
06  #include <esp_now.h>     //引用ESP-NOW函式庫
07
08  //接收端的MAC位址,請改為目標位址
09  uint8_t peerMAC[] = {0xBB, 0xBB, 0xBB, 0xBB, 0xBB, 0xBB};
10
11  int data;       //要傳送的資料,資料型別必須要和接收方的完全相同
12
13  //回呼函式,當傳送資料時,會自動呼叫,用於確認對方有無收到
14  void OnDataSent(const uint8_t *mac_addr, esp_now_send_status_t status) {
15    Serial.print("訊息傳送結果:");
16    Serial.println(status == ESP_NOW_SEND_SUCCESS ? "對方收到了" : "對方
                    沒收到");
17  }
18
19  void setup() {
20    Serial.begin(9600);                   //啟動序列傳輸
21    WiFi.mode(WIFI_STA);                  //設定為STATION模式
22    esp_now_init();                       //初始化ESP-NOW
23    esp_now_register_send_cb(OnDataSent);
```

```
24   //註冊回呼函式，執行esp_now_send()後，會自動呼叫
25
26     //註冊同儕並設定屬性
27     esp_now_peer_info_t peerInfo={};              //宣告同儕的資訊
28     memcpy(peerInfo.peer_addr, peerMAC, 6);
29     //將子機的位址拷貝到peerInfo.peer_addr中
30     peerInfo.channel = 0;                         //使用基地台目前的通道
31     peerInfo.encrypt = false;                     //不加密
32
33     if (esp_now_add_peer(&peerInfo) != ESP_OK){   //將同儕加入通訊清單
34       Serial.println("同儕加入失敗");
35       return;
36     }
37   }
38
39   void loop() {
40     data=20;                                      //要傳送給同儕的訊息
41     esp_err_t result = esp_now_send(peerMAC, (uint8_t *) &data, sizeof
                                   (data));         //透過ESP-NOW傳送訊息
42
43     if (result == ESP_OK)                         //檢查是否傳送成功
44       Serial.println("傳送動作完成");
45     else
46       Serial.println("傳送動作失敗");
47
48     delay(2000);                                  //2秒後再傳送一次
49   }
```

## ■ 接收端

如果上個程式碼都看懂了，這部分的程式碼就簡單了。這裡需要註冊的回呼函式是，當 ESP32 接收到訊息時，會自動呼叫的函式，名字為：OnDataRecv，意思就是「當資料接收時」。

```
01   /*
02   * 例7-9-2：ESP-Now單向點對點，接收端
03   */
```

```
04
05  #include <WiFi.h>          //引用 Wi-Fi 函式庫
06  #include <esp_now.h>       //引用 ESP-NOW 函式庫
07
08  int data;                  //接收的資料，資料型別必須要和傳送方完全相同
09
10  //回呼函式，當接收資料時，會自動呼叫
11  void OnDataRecv(const uint8_t *mac, const uint8_t *incomingData, int len) {
12    memcpy(&data, incomingData, sizeof(data)); //memcpy(目的, 來源, byte 數)
13    Serial.print("接收到的 Bytes 數: ");
14    Serial.println(len);                       //印出接收到的長度
15    Serial.print("資料為：");
16    Serial.println(data);                      //印出接收到的值
17  }
18
19  void setup() {
20    Serial.begin(9600);                        //啟動序列傳輸
21    WiFi.mode(WIFI_STA);                       //建立為 STATION 模式
22
23    if (esp_now_init() != ESP_OK) {            //初始化 ESP-NOW
24      Serial.println("初始化 ESP-NOW 失敗");
25      return;
26    }
27
28    esp_now_register_recv_cb(OnDataRecv);      //註冊回呼函式
29  }
30
31  void loop() {}
```

程式上傳後，就會自動執行內容，如果一切正常，你會看到下面的訊息：

| 傳送端 | 接收端 |
| --- | --- |
| 傳送動作完成<br>訊息傳送結果：對方收到了 | 接收到的 Btytes 數：4<br>資料為：20 |

## 雙向通信

前一個範例已將 ESP-NOW 的程式架構講完了，剩下都是相同的原理。雙向傳輸，就是兩個 ESP32 都寫傳送以及接收的回呼函式。

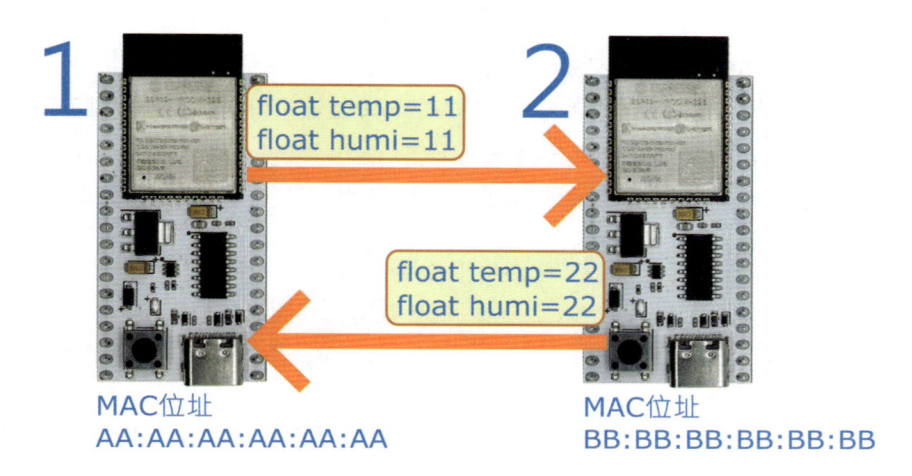

• 圖 7-24　雙方向、點對點 ESP-NOW 通信

## 發送端

這次嘗試將要傳送的資料使用結構來建立，這樣可以一次傳送更多資料。假設要傳遞的是溫度及溼度，必須先建立結構：

```
typedef struct struct_message {
    float temp;              //儲存溫度
    float humi;              //儲存溼度
} message_t;
```

## 例 7-10 | ESP-NOW 雙向傳輸

### ▫ 發送端
**| 程式碼 |**

```
01  /*
02   * 例7-10-1：ESP-NOW雙向傳輸，第1機
03   * 兩個ESP32使用相同的程式碼，只有對方的MAC位址、傳送過去的資料不同
04   * 請自行修改為對方的MAC，以及資料
05   */
06
07  #include <WiFi.h>              //引用Wi-Fi函式庫
08  #include <esp_now.h>           //引用ESP-NOW函式庫
09
10  //指定接收方的MAC位址
11  uint8_t broadcastAddress[] = {0xBB, 0xBB, 0xBB, 0xBB, 0xBB, 0xBB};
12
13  //建立一個存儲溫度、溼度的結構。收發雙方格式必須相同
14  typedef struct struct_message {
15      float temp;                //儲存溫度
16      float humi;                //儲存溼度
17  } message_t;                   //將此結構重新定義為一個資料型別，以利宣告變數
18
19  //建立結構變數，一個接收數值；另一個儲存要發送的數值
20  message_t outData;             //要發送的數值
21  message_t inData;              //從其他ESP32來的數值
22
23
24  //回呼函式，當傳送資料時，會自動呼叫，用於確認對方有無收到
25  void OnDataSent(const uint8_t *mac_addr, esp_now_send_status_t status) {
26      Serial.print("訊息傳送結果：");
27      Serial.println(status == ESP_NOW_SEND_SUCCESS ? "對方收到了" : "對方
                    沒收到");   //簡易的if寫法
28  }
29
30  //回呼函式，當接收資料時，會自動呼叫
31  void OnDataRecv(const uint8_t * mac, const uint8_t *incomingData, int len) {
```

```cpp
    memcpy(&inData, incomingData, sizeof(inData));
    //將新資料存在inData結構中
}

void setup() {
  Serial.begin(9600);
  WiFi.mode(WIFI_STA);

  if (esp_now_init() != ESP_OK) {          //初始化ESP-Now
    Serial.println("ESP-NOW初始化錯誤");
    return;
  }

  esp_now_register_send_cb(OnDataSent);    //註冊OnDataSent回呼函式
  esp_now_register_recv_cb(OnDataRecv);    //註冊OnDataRecv回呼函式

  //註冊同儕
  esp_now_peer_info_t peerInfo={};

  memcpy(peerInfo.peer_addr, broadcastAddress, 6);
  peerInfo.channel = 0;
  peerInfo.encrypt = false;

  if (esp_now_add_peer(&peerInfo) != ESP_OK){
    Serial.println("同儕加入失敗");
    return;
  }
}

void loop() {
  outData.temp = 11;      //虛設要傳送的值，溫度為11度，溼度為11
  outData.humi = 11;

  //透過ESP-NOW傳送訊息
  esp_err_t result = esp_now_send(broadcastAddress, (uint8_t *)
                                  &outData, sizeof(outData));

```

```
68      if (result == ESP_OK)
69        Serial.println("傳送動作完成");
70      else
71        Serial.println("傳送動作失敗");
72
73      Serial.println("我是第1機,收到的資料");
74      Serial.println("溫度:");    Serial.print(inData.temp);
75      Serial.println("溼度:");    Serial.print(inData.humi);
76      delay(2000);
77    }
```

## 接收端

為節省篇幅,接收端的程式碼放置在本書的附檔中,檔名為:7-10-2.ino。兩個程式碼相同,只有對方的 MAC 位址、傳送過去的資料不同。

程式上傳後,就會自動執行內容,如果一切正常,你會看到下面的訊息:

| 1 | 2 |
| --- | --- |
| 傳送動作完成<br>我是第 1 台,收到的資料<br>溫度:22.00<br>溼度:22.00<br>訊息傳送狀態:成功送給對方 | 傳送動作完成<br>我是第 2 台,收到的資料<br>溫度:11.00<br>溼度:11.00<br>訊息傳送狀態:成功送給對方 |

### 延伸練習

6. 如果你需要一對多傳輸,或是多對一傳輸,都是做的到的,原則就是 MAC 位址的登錄而已,如果登錄 2 個同儕,那就是 2 個會接收到,有興趣的話可以試看看。

# Chapter 7　課後習題

_____ 1. 哪些無線傳輸常用在一般的家庭電器？（複選）
　　　　(A) 藍牙　(B) 紅外線　(C) Wi-Fi　(D) Zig-Bee。

_____ 2. 紅外線發射頭模組的外觀類似於
　　　　(A) 二極體　(B) 功率電晶體　(C) 白光 LED　(D) 紅光 LED。

_____ 3. 紅外線接收器收到訊息後，還必須經過什麼動作？
　　　　(A) 解碼　(B) 編碼　(C) 調變　(D) 解調變。

_____ 4. 下列何者敘述不是使用紅外線感測器？
　　　　(A) 經過便利超商的門口，門會因為感測到有人經過而開啟
　　　　(B) 當手靠進水龍頭時，水會自動從出水口流出
　　　　(C) 使用遙控器讓電視轉台
　　　　(D) 當天空漸漸轉暗後，路邊的路燈會自動開啟照明。

_____ 5. 下列何者為手機使用的超短距離無線通訊，供金融交易使用？
　　　　(A) NFC　(B) Wi-Fi　(C) 藍牙　(D) 微波。

_____ 6. 下列何者通信機制，只能在超短距離內通訊？
　　　　(A) RFID　(B) Wi-Fi　(C) 藍牙　(D) 微波。

_____ 7. 悠遊卡、一卡通、數位學生證等卡片，使用何種技術？
　　　　(A) NFC　(B) Wi-Fi　(C) 藍牙　(D) RFID。

_____ 8. 門禁感應扣、商店貼在較貴物品的標籤，使用何種技術？
　　　　(A) RFID　(B) Wi-Fi　(C) 藍牙　(D) 微波。

_____ 9. 許多防盜裝置，是辨識卡片的什麼部分，作為開門依據？
　　　　(A) SSID　(B) 外觀　(C) UID　(D) 記憶體。

_____ 10. 現在漸漸看到「智慧停車場系統」，下列何者為「感測器」技術應用？

(A) 透過大數據及多媒體播放器查詢週邊商圈

(B) 以 eTag RFID 或影像車牌辨識技術，進行進場出場管理

(C) 手機 APP 顯示車位號碼

(D) 太陽能供電以節約停車場照明。

_____ 11. 當有多張 RFID 卡片進入讀取器的感應範圍時，下列哪一項機制會從中挑選出一張進行操作，而未被選中的卡片則會繼續等待，被選中的卡片會傳回卡號？

(A) 振幅調變機制（Amplitude Modulation）

(B) 不歸零編碼機制（Non-Return to Zero）

(C) 防碰撞機制（Anti-Collision）

(D) 頻率調變機制（Frequency Modulation）。

_____ 12. 現今許多應用從條碼改成 RFID。關於條碼與 RFID 技術的比較，下列敘述何者不正確？

(A) RFID 技術可一次讀取多個標籤，條碼一次只能讀取一個

(B) RFID 技術的防偽功能優於條碼技術

(C) RFID 技術無法複寫、變更資料，條碼則可以複寫並更改資料

(D) RFID 技術的成本相較於條碼成本高。

_____ 13. 下列何者不屬於近場通訊（Near Field Communication，NFC）辨識技術的運作模式？

(A) 點對點模式（P2P mode）

(B) 卡仿效模式（Card Emulation）

(C) 網狀互連模式（Mesh connection）

(D) 讀取器模式（Reader/writer mode）。

# 8

## 物聯網與應用篇

- **8-1** 空氣品質感測及遠端儲存
- **8-2** MQTT
- **8-3** SD 卡
- **8-4** JSON
- **8-5** 如何實現多工
- **8-6** 中斷及轉速偵測

## 8-1 空氣品質感測及遠端儲存

在生活的環境中,有幾種物理量和我們息息相關,分別是溫度、濕度、空氣品質等,這些都和我們生活環境的品質及舒適度有關。本專題將利用幾種和生活環境相關的感測器,將感測到的資訊透過 ESP32 傳送到物聯網網站:ThingSpeak,再進行簡易的資料分析。

### 8-1.1 溫濕度

溫度是物體冷熱程度的物理量;而濕度是空氣中水蒸氣的含量,常使用相對濕度(relative humidity,RH)來表達,RH% = $\frac{絕對濕度}{最高濕度} \times 100\%$。在某個溫濕度範圍時,人類會感覺很舒服,圖 8-1 是依照 PMV/PPD 模型所繪製出的熱舒適性區間,感覺一下,你現在所處的環境是位於圖中哪一個點?你覺得舒適嗎?

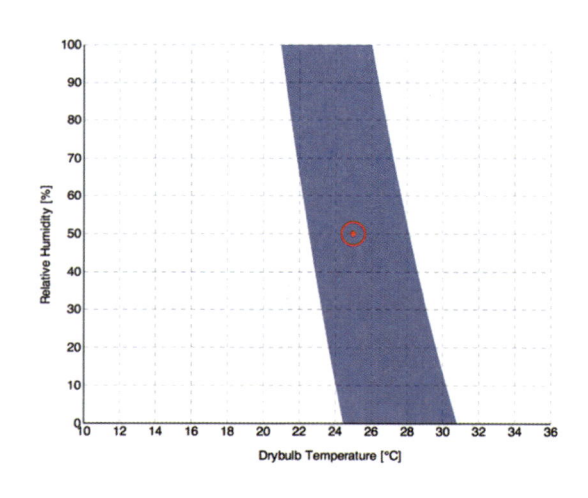

● 圖 8-1　乾球溫度及相對濕度表

圖片來源:維基百科(https://en.wikipedia.org/wiki/Thermal_comfort)

## 8-1.2 粒狀物質

空氣中的粒狀物質,是影響身體健康的一大因素,大致上可以分為二種:

1. **落塵、降塵(dust)**:粒徑小於 30μm,能因重力落下者;
2. **懸浮微粒(Particulate Matter,PM)**:飄浮在空氣中,難以被重力拉下,又細分為:
   - $PM_{10}$:粒徑小於 10μm,來自道路揚塵、花粉、黴菌、海鹽、營建施工等。
   - $PM_{2.5}$:粒徑小於 2.5μm,來自燃燒源及車輛廢氣。

粒狀物質只要到達 $PM_{10}$ 等級,就可以直接穿透肺泡,無法被阻擋於身體外面,直接在身體中流竄,對人體危害相當大。尤其以 $PM_{2.5}$ 更易吸附有毒物質,如重金屬,再帶到人體內,是現代人健康的殺手。

## 8-1.3 空氣品質指數

空氣品質指數(Air Quality Index,AQI)是描述空氣品質狀況的指數。數值越大、級別越高,表示空氣汙染狀況越嚴重。

AQI 評估的汙染物有:細懸浮微粒($PM_{2.5}$)、懸浮微粒($PM_{10}$)、二氧化硫($SO_2$)、二氧化氮($NO_2$)、臭氧($O_3$)、一氧化碳(CO)六項。計算的方式是偵測上述六項汙染物的即時數值($PM_{2.5}$、$PM_{10}$ 是取 24 小時平均濃度)經計算後,得到六個汙染物的空氣品質分指數(Individual Air Quality Index,IAQI),再取出**最高的那一個**當作此時的 AQI,如表 8-1 所示。

• 表 8-1　空氣品質指標（AQI）對照表（節錄）

| AQI 指標 | $O_3$（ppm）<br>8 小時平均值 | $PM_{2.5}$（$\mu g/m^3$）<br>24 小時平均值 | $PM_{10}$（$\mu g/m^3$）<br>24 小時平均值 | CO（ppm）<br>8 小時平均值 | $SO_2$（ppb）<br>小時平均值 | $NO_2$（ppb）<br>小時平均值 |
|---|---|---|---|---|---|---|
| 良好<br>0～50 | 0.000～0.054 | 0.0～15.4 | 0～54 | 0～4.4 | 0～35 | 0～53 |
| 普通<br>51～100 | 0.055～0.070 | 15.5～35.4 | 55～125 | 4.5～9.4 | 36～75 | 54～100 |
| 對敏感族群<br>不健康<br>101～150 | 0.071～0.085 | 35.5～54.4 | 126～254 | 9.5～12.4 | 76～185 | 101～360 |
| 對所有族群<br>不健康<br>151～200 | 0.086～0.105 | 54.5～150.4 | 255～354 | 12.5～15.4 | 186～304* | 361～649 |
| 非常不健康<br>201～300 | 0.106～0.200 | 150.5～250.4 | 355～424 | 15.5～30.4 | 305～604* | 650～1249 |
| 危害<br>301～400 | * | 250.5～350.4 | 425～504 | 30.5～40.4 | 605～804* | 1250～1649 |
| 危害<br>401～500 | * | 350.5～500.4 | 505～604 | 40.5～50.4 | 805～1004* | 1650～2049 |

註　* 號請參考行政院環保署空氣品質監測網，
網址：https://taqm.epa.gov.tw/taqm/tw/b0201.aspx

以目前最常被討論的 $PM_{2.5}$ 為例，美國定義細懸浮微粒（$PM_{2.5}$）危害健康的標準，日平均 $35\mu g/m^3$，年平均 $15\mu g/m^3$。台灣定義的標準較為寬鬆，$35\mu g/m^3$ 仍定義為普通等級。

## 8-1.4 電路圖

本專題使用之電路圖如下,為了更簡潔表示,連接到 ESP32 的接腳以 ⟶ 表示,例如 ⟵25 代表從 GPIO25 輸入到灰塵感測器,其餘以此類推。

依光敏電阻的規格不同,其分壓電阻可選用 5kΩ 到 10kΩ,只要能讓 ESP32 的類比讀值不會頂到最大值(4095)或是 0 就可以,因為讀值若達極大或極小值,無法取得可拿來分析的數據。若經費有限,DHT22 可以改用 DHT11,電路請參考第 6 章的接法,在程式碼的地方要記得修改型號。

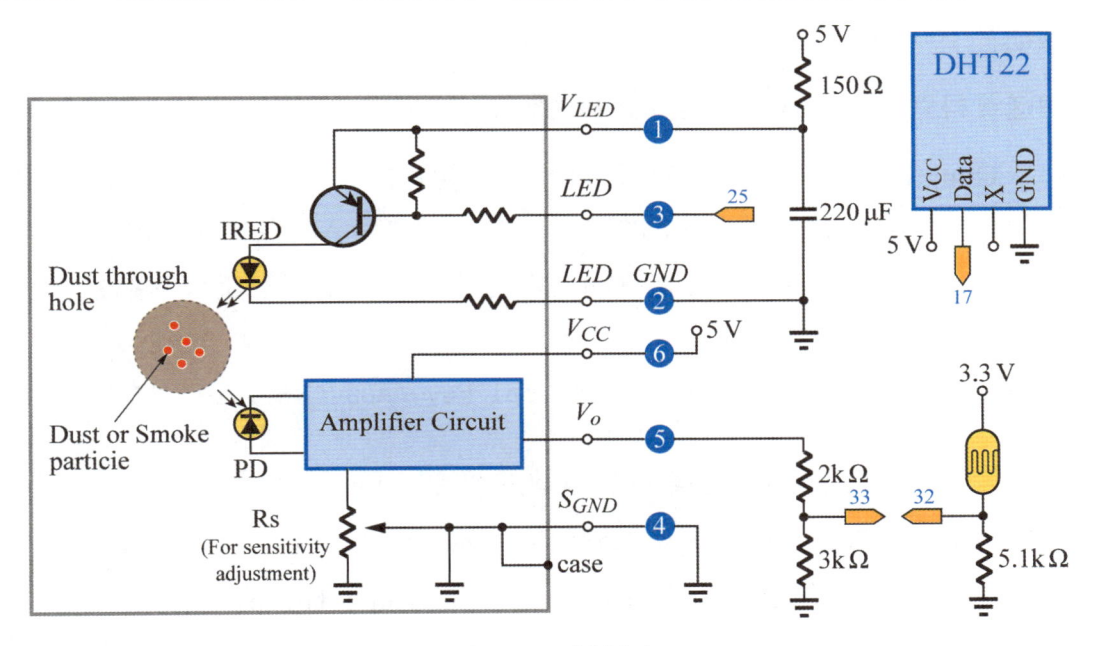

• 表 8-2　材料表

| 品名 | 規格 | 數量 |
| --- | --- | --- |
| 單晶片微處理器 | ESP32 | 1 |
| 灰塵感測器 | SHARP GP2Y1014AU | 1 |
| 溫濕度感測器 | DHT22 或 DHT11 | 1 |
| 電容器 | 220μF / 16V | 1 |
| 電阻器 | 150Ω,1/4 W | 1 |
| 電阻器 | 2kΩ,1/4 W | 1 |
| 電阻器 | 3kΩ,1/4 W | 1 |
| 光敏電阻 | 直徑 Φ5mm | 1 |
| 光敏電阻分壓用電阻器 | 5.1kΩ | 1 |

## 8-1.5 程式

本例整併先前的各種程式碼,並將資料上傳至 ThingSpeak,只須依現況修改 APIKey、ssid、password 即可。扣除掉先前章節已說明部分,只說明本節新增加的程式碼。

1. **灰塵感測器模組取樣,於行號 46 到 51**

   這六行是依照該感測器規格書,讀取信號的動作機制所撰寫而成。方式為先點亮 IRED,待一小段時間再取樣,取樣後關閉 IRED。每次資料的讀取週期為 10000μs,若有興趣可研究規格書。

2. **傳送資料到 ThingSpeak,於行號 62 到 72**

   ThingSpeak 提供由 HTTP 請求的方式傳送訊息,本例採用 GET 方式,也就是把要傳輸的資料全部加在網址後方。例如:APIKey=AABBCC、溫度 =27 度、濕度 =60%RH,完整傳輸的內容如下,只要把框起來的部分,使用程式中的變數取代即可:

   https://api.thingspeak.com/update?api_key=AABBCC&field1=27&field2=60

   接下來要處理的就是**字串及變數的組合**,必須先宣告一個字串物件,可順便指定初始值,也就是網址的前段,如:

   ```
   String Data = "https://api.thingspeak.com/update?api_key=";
   ```

   接下來使用 + 運算子,便可交互組合字串及變數,字串用雙引號框住,變數用藍字標示:

   ```
   Data = Data + APIKey + "&field1=" + lastValues.temperature +
   "&field2=" + lastValues.humidity + "&field3=" + dustResult +
   "&field4=" + light;
   ```

   最後便可組合成完整的「HTTP 請求字串」,使用 http.begin() 函式啟動 http 連線,便可以將資料送到 ThingSpeak 了。

## 例 8-1 ｜ 收集溫度、濕度、灰塵密度，連上ThingSpeak並傳送資料

**｜程式碼｜**

```
01  /*
02   * 例8-1：收集溫度、濕度、灰塵密度，連上ThingSpeak並傳送資料
03   */
04  //Wi-Fi相關
05  #include <WiFi.h>                                  //引用Wi-Fi函式庫
06  #include <HTTPClient.h>                            //引用HTTPClient函式庫
07  const char *APIKey = "通道的APIKey";                //通道的APIKey
08  const char *ssid = "基地台的SSID";                  //無線網路基地台的SSID
09  const char *password = "基地台的密碼";              //無線網路基地台的密碼
10  HTTPClient http;          //以HTTPClient類別建立客戶端物件，名字為：http
11
12  //溫濕度感測器相關
13  #include "DHTesp.h"          //引用函式庫（函式庫安裝方式請參考第6章）
14  DHTesp dht;                  //宣告物件，名字為dht
15  const byte dhtPin = 17;      //資料送至GPIO 17
16
17  //灰塵感測器相關
18  const byte ledPower = 25;    //點亮感測器IRED接腳
19  const byte dustPin = 33;     //從感測器接收類比訊號
20  float dustVal, dustResult;   //推算出來的灰塵密度(ug/m^3)
21
22  //光敏電阻相關
23  int light;                                         //光敏電阻類比讀值
24  const byte cdsPin = 32;                            //光敏電阻接腳
25
26  void setup() {
27    Serial.begin(9600);
28    dht.setup(dhtPin, DHTesp::DHT11);   //依使用的感測器修改為DHT11或DHT22
29    pinMode(ledPower, OUTPUT);                       //灰塵感測器
30    WiFi.begin(ssid, password);                      //連到無線基地台
31    while(WiFi.status() != WL_CONNECTED) {  //當狀態不是已連線
32      delay(500);                                    //等待0.5秒
33      Serial.print(".");                             //印出一個點提示讓你知道
34    }                                                //回到迴圈判斷處，再判斷一次
```

```
35  }
36
37  void loop() {
38    //取得溫濕度
39    TempAndHumidity lastValues = dht.getTempAndHumidity(); //取得溫濕度值
40    Serial.println("溫度:" + String(lastValues.temperature, 1) + "度C");
41    //列印溫度
42    Serial.println("濕度:" + String(lastValues.humidity, 1) + "%RH");
43    //列印濕度
44
45    //灰塵感測器模組取樣
46    digitalWrite(ledPower, LOW);
47    delayMicroseconds(280);
48    dustVal = analogRead(dustPin);
49    delayMicroseconds(40);
50    digitalWrite(ledPower, HIGH);
51    delayMicroseconds(9680);
52    dustResult = map(dustVal, 745, 2804, 70, 430); //推算灰塵密度（ug/m^3）
53    if(dustResult<0)              // 如果灰塵感測器輸出太低的類比電壓
54      dustResult = 0;             // 認定為0，表示未檢出
55    Serial.println("灰塵密度:" + String(dustResult) + "ug/m^3");
56    //列印灰塵密度
57
58    light = analogRead(cdsPin);   // 讀取光敏電阻的類比值
59    Serial.println("光敏電阻類比讀值:" + String(light));
60
61    //傳輸資料到ThingSpeak
62    String Data = "https://api.thingspeak.com/update?api_key=";
63    //網址的前頭
64    Data =  Data + APIKey + "&field1=" + lastValues.temperature +
65      "&field2=" + lastValues.humidity + "&field3=" + dustResult +
66      "&field4=" + light;     //原本的字串，加上APIKey，再交叉加上字串及變數
67    http.begin(Data);                    //啟動http連線，並將合成的字串放入
68    http.GET();                          //執行GET請求
69    String reply = http.getString();   //取回ThingSpeak回傳的資料
70    if (reply.toInt() != 0 ) {    //如果網站回傳的不是數字0，代表它們接受了
71      Serial.println("已將資料傳送至ThingSpeak\n");
```

```
72      http.end();                    //中斷這次的http連線
73    } delay(5000);                   //隔5秒後再重新傳送
74 }
```

程式上傳後,開啟序列埠監控視窗,可觀察感測器偵測到的值,以及上傳到 ThingSpeak 的狀態。並可到 ThingSpeak 觀察通道的資料上傳狀況,雖然程式撰寫每 5 秒傳送一次資料,但免費帳號仍 15 秒才記錄一筆。

溫度、濕度、灰塵密度等的數值變化不會那麼快,程式穩定後,設定 10 分鐘上傳一次就夠了。然後擺著一星期,收集足夠的資料後,再進行分析較有意義。

## 8-1.6 資料檢視

到 ThingSpeak 網站,點選通道後,可觀察目前資料上傳情形,如圖 8-2,Last entry 顯示最後一筆資料在一分鐘前上傳;Entries 顯示目前已上傳 1515 筆資料。接下來會將所有欄位以折線圖畫出,但預設的資料顯示方式不容易進行觀察,所以要對圖表(Chart)作設定。

● 圖 8-2　檢視通道資料收集狀況

在每一張圖表的右上方，都有四個功能，如圖 8-3 所示。

開新視窗單獨顯示：若已將此 Channel 開啟為公開，複製此超連結就可以貼在網路分享。

iframe：產生 HTML 的 iframe 標籤語法，可貼在支援此語法的 blog、論壇、Google 協作平台等，製作個人的網頁。

關閉：關閉此圖表。

Option：設定此圖表各種屬性，以設定顯示的方式。

• 圖 8-3　圖表的工具列

為了讓資料能更方便閱讀，點選 Option，跳出對話框如圖 8-4，預設為折線圖，只顯示 60 筆資料：

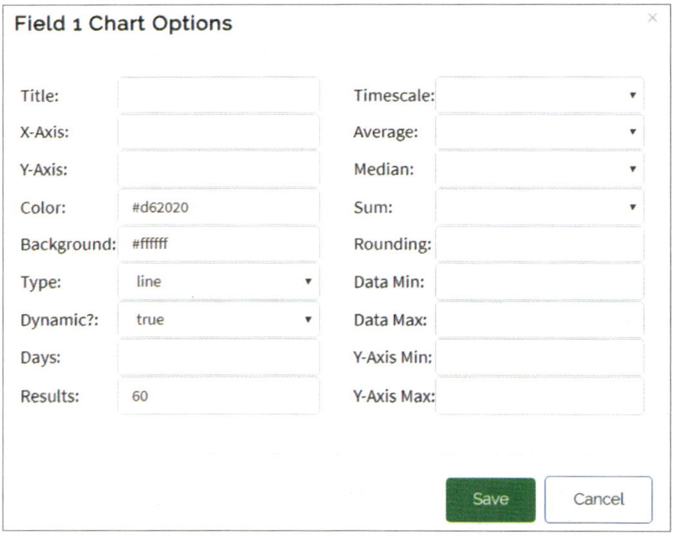

• 圖 8-4　圖表選項

重要的選項如下，留空白代表不限制：

- Type：顯示的圖型類別。line（折線圖）、bar（橫條圖）、column（直條圖）、spline（曲線）、step（階梯圖）；
- Days：若設定 2 代表顯示 2 天內的資料；
- Results：若設定 1000 代表顯示 1000 筆資料。

以下四個選項互斥，只能選一個，設定值的單位是分鐘，有 10、15…240（4 小時）、720（12 小時）、1440（24 小時，等同 daily），以設定 30 為例：

- TimeScale：每 30 分鐘為一組資料，只取第一筆資料繪出；
- Average：將 30 分鐘內的平均值並繪出，可平緩線圖的變化；
- Median：取這 30 分鐘的中位數繪出；
- Sum：加總這 30 分鐘內的資料，此法用在溫濕度無意義，適合用在如開門次數累積。

## 圖表設定

ThingSpeak 對於新建的通道，圖表預設為折線圖，只顯示 60 筆資料。免費帳號每 15 秒才能記錄一筆資料，圖表中只能顯示最近 15 分鐘的狀態。本例將嘗試修改顯示的數據量，讓圖表呈現最適合閱讀的狀態。

建議設定順序如下：

1. 清除 Results 的設定，讓圖表可以顯示全部值；
2. Days：限縮顯示範圍為 1 天、2 天或是一週等。由於資料量太多，圖表會出現一大堆的點；
3. 將資料取算數平均值，如：Average＝30 分鐘，把資料每 30 分鐘平均成一筆再顯示，如圖 8-5 所示。

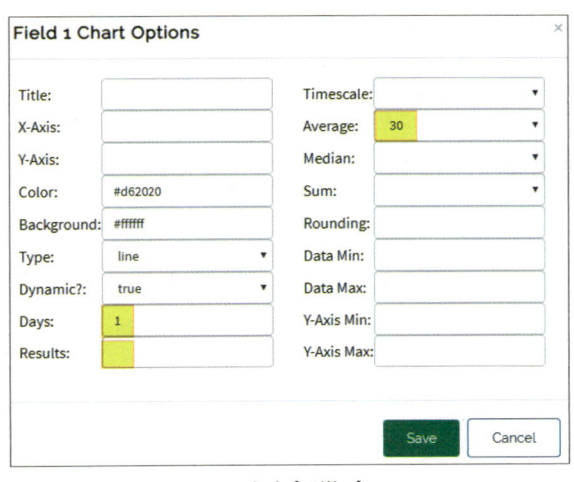

(a) 圖表設定　　　　　　　　(b) 顯示結果

● 圖 8-5　圖表設定及結果

由於資料是活的，想觀察的範圍也是活的，因此本例的設定值供參考，實際面對時，再調整出最適合需求的顯示結果。其餘設定如圖表標題（Title）等，將之設定完整，會讓整個圖表更加的專業。

## 8-2 MQTT

### 8-2.1 MQTT

MQTT 是機器對機器（M2M）通訊協定，使用「發布、訂閱」機制來傳輸訊息。從圖 8-6 的 ISO/OSI 模型來看，MQTT 的位置在於 5 到 7 層，也就是架構在 TCP 上。最簡單的理解是，我們是透過網際網路來使用它。

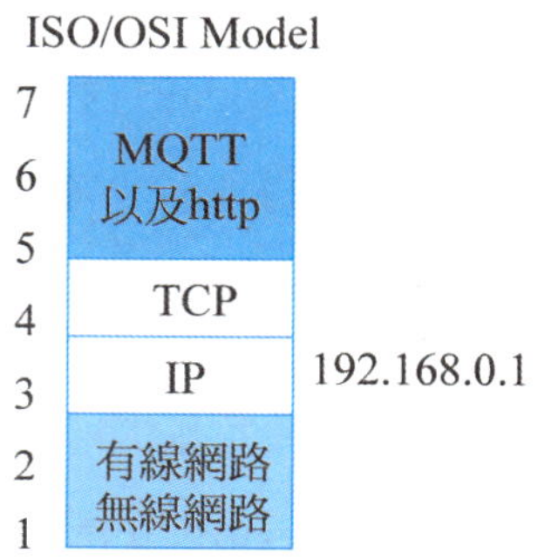

● 圖 8-6　MQTT 的位階

**MQTT 傳送機制**

MQTT 訊息的傳送有三個部分：

- 發布者（Publisher）：把訊息貼上去的人。

- 訂閱者（Subscriber）：讀取訊息的人。

- 經紀人（Broker）：發布者和訂閱者互相不認識，必須靠一個中間人「破冰」。

MQTT 的運作機制就像公布欄，如圖 8-7。每個欄位有一個主題（Topic），例如租屋、徵人、廣告。你可以貼文上去（publish），也可以訂閱（subscribe），但只能取得最新一筆資訊。公布欄是經紀人，因為貼的人和看的人應該是不認識的。

• 圖 8-7　MQTT 運作機制就像是公布欄

MQTT 訊息的傳遞機制如圖 8-8，主要流程為：

1. 每一個裝置都可以當作發布者及訂閱者。
2. 只要訊息一發布，當訂閱者來索取訊息時，經紀人便會給它。

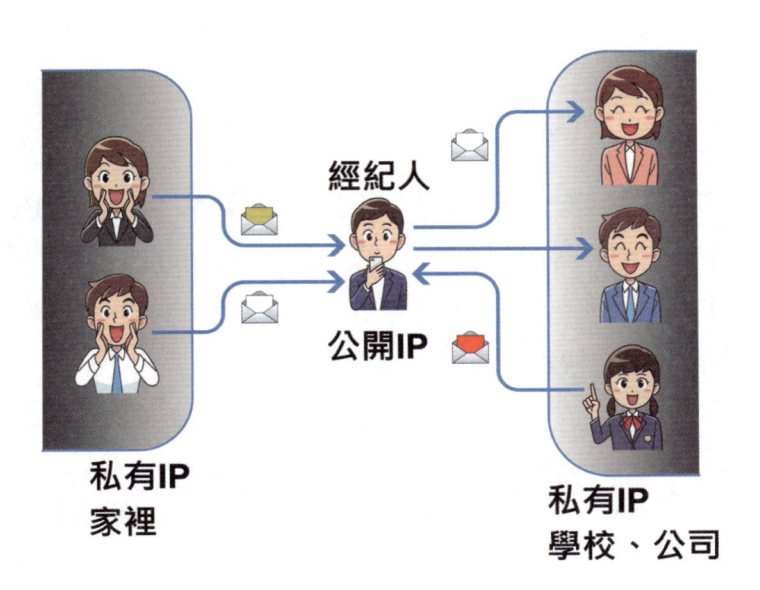

• 圖 8-8　MQTT 的訊息傳遞機制

MQTT 最大的好處，就是解決了區域網路防火牆的問題。如果我在家中放一個 ESP32，讀取家裡室溫，也可以控制電燈和冷氣，但一般家庭的網路都位於社區網路的防火牆內，我們從學校根本連不進去監控。

倘若使用 MQTT，如圖 8-9 所示，就算我被關在學校的防火牆內，我家的 ESP32 也被關在社區網路的防火牆內，我仍可以無視於防火牆的存在，自在的穿越過去。

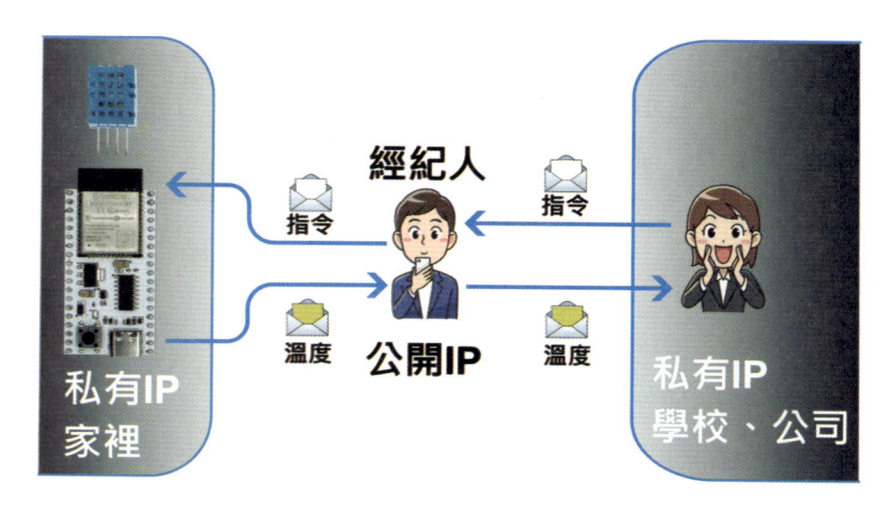

• 圖 8-9　透過 MQTT 就可以跨越防火牆

### MQTT 經紀人

想使用 MQTT 的功能，只要使用 MQTT 經紀人（MQTT Broker）就可以了，它其實是個網路伺服器，只不過服務的內容是 MQTT 而已。表 8-3 為作者整理的免費 MQTT 經紀人，由於網路世界變化極快，只要沒錢賺，隨時有可能關站。若你發現不同，趕快把它記在表格旁邊。

• 表 8-3　免費 MQTT 經紀人網站

| 名稱 | 伺服器網址 | 通訊埠 |
|---|---|---|
| EMQX | broker.emqx.io | 1883 |
| HiveMQ | broker.hivemq.com | 1883 |
| Mosquitto | test.mosquitto.org | 1883 |

若你要商用或是快速、高品質，就得乖乖掏錢出來，訂閱付費的 MQTT 經紀人。或是自己架設 MQTT 經紀人。

## 8-2.2 MQTT 訊息元素

MQTT 訊息有幾個元素，以下分別說明。

### 主題（Topic）及內容（Payload）

主題及內容是最基本的元素，例如溫度 27 度、濕度 60 度，可以如下表達：

temp、27　　　　　房間的溫度是 27 度
humi、60　　　　　房間的濕度是 60%

MQTT 經紀人就可以依此將資料儲存。如果在不同房間放置相同的感測器，可使用目錄的架構來分類，如：

room/temp、27　　　　房間的溫度是 27 度
room/humi、60　　　　房間的濕度是 60%
room/wc/temp、30　　 房間內的廁所，溫度是 30 度
room/wc/humi、90　　 房間內的廁所，濕度是 90%

當要讀取資料時，就是以主題來指定讀取的內容。可以一筆一筆訂閱，也可以一次大量訂閱，有兩種萬用字元可供選用：

+：訂閱同一層內所有的主題
#：訂閱這一層及下面所有層的主題

例：room/+　　可訂閱 room/temp 及 room/humi 兩個主題
　　room/#　　可訂閱 room 下面總共 4 個主題

### 保留（retain）及遺言（will）

如果將訊息設定保留，貼上去的資料，會留存在經紀人處；若不保留，則有可能會消失。

遺言的意思是，這個訊息平時會留存在經紀人處。當發布者失聯時，透過經紀人轉送給訂閱者的訊息。例如：放在深山的感測器，平常會在訊息中夾帶「我沒電了」的遺言。當它不再發送信號時，經紀人會將「我沒電了」發送給訂閱者。

發布者及訂閱者都可以設定遺言。

## 訊息傳輸保證（QoS）

針對張貼出去的訊息，可以設定這個訊息的重要性，有三種等級可以設定：

- QoS 0

　　向對方發送訊息，不管對方有沒有收到。

- QoS 1

　　訊息傳完都要等對方回覆，確定有收到，才停止傳送。由於是三方傳輸，此等級只保證其中一段，如：發送⟵⟶經紀人、經紀人⟵⟶訂閱者，不會去確定所有人都收到。

- QoS 2

　　傳送者、經紀人，連訂閱者三方都要確定收到，才停止傳送。

## 例 8-2 │ 將 DHT11 的溫度上傳到 MQTT 經紀人

在 ESP32 上要使用 MQTT，目前最多人用的函式庫是 PubSubClient，如圖 8-10。名稱來源是 publish + subscribe，也就是 MQTT 的發布 + 訂閱。

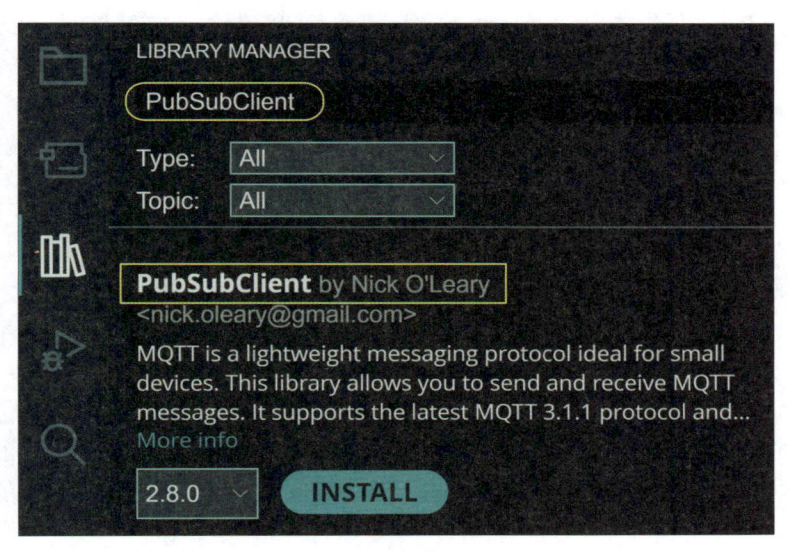

● 圖 8-10　Nick O'Leary 撰寫的 PubSubClient 函式庫

函式庫下載好之後，接線如圖 8-11。DHT11 的資料輸出腳接上 5.1kΩ 提升電阻，以拉高信號準位。

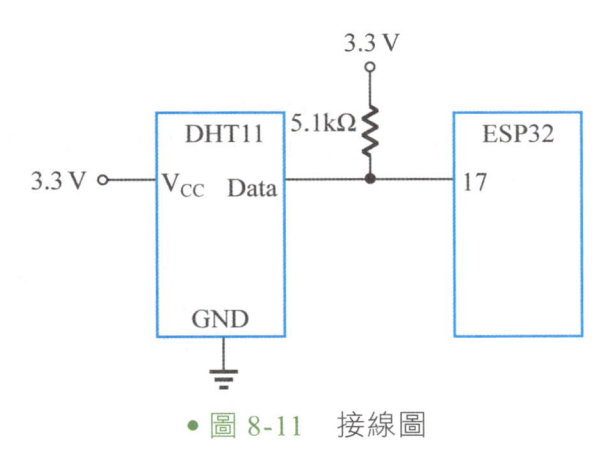

● 圖 8-11　接線圖

程式碼如下，使用到 PubSubClient 函式庫指令的部分使用網底標示。連上 Wi-Fi 的程式碼參閱本書第 3-2.2 節；DHT11 的程式碼說明請參閱本書第 6-2.1 節。絕大部分的程式碼照以前的方法做就可以了，關鍵在於這句，它的功能是將資料發布到 MQTT 經紀人處：

`client.publish(publishTopic, String(lastValues.temperature).c_str());`

藍色字標記部分，是將 DHT11 讀到的浮點數值，透過 String( ) 函式轉換型別為字串，再透過其 c_str( ) 方法，**轉換型別為字元陣列**。MQTT 經紀人才能接收。

**| 程式碼 |**

```
01  /*
02   * 例8-2：每隔3秒傳送DHT11的溫度訊息到MQTT伺服器
03   * 溫度發布到：/Woody123/temp
04   */
05
06  #include <WiFi.h>
07  const char *ssid = "基地台的SSID";           //無線網路基地台的SSID
08  const char *password = "基地台的密碼";        //無線網路基地台的密碼
09
10  //MQTT部分，函式庫引用及參數設定
11  #include <PubSubClient.h>
12  const char *mqttServer = "test.mosquitto.org";  //MQTT經紀人
13  const int mqttPort = 1883;                      //傳輸埠號
14  const char *mqttUser = "";                      //登入帳號
15  const char *mqttPassword = "";                  //登入密碼
16  const char *publishTopic = "/Woody123/temp";    //要發布的主題名稱
17  String clientId = "ESP32-" + String(random(0xffff), HEX);
18  //建立隨機的client ID
19
20  WiFiClient espClient;                  //建立WiFiClient物件
21  PubSubClient client(espClient);        //把WifiClient的物件作為其參數，
22                                         //建立到MQTT的連線
23
24  //DHT11部分
25  #include "DHTesp.h"                    //引用DHT11函式庫
26  DHTesp myDHT;                          //宣告物件，名字為myDHT
27  const byte dhtPin = 17;                //使用GPIO 17接收溫濕度
28
29  void setup() {
```

```
30    Serial.begin(9600);
31    myDHT.setup(dhtPin, DHTesp::DHT11);  //若使用DHT22,則把DHT11改為DHT22
32    connect_wifi();                      //執行Wi-Fi連線,改寫為自訂函式
33    client.setServer(mqttServer, mqttPort);     //設定MQTT經紀人
34  }
35
36  void loop() {
37    if (!client.connected()) {   //如果未和MQTT經紀人連線
38      connectMQTT();             //執行連線
39    }
40    client.loop();                       //一直檢查,以便接收訂閱的訊息
41    client.publish(publishTopic, String(myDHT.getTemperature()).c_str());
42    //發布目前溫度
43
44    delay(3000);                 //延時3秒後,再重傳一次新的溫度
45  }
46
47  void connect_wifi() {          //連線到Wi-Fi基地台
48    Serial.print("連線到:");
49    Serial.println(ssid);
50    WiFi.begin(ssid, password);
51    while (WiFi.status() != WL_CONNECTED) {
52      delay(500);
53      Serial.print(".");
54    }
55    Serial.println("Wi-Fi已連線");
56  }
57
58  void connectMQTT() {           //連線到MQTT經紀人
59    if (client.connect(clientId.c_str(), mqttUser, mqttPassword)) {
60        //ClientID, 帳號, 密碼
61      Serial.println("MQTT經紀人已連線");
62    } else {
63      Serial.print("MQTT經紀人連線失敗,訊息為:");
64      Serial.print(client.state());
65      delay(5000);               //等待五秒後重試
66    }
67  }
```

當我們把溫度上傳到 MQTT 經紀人處之後，在電腦可以使用 MQTTX 軟體讀取。在手機上可以使用：IoT MQTT Panel 來讀取，它在 Android 及蘋果的 iOS 都有支援，在軟體商店（Google Play、App Store）中的外觀如圖 8-12 所示。

• 圖 8-12　IoT MQTT Panel

軟體安裝後，簡易的操作方式如圖 8-13，就可以在手機上看到 ESP32 傳送出來的溫度值了。

此軟體的操作邏輯如下：

1. 先建立連線，要連的經紀人就是 mosquitto；

2. 在連線中，建立 dashboard（儀表板），命名為「我家」；

3. 在儀表板中，建立 panel（面板），選擇 Gauge（儀表），命名為「溫度」。

Chapter 8 物聯網與應用篇

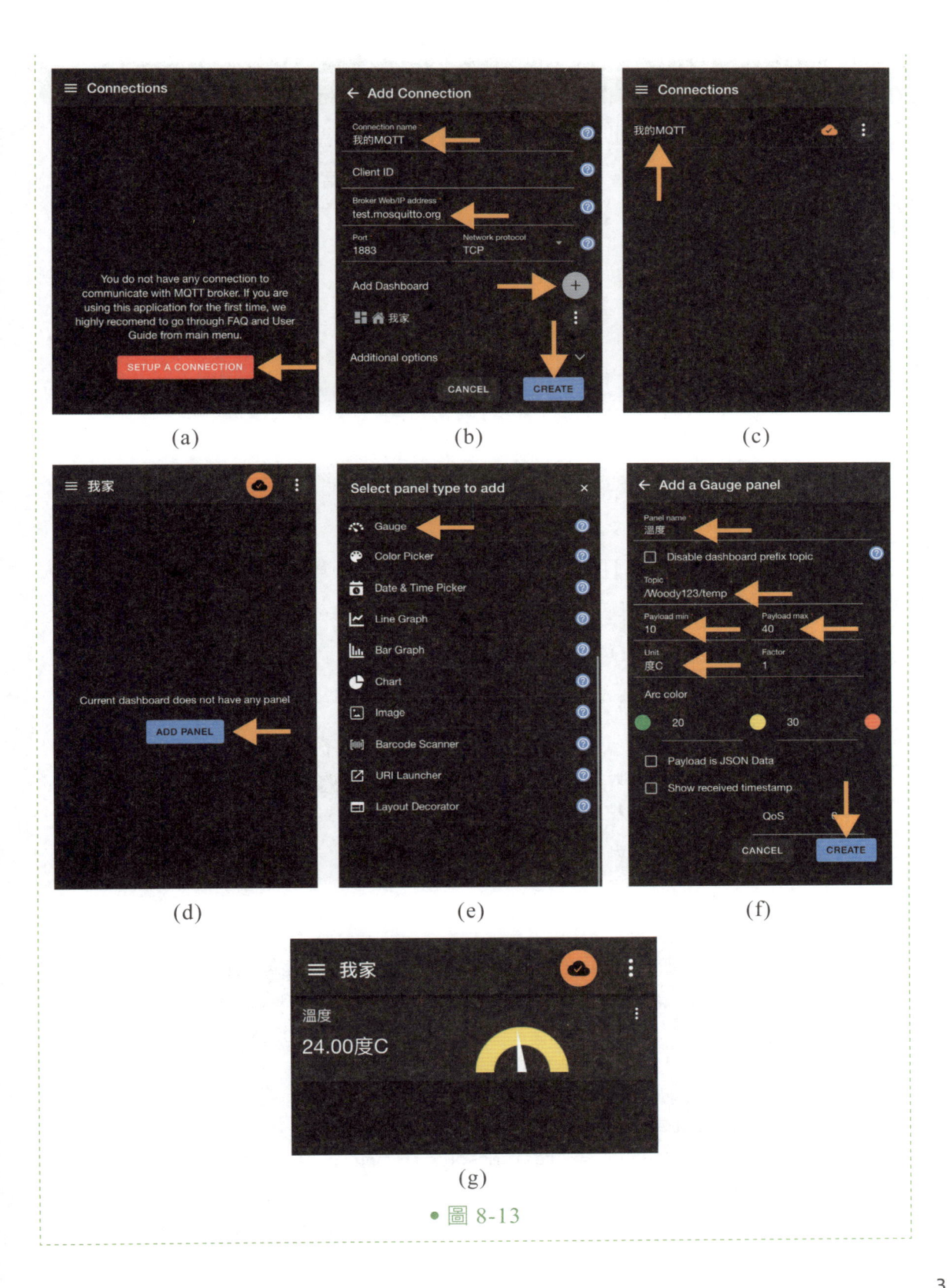

(a)　(b)　(c)

(d)　(e)　(f)

(g)

• 圖 8-13

## 例 8-3 | 訂閱 MQTT 經紀人主題，進行 LED 切換

上一個範例示範了訊息的發布，這裡示範訊息的訂閱。我們將會訂閱 /Woody123/LED 主題，當收到 1 時，點亮 LED；當收到 0 時，關閉 LED。接線如圖 8-14。

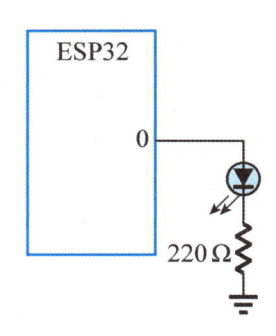

• 圖 8-14　接線圖

程式碼如下，只將訂閱相關部分以網底標記，關鍵的是最底部的程式碼，會將收到的訊息存到 payload[] 陣列中，只要陣列的第 0 個元素為 1，就點亮 LED；否則關閉 LED。

### | 程式碼 |

```
01  /*
02   * 例8-3：使用MQTTX發布主題/Woody123/LED到MQTT經紀人，內容為1或0
03   * 此程式接收MQTT經紀人的訊息
04   * 若訊息的第1個字是「1」則點亮LED，否則關閉LED
05   */
06
07  #include <WiFi.h>
08  const char *ssid = "基地台的SSID";              //無線網路基地台的SSID
09  const char *password = "基地台的密碼";          //無線網路基地台的密碼
10  const byte LED = 0;                             //GPIO 0驅動LED
11
12  //MQTT部分，函式庫引用及參數設定
13  #include <PubSubClient.h>
14  const char *mqttServer = "test.mosquitto.org";  //MQTT經紀人
15  const int mqttPort = 1883;                      //傳輸埠號
16  const char *mqttUser = "";                      //登入帳號
```

```cpp
17  const char *mqttPassword = "";                          //登入密碼
18  const char *subscribeTopic = "/Woody123/LED";           //要訂閱的主題名稱
19  String clientId = "ESP32Client-" + String(random(0xffff), HEX);
20  //建立隨機的client ID
21
22  WiFiClient espClient;       //建立WiFiClient物件，以建立到OSI第三層的連線
23  PubSubClient client(espClient);       //把WifiClient的物件作為其參數，
24                                        //建立到MQTT的連線
25
26  void setup() {
27    Serial.begin(9600);
28    pinMode(LED, OUTPUT);
29    connect_wifi();                 //執行Wi-Fi連線，改寫為自訂函式
30    client.setServer(mqttServer, mqttPort);     //設定MQTT經紀人
31    client.setCallback(callback);   //當有訂閱的訊息時，會自動呼叫此回呼函式
32  }
33
34  void loop() {
35    if (!client.connected()) {   //如果未和MQTT經紀人連線
36      connectMQTT();             //執行連線，順便訂閱
37    }
38    client.loop();               //一直檢查，以便接收訂閱的訊息
39  }
40
41  void connect_wifi() {          //連線到Wi-Fi基地台
42    Serial.print("連線到");
43    Serial.println(ssid);
44    WiFi.begin(ssid, password);
45    while (WiFi.status() != WL_CONNECTED) {
46      delay(500);
47      Serial.print(".");
48    }
49    Serial.println("Wi-Fi已連線");
50  }
51
52  void connectMQTT() {           //連線到MQTT經紀人，順便訂閱
53      if (client.connect(clientId.c_str(), mqttUser, mqttPassword)) {
54          //ClientID, 帳號, 密碼
```

```
55        Serial.println("MQTT經紀人已連線");
56        client.subscribe(subscribeTopic, 1);  //訂閱主題,QoS等級設定為1
57      } else {
58        Serial.print("連線失敗,訊息為:");
59        Serial.print(client.state());
60        delay(5000);                          //等待五秒後重試
61      }
62    }
63
64 //回呼函式,有訊息傳來時會自動執行這個回呼函式
65 void callback(char topic[], byte payload[], int length) {
66 //自動接收主題、內容、及字數
67    Serial.print("訂閱主題:");
68    Serial.print(topic);
69    Serial.print(",訊息為:");
70    for (int i = 0; i < length; i++) {
71      Serial.print((char)payload[i]);         //把訊息列印出來
72    }
73    Serial.println();
74
75    if (payload[0] == '1')         //如果訊息的第一個字元是1,點亮LED
76      digitalWrite(LED, HIGH);
77    else if(payload[0] == '0')     //如果訊息的第一個字元是0,熄滅LED
78      digitalWrite(LED, LOW);
79 }
```

程式上傳之後,開啟手機 IoT MQTT Panel 軟體。在剛才建立的專案,再新增一個項目,步驟如圖 8-15,便可利用手機操控 LED 了。

Chapter 8 物聯網與應用篇

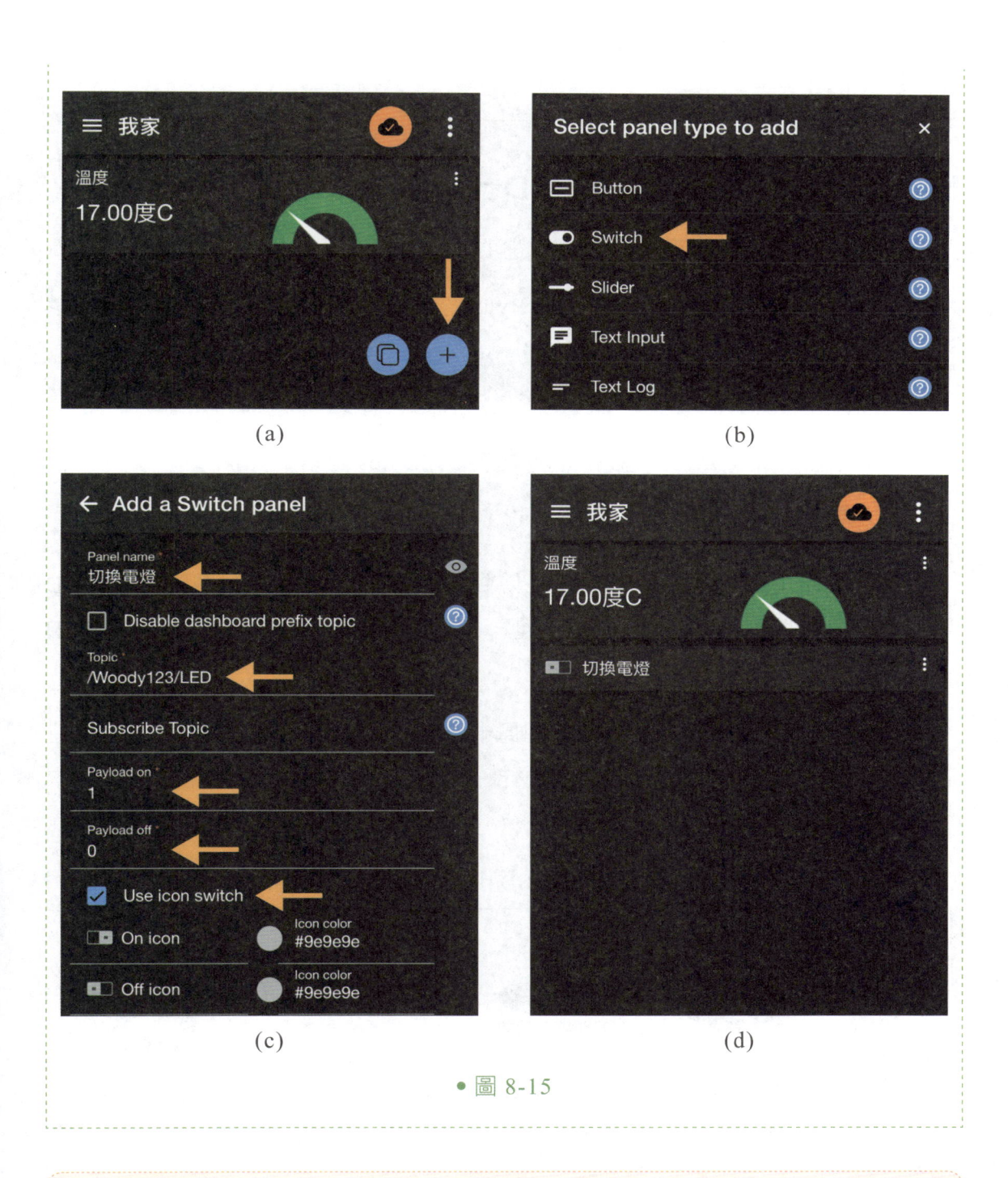

(a)　　　　　　　　　(b)

(c)　　　　　　　　　(d)

● 圖 8-15

### 延伸練習

1. 本書一直示範點亮 LED，其實只要 LED 點的亮，你就有辦法控制外部的設備，例如：小馬達、電燈、甚至是抽水馬達、電力線的開關。

393

## 8-3　SD 卡

### 8-3.1　ESP32 中使用 SD 卡

在 ESP32 中要儲存資料，有幾種選項：

- 儲存在 ESP32 晶片中的 1.5MBytes 空間，使用舊式的 SPIFFS 格式儲存，未來即將以 LittleFS 取代；
- 儲存在 SD 卡中；
- 儲存在 EEPROM 中，ESP 晶片內有 512Bytes 可用；
- 上傳到網路空間，如 ThingSpeak、Google 文件等。

現在是網路時代，會覺得資料上傳到網路伺服器就好了，不需要用到 SD 卡。但是當你放置的地方沒有 Wi-Fi 時，或是資料量很大時，就有使用到 SD 卡的需求了。

SD 卡的技術是建立在於早期的記憶卡（MultiMedia, MMC）格式上，是日本東芝公司在 MMC 卡技術中加入加密技術而成，有時會並稱 SD/MMC 卡，中國叫作 TF 卡，版本的演進如表 8-4。

• 表 8-4　SD 卡版本演進

| | SD | SDHC | SDXC | SDUC |
|---|---|---|---|---|
| 格式 | SD | SDHC | SDXC | SDUC |
| 年份 | 1990 到 2005 | 2006 到 2008 | 2009 | 2018 年 |
| 檔案格式 | FAT16 | FAT32 | FAT32 或 exFAT | exFAT |
| 容量上限 | 2GB | 2GB 到 32GB | 32GB 到 2TB 要到 2TB 要格式化為 exFAT | 2TB 到 128TB |

因為 SD 卡容量大，與 EEPROM 或 SPIFFS 相比可以儲存更多資料，如：

- 從感測器收集資料，如溫度或濕度或事件日誌，儲存在 SD 卡；
- 使用 SD 卡儲存網頁，圖片等，架網頁伺服器時用，傳送給客戶端。

> **注意**
>
> 要插拔 SD 卡前，必須先讓 ESP32 斷電，不要在通電中拔出 SD 卡，檔案可能損壞。

## 8-3.2 函式庫

Arduino IDE 官方內建的 SD 函式庫，支援 SD 和 SDHC 卡，不支援 SDXC，所以容量只支援到 32GB。而檔案格式支援 FAT16 和 FAT32 檔案系統，檔案使用 8.3 格式命名，意思是主檔名最多 8 個英數字；副檔名最多 3 個字。

由於檔案的操作流程較為複雜，因此使用流程圖的方式介紹操作的順序，協助釐清下一步該做什麼事。

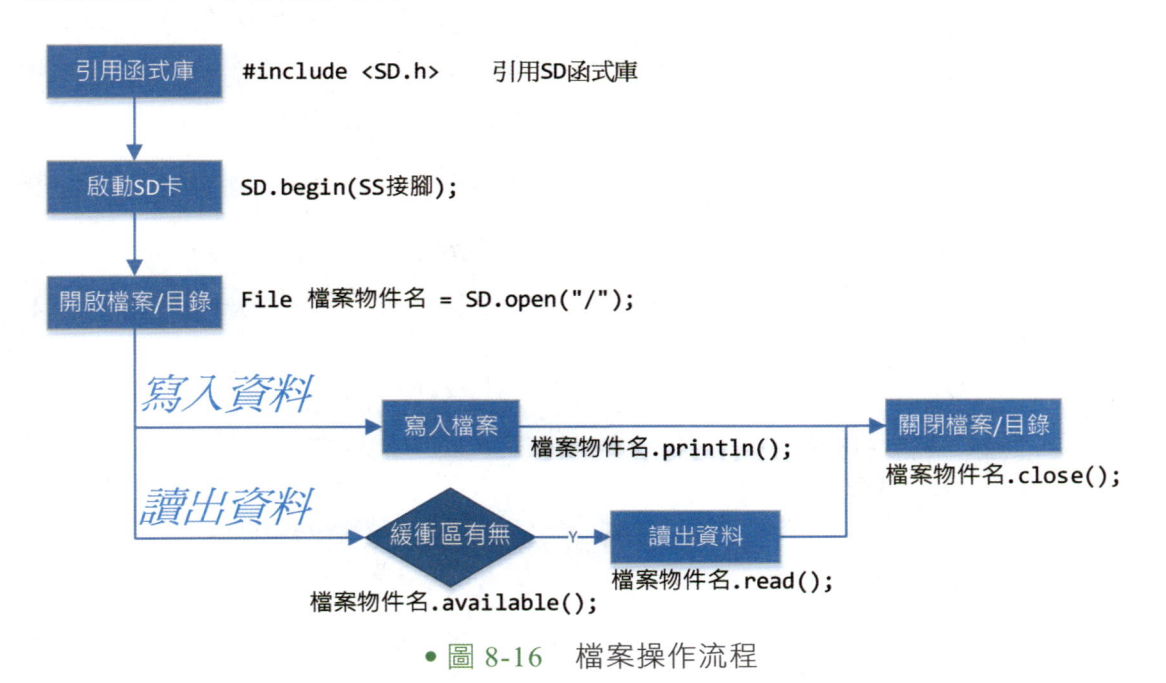

```
引用函式庫    #include <SD.h>         引用SD函式庫

啟動SD卡      SD.begin(SS接腳);

開啟檔案/目錄  File 檔案物件名 = SD.open("/");

寫入資料 → 寫入檔案   檔案物件名.println();   → 關閉檔案/目錄  檔案物件名.close();

讀出資料 → 緩衝區有無  檔案物件名.available();  —Y→ 讀出資料  檔案物件名.read();
```

• 圖 8-16　檔案操作流程

我們可以使用的函式主要分成兩類，一個負責存取目錄結構；另一個負責存取檔案內容。

### SD 類別

本類別負責存取 SD 卡、檔案及目錄操作，有：begin()、exists()、mkdir()、open()、remove()、rmdir()，不包含檔案內部操作，最常用的有：

`SD.begin(SPI的SS接腳);`

┃說明┃

初始化 SD 卡，並指定 SD 卡使用的 SPI 晶片選擇接腳。

`SD.open(檔案路徑, 開啟模式);`

┃說明┃

開啟檔案，檔名前面一定要加路徑，若是根目錄則加「/」即可。開啟模式有：
- FILE_READ，預設屬性，從檔案頭開始讀；
- FILE_WRITE，可讀可寫。如果檔案不存在，則會建立它。每次開啟檔案都會從檔案頭開始處理。所以要寫入感測器記錄之類的處理千萬不能用，因為每次都會從頭寫入，會覆蓋掉舊的資料；
- FILE_APPEND（欲寫入感測器記錄最常用），從檔案尾開始處理，附加寫入的資料。如果檔案不存在，則會建立它。

例：建立檔案物件，物件名為 dataFile，並開啟檔案，命名為 datalog.txt，存取屬性為寫入。之後要寫入資料時，可以使用檔案物件名 .println() 在檔案內寫入資料。程式片段如下：

```
File dataFile = SD.open("/datalog.txt", FILE_WRITE);
//檔案建立後就以檔案物件來操作
dataFile.println(dataString);   //在檔案內寫入變數dataString的內容
```

## Chapter 8 物聯網與應用篇

File 類別

本類別用來讀取資料或是儲存資料到檔案,函式節錄如下:

- available( ):當開啟檔案時,會把資料讀出放在緩衝區中。此函式可檢查緩衝區是否有資料;
- print( )、println( )、write( ):將資料寫入檔案中;
- read( ):讀取檔案內容,一次讀取 1 Byte;
- close( ):將尚未寫入、暫存在 RAM 的資料寫入檔案後,關閉檔案物件。

以上函式是常用的指令,如果有更多功能的需求,可到 Arduino 官網找尋 SD 函式庫的說明。

## 8-3.3　記錄溫溼度到 SD 卡中

要把 SD 卡連接到 ESP32 有幾種選項,你可以購買 SPI 介面的 Micro SD 卡模組;也可以自己準備 SD 卡直接焊接杜邦線,如圖 8-17,透過 SPI 介面連接到 SD 卡,再接至 ESP32;Woody 開發輔助板上已預先焊好 microSD 卡插槽,只要直接插上 microSD 卡即可,如圖 8-18。

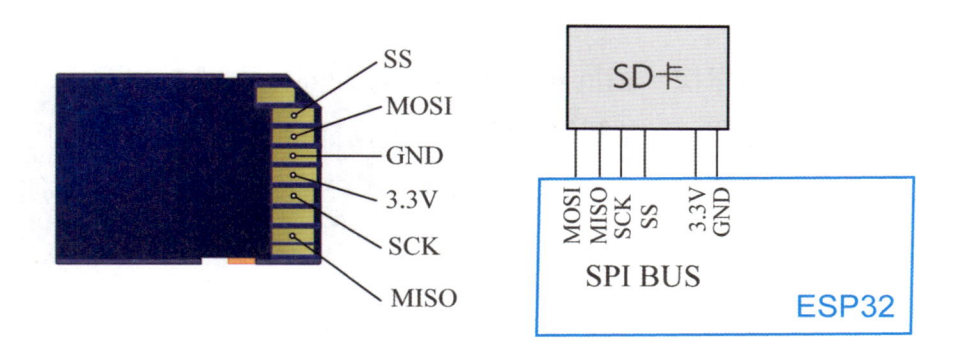

● 圖 8-17　SD 卡接成 SPI 模式的接腳圖

(a)          (b)

- 圖 8-18　SD 卡插入方向及完整插入狀態，再壓一下即可退出卡片

**SD 卡必須先必須先在電腦中格式化為 FAT32 格式**，不可以格式化為 exFAT。

程式碼部分，要從建立檔案物件開始。方法是使用 File 關鍵字宣告，檔案物件中會儲存關於檔案的資訊，例如屬性、路徑等。

要讀 / 寫檔案前，必須先「打開」它，方法是執行 SD.open( ) 指令，如：

`File myFile = SD.open("/hello.txt");`     //檔案屬性預設為讀取模式

當把檔案「開箱」了之後，ESP32 會將它的內容讀入緩衝區，在記憶體中做存取。除了速度比較快，也可以減少 SD 卡的讀寫次數，延長它的壽命，可以使用 available( ) 指令來確認資料有無讀入緩衝區。

此時有一個檔案指標，指向檔案的第 1 個 Byte，如圖 8-19 所示。當執行 print( ) 指令後，會把資料寫在緩衝區中，檔案指標會往後移動，指向下一個要寫入的地方。直到執行 close( ) 或是 flush( )，才會把緩衝區中的資料真正寫到 SD 卡內。

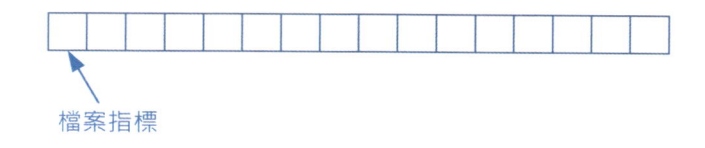

檔案指標

- 圖 8-19　檔案指標，指向檔案要讀 / 取的位置

讓我們結合本書第 6-2.1 節，將溫溼度感測器 DHT11 的讀值存入 SD 卡中。接線圖、DHT11 的函式庫及使用方法相同。實作溫溼度記錄器，並儲存在 SD 卡中，加網底的部分為例 6-5 的內容。

## 例 8-4 │將 DHT 溫溼度感測器的讀值存入 SD 卡

**│程式碼│**

```
01  /*
02   * 例8-4：將DHT溫溼度感測器的讀值存入SD卡
03   */
04
05  #include <SD.h>                    //引用SD函式庫，也會順便引用SPI.h、FS.h
06  const byte chipSelect = 5;         //SD卡使用SPI匯流排的CS腳，預設第5腳
07
08  #include "DHTesp.h"                //引用函式庫
09  DHTesp myDHT;                      //宣告物件，名字為myDHT
10  const byte dhtPin = 17;            //使用GPIO 17接收溫溼度
11
12  void setup() {
13    Serial.begin(9600);
14    myDHT.setup(dhtPin, DHTesp::DHT11); //若使用DHT22，則把DHT11改為DHT22
15    Serial.print("初始化SD卡...");
16
17    if (!SD.begin(chipSelect)) {     //開啟SD卡連線
18      Serial.println("SD卡初始化失敗!");
19      while (true);                  //讓程式卡在這裡，不用再跑下去了
20    }
21    Serial.print("SD卡初始成功");
22  }
23
24  void loop() {
25    String dataString = "";          //建立空字串，用於組合字串
26    dataString += String(myDHT.getTemperature()); //附加溫度值到字串
27    dataString += ",";                            //用逗號隔開數值
28    dataString += String(myDHT.getHumidity());    //附加溼度值到字串
```

```
29
30    //建立檔案物件，並開啟檔案，寫入模式，檔名前面一定要加路徑符號「/」
31    File dataFile = SD.open("/datalog.csv", FILE_APPEND); //資料附加模式
32
33    if (dataFile) {                      //如果開檔成功
34      dataFile.println(dataString);      //寫入資料
35      dataFile.close();                  //關閉檔案，才會從記憶體寫入SD卡
36      Serial.println(dataString);        //也印一份供我們觀察
37    }
38    else {                               //如果檔案開啟失敗
39      Serial.println("檔案：datalog.txt開啟錯誤");
40    }
41    delay(2000);
42 }
```

每個資料之間，使用逗號來隔開是業界的標準方式，全部由這種格式儲存的檔案會命名為 *.CSV，可以由 EXCEL 讀取並作分析。把 ESP32 **斷電**後，將 SD 卡拔出來插到電腦中，應該會看到檔案：datalog.csv，如圖 8-20，試看看可否由 EXCEL 讀出。

• 圖 8-20　SD 卡看到的檔案

現在我們存入現實世界中的資料了，當使用 EXCEL 開啟檔案時，會看到如圖 8-21(a) 的資料，由於溫溼度的變化不會太快，而我們又每 2 秒記錄一次，所以資料大多是相同的。在資料處理的角度，必須加上欄位名稱，才能明確的指定要操縱的欄位，以便 EXCEL 分析或製圖，所以請手動加上欄位名稱，如圖 8-21(b)。

|   | A    | B  |
|---|------|----|
| 1 | 29.9 | 56 |
| 2 | 29.8 | 55 |
| 3 | 29.8 | 55 |
| 4 | 29.8 | 55 |
| 5 | 29.8 | 55 |

(a) 用 EXCEL 打開的 datalog.csv 檔

|   | A    | B  |
|---|------|----|
| 1 | 溫度 | 溼度 |
| 2 | 29.9 | 56 |
| 3 | 29.8 | 55 |
| 4 | 29.8 | 55 |
| 5 | 29.8 | 55 |

(b) 加上欄位名稱的資料表

• 圖 8-21

> **延伸練習**
> 4. 結合本書第 3-3.4 節，將網路取得的時間加上 DHT11 的讀值，同時記錄時間、溫度、溼度值。
> 5. 嘗試記錄一星期或是一個月，然後使用 EXCEL 將資料繪製成圖表。

## 例 8-5 │ 印出 SD 卡中的檔案內容

讓我們把上一個範例所儲存的檔案讀取出來。讀檔運作的機制和寫入相似，只差是利用 available( ) 確認有無資料，再使用 read( ) 讀出。而印出 SD 卡中的檔案內容只須做一次就好，所以放在 setup( ) 中，如果放在 loop( ) 中，會無限制的一直印，沒有意義。

**│程式碼│**

```
01  /*
02   * 例8-5：讀取SD卡中的檔案，從序列埠監控視窗印出
03   */
04  #include <SD.h>              //引用SD函式庫，也會順便引用SPI.h、FS.h
05
06  const int chipSelect = 5;    //ESP32的預設CS接腳
07
08  void setup() {
09    Serial.begin(9600);
10    Serial.println("初始化SD卡...");
11    Serial.println("檔案內容為：");
12
13    if (!SD.begin(chipSelect)) {      //開啟SD卡連線
14      Serial.println("SD卡初始化失敗!");
15      while (true);                   //讓程式卡在這裡，不用再跑下去了
16    }
17    Serial.print("SD卡初始成功");
18
19    //開啟檔案，預設是讀取模式，檔名前一定要加路徑符號/
20    File myFile = SD.open("/datalog.csv");
21
```

```
22      if (myFile) {                              //如果開啟檔案成功
23        while (myFile.available()) {    //檔案物件的緩衝區有資料
24          Serial.write(myFile.read());
25          //用read()讀出內容,並用Serial.write()從序列埠輸出
26        }
27        myFile.close();                          //關閉檔案
28        Serial.println("檔案讀取結束");
29      }
30      else {
31        Serial.println("檔案:datalog.txt開啟錯誤");
32      }
33    }
34
35    void loop() {}                               //主程式不寫程式碼
```

程式上傳後,開啟序列埠監控視窗,按一下 RESET 鍵(ESP32 模組上標示為 EN),應該可以看到列出的檔案內容。

讀出 SD 卡內容使用的時機,通常是當 ESP32 作為網頁伺服器時,若 ESP32 內建的空間不夠使用的話,可以將檔案放在 SD 卡,供應網頁伺服器使用。

## 8-4　JSON

在網路瀏覽器中,看到的動態網頁,都是由 JavaScript 撰寫的,而 JSON 就是其資料傳輸格式。至今已成為網路傳輸資料的主要格式,另一個是 XML。

● 圖 8-22　JSON 商標

### 物件

JSON 以物件的方式儲存資料,稱為「JSON **物件**」,使用 { } 框住,內容為「鍵:值」(key:value),字串用雙引號框住,每個資料用逗號隔開。

例：JSON 物件，表示年紀 16 歲、性別女性，
表示為：
{"age":16, "sex":"female"}

鍵:值
{ "age":16 , "sex":"female" }
逗號分隔

陣列

如果要傳輸的物件格式都一樣，而且大量的話，可以使用陣列來打包。陣列的符號為方括號，和 C 語言的用法一樣。

例：兩個 JSON 物件，用陣列儲存。
[
　　{"age":16,"sex":"female"}, ← 這裡有逗號喔！
　　{"age":18,"sex":"male"}
]

利用函式庫處理 JSON

現在最多人用的函式庫，是 ArduinoJSON 函式庫，官方網址為：https://arduinojson.org/，我們可以從程式庫管理員下載，如圖 8-23 所示。

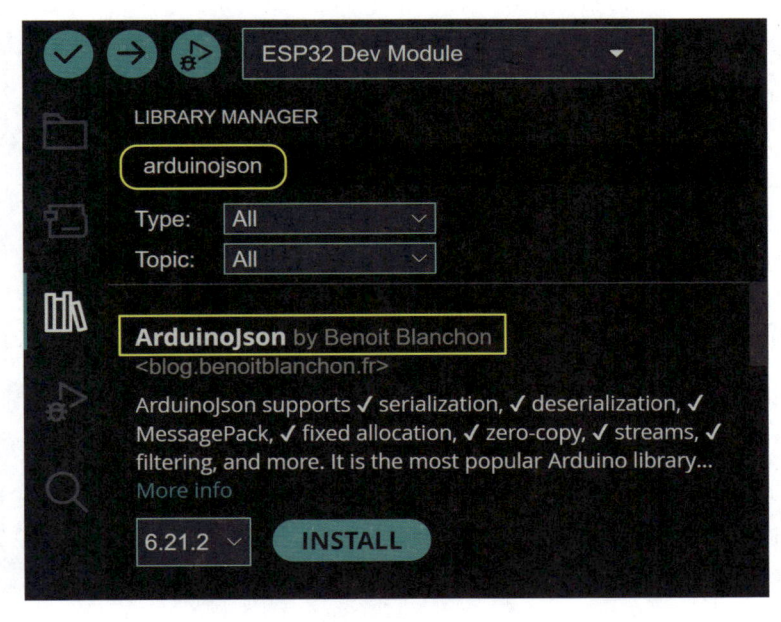

• 圖 8-23　由 Benoit Blanchon 撰寫的函式庫

## 宣告物件

使用 JSON 物件之前,必須先宣告。建議不要宣告為全域變數,要使用前在函式中宣告即可,這樣子在函式結束後這個變數也會消失,以降低記憶體使用量。

宣告物件有兩種語法,選用的原則是依資料量而定。函式庫作者稱它為 JsonDocument 物件,為了讀者閱讀容易,以下簡稱為「**物件**」。

### ◻ 資料量小於 1000 Bytes

一般使用上,若資料量比 1000 Bytes 小,使用這個格式即可。

#### 語法

宣告物件,物件名為 doc,容量為 200 Bytes:

```
StaticJsonDocument<200> doc;
```

＜＞符號是 C++ 語言的 vector(向量),你把它想成是進階版的陣列就好。

### ◻ 資料量大於 1000 Bytes

從網路的開放資料平台捉來的東西,資料都非常多,通常會大於 1000 Bytes。此時可改宣告為這種格式。

#### 語法

宣告物件,物件名為 doc,容量為 1024 Bytes:

```
DynamicJsonDocument doc(1024);
```

> **小秘技**
>
> 容量可以在官方網站中,有一個 Assistant 工具來幫你計算適合的大小。也可以使用粗估的方式,物件中有一組資料,就給它 16 Bytes。

## 字串及 JSON 物件轉換

如果要把 JSON 物件傳送到網路的 MQTT 經紀人,或是其他裝置,都必須將 JSON 物件轉換為字串。這個轉換的動作稱為「序列化」,以便進行序列傳輸;反之就是「反序列化」。

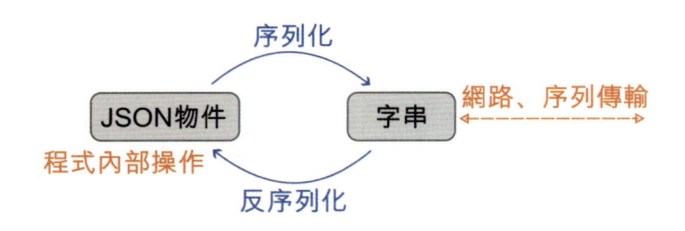

```
         序列化
JSON物件  →   字串    ←→ 網路、序列傳輸
         ←
程式內部操作  反序列化
```

### ■ 序列化（Serialize）

把 JSON 物件轉成字串,以便在網路上傳輸。序列化的指令為:

`serializeJson(JSON物件, 輸出);`

以下面的 JSON 物件為例,它有 3 組資料,1 組資料我們給它 16Bytes,3 組資料就給它 3×16 Bytes。

```
{
"value": 42,
"lat": 48.74,
"lon": 2.29
}
```

以下範例將一起解釋,非常基本,一定要會。

## 例 8-6 ｜ 建立 JSON 物件，將之序列化，並從序列埠監控視窗印出

**｜程式碼｜**

```
01  /*
02   * 例8-6：建立JSON物件，將之序列化，並從序列埠監控視窗印出
03   */
04  #include "ArduinoJson.h"              //引用函式庫
05
06  void setup() {
07    Serial.begin(9600);                 //開啟序列傳輸功能
08
09    //因為有3個資料，所以估給它16*3 Bytes
10    StaticJsonDocument<16*3> doc;       //宣告JSON物件，名字為doc
11      doc["value"] = 42;                //將資料存入doc物件中，value的值是42
12      doc["lat"] = 48.74;               //lat(緯度)的值是48.74
13      doc["lon"] = 2.29;                //lon(經度)的值是2.29
14
15    serializeJson(doc, Serial);         //將doc物件序列化，丟至序列埠
16  }
17
18  void loop() {}
```

程式上傳後，會在序列埠印出如下字串，除了可以用來檢查是否轉換成功，也可以將字串傳輸至另一個 ESP32，或是 MQTT 經紀人：

```
{"value":42,"lat":48.74,"lon":2.29}
```

### 觀念釐清

JSON 字串、JSON 物件？

外觀看起來都是一樣的，但是對 ESP32 來說，差別很大。你可以想成 JSON 字串是一句法術咒語，普通人就算念過去也不知道那是什麼；但是會用的人，會把它轉譯成物件，並且提取出來使用。

## 例 8-7 │ 將溫溼度值，以 JSON 格式傳送到 MQTT 伺服器

在例 8-2，我們將溫度發布到 /Woody123/temp 主題中。如果要同時發布溫度、溼度，分別貼到 2 個主題，太麻煩了。在本例，我們將溫度、溼度組合在一起，形成 JSON 格式，發布到 /Woody123/json 主題中，就一個主題即可解決。

**┃程式碼┃**

```
01  /*
02   * 例8-7：將DHT11溫溼度感測器的感測值，組合為JSON物件，透過MQTT傳送到
03   *        mosquitto伺服器
04   *        本程式會將JSON訊息組合為{"temp":21.0,"humi":60.0}的格式送到
05   *        MQTT伺服器的 /Woody123/json主題中
06   */
07
08  //DHT11部分
09  #include "DHTesp.h"              //引用函式庫
10  DHTesp myDHT;                    //建立物件，命名為：myDHT
11  const byte dhtPin = 17;          //使用GPIO 17接收溫溼度
12
13  //Json部分
14  #include <ArduinoJson.h>
15  char jsondata[32];    //字元陣列，用來MQTT傳輸到外面用的。陣列一定要指定長度
16
17  //WiFi設定
18  #include <WiFi.h>
19  const char *ssid = "基地台的SSID";              //Wi-Fi基地台的SSID
20  const char *password = "基地台的密碼";          //Wi-Fi基地台的密碼
21
22  //MQTT部分
23  #include <PubSubClient.h>
24  const char *mqttServer = "test.mosquitto.org";  //MQTT伺服器URL
25  const int mqttPort = 1883;
26  const char *mqttUser = "";                      //MQTT伺服器帳號
27  const char *mqttPassword = "";                  //MQTT伺服器密碼
28  const char *publishTopic = "/Woody123/json";    //要發布的主題
```

```
29    String clientId = "ESP32Client-" + String(random(0xffff), HEX);
30    //建立一個隨機的client ID,給伺服器辨識
31    WiFiClient espClient;
32    PubSubClient client(espClient);         //把WifiClient的物件作為其參數
33
34    void setup() {
35      Serial.begin(9600);
36      connect_wifi();                              //執行WiFi連線
37      client.setServer(mqttServer, mqttPort);   //設定MQTT伺服器
38      myDHT.setup(dhtPin, DHTesp::DHT11); //若使用DHT22,則把DHT11改為DHT22
39    }
40
41    void loop() {
42      //MQTT部分
43      if (!client.connected()) {                   //如果未和MQTT伺服器連線
44        connectMQTT();                            //執行連線
45      }
46      client.loop();     //MQTT沒傳輸動作時,15秒就會斷線,所以要一直檢查並重
47                         //連,維持連線,以接收訊息
48
49      //組合JSON資料並序列化為字元陣列
50      StaticJsonDocument<32> doc;    //宣告JSON Document物件,容量32 Bytes
51      doc["temp"] = myDHT.getTemperature();     //將溫度存入JSON物件中
52      doc["humi"] = myDHT.getHumidity();        //將溼度存入JSON物件中
53      serializeJson(doc, jsondata); //將JSON物件序列化,存至字元陣列jsondata
54
55      client.publish(publishTopic, jsondata);
56      //將字元陣列jsondata的值,丟到MQTT經紀人處
57      delay(2000);
58    }
59
60    //連線到WiFi基地台,把常用的程式碼寫成函式,方便重覆呼叫
61    void connect_wifi() {
62      Serial.print("連線到:");
63      Serial.println(ssid);
64      WiFi.begin(ssid, password);
65      while (WiFi.status() != WL_CONNECTED) {
```

```
66          delay(500);
67          Serial.print(".");
68        }
69        Serial.println("WiFi已連線");
70    }
71
72    //連線到MQTT伺服器
73    void connectMQTT() {
74      if (client.connect(clientId.c_str(), mqttUser, mqttPassword)) {
75      //ClientID, 帳號, 密碼
76        Serial.println("MQTT伺服器已連線");
77      } else {
78        Serial.print("MQTT伺服器連線失敗，訊息為：");
79        Serial.print(client.state());
80        delay(5000);                    // 延時5秒再重新嘗試
81      }
82    }
```

## ■ 反序列化（DeSerialize）及取值

反序列化的功能，就是將字串轉換成 JSON 物件。就可用以下的方式取值，如果物件叫作 doc，則取值方式為：

`doc["value"];`　　　　　　　　// 讀取鍵為value的值

反序列化的語法為：

`deserializeJson(doc, data);`　　//（目的，來源字串）

## 例 8-8 │ 將字串反序列化回 JSON 物件列印到序列

**｜程式碼｜**

```
01  /*
02   * 例8-8：將字串反序列化回JSON物件，提取值並列印到序列埠
03   */
04  #include <ArduinoJson.h>
05
06  //由於網路上的JSON資料不容易取得，所以我們自己做一個
07  char data[] = "{\"temp\":27,\"name\":\"Joe\"}"; //宣告已序列化的json資料
08
09  void setup() {
10    Serial.begin(9600);              //啟動序列傳輸功能
11    StaticJsonDocument<200> doc;     //宣告JSON物件
12    deserializeJson(doc, data);      //反序列化字串，存回物件doc中
13
14    //讀取物件doc中，鍵為name的值，可得到Joe
15    const char* name = doc["name"];   //一定要宣告為const
16    int temp = doc["temp"];    //讀取物件doc中，鍵為temp的值，可得到27
17    Serial.println(temp);      //把temp印出來
18    Serial.println(name);      //把name印出來
19  }
20
21  void loop() {}
```

程式上傳之後，可以在序列埠監控視窗看到如下的結果。

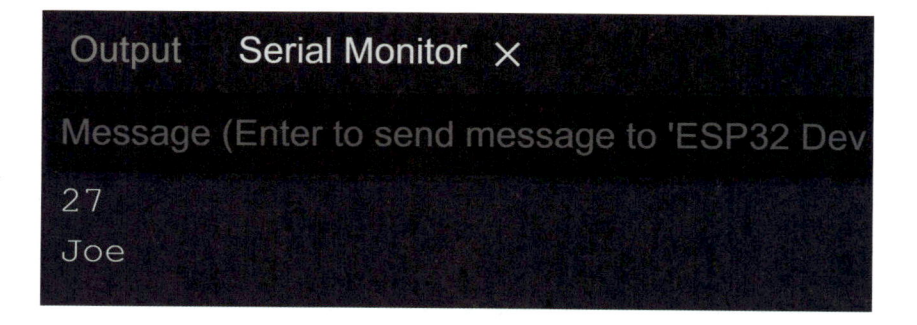

```
Output    Serial Monitor  ×

Message (Enter to send message to 'ESP32 Dev
27
Joe
```

## 8-5 如何實現多工

當我們在進行單純的實驗，例如 LED 亮滅，可以要求它以 0.3 秒間隔亮滅。但如果要讓兩顆 LED 分別以 0.3 秒以及 0.5 秒間隔亮滅，程式的撰寫難度就上升了。

以馬達抽水控制為例，我需要馬達運轉 3 小時後停止，最簡單的方式是：

```
digitalWrite(32, HIGH);      //啟動馬達
delay(3*60*60*1000);         //延時3時*60分*60秒*1000ms
digitalWrite(32, LOW);       //停止馬達
```

但有一個很大的問題，delay 的 3 小時之間，整個系統卡（block，阻塞）在那，必須等馬達運轉結束才能做其他事。如果在馬達運轉時，我還要做其他事呢？

### 8-5.1　Ticker 函式庫

**Ticker 函式庫**

Ticker 可以讓你以固定時間間隔，反覆執行某個任務（Task）。例如每 30 秒讀一次光敏電阻值；每 60 秒讀取一次溫溼度值，如圖 8-24 所示，非常方便。

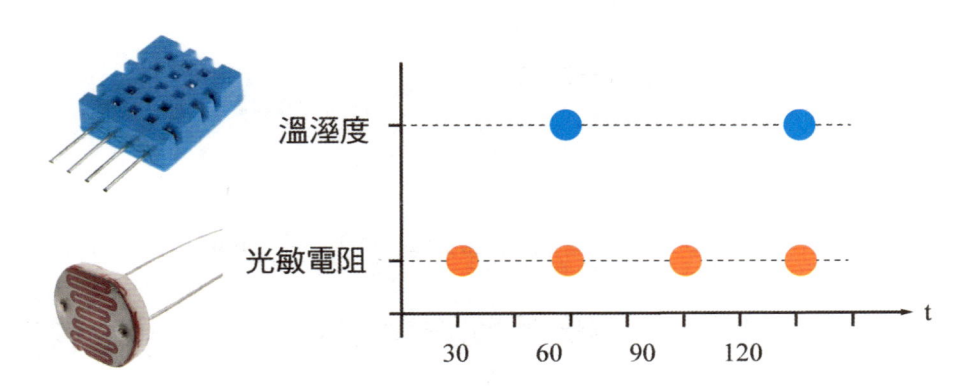

• 圖 8-24　在不同時間間隔做不同的事

| 使用步驟 |

**Step 1 ▶** 引用函式庫：

#include <Ticker.h>

**Step 2 ▶** 建立 Ticker 物件：

Ticker ticker1;

**Step 3 ▶** 編寫回呼函式（回呼函式中不建議使用 delay( )）

**Step 4 ▶** 設定呼叫時間間隔，並啟用任務

### 回呼函式（callback function）

如圖 8-25 所示，呼叫 ticker1 物件的 attach( ) 函式時，送給它兩個參數，一個是 30 秒，另一個檢查溫度的函式，這個「檢查溫度 ( )」就是回呼函式。

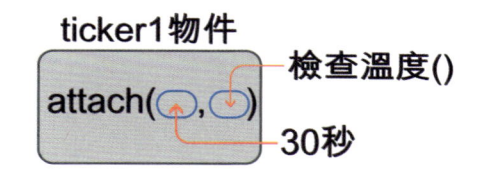

• 圖 8-25　回呼函式可以讓工作更靈活

### 常用函式

Ticker 函式庫提供以下三種函式。

attach(每幾秒執行一次, 要執行的回呼函式);

| 說明 |

幾秒執行一次回呼函式。

例：ticker1.attach(0.5, callback1);　　// 每500ms 呼叫 callback1

attach_ms(每幾ms執行一次, 要執行的回呼函式);

| 說明 |

動作同上一個函式，但是時間的精度到達 ms 等級。

## once(幾秒後執行一次, 要執行的回呼函式);
**|說明|**
該任務只執行一次回呼函式。

## once_ms(幾ms後執行一次, 要執行的回呼函式);
**|說明|**
動作同上一個函式,但是時間的精度到達 ms 等級。

## detach()
**|說明|**
解除 Ticker 工作。

下面程式碼示範使用 Ticker 函式庫的框架,每 30 秒讀取光敏電阻;每 60 秒讀取溫溼度。

```
#include <Ticker.h>                  //引用Ticker.h函式庫
Ticker ticker1;                      //建立Ticker物件,名字叫作ticker1
Ticker ticker2;                      //建立Ticker物件,名字叫作ticker2

void callback1() {                   //建立回呼函式1
  讀取光敏電阻的程式碼
}

void callback2() {                   //建立回呼函式2
  讀取溫溼度的程式碼
}

void setup(){
  ticker1.attach(30, callback1);     //每30秒呼叫callback1一次
  ticker2.attach(60, callback2);     //每60秒呼叫callback2一次
}

void loop(){}                        //主程式不做任何事
```

## 例 8-9 │ 兩個 LED 以各自的時間間隔閃爍

我們仍舊可以先用閃爍 LED 的方式，來測試 Ticker 函式庫的功能。以下建立 2 個 Ticker 物件，以不同的時間，分別驅動不同的 LED。

**│程式碼│**

```
01  /*
02   * 例8-9：每0.2秒亮LED1；每1秒亮LED2
03   */
04
05  #include <Ticker.h>                         //引用Ticker.h函式庫
06  Ticker ticker1;                             //建立Ticker物件，名字叫作ticker1
07  Ticker ticker2;                             //建立Ticker物件，名字叫作ticker2
08
09  const byte LED1 = 0;                        //設定第0腳接LED1
10  const byte LED2 = 15;                       //設定第15腳接LED2
11
12  void callback1() {                          //建立回呼函式1
13    static bool LED1Status = true;            //利用布林值作為LED亮燈與否的依據
14    digitalWrite(LED1, LED1Status);           //根據狀態驅動LED1
15    LED1Status = !LED1Status;                 //將LED1狀態反相
16  }
17
18  void callback2() {                          //建立回呼函式2
19    static bool LED2Status = true;            //static為靜態變數的意思
20    digitalWrite(LED2, LED2Status);           //根據狀態驅動LED2
21    LED2Status = !LED2Status;                 //將LED2狀態反相
22  }
23
24  void setup(){
25    pinMode(LED1, OUTPUT);                    //設定LED為輸出模式
26    pinMode(LED2, OUTPUT);
27    ticker1.attach(0.2, callback1);           //每0.2秒呼叫callback1一次
28    ticker2.attach(1, callback2);             //每1秒呼叫callback2一次
29  }
30
31  void loop(){}                               //主程式不做任何事
```

> 程式上傳之後，看看那 2 顆 LED，是不是各自閃爍各自的？不會互相等待。這是我們要的多工效果。

要記住，我們改用 Ticker 函式庫，就是不想要使用 delay()，如果你用了 delay()，大家還是會等它跑完才會繼續走喔！但也不是不能用，如果有些感測器（如 8-1 節提到的 Sharp 灰塵感測器）要觸發就必須間隔特定時間，那種 ms 或 μs 級的延時是沒關係的。就是不要執行那種超過數秒的延時就好。

**延伸練習**
6. 想想看，你的專案裡，有沒有需要依不同時間執行的工作呢？嘗試寫寫看。

## 例 8-10 ｜任務的開關

Ticker 物件開始工作後，是可以把它給關閉的。這個範例示範了如何關閉任務。

**｜程式碼｜**

```
01  /*
02   * 例8-10：延續上例，加入按鈕1關閉ticker1；按鈕2關閉ticker2
03   */
04
05  #include <Ticker.h>              //引用Ticker.h函式庫
06  Ticker ticker1;                  //建立Ticker物件，名字叫作ticker1
07  Ticker ticker2;                  //建立Ticker物件，名字叫作ticker2
08
09  const byte LED1 = 0;             //設定第0腳接LED1
10  const byte LED2 = 15;            //設定第15腳接LED2
11  const byte Button1 = 34;         //設定第34腳為按鈕1
12  const byte Button2 = 35;         //設定第35腳為按鈕2
13
14  void callback1() {               //建立回呼函式1
```

```
15    static bool LED1Status = true;      //利用布林值作為LED亮燈與否的依據
16    digitalWrite(LED1, LED1Status);     //根據狀態驅動LED1
17    LED1Status = !LED1Status;           //將LED1狀態反相
18  }
19
20  void callback2() {                    //建立回呼函式2
21    static bool LED2Status = true;      //static為靜態變數的意思
22    digitalWrite(LED2, LED2Status);     //根據狀態驅動LED2
23    LED2Status = !LED2Status;           //將LED2狀態反相
24  }
25
26  void setup(){
27    pinMode(LED1, OUTPUT);              //LED為輸出模式
28    pinMode(LED2, OUTPUT);
29    pinMode(Button1, INPUT);            //按鈕為輸入模式
30    pinMode(Button2, INPUT);
31    ticker1.attach(0.2, callback1);     //每0.2秒呼叫callback1一次
32    ticker2.attach(1, callback2);       //每1秒呼叫callback2一次
33  }
34
35  void loop(){
36    if(digitalRead(Button1)==false)     //如果按鈕1按下
37      ticker1.detach();                 //解除ticker1的功能
38    if(digitalRead(Button2)==false)     //如果按鈕2按下
39      ticker2.detach();                 //解除ticker2的功能
40  }
```

程式上傳之後，LED1、LED 仍會依自己的時間間隔閃爍。當你按下按鈕的時候，任務會被關閉，LED 就不會閃爍了。

## 8-5.2 時間戳記

使用 delay( ) 函式只是單純的拖時間,整個程式會卡（blocked）在那裡等待時間到達,才會往下繼續執行。如果要多個工作在各別的時間執行,或是指令的執行時間拖很久,為了不要拖到主程式的執行,可以使用時間戳記（Timestamp）來解決。

- 圖 8-26　郵局的郵戳,上面就有時間戳記

### 如何計算經過多久

如果你要泡澡,需要放水 30 分鐘,三不五時去看一下水滿了沒,作法是把現在的時間減去開始的時間。詳細步驟如下:

**Step 1** ▶ 記錄開始時間;

**Step 2** ▶ 每次回去檢查時間過了多久,方法為:（目前時間－記錄時間）;

**Step 3** ▶ 如果滿足 30 分鐘,就可以泡澡了。

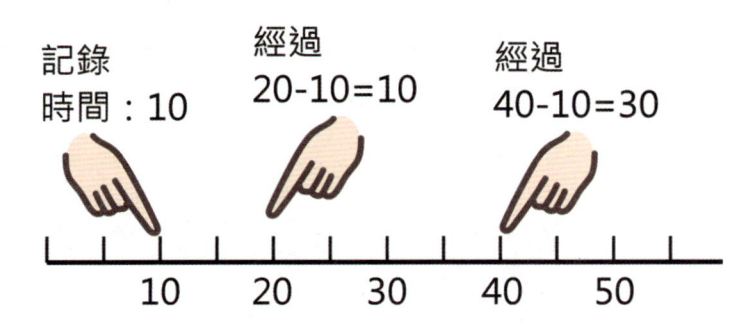

- 圖 8-27　在每個時間點,減去初始值,以得到經過時間

上述方式使用 millis( ) 完成，ESP32 從通電開始，硬體內部就有一個計時器，每 1 ms 加計一次，只要執行 millis( ) 就可以把數值拿出來。若取出的值等於 2000，代表總共通電 2 秒。

程式碼如下：

```
unsigned long lastTime = 0;          //宣告變數，用來記錄時間，初始為0
void setup(){
}
void loop(){
  if (millis() - lastTime >= 2000){ //現在時間－上次時間記錄，如果時間差 >=2秒
    //要執行的內容
    lastTime = millis();             //更新時間記錄
  }
}
```

以下兩點需要注意：

- 宣告為 unsigned long，代表資料型別是沒正負號的長整數，可以儲存的更多，較不易發生溢位（overflow）。
- 時間差的判斷，一定要用大於等於（>=），因為不可能準確到剛好等於時間差，只要有超過就可以了。

## 例 8-11 ｜不利用 delay( ) 延時

如果現在需要控制風扇，讓它運轉 5 分鐘後關閉，若使用 delay(5*60*1000);則程式會原地停止 5 分鐘，什麼事也不能作而卡住。如果不要讓這種事發生，可用時間戳記完成。

需要多宣告一個變數來標記風扇是否啟動，這種用來標記狀態的變數有一種特殊的稱呼：旗標（flag），名字來自於童子軍的旗語。

● 圖 8-28　利用旗號方式表達狀態，稱為旗標
（英文使同一個字：flag）

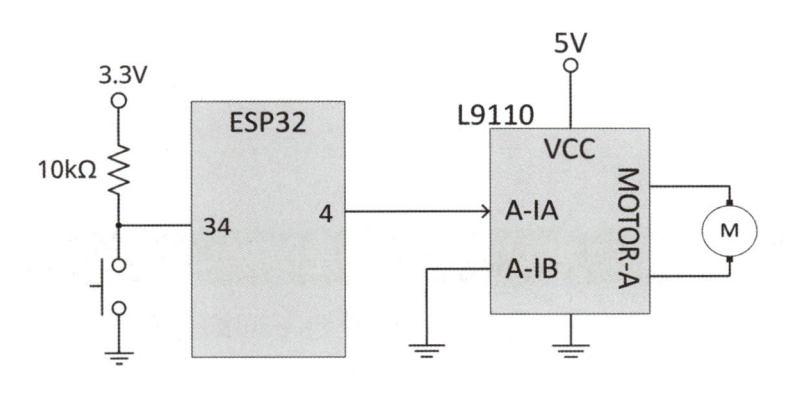

● 圖 8-29　ESP32 透過 L9110，驅動直流馬達

## ▍程式碼 ▍

```
01  /*
02   * 例8-11：不用delay()延時，改用時間戳記延時
03   * 風扇運轉3秒鐘後自動關閉
04   */
05
06  unsigned long lastTime = 0;              //時間戳記的起點
07  bool fanRun = false;                     //風扇是否執行的旗標
08  const byte fanPin = 2, button = 34;      //風扇接腳及按鈕編號
09
10  void setup() {
11    pinMode(button, INPUT);                //按鈕為輸入模式
12    pinMode(fanPin, OUTPUT);               //風扇為輸出模式
13  }
14
15  void loop() {
```

```
16    if (digitalRead(button) == false) {   //如果按鈕按下，轉動風扇
17       fanRun = true;                      //標記風扇啟動
18       digitalWrite(fanPin,HIGH);          //啟動風扇
19       lastTime = millis();                //記錄啟動時間
20    }
21
22    //如果風扇啟動中，以及按鈕按下後，大於等於3秒鐘
23    if (fanRun == true && millis() - lastTime >= 3*1000) {
24       digitalWrite(fanPin,LOW);           //關閉風扇
25       fanRun = false;                     //標記風扇關閉
26    }
27 }
```

## 例 8-12 ｜ 兩個 LED 各以不同的時差閃爍

只要宣告不同的時間戳記，就可以設定不同的週期，獨立執行兩種功能，彼此互不干擾。

**｜電路圖｜**

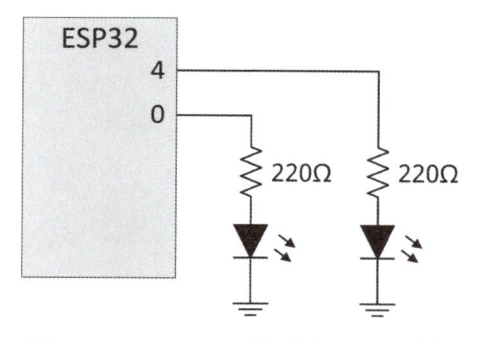

• 圖 8-30　ESP32 及兩個 LED 接線

範例中有一種 if 判斷式的簡易寫法，結構如下：

判斷式 ? 成立時執行 : 不成立時執行

這種寫法不是必要，只能說是為了炫技而存在的，如果對語法不熟，就不要用它了，使用標準的 if( ) 語法即可。

## ▎程式碼 ▎

```
01  /*
02   * 例8-12：利用時間戳記，讓2個LED各自在不同時間差亮滅
03   */
04
05  unsigned long lastTime1 = 0, lastTime2 = 0;    //各時間戳記的起點
06  bool state1, state2;                           //LED狀態
07  const byte LED1 = 4, LED2 = 0;                 //LED接腳
08
09  void setup() {
10    pinMode(LED1, OUTPUT);                       //接腳為輸出模式
11    pinMode(LED2, OUTPUT);
12  }
13
14  void loop() {
15    if (millis() - lastTime1 >= 1000) {          //此段每隔1秒會執行一次
16      lastTime1 = millis();                      //記錄下來此時間，供下一次比較用
17      state1 == HIGH ? state1 = LOW : state1 = HIGH; //if判斷式的簡易寫法
18      digitalWrite(LED1, state1);
19    }
20
21    if (millis() - lastTime2 >= 300) {           //此段每隔0.3秒會執行一次
22      lastTime2 = millis();                      //記錄下來此時間，供下一次比較用
23      state2 = !state2;                          //更簡易的寫法，直接反相state變數的值
24      digitalWrite(LED2, state2);
25    }
26  }
```

## 8-6 中斷及轉速偵測

當 ESP32 在認真工作時，如果有非常緊急的事件發生，必須立刻處理。可以使用中斷（Interrupt）來完成。發生中斷時，ESP32 會停下手邊的工作，優先處理中斷事件，處理完後才回來執行原本的工作。

中斷可以分為兩種類型：
- 硬體中斷：外部事件觸發。如：GPIO 中斷或觸摸中斷；
- 軟體中斷：事件觸發。如：計時器中斷、看門狗計時器中斷。

何時該選擇中斷作為輸入？
- 輸入**信號過快**，如編碼器、投幣機等，使用 digitalRead() 偵測不到；
- 想要偵測上緣、下緣、轉態等特殊狀態。

### 8-6.1 設定中斷及中斷服務程序

要使用中斷，有以下兩個步驟：

**Step 1 ▶** 設定中斷功能

在 setup() 中使用如下指令：

`attachInterrupt(中斷源, 呼叫函式, 觸發模式);`

此函式接收三個參數，分別為：

- 中斷源，每支接腳都可以作為中斷觸發腳，使用指令：digitalPinToInterrupt（接腳編號）指定，此函式可將接腳編號轉換為中斷編號；
- 呼叫函式：當發生中斷時，要呼叫並執行的函式；
- 觸發模式有五種，如圖 8-31 所示。

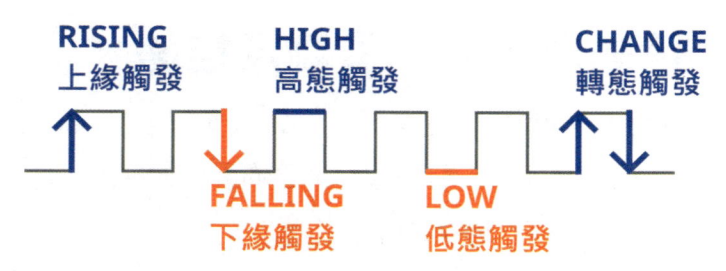

● 圖 8-31　外部中斷的幾種觸發模式

**Step 2 ▶** 撰寫中斷服務常式（interrupt service routine，ISR）

有幾個重點必須注意：

- 執行時間及內容必須**盡可能短**，最好是更動變數後即離開；
- 呼叫時不能有參數傳入，也不能回傳任何東西；
- millis( )、delay( ) 依靠中斷進行計數，因此在 ISR 中沒有功能；delayMicroseconds( ) 不使用計數器，可在 ISR 中執行。

例：指定 GPIO 33 作為中斷觸發腳，觸發中斷時呼叫 count( ) 函式，在接腳上緣時觸發。

```
volatile int step = 0;                  //中斷時要使用的變數
void setup(){
attachInterrupt(digitalPinToInterrupt(33), count, RISING);  //設定中斷功能
}
void IRAM_ATTR count() {                //中斷服務常式
  step++;                               //把變數加1
}
void loop(){}
```

註　有兩個宣告可讓中斷功能更完善。如果全域變數會在 ISR 中被更動，要宣告為 volatile；IRAM_ATTR 是將此段程式碼放在較快速的 SRAM 中。

## 8-6.2 電腦風扇轉速偵測及控速

電腦風扇使用無刷馬達製成，故相當安靜，如圖 8-32 所示。接頭有 3 Pin 及 4 Pin 兩種，前三支腳是通用的，如果有第四支腳，這個風扇還可以轉速控制。3 Pin 風扇可以直接插在 4 Pin 插座上。

• 圖 8-32　常見的 4 Pin 電腦風扇（台達電 AUB0812VH 風扇）

電腦風扇如果是接在主機板，接頭常見的規格是 molex 2510 系列，外觀如圖 8-33(a)，接腳定義如表 8-5。它的接腳規格相容於杜邦線的接腳，可以直接用 2.54 mm 寬的排針、或杜邦線連接，如圖 8-33(b)。

(a) molex 2510 系列　　　　　　(b) 插上 2.54 mm 排針

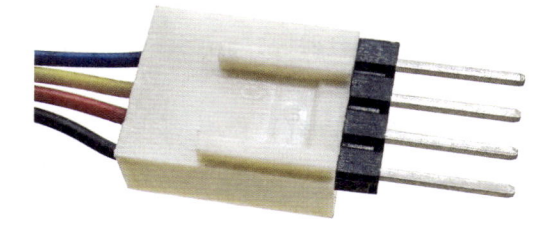

• 圖 8-33　常見的電腦風扇接腳規格

• 表 8-5　電腦風扇接腳規格

| 接腳 | 名稱 | 功能 |
| --- | --- | --- |
| 1（黑） | GND | 接地 |
| 2（紅） | 12V | 電源 |
| 3（黃） | TACH | 風扇轉速（tachometer） |
| 4（藍） | PWM | 轉速控制（PWM 信號，25 kHz） |

## 例 8-13 | 取得風扇轉速

因為風扇傳送出來的轉速信號過快，無法使用 digitalRead( ) 讀取，所以必須使用中斷的方式來截取信號。

風扇第 3 腳為開路集極式（open collector），必須外接提升電阻，好處是輸出信號的電壓準位可自訂。雖然電腦風扇的工作電壓是 12 V，但可用圖 8-34 的接線方式，取得準位為 3.3 V 的信號使用。

風扇轉一圈時，會輸出兩個脈波，風扇轉速的計算方式：

$$風扇轉速（rpm）= \frac{脈波數}{2} \times 60$$

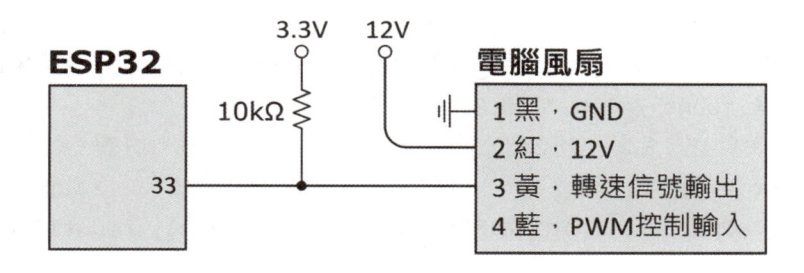

• 圖 8-34　取得電腦風扇轉速

下面程式碼利用中斷的方式，取得風扇的轉速。使用時間戳記的方式計時，避免使用 delay( ) 而卡住整個程式的流程。還有一個關鍵點，就是要開始計算轉速時，先把中斷關閉，停止累計，等算完轉速時再開啟中斷。

**|程式碼|**

```
01  /*
02   * 例8-13：計算電腦風扇額定轉速（在12V下）
03   */
04
05  const byte fanPin = 33;        //風扇轉速計信號輸入腳
06  volatile int count = 0;        //計數值
07  unsigned int lastTime = 0;     //時間戳記
```

```
08  float rpm = 0;                    //轉速
09
10  void IRAM_ATTR countISR() {   //中斷服務常式
11    count++;                        //計數值加1
12  }
13
14  void setup() {
15    pinMode(fanPin, INPUT);
16    attachInterrupt(digitalPinToInterrupt(fanPin), countISR, FALLING);
17    //設置風扇脈衝中斷函式，當信號上升時觸發
18    Serial.begin(9600);
19  }
20
21  void loop() {
22    //轉速計算，在這一秒中收集脈衝數量，再以此計算轉速
23    if (millis() - lastTime >= 1000) {              //如果時間過1秒了
24      detachInterrupt(digitalPinToInterrupt(fanPin)); //關閉中斷，不再累計
25      rpm = count / 2.0 * 60.0;
26      //計算轉速，每轉出現2個脈衝信號，乘上60把單位換為分鐘
27      count = 0;                                    //重置計數器
28      attachInterrupt(digitalPinToInterrupt(fanPin), countISR, FALLING);
29      //再度打開中斷
30      lastTime = millis();      //記錄這次的時間      //印出單位
31    }
32
33    Serial.print("rpm:");
34    Serial.println(rpm);                            //印出目前轉速
35  }
```

在 12 V 電壓供給之下，台達電 AUB0812VH 風扇，測得的轉速約 4890 rpm。直接使用示波器量測得 150 Hz，計算後轉速約 4500 rpm。

## 例 8-14 | 風扇轉速控制

利用序列埠監控視窗，輸入轉速值，讓風扇依指定的轉速旋轉。

因為電腦風扇使用的 PWM 不是 ESP32 預設的格式（1 kHz、8 位元），所以必須自訂 PWM 工作週期及解析度，在第 2-2.2 節有提過。指令如下：

```
analogWriteFrequency(25000);  //PWM頻率25 kHz，電腦風扇輸入信號規格
analogWriteResolution(8);     //PWM信號8bits解析度
```

設定 8 位元解析度代表，工作週期從 0% 到 100%，總共有 $2^8$ = 256 種變化，也就是可以讓風扇有 256 段轉速。如果頻率和解析度設定太高，會超出 ESP32 的能力而當機，夠用就好。

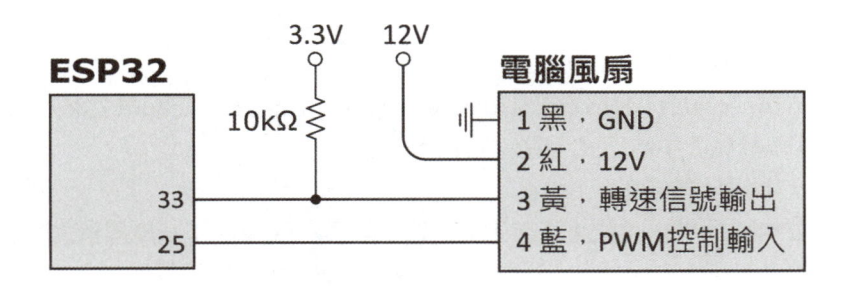

● 圖 8-35　透過 PWM 控制電腦風扇

在 1-3.4 節中，曾經提到序列輸入，那時是使用 Serial.read( )，一次只處理一個字元。現在需要指定的是一個數字如：150，會被分割為 1、5、0 三個字元處理。

因此改用 Serial.parseInt( )，它可以直接將輸入的數字處理好，可以直接得到 150 這個數值。要特別注意的是，序列埠監控視窗中，必須設定為「沒有行結尾（No Line Ending）」，不要再多送其他控制符號出去。

| 程式碼 |

```
01  /*
02   * 例8-14：從序列埠輸入PWM值，調整電腦風扇轉速
03   */
04
05  const byte PWMPin = 25;          //PWM信號輸出腳
06  const byte fanPin = 33;          //風扇轉速計信號輸入腳
07  volatile int count = 0;          //計數值
08  unsigned int lastTime = 0;       //時間戳記
09  float rpm = 0;                   //轉速
10  int PWM=0;
11
12  void IRAM_ATTR countISR() {      //中斷服務常式
13    count++;                       //計數值加1
14  }
15
16  void setup() {
17    pinMode(PWMPin, OUTPUT);
18    attachInterrupt(digitalPinToInterrupt(fanPin), countISR, FALLING);
19    //設置風扇脈衝中斷函式，當信號上升時觸發
20    Serial.begin(9600);
21    analogWriteFrequency(25000); //PWM頻率25 kHz，電腦風扇輸入信號規格
22    analogWriteResolution(8);    //PWM信號8bits解析度
23  }
24
25  void loop() {
26    //轉速計算，在這一秒中收集脈衝數量，再以此計算轉速
27    if (millis() - lastTime >= 1000) {                //如果時間過1秒了
28      detachInterrupt(digitalPinToInterrupt(fanPin)); //關閉中斷，不再累計
29      rpm = count / 2.0 * 60.0;
30      //計算轉速，每轉出現2個脈衝信號，乘上60把單位換為分鐘
31      count = 0;                                      //重置計數器
32      attachInterrupt(digitalPinToInterrupt(fanPin), countISR, FALLING);
33      //再度打開中斷
34      lastTime = millis();                            //記錄這次的時間
35    }
36
```

```
37    if(Serial.available()){
38        PWM = Serial.parseInt();                //從緩衝區中取出整數
39        if(PWM < 0) PWM = 0;                    //限制數值範圍為0到255
40        if(PWM > 255) PWM = 255;
41        analogWrite(PWMPin, PWM);
42    }
43
44    Serial.print("rpm:");
45    Serial.print(rpm);                          //印出目前轉速
46    Serial.print(",");
47    Serial.print("PWM:");
48    Serial.println(PWM);                        //印出PWM值
49 }
```

指定 PWM 數值，從 0 到 255，就可以控制風扇的轉速。並可畫成下面的折線圖，可以看到輸入電壓及轉速關係。

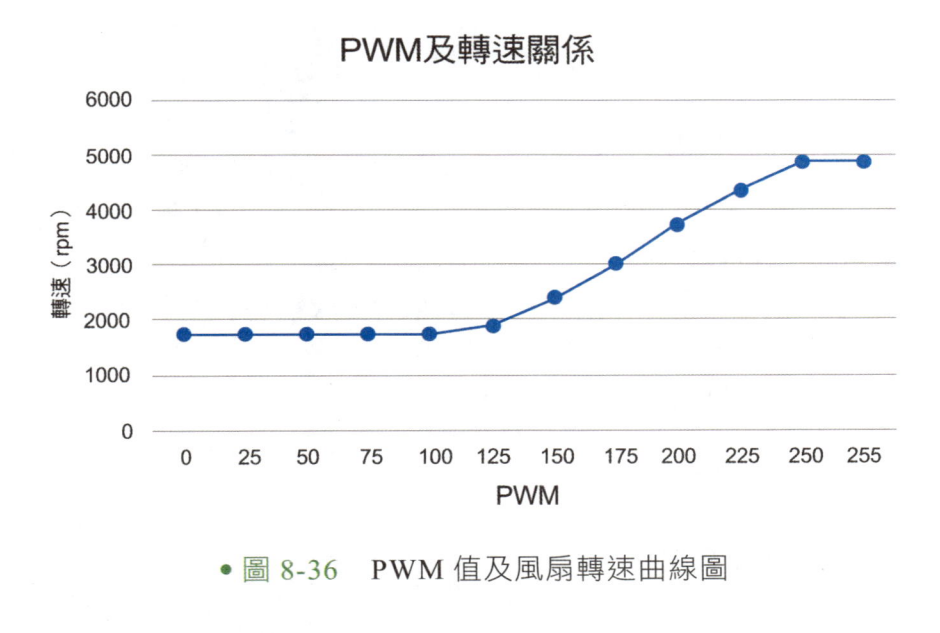

● 圖 8-36　PWM 值及風扇轉速曲線圖

## 例 8-15 │ 指定風扇轉速

在上一個範例,得到了特性曲線圖。由圖可知,能讓風扇轉速有明顯的變化,PWM 值在 125 及 250 之間,轉速相對為 1890 rpm 到 4890 rpm 之間。

可以透過這個曲線圖,依想要的轉速,反推回適當的 PWM 值。假設特性曲線是直線,就可以簡單的使用 map( ) 函式進行轉換,如下指令,就可以將轉速進行轉換為相對的 PWM 值:

```
PWM = map(speed, 1890, 4890, 125, 250);
```

因為 map( ) 函式轉換出來的值是浮點數,analogWrite( ) 不接受,所以額外加上 (int) 指令,強制轉換型別,再送給 analogWrite( ) 使用。為了避免 map( ) 轉換出來的值過大、過小或是負數,再透過簡單的 if( ) 判斷式,進行數值範圍的限制。以上觀念呈現於程式碼中。

### ▍程式碼▍

```
01  /*
02   * 例8-15:指定風扇轉速
03   */
04
05  const byte PWMPin = 25;        //PWM信號輸出腳
06  const byte fanPin = 33;        //風扇轉速計信號輸入腳
07  volatile int count = 0;        //計數值
08  unsigned int lastTime = 0;     //時間戳記
09  float rpm = 0;                 //轉速
10  long PWM=0;
11
12  void IRAM_ATTR countISR() {    //中斷服務常式
13    count++;                     //計數值加1
14  }
15
16  void setup() {
17    pinMode(PWMPin, OUTPUT);
18    attachInterrupt(digitalPinToInterrupt(fanPin), countISR, FALLING);
19    //設置風扇脈衝中斷函式,當信號上升時觸發
```

```
20    Serial.begin(9600);
21    analogWriteFrequency(25000);  //PWM頻率25 kHz,電腦風扇輸入信號規格
22    analogWriteResolution(8);     //PWM信號8bits解析度
23  }
24
25  void loop() {
26    //轉速計算,在這一秒中收集脈衝數量,再以此計算轉速
27    if (millis() - lastTime >= 1000) {                    //如果時間過1秒了
28      detachInterrupt(digitalPinToInterrupt(fanPin));  //關閉中斷,不再累計
29      rpm = count / 2.0 * 60.0;
30      //計算轉速,每轉出現2個脈衝信號,乘上60把單位換為分鐘
31      count = 0;                                          //重置計數器
32      attachInterrupt(digitalPinToInterrupt(fanPin), countISR, FALLING);
33      //再度打開中斷
34      lastTime = millis();                                //記錄這次的時間
35    }
36
37    if(Serial.available()){
38      int speed = Serial.parseInt();                    //取得指定的速度
39      PWM = map(speed, 1890, 4890, 125, 250);           //數值轉換
40      if (PWM < 125) PWM = 125;       //限定PWM的上下限,避免轉換出怪異值
41      if (PWM > 255) PWM = 255;
42      analogWrite(PWMPin, (int)PWM);
43      //將PWM轉型別為整數,analogWrite才會接受
44    }
45
46    Serial.print("rpm:");
47    Serial.print(rpm);                                    //印出目前轉速
48    Serial.print(",");
49    Serial.print("PWM:");
50    Serial.println(PWM);                                  //印出PWM值
51  }
```

程式上傳後,將序列埠監控視窗,設定為「沒有行結尾(No Line Ending)」,並輸入期望的轉速試看看。有誤差是正常的,幾十元的風扇,及一百多元的ESP32,不應該要求它們跟工業級的一樣準。

## 8-6.3 旋轉編碼器

有看過那種怎麼轉卻都轉不到邊界的旋鈕嗎？那不是可變電阻，而是旋轉編碼器（rotary encoder）。它傳送的信號也很快，所以必須使用中斷處理。

編碼器的應用十分廣泛，圖 8-37(a) 為滑鼠滾輪編碼器，使用機械開關式；圖 8-37(b) 為裝在馬達底部，使用霍爾元件的磁感應式；圖 8-37(c) 用於檢測馬達轉速，為使用編碼盤的光學式。

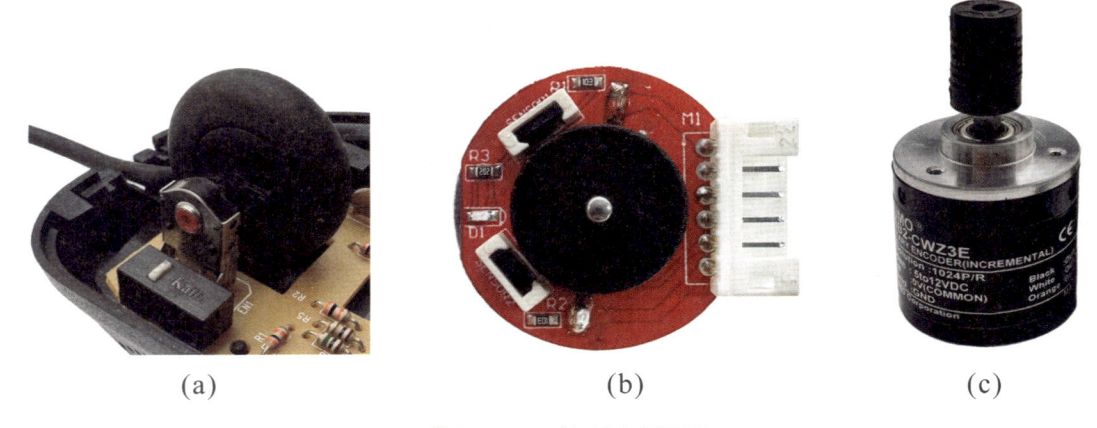

(a)　　　　　　　　(b)　　　　　　　　(c)

● 圖 8-37　旋轉編碼器

旋轉編碼器（Encoder）可以將旋轉動作轉變為數位信號。工作原理如下，將圓盤挖洞，有遮部分及挖洞部分面積相同，就有 90 度的相位差。使用對照式紅外線收發器，兩套收發器就可形成 A、B 兩相的信號，除了可偵測轉速，也可以偵測轉向。

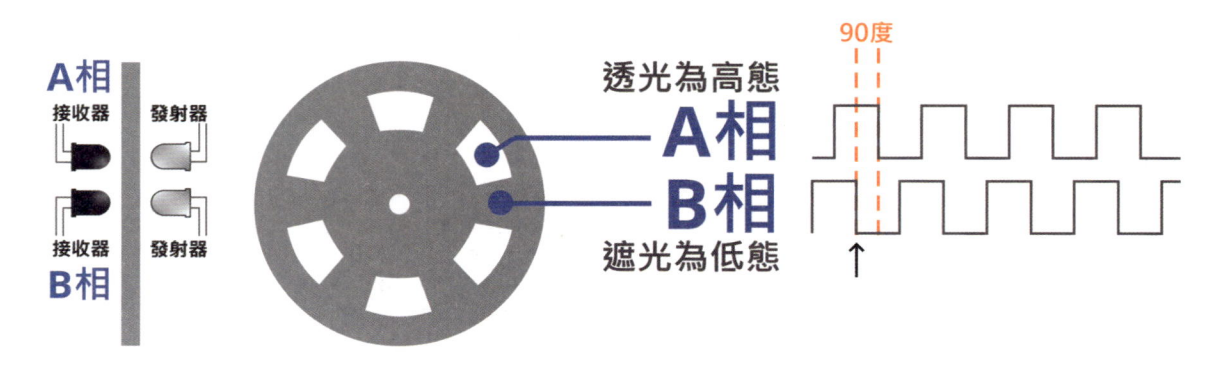

● 圖 8-38　編碼器工作原理

## 如何偵測正反轉

如果只要知道轉速,一個波形就足夠了,就像前一節講的電腦風扇。如果要知道轉向,則需要兩個波形,稱為 A、B 兩相。

**相位的前後是「人類定義的」**,通常會定義為**逆時針旋轉為正轉**;**順時針旋轉為逆轉**。以圖 8-39 為例,正轉時,時間流往右。當 A 相上緣觸發中斷,檢查 B 相會是低態。

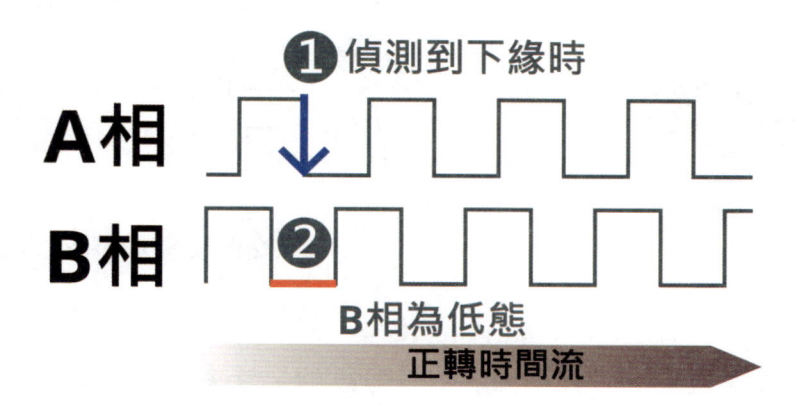

● 圖 8-39 正轉時,編碼器信號狀態

而逆轉時,時間流向是反過來的。當 A 相上緣觸發中斷,檢查 B 相會是高態。這個邏輯來寫程式碼,就可以判斷正反轉了。

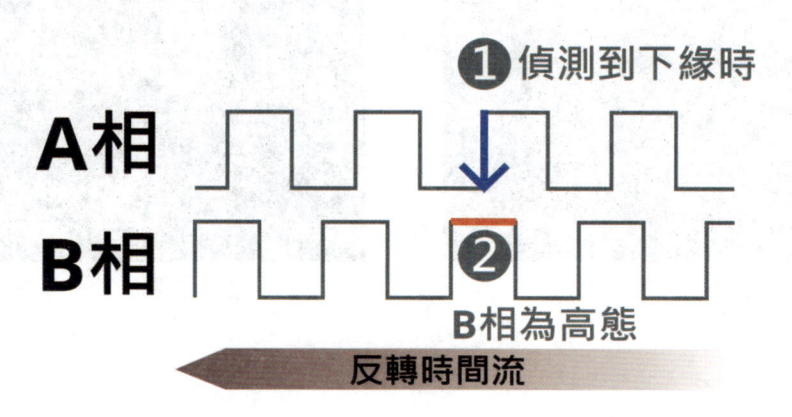

● 圖 8-40 反轉時,編碼器信號狀態

## 例 8-16 │ 旋轉編碼器轉向及步數偵測

選用編號 KY-040 旋轉編碼器，旋轉一圈可以送出 20 個脈波。外型及接線圖如圖 8-41，可以從 CLK 及 DT 兩腳取出 A 相及 B 相的電位。至於為什麼稱作 CLK 及 DT，只有當初設計這商品的人才知道了。

(a) 旋轉編碼器 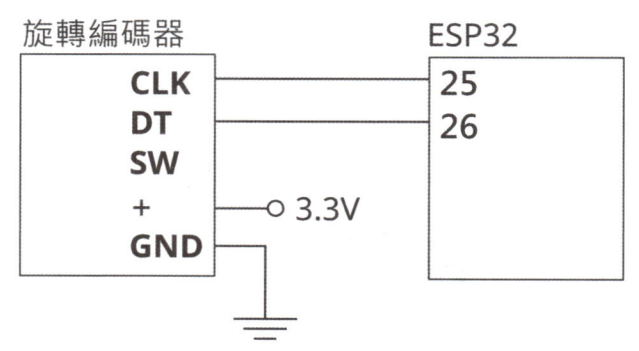　　　　　　　　(b) ESP32 及旋轉編碼器接線

● 圖 8-41

此種編碼器的工作方式，接腳平時為高態，當旋轉一格時，動作波形如圖 8-42(a)。可在圖中看到很多開關彈跳的雜波，因此除開關彈跳是必要的。以圖 8-42(a) 為例，當上方的 A 相降到低態時，下方的 B 相剛好在低電位。

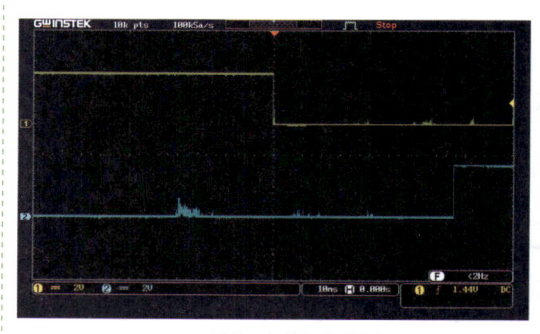

(a) 正轉（逆時針） 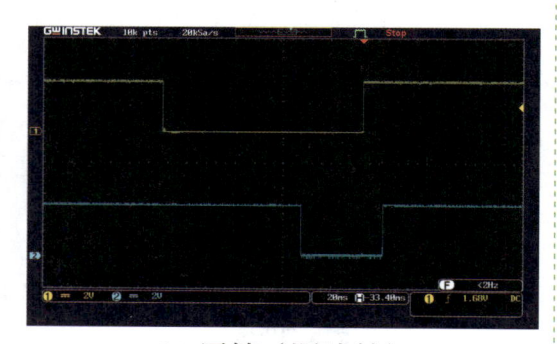　　　　　　(b) 反轉（順時針）

● 圖 8-42

當旋轉較多格時，截取到的圖形如圖 8-43，可發現幾個點：

1. 跳格的過程，波形會降到低電位，再回到高電位；
2. B 相的相位，不是完美的延遲 A 相 90 度，有時提前有時延後（便宜貨）；
3. 人不是機器，手轉動轉軸的動作有快有慢，導致每個波形的週期不同；
4. 基於以上理由，使用延時方式，是最簡單解決開關彈跳的方法，但無法完美解決。

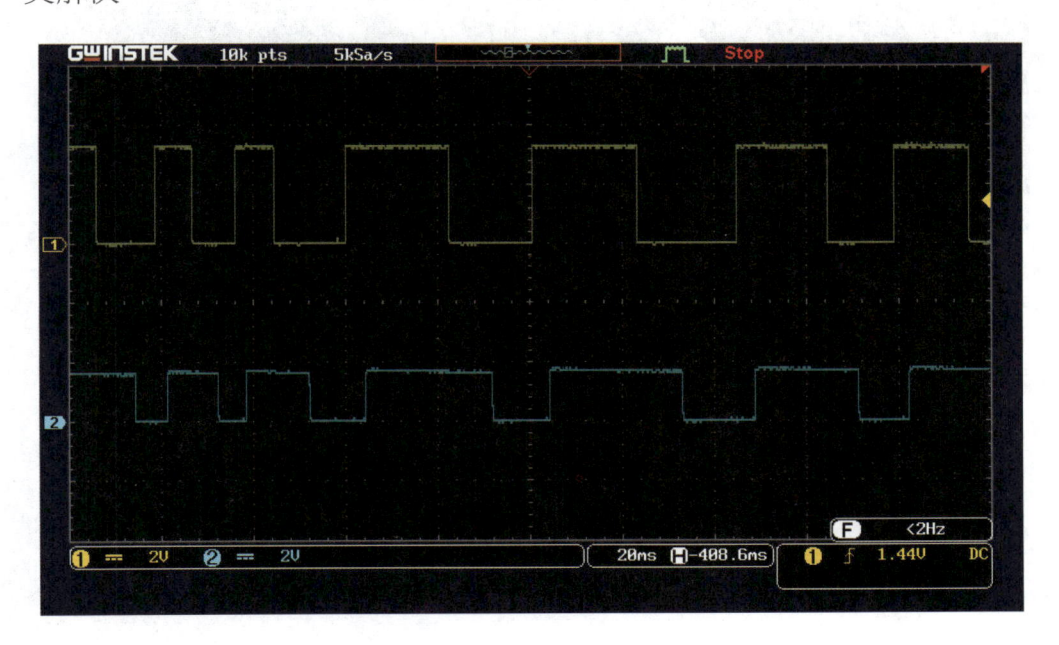

- 圖 8-43　將示波器的掃瞄週期調低，可以記錄多個信號

根據實測及分析，較可行的方法如圖 8-44，可將誤差降低。至於開關彈跳的時間，以及信號週期的時間是以實測為主，同學若拿到的編碼器不同，請親自測試並調校參數。

進入中斷處理常式後，為了避免再次觸發中斷，要先執行 detachInterrupt( ) 解除中斷，執行演算後，於最後一行使用 attachInterrupt( ) 重新啟動中斷。

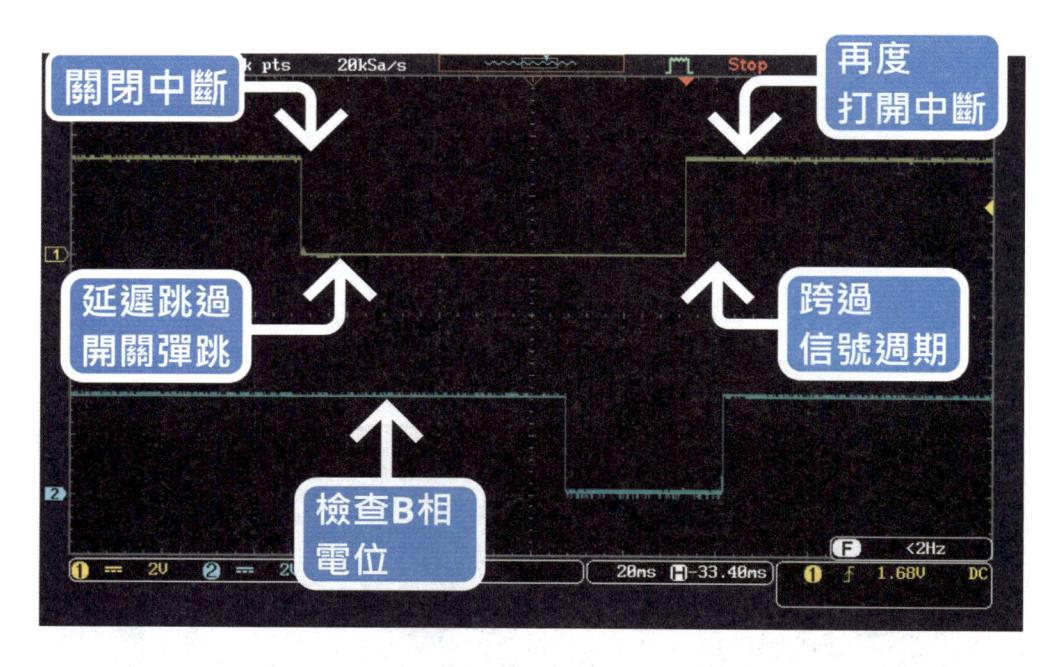

● 圖 8-44　經過示波器截取波形後，決定的程式撰寫策略

**｜程式碼｜**

```
01  /*
02   * 例8-16：偵測旋轉編碼器的轉向，以及偵測到的步數
03   * 程式碼中的delay時間都是實際操作及觀測示波器得來
04   * 不同零件或有不同屬性，程式可能需要修改時間
05   */
06
07  int count = 0;                              //計數值
08  volatile bool turn = false;                 //是否有轉動
09  const byte phaseA = 25;                     //A相接腳
10  const byte phaseB = 26;                     //B相接腳
11
12  void IRAM_ATTR count() {                    //中斷服務常式
13    turn = true;                              //標記有轉動
14  }
15
16  void setup() {
17    pinMode(phaseA, INPUT_PULLUP);            //25腳為A相
18    pinMode(phaseB, INPUT_PULLUP);            //26腳為B相
```

```
19      attachInterrupt(digitalPinToInterrupt(phaseA), count, FALLING);
20      //設定中斷功能
21      Serial.begin(9600);                    //啟動序列傳輸
22    }
23
24    void loop() {
25      if (turn == true) {                    //如果有轉動
26        detachInterrupt(digitalPinToInterrupt(phaseA));
27        //關閉中斷，防止再被中斷
28        delay(5);                            //延遲跳過開關彈跳
29        if (digitalRead(phaseB) == false) {//如果B相為低態，則為正轉(逆時針)
30          count++;                           //計數加一
31          Serial.println("馬達正轉，目前步數為：" + String(step));
32          //利用String()將變數step轉為字串，以便組合並輸出
33        } else {                             //B相為高態，為逆轉(順時針)
34          count--;                           //計數減一
35          Serial.println("馬達反轉，目前步數為：" + String(step));
36        }
37        delay(200);                          //跨過信號週期
38        turn = false;                        //重置旗標：有轉動
39        attachInterrupt(digitalPinToInterrupt(phaseA), count, FALLING);
40        //再度打開中斷
41      }
42    }
```

## 8-6.4 直流馬達轉速及轉向偵測

圖 8-45 的直流馬達，外掛齒輪箱減速並提升轉矩，後面加上編碼器，可以回傳目前馬達旋轉的資訊。

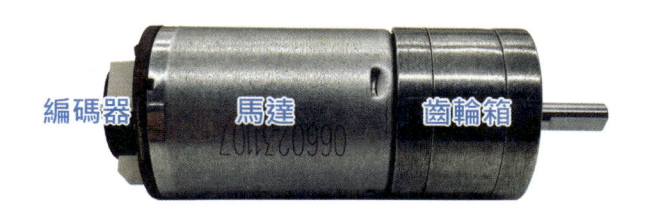

- 圖 8-45　商品名稱為 JGA25-370 直流減速電機

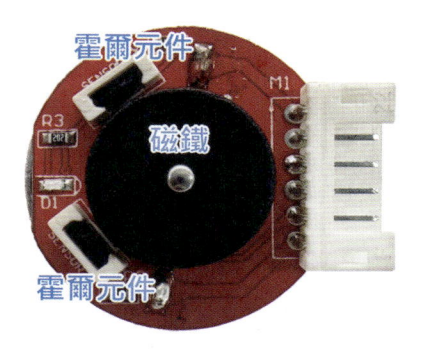

- 圖 8-46　從背面看時，可看到旋轉編碼器，採用霍爾元件感應

### 例 8-17 ｜偵測馬達轉速

此馬達的規格如下：

- 額定電壓為 6 V；
- 編碼器轉一圈送出 11 個信號；
- 空載時的轉速為 1360±10% rpm；
- 齒輪箱的減速比為 4.4，代表速度下降 4.4 倍，轉矩上升 4.4 倍。

基於馬達的規格，轉速的計算方式為：

$$轉速（rpm）= \frac{信號數}{11 \times 4.4} \times 60 秒$$

接線圖如下，因為馬達有拖動齒輪箱，所以需要較大的電流，**一定要使用外部電源供電**，否則會因電流不足而轉不動。

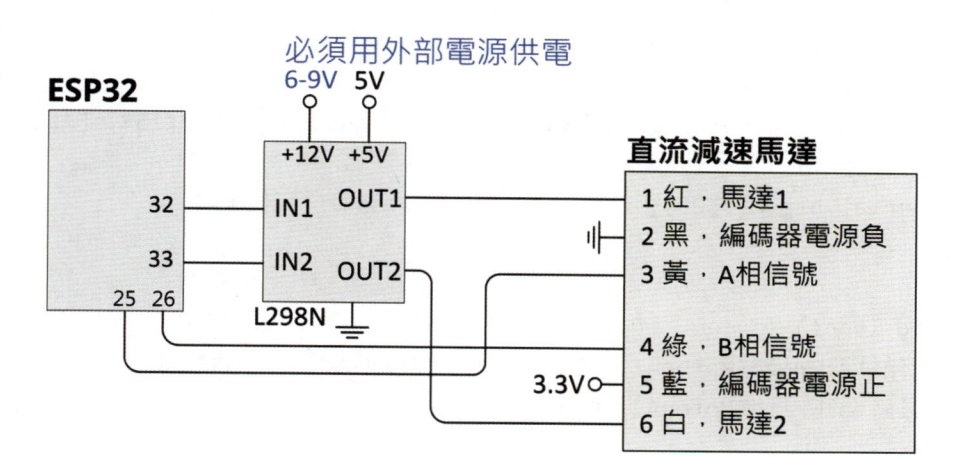

• 圖 8-47　ESP32 透過 L298N，驅動直流減速馬達，並回收編碼器信號

在這個範例中，為了避免使用 delay() 指令，會將整個系統停住的問題。改採用時間戳記來計時。

## | 程式碼 |

```
01  /*
02   * 例8-17：偵測馬達轉速
03   */
04
05  const byte phaseA = 25;              //A相接腳
06  const byte phaseB = 26;              //B相接腳
07  const byte MotorA1 = 32;             //輸出至L298N模組IN1
08  const byte MotorA2 = 33;             //輸出至L298N模組IN2
09  volatile int count = 0;              //計數值
10  unsigned int lastTime = 0;           //時間戳記
11  float rpm = 0;                       //轉速
12
13  void IRAM_ATTR countISR() {          //中斷服務常式
14    count++;                           //計數值加1
15  }
16
```

```
17  void setup() {
18    pinMode(phaseA, INPUT_PULLUP);       //25腳為A相
19    pinMode(phaseB, INPUT_PULLUP);       //26腳為B相
20    pinMode(MotorA1, OUTPUT);
21    pinMode(MotorA2, OUTPUT);
22    attachInterrupt(digitalPinToInterrupt(phaseA), countISR, FALLING);
23    //設定中斷功能
24    Serial.begin(9600);                  //啟動序列傳輸
25  }
26
27  void loop() {
28    digitalWrite(MotorA1, HIGH);         //A1腳高態，A2腳低態，馬達正轉
29    digitalWrite(MotorA2, LOW);
30
31    if (millis() - lastTime >= 1000) {   //如果時間過1秒了
32      detachInterrupt(digitalPinToInterrupt(phaseA)); //關閉中斷，不再累計
33      rpm = (count / 11.0 /4.4) * 60.0;
34      //計算轉速，每轉11個信號，齒輪比4.4倍，乘60把單位換為分鐘
35      count = 0;                         //重置計數器
36      attachInterrupt(digitalPinToInterrupt(phaseA), countISR, FALLING);
37      //再度打開中斷
38      lastTime = millis();               //記錄這次時間
39    }
40    Serial.print(rpm);                   //印出目前轉速
41    Serial.println(" rpm");              //印出單位
42  }
```

實際運轉之後，從序列埠監控視窗中看到的轉速是 950 rpms 左右。如果不透過 L298N，直接給予馬達電壓，轉速可達 1250 rpm 左右，那是因為經過 L298N 之後，電能有損耗。若很在意效能，可以尋找效率較高的代替品。上述的轉速和官方給予的數據（1360 rpm）有差距。

## 例 8-18 偵測馬達轉速及轉向

上一例是偵測轉速，本例再多加一個轉向的偵測。

使用示波器偵測旋轉編碼器的截圖如下，當 A 相脈波下緣時，B 相是低態。**信號的部分**符合之前對於正轉的定義。**實際的轉向**則不同，正面看著轉軸時，馬達是**順時針旋轉**的，和旋轉編碼器的方向剛好相反。

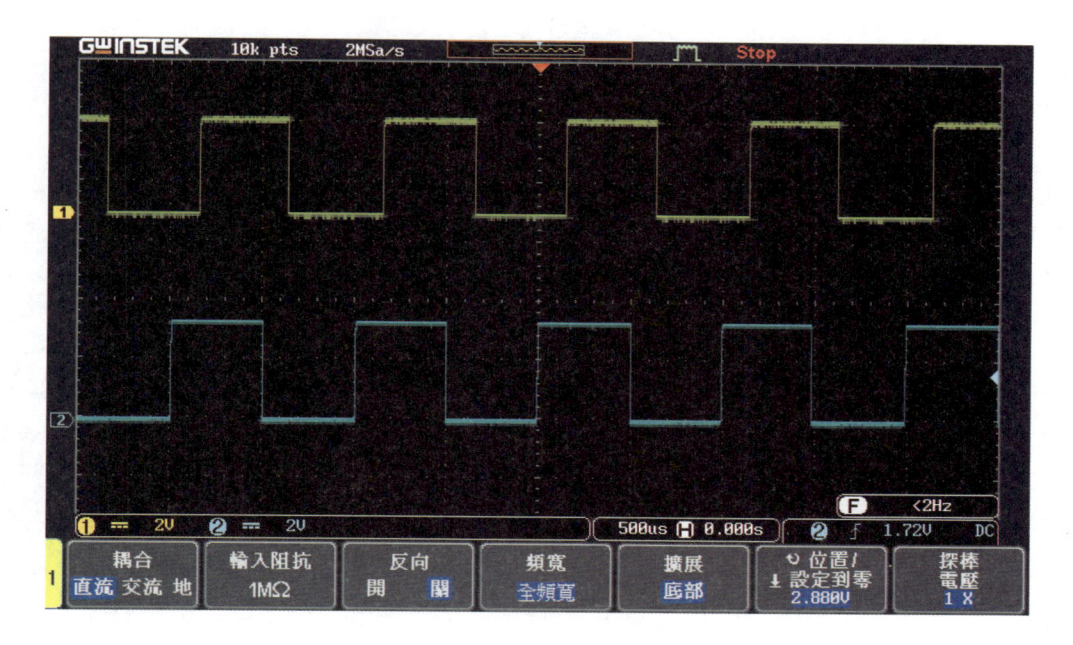

● 圖 8-48　直流減速馬達的編碼器，回傳之信號

由於馬達的轉速持續且穩定，正轉反信號的偵測，就不必像旋轉編碼器那樣複雜。

### 程式碼

```
01  /*
02   * 例8-18：偵測馬達轉速及轉向
03   */
04
05  const byte phaseA = 25;              //A相接腳
06  const byte phaseB = 26;              //B相接腳
07  const byte MotorA1 = 32;             //輸出至L298N模組 IN1
```

```
08   const byte MotorA2 = 33;                  //輸出至L298N模組 IN2
09   volatile int count = 0;                   //計數值
10   unsigned int lastTime = 0;                //時間戳記
11   bool direction = false;                   //轉向，true為正轉；false為反轉
12   float rpm = 0;                            //轉速
13
14   void IRAM_ATTR countISR() {               //中斷服務常式
15     count++;                                //計數值加1
16     if(digitalRead(phaseB)==false)          //正轉
17       direction = true;                     //標記為正轉
18     else
19       direction = false;                    //標記為反轉
20   }
21
22   void setup() {
23     pinMode(phaseA, INPUT_PULLUP);          //25腳為A相
24     pinMode(phaseB, INPUT_PULLUP);          //26腳為B相
25     pinMode(MotorA1, OUTPUT);
26     pinMode(MotorA2, OUTPUT);
27     attachInterrupt(digitalPinToInterrupt(phaseA), countISR, FALLING);
28     //設定中斷功能
29     Serial.begin(9600);                     //啟動序列傳輸
30   }
31
32   void loop() {
33     digitalWrite(MotorA1, HIGH);            //A1腳高態，A2腳低態，馬達正轉
34     digitalWrite(MotorA2, LOW);
35
36     if (millis() - lastTime >= 1000) {      //如果時間過1秒了
37
38       if(direction==true)                   //根據旗標顯示正反轉資訊
39         Serial.print("正轉");
40       else
41         Serial.print("反轉");
42
43       detachInterrupt(digitalPinToInterrupt(phaseA));//關閉中斷，不再累計
```

```
44      rpm = (count / 11.0 /4.4) * 60.0;
45      //計算轉速,每轉11個信號,齒輪比4.4倍,乘60把單位換為分鐘
46      count = 0;                          //重置計數器
47      attachInterrupt(digitalPinToInterrupt(phaseA), countISR, FALLING);
48      //再度打開中斷
49      lastTime = millis();                //記錄這次時間
50
51      Serial.print(rpm);                  //印出目前轉速
52      Serial.println(" rpm");             //印出單位
53    }
54  }
```

通常單純知道轉速的意義不大,真正要發揮功能的,是控制轉速。例如電腦風扇的轉速控制;如果做在自走車,就可以維持兩輪轉速一致,車子就不會偏一邊了。有興趣的同學,可以朝著 PID(比例、積分、微分)方向研究。

# Chapter 8　課後習題

_____ 1. IoT 指的是

(A) 連網對戰　(B) 無線網路　(C) 物聯網　(D) 人工智慧。

_____ 2. 根據統計，人類覺得最舒適的溫度範圍是何種？

(A) 低於 20 度 C　　　　　　(B) 高於 31 度 C

(C) 25 度 C 附近 2 度　　　　(D) 依心情及地點而定。

_____ 3. 下列何者不屬於 $PM_{2.5}$？

(A) 落塵　(B) 車輛廢氣　(C) 燃燒產物　(D) 花粉。

_____ 4. $PM_{2.5}$ 被視為危害的主要原因是

(A) 造成空氣視線不良

(B) 它能接直穿透肺泡，帶有害物質進入人體

(C) 它無法排出人體

(D) 它是熱門新聞焦點。

_____ 5. 關於空氣品質指數（Air Quality Index，AQI），以下何者正確？

(A) 只表達 $PM_{2.5}$

(B) 六種對人體有害的物染物擇最高值表達

(C) 數值愈大，空氣品質愈好

(D) 政府非以此為公告指標。

_____ 6. ThingSpeak 網站最主要提供的功能是

(A) 將資料記錄並製圖　　　(B) 控制 I/O

(C) 人工智慧判斷　　　　　(D) 進行大量數學演算。

_____ 7. 如果我們要做物聯網，可以使用何種通訊協定？

(A) FTP　(B) TCP/IP　(C) MQTT　(D) DHCP。

_____ 8. MQTT 中負責作為中介，將發布者的訊息轉送給訂閱者的是

(A) 藍牙　(B) Wi-Fi　(C) LoRa　(D) 經紀人（Broker）。

9. 我們從 MQTT 發送出去的訊息，可以設定什麼參數，以確保對方收的到訊息？
   (A) SSL　(B) PaaS　(C) BBS　(D) QoS。

10. 何種無線電傳輸協定，可以在低能耗下進行長距離的通訊？
    (A) ZigBee　(B) Wi-Fi　(C) LoRa　(D) Bluetooth。

11. 無論是有線的，還是無線的傳輸設備，都具有一種和它們溝通的語法，稱為什麼？
    (A) AT 指令　(B) AT 力場　(C) AT&T　(D) ATM。

12. 如果感測器有大量的資料要記錄，卻又無法透過網路上傳，可以考慮使用何種方式？
    (A) 直接放棄
    (B) 記錄到 SD 卡
    (C) 存到 ESP32 的 SPIFFS 記憶體空間
    (D) 存到 ESP32 的 EEPROM。

13. 目前 ESP32 可以支援最高階的 SD 卡格式為
    (A) SD　(B) SDHC　(C) SDXC　(D) SDUC。

14. 無論是 C 語言或是任何語言，要讀取或寫入檔案之前，必須對它做什麼動作？
    (A) read　(B) write　(C) open　(D) close。

15. 現今在網路傳輸資料的主要格式，有 XML、CSV，還有一個是
    (A) DOC　(B) TXT　(C) XLSX　(D) JSON。

16. 我們從網路上收到個字串，裡面有 JSON 資料，必須做哪個動作，才能把它轉為 JSON 物件？
    (A) 反序列化　(B) 序列化　(C) 宣告　(D) 釋放。

17. 當我們做好 JSON 物件，也存了資料進去。想要把它傳送到網路，給另外一個機器讀取，必須先做什麼動作？
    (A) 釋放　(B) 宣告為物件　(C) 反序列化　(D) 序列化。

# A

# 附錄

附錄一　課後習題參考答案

附錄二　AMA Specialist Level 先進微控制器應用認證術科測試試題

附錄三　AMA Expert Level 先進微控制器應用認證術科測試試題

※ 以「數位線上閱讀電子書模式」提供 AMA Specialist 及 Expert 先進微控制器應用認證學科試題

# 附錄一　課後習題參考答案

### Chapter 1

| | | | | |
|---|---|---|---|---|
| 1. B | 2. B | 3. A | 4. D | 5. C |
| 6. C | 7. D | 8. D | 9. A | 10. B |
| 11. C | 12. A | 13. B | 14. A | |

### Chapter 2

| | | | | |
|---|---|---|---|---|
| 1. A | 2. A | 3. A | 4. B | 5. C |
| 6. A | 7. A | 8. C、D | 9. D | 10. A |
| 11. D | 12. D | 13. B | 14. A | |

### Chapter 3

| | | | | |
|---|---|---|---|---|
| 1. C | 2. D | 3. A | 4. C | 5. A |
| 6. A | 7. A | 8. A | 9. D | 10. C |
| 11. A | 12. B | 13. D | 14. B | 15. C |

### Chapter 4

| | | | | |
|---|---|---|---|---|
| 1. A | 2. B | 3. A | 4. C | 5. A |
| 6. C | 7. D | 8. A | 9. A | 10. C |

### Chapter 5

| | | | | |
|---|---|---|---|---|
| 1. D | 2. A | 3. B | 4. C | 5. C |
| 6. D | 7. D | 8. B | 9. D | 10. B |
| 11. A | 12. D | 13. C | 14. D | 15. B |

### Chapter 6

| | | | | |
|---|---|---|---|---|
| 1. A | 2. B | 3. D | 4. D | 5. D |
| 6. A | 7. B | 8. D | 9. C | 10. A |

### Chapter 7

| | | | | |
|---|---|---|---|---|
| 1. ABC | 2. C | 3. A | 4. D | 5. A |
| 6. A | 7. D | 8. A | 9. C | 10. B |
| 11. C | 12. C | 13. C | | |

### Chapter 8

| | | | | |
|---|---|---|---|---|
| 1. C | 2. C | 3. A | 4. B | 5. B |
| 6. A | 7. C | 8. D | 9. D | 10. C |
| 11. A | 12. C | 13. B | 14. C | 15. D |
| 16. A | 17. D | | | |

# 附錄二　AMA Specialist Level 先進微控制器應用認證術科測試試題

## 壹、AMA Specialist 微控制器應用認證術科測試試題使用說明

一、本試題係依「試題公開」方式命製，共分兩大部分，第一部分為全套試題，其內容包含：試題使用說明、術科測試辦理單位應注意事項、術科測試流程圖、應檢人須知、自備材料表。第二部分為術科測試應檢參考資料，其內容包含：試題編號、名稱及內容、監評人員現場指定內容表、認證材料表、評分標準表。

二、本試題包含自行裝配電路、撰寫程式，題目內容將包含透過按鈕控制風扇轉動、利用七段顯示器來顯示風扇轉動狀態及蜂鳴器來提示聲音。

## 貳、AMA Specialist 微控制器應用認證術科測試辦理單位注意事項

一、考場人員需求（以每場次認證人數 25 人計算）

    1. 監評人員以 3 人為原則，由監評人員共推 1 人為監評長。

    2. 每場認證人數超過 25 人，須增聘監評人員 1 人，由 ITM 協會指派。

    3. 每場認證應安排考場主任 1 人，試務人員 1 人，場地管理人 1 人，服務人員 1 人。

二、考場設備 / 材料需求

    1. 請依應檢人數，準備各場次所需器材，包含應檢材料、電腦，俾供認證使用。

    2. 辦理單位需具備 1 間合格考場；表中所列每場檢定人數及機具設備名稱、規格、單位、數量等項目內容請勿擅自更動。**崗位數　25　人**

| 項目 | 機具或設備名稱 | 規格 | 單位 | 數量 | 備註 |
|---|---|---|---|---|---|
| 1 | ESP32 開發板 | Node MCU ESP-32S（38 腳） | 片 | 25(5) | 括號內為備用數量 |
| 2 | AMA 多功能實驗板 | 實驗板型號 | 片 | 25(5) | 括號內為備用數量 |
| 3 | USB 風扇 | 考場專用 USB 風扇 | 台 | 25(5) | 括號內為備用數量 |
| 4 | 傳輸線 | Mini USB×2 | 條 | 25(5) | 括號內為備用數量 |
| 5 | 杜邦連接線 | 1pin 紅、黑、黃、綠、藍色各 ×6 條 | 組 | 25(5) | 括號內為備用數量 |
| 6 | 時鐘 |  | 個 | 1 |  |
| 7 | 抽籤筒 | 內含 25 顆數字球 | 個 | 1 |  |

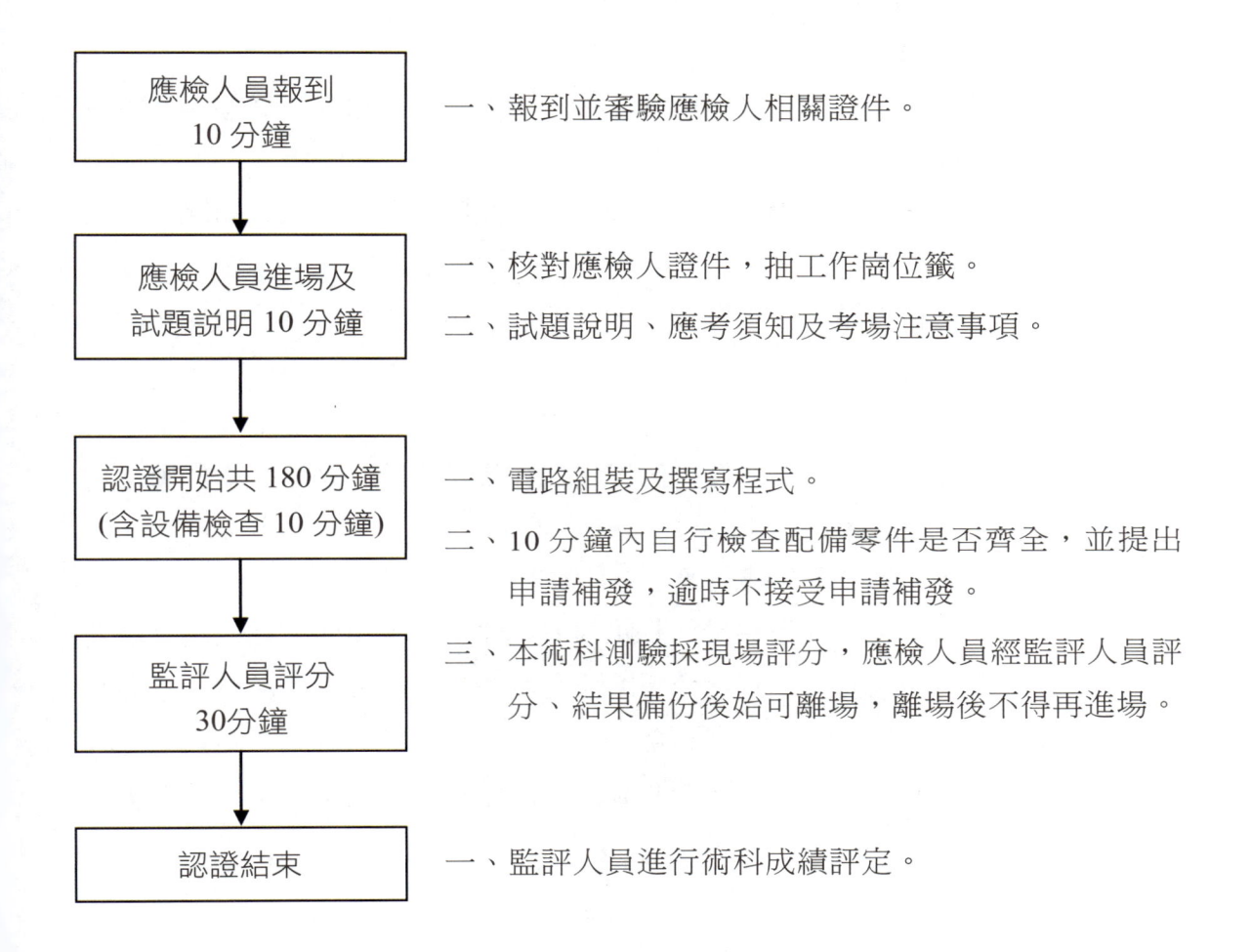

## 參、AMA Specialist 微控制器應用認證術科測試流程圖

|  |  |
|---|---|
| 應檢人員報到 10 分鐘 | 一、報到並審驗應檢人相關證件。 |
| 應檢人員進場及試題說明 10 分鐘 | 一、核對應檢人證件，抽工作崗位籤。<br>二、試題說明、應考須知及考場注意事項。 |
| 認證開始共 180 分鐘（含設備檢查 10 分鐘） | 一、電路組裝及撰寫程式。<br>二、10 分鐘內自行檢查配備零件是否齊全，並提出申請補發，逾時不接受申請補發。<br>三、本術科測驗採現場評分，應檢人員經監評人員評分、結果備份後始可離場，離場後不得再進場。 |
| 監評人員評分 30分鐘 | |
| 認證結束 | 一、監評人員進行術科成績評定。 |

## 肆、AMA Specialist 微控制器應用認證術科測試應檢人須知

一、報到與進場

1. 應檢人依接到通知的日期、時間，攜帶准考證或術科測試通知單向考場報到，辦理驗證手續。
2. 除試題規定應檢人可攜帶之器具外，其它試題參考資料及與認證無關之物品，應置於場外。
3. 進場後，應檢人請將手機關機，考試期間若經發現拿手機出來使用者，以不及格論處。
4. 應檢人完成報到手續後，由監評人員主持工作崗位號碼的抽籤，決定應檢人當日認證使用的 I/O 埠。每場次工作崗位上指定的 I/O 埠，應平均分配包含本測試試題所列的的三組 I/O 埠。
5. 試題須經辦理單位蓋有戳記者方為有效。
6. 應檢人就定位後，由監評長就試題內容及注意事項說明。為保障應檢人權益，請應檢人先行填寫評分標準表之認證日期、准考證編號、姓名及工作崗位號碼等，再行開始認證。
7. 應檢人有任何疑問，應令其舉手發問，由監評人員直接說明，不得讓應檢人與他人互相討論。

二、認證考試期間

1. 應檢人認證開始後，遲到 15 分鐘（含）以上者，以棄權缺考論處，不得進場。
2. 應檢人在認證開始 10 分鐘內，應檢查所需使用的電腦、應檢材料，及參考程式，如有問題，應立即報告監評人員處理，否則不予補發。
3. 應檢人不得夾帶任何圖說和其他檔案資料進場，一經發現，即視為作弊，以不及格論處。
4. 應檢人不得將試場內之任何器材及資料等攜出場外，否則以不及格論處。

5. 應檢人不得接受他人協助或協助他人受檢,如發現則視為作弊,雙方均以不及格論處。
6. 應檢人於測試中,若因急迫需上洗手間,須取得監評人員同意並由監評長指派專人陪往,應檢人不得因此要求增加測試時間。

三、其他
1. 蓄意損壞公物設備者,照價賠償,並以不及格論處。
2. 應檢人於受檢時,不得要求監評人員公布術科測試成績。
3. 應檢人於受檢時,一經監評人員評定後,應檢人不得要求更改。
4. 如有其他相關事項,另於考場說明之。

## 伍、AMA Specialist 微控制器應用認證術科測試應檢人員自備工具表

| 項次 | 名稱 | 規格 | 單位 | 數量 | 備註 |
| --- | --- | --- | --- | --- | --- |
| 1 | 起子組 | 十字,一字,電子用 | 組 | 1 | |
| 2 | 尖嘴鉗 | 5" 電子用 | 支 | 1 | |
| 3 | 斜口鉗 | 5" 電子用 | 支 | 1 | |
| 4 | 三用電錶 | DC 20kΩ/V;AC 8kΩ/V | 個 | 1 | 或同級品 |
| 5 | 文具 | 原子筆、鉛筆、橡皮擦 | 只 | 各1 | |

## 陸、AMA Specialist 微控制器應用認證術科測試試題編號及名稱

一、試題編號：

二、試題名稱：智慧風扇。

三、認證時間：180 分鐘，含設備檢查 10 分鐘。

四、試題說明：

1. 本試題的技能訴求以評量應檢人對微控制器的程式撰寫與其周邊控制應用能力為主。

2. 本試題禁止考生攜帶任何器材配件或程式、磁片、光碟片、隨身碟、手機或紙本資料入場，違者以作弊論。

3. 應檢人需在受測開始 10 分鐘內自行檢查配備零件是否齊全，並提出申請補發，逾時不接受申請補發。

4. 試場依照考試需求，自行提供所需軟體或資料，例如 Arduino IDE 開發環境、參考程式（Examdata.ino、config.h 等）、參考資料（Arduino、Arminno、ESP32）。受測開始 10 分鐘內由考生自行檢查軟體及檔案可否開啟、程式內容有否短缺，逾時不予處理，因此無法完成認證，考生自行負責。檢測過程均需自行完成，不得與他人交談，並需自行將電線整理整齊。

5. 應檢人需以准考證號碼建立資料夾，應檢過程中所有的程式需存放於該資料夾內。

6. 應檢人全部作答完成後先舉手，將完成的所有程式放置於資料夾內再一起複製到考場 USB 隨身碟儲存，儲存完成後再進行評分。

五、試題功能要求

1. 請建立新檔案，檔名設定為應檢人的術科准考證號碼，例如 123456789.ino，檢定時間結束，無論是否完成，均需繳交程式檔備查。主程式的前 4 行需以註解方式說明應檢人基本資料，格式如下。

```
===============================================
姓名：○○○          術科准考證號碼：123456789
指定 I/O 埠編號：A
===============================================
```

2. 工作崗位上指定的 I/O 埠有 A、B、C 三組,應檢人需自行撰寫程式,完成各項功能要求。

3. 透過按鈕控制風扇轉動,利用七段顯示器來顯示風扇轉動狀態及蜂鳴器來提示按鍵聲音。

4. 按下按鍵 (1) 控制風扇持續正轉(送風),七段顯示器顯示 "F",喇叭 / 蜂鳴器以 500Hz 提示 0.3 秒,一次。

5. 按下按鍵 (2) 下控制風扇停止轉動,七段顯示器顯示 "S",喇叭 / 蜂鳴器以 500Hz 提示 1 秒,一次。

6. 按下按鍵 (3) 控制風扇持續逆轉(吸風),七段顯示器顯示 "b",喇叭 / 蜂鳴器以 500Hz 提示 0.3 秒,兩次,間隔 0.1 秒。

7. 現場指定內容表:

• 腳位設定分類

| 元件<br>腳位 | HT6751 |  |  | 七段顯示器 |  | Buzzer | 按鍵 |
|---|---|---|---|---|---|---|---|
|  | IN1 | IN2 | IN3 | g f e d c b a | COM<br>4 3 2 1 | Buzzer | KEY1-3 |
| A 組 | 2 | 0 | GND | 12, 14, 27, 26, 25, 33, 32 | 1 接至 GND | 4 | 21, 22, 23 |
| B 組 | 13 | 12 | GND | 21, 19, 18, 5, 17, 16, 4 | 2 接至 GND | 0 | 25, 26, 27 |
| C 組 | 23 | 22 | GND | 2, 0, 4, 16, 17, 5, 18 | 3 接至 GND | 15 | 32, 33, 34 |
| 參考 | 23 | 22 | GND | 32, 33, 25, 26, 27, 14, 12 | 4 接至 GND | 2 | 34, 35, 36 |
| ESP32 接腳方式 ||||||||

六、評分方式

1. 認證全程時間為 180 分鐘,時間到不管是否完成,均需執行評分,若不願評分則視同棄權。

2. 計分方式為:滿分 100 分,監評人員依評分表(請看壹拾項)標準扣分,總分 70 分(含)以上及格。

## 柒、AMA Specialist 微控制器應用認證術科認證材料檢查表

| 項目 | 設備材料名稱 | 規格 | 單位 | 數量 | 備註 |
|---|---|---|---|---|---|
| 1 | ESP32 開發板 | Node MCU ESP32-S（38腳） | 片 | 1 | |
| 2 | USB 連接線 | Type-A 對 Mini-B 接頭 | 條 | 1 | |
| 3 | AMA 多功能實驗板 | 含 4*4 按鍵、溫度感測 | 片 | 1 | |
| 4 | USB 風扇 | 考場專用 USB 風扇 | 個 | 1 | |
| 5 | 杜邦連接線 | 1pin 紅、黑、黃、綠、藍色各 ×6 條 | 組 | 1 | |

## 捌、AMA Specialist 微控制器應用認證術科應檢人現場指定內容表

| 現場指定 ESP32 的 I/O 埠 | ☐ A 組 I/O 埠 |
|---|---|
| | ☐ B 組 I/O 埠 |
| | ☐ C 組 I/O 埠 |

註 工作崗位號碼由 1～25 依序對應 ESP32 的 I/O 埠，而工作崗位由應檢人報到後公開抽籤決定。

## 玖、AMA Specialist 微控制器應用認證術科評分標準表

| 姓　　　名 | | 准考證號碼 | | | | 評審結果 | ☐ 及　格 |
|---|---|---|---|---|---|---|---|
| 抽籤工作崗位號碼 | | 檢定日期 | 年 | 月 | 日 | | ☐ 不及格 |
| 指定 I/O 埠 | ☐A　☐B　☐C | 領取測試材料簽名處 | | | | | |

| | 不予評分項目 | 列為左項之一者不予評分請考生在本欄簽名 |
|---|---|---|
| 一 | 未能於規定時間內完成者。 | |
| 二 | 提前棄權離場者。 | |
| 三 | 工作態度不當或行為影響他人，經糾正不改者。 | |
| 四 | 有作弊行為者，以零分計算，並強制離場。 | 離場時間：　　時　　分 |

| 項目 | 評 分 標 準 | 扣分 | 實際扣分 |
|---|---|---|---|
| 一、正轉按鍵 | 1. 按下正轉按鍵 (1) 後，風扇無法持續正轉（送風）。 | 20 | |
| | 2. 按下正轉按鍵 (1) 後，七段顯示器無法顯示 "F"。 | 20 | |
| | 3. 按下正轉按鍵 (1) 後，喇叭/蜂鳴器無法以 500Hz 提示 0.3 秒，一次。 | 10 | |
| 二、停止按鍵 | 1. 按下停止按鍵 (2) 後，風扇無法停止。 | 20 | |
| | 2. 按下停止按鍵 (2) 後，七段顯示器無法顯示 "S"。 | 20 | |
| | 3. 按下停止按鍵 (2) 後，喇叭/蜂鳴器無法以 500Hz 提示 1 秒，一次。 | 10 | |
| 三、反轉按鍵 | 1. 按下反轉按鍵 (3) 後，風扇無法持續反轉（吸風）。 | 20 | |
| | 2. 按下反轉按鍵 (3) 後，七段顯示器無法顯示 "b"。 | 20 | |
| | 3. 按下反轉按鍵 (3) 後，喇叭/蜂鳴器無法以 500Hz 提示 0.3 秒，兩次，間隔 0.1 秒。 | 10 | |
| 四、工作安全與習慣 | 1. 不符合工作安全要求者（含損壞公用設備）。 | 20 | |
| | 2. 耗用、毀損或遺失元件。 | 20 | |
| | 3. 離場前未清理工作崗位。 | 20 | |
| | 4. 未依指定要求存檔者。 | 10 | |
| | 5. 未依指定 I/O 埠配線。 | 35 | |
| 監評人員簽名 | | 扣分合計 | |
| 監評長簽名 | | 總得分 | |

註 1. 本評分表採扣分方式，以 100 分為滿分，0 分為最低分，得 70 分（含）以上者為【及格】。
　　2. 監評人員擁有扣分認定權，監評長具有最終裁定權。

## 拾、電路圖

### 一、主控板外型圖

1. ESP32

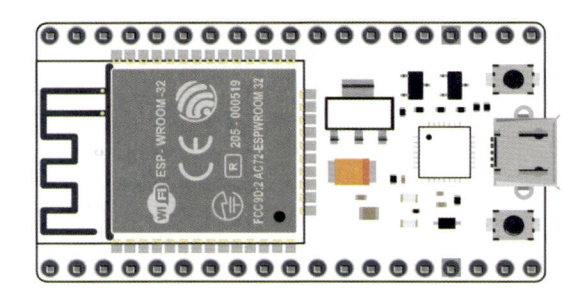

2. ESP32 開發輔助板

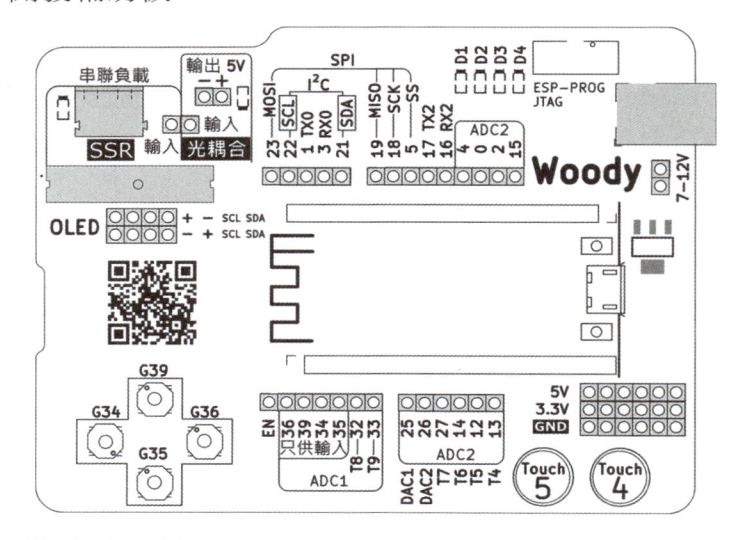

### 二、AMA 多功能實驗板外型圖

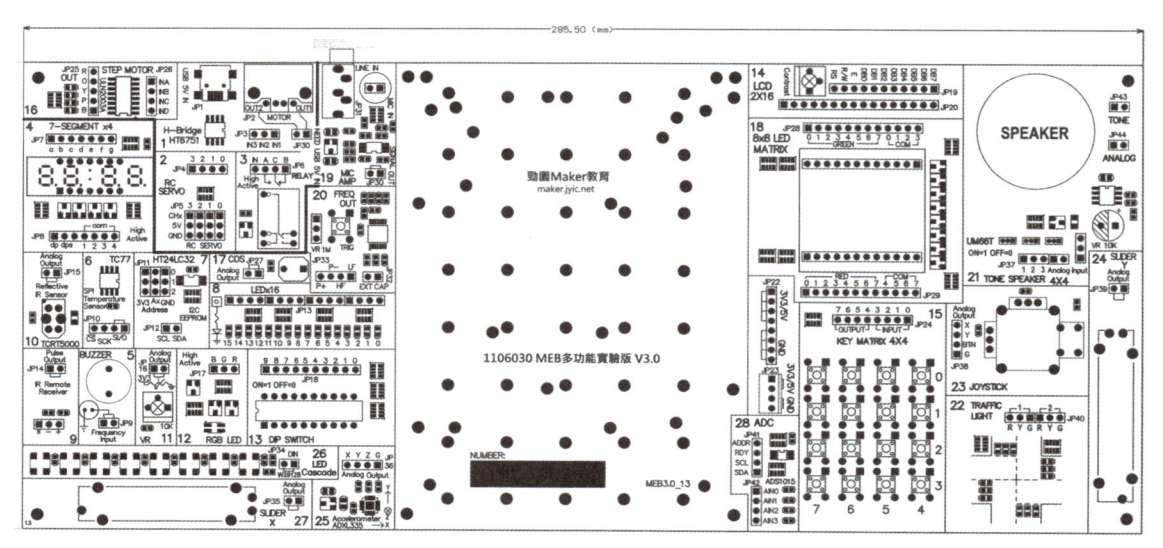

## 三、裝配參考圖

| 元件<br>腳位 | HT6751 ||| 七段顯示器 || Buzzer | 按鍵 |
|---|---|---|---|---|---|---|---|
| | IN1 | IN2 | IN3 | g f e d c b a | COM<br>4 3 2 1 | Buzzer | KEY1-3 |
| 參考 | 23 | 22 | GND | 32, 33, 25, 26, 27, 14, 12 | 4 接至 GND | 2 | 34, 35, 36 |
| ESP32 接腳方式 |||||||||

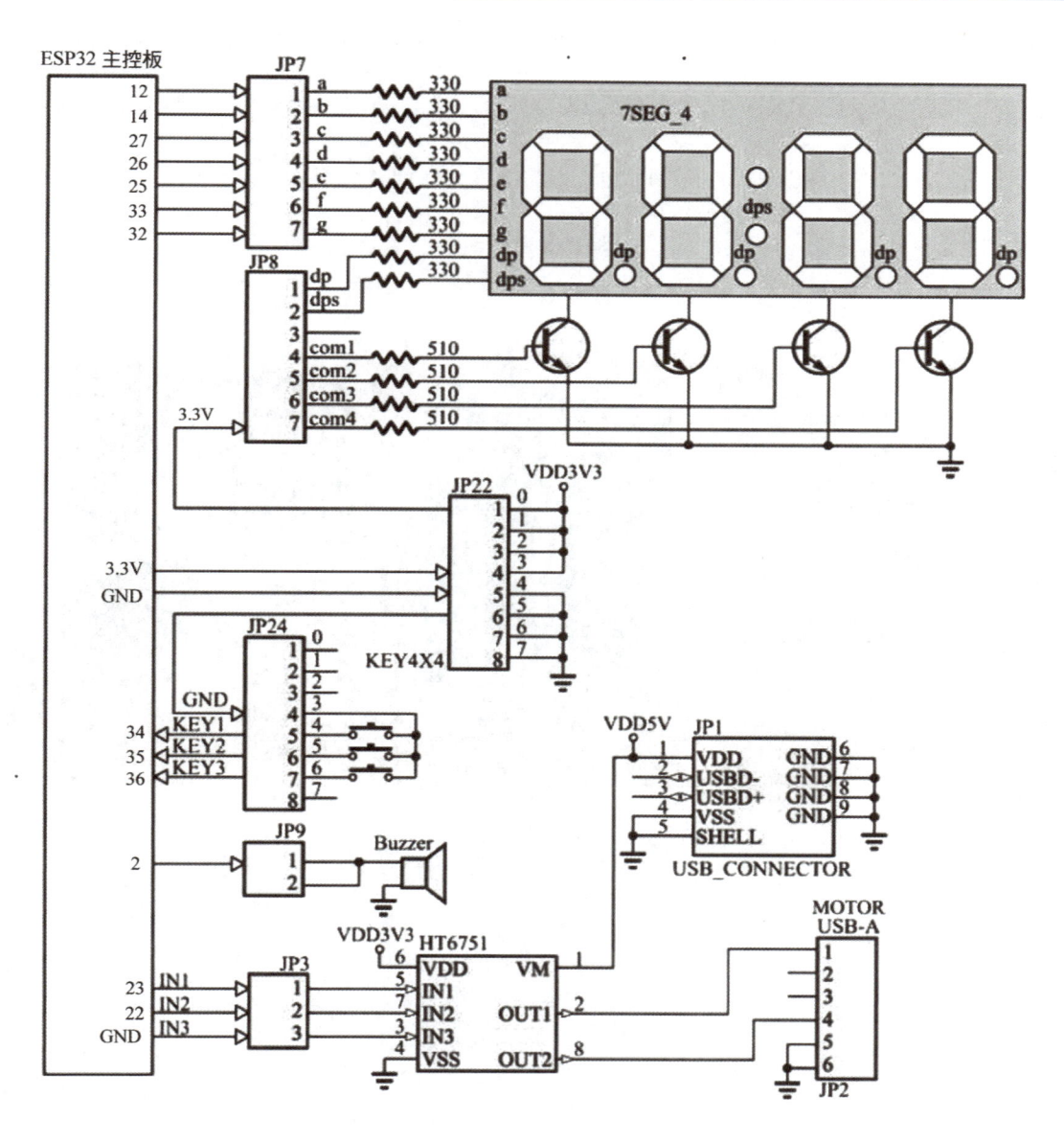

# 試題解析

• 現場指定內容表

| 元件<br>腳位 | HT6751 |     |     | 七段顯示器 |     | Buzzer | 按鍵 |
|---|---|---|---|---|---|---|---|
|  | IN1 | IN2 | IN3 | g f e d c b a | COM<br>4 3 2 1 | Buzzer | KEY1-3 |
| A 組 | 2 | 0 | GND | 12, 14, 27, 26, 25, 33, 32 | 1 接至 GND | 4 | 21, 22, 23 |
| B 組 | 13 | 12 | GND | 21, 19, 18, 5, 17, 16, 4 | 2 接至 GND | 0 | 25, 26, 27 |
| C 組 | 23 | 22 | GND | 2, 0, 4, 16, 17, 5, 18 | 3 接至 GND | 15 | 32, 33, 34 |
| 參考 | 23 | 22 | GND | 32, 33, 25, 26, 27, 14, 12 | 4 接至 GND | 2 | 34, 35, 36 |
| ESP32 接腳方式 ||||||||

• 附錄圖 1　ESP32 輔助開發板與 MEB3.0

**解題步驟** 使用 **Examdata.ino** 程式解題

1. 硬體部分，依指定內容表中之參考腳位接妥七段顯示器、按鈕、風扇與蜂鳴器等元件。
2. 開啟 Arduino IDE 編輯環境，並選擇開發板為 ESP32，設定正確之序列埠。
3. 建立新檔案，檔名設定為應檢人的術科准考證號碼，例如 123456789.ino。主程式的前 4 行需以註解方式說明應檢人基本資料，格式如下。

   ================================================
   姓名：○○○　　　　　術科准考證號碼：123456789
   指定 I/O 埠編號：A
   ================================================

   指定 I/O 埠編號部分有 A、B、C 三組，依考試當天組別編號填寫。
4. USB 風扇必需外接電源，因此，在 MEB3.0 實驗板在 USB 旁有一 mini USB 接孔則需接至 USB 5V 電源（此部分可以接至電腦閒置的 USB 孔位之中）。
5. 解題程式範例如下：

```
01  /*===========================================
02  姓名：○○○  術科准考證號碼：123456789
03  指定I/O埠編號：A
04  ===========================================*/
05  #define buzzerPin 2              //蜂鳴器接至GPIO2
06
07  const int key[3] = {34,35,36};   //定義KEY1為G34, KEY2為G35, KEY3為G36
08  const int _7Seg[7] = {32,33,25,26,27,14,12};   //定義七段顯示器字節腳
09                                                 位，順序為gfedcba
10  const int motorIn[2] = {23,22};               //IN1=G23, IN2=G22
11
12  const int segCode[3][7] = {{ 1,1,1,0,0,0,1 },  //=F
13                             { 1,1,0,1,1,0,1 },  //=S
14                             { 1,1,1,1,1,0,0 }}; //=b
15
16  int i, mod=0;                    //i為迴圈計數變數，mod為紀錄按鍵狀態
17
18  const int ledChannel = 0;        //PWM頻道為0
```

```
19    const int resolution = 10;                  //解析度為10位元
20
21    void setup() {
22      pinMode(buzzerPin,OUTPUT);                //設定蜂鳴器腳位為輸出
23      for(i=0; i<3 ; i++) {
24        pinMode(key[i], INPUT);                 //設定按鍵腳位為輸入
25      }
26      for(i=0; i<7 ; i++)
27        pinMode(_7Seg[i], OUTPUT);              //設定七段顯示器字節腳位為輸出
28      for(i=0; i<2 ; i++)
29        pinMode(motorIn[i], OUTPUT);            //設定馬達控制腳位為輸出
30      ledcAttachPin(buzzerPin, ledChannel);     //PWM頻道0由GPIO2輸出PWM波形
31
32    }
33
34    void loop() {
35      if(digitalRead(key[0])==0 && mod!=1)  {   //key1按下且mod不等於1
36        mod=1;
37        digitalWrite(motorIn[0],1);             //風扇正轉
38        digitalWrite(motorIn[1],0);
39        for(i=0;i<7;i++)
40          digitalWrite(_7Seg[i],segCode[0][i]); //七段顯示器顯示"F"
41        tone(500, 300);            //產生頻率500Hz且維持0.3秒的聲音
42      }
43      else if(digitalRead(key[1])==0 && mod!=2) { //key1按下且mod不等於1
44        mod=2;
45        digitalWrite(motorIn[0],0);             //風扇停止
46        digitalWrite(motorIn[1],0);
47        for(i=0;i<7;i++)
48          digitalWrite(_7Seg[i],segCode[1][i]); //七段顯示器顯示"S"
49        tone(500, 1000);           //產生頻率500Hz且維持1秒的聲音
50      }
51      else if(digitalRead(key[2])==0 && mod!=3) { //key1按下且mod不等於1
52        mod=3;
53        digitalWrite(motorIn[0],0);             //風扇反轉
54        digitalWrite(motorIn[1],1);
55        for(i=0;i<7;i++)
56          digitalWrite(_7Seg[i],segCode[2][i]); //七段顯示器顯示"b"
```

```
57        tone(500, 300);            //產生頻率500Hz且維持0.3秒的聲音
58        delay(100);                //間隔0.1秒
59        tone(500, 300);            //產生頻率500Hz且維持0.3秒的聲音
60    }
61 }
62
63 void tone(int frequency, int duration)
64 {
65     //設定頻道0、頻率為500Hz、解析度為10位元的PWM波形
66     ledcSetup(ledChannel, frequency, resolution);
67     ledcWrite(ledChannel, 512);    //PWM波形工作週期為50%
68     delay(duration);               //持續時間，單位為毫秒
69     ledcWrite(ledChannel, 0);      //關閉聲音
70 }
```

程式前四行為設定 I/O 腳位位置，例如：#define buzzerPin 2 表示蜂鳴器接至 GPIO2 位置；const int key[3]={34,35,36}; 表示 KEY1、KEY2 與 KEY3 分別接至 GPIO34、35 與 36 位置。

segCode 為七段顯示器字型碼，由於 ESP32 不支援 Arduino 原生的 tone( ) 函式，故我們自建一個 tone( ) 函式（如下所示），利用 PWM 輸出之原理，設定其輸出頻率與持續時間。

```
01 void tone(int frequency, int duration)
02 {
03     //設定頻道0、頻率為500Hz、解析度為10位元的PWM波形
04     ledcSetup(ledChannel, frequency, resolution);
05     ledcWrite(ledChannel, 512);    //PWM波形工作週期為50%
06     delay(duration);               //持續時間，單位為毫秒
07     ledcWrite(ledChannel, 0);      //關閉聲音
08 }
```

# 附錄三　AMA Expert Level 先進微控制器應用認證術科測試試題

## 壹、AMA Expert 先進微控制器應用認證術科測試試題使用說明

一、本試題係依「試題公開」方式命製，共分兩大部分，第一部分為全套試題，其內容包含：試題使用說明、術科測試辦理單位應注意事項、術科測試流程圖、應檢人須知、自備材料表。第二部分為術科測試應檢參考資料，其內容包含：試題編號、名稱及內容、監評人員現場指定內容表、認證材料表、評分標準表。

二、本試題共有三題：遙控風扇、電子密碼鎖、智慧溫控系統。

# 貳、AMA Expert 先進微控制器應用認證術科測試辦理單位注意事項

一、考場人員需求（以每場次認證人數 25 人計算）

1. 監評人員以 3 人為原則，由監評人員共推 1 人為監評長。
2. 每場認證人數超過 25 人，須增聘監評人員 1 人，由 ITM 協會指派。
3. 每場認證應安排考場主任 1 人，試務人員 1 人，場地管理人 1 人，服務人員 1 人。

二、考場設備 / 材料需求

1. 請依應檢人數，準備各場次所需器材，包含應檢材料、電腦，俾供認證使用。
2. 辦理單位需具備 1 間合格考場；表中所列每場檢定人數及機具設備名稱、規格、單位、數量等項目內容請勿擅自更動。
3. 崗位數 25 人。

| 項目 | 機具或設備名稱 | 規格 | 單位 | 數量 | 備註 |
|---|---|---|---|---|---|
| 1 | ESP32 相容開發板 | ESP32 | 片 | 25(5) | 括號內為備用數量 |
| 2 | MEB 多功能實驗板 | 含 4×4 按鍵、溫度感測 | 片 | 25(5) | 括號內為備用數量 |
| 3 | USB 風扇 | 考場專用 USB 風扇 | 台 | 25(5) | 括號內為備用數量 |
| 4 | 液晶螢幕（LCD） | 文字型 16×2 考場專用 | 個 | 25(5) | 括號內為備用數量 |
| 5 | 紅外線遙控器 | 考場專用 | 個 | 25(5) | 括號內為備用數量 |
| 6 | 杜邦連接線 | 1pin 紅、黑、黃、綠、藍色各 6 條 | 組 | 25(5) | 括號內為備用數量 |
| 7 | 吹風機 | 可吹冷熱風 | 支 | 2 | |
| 8 | 時鐘 | | 個 | 1 | |
| 9 | 抽籤筒 | 內含 25 顆數字球 | 個 | 1 | |

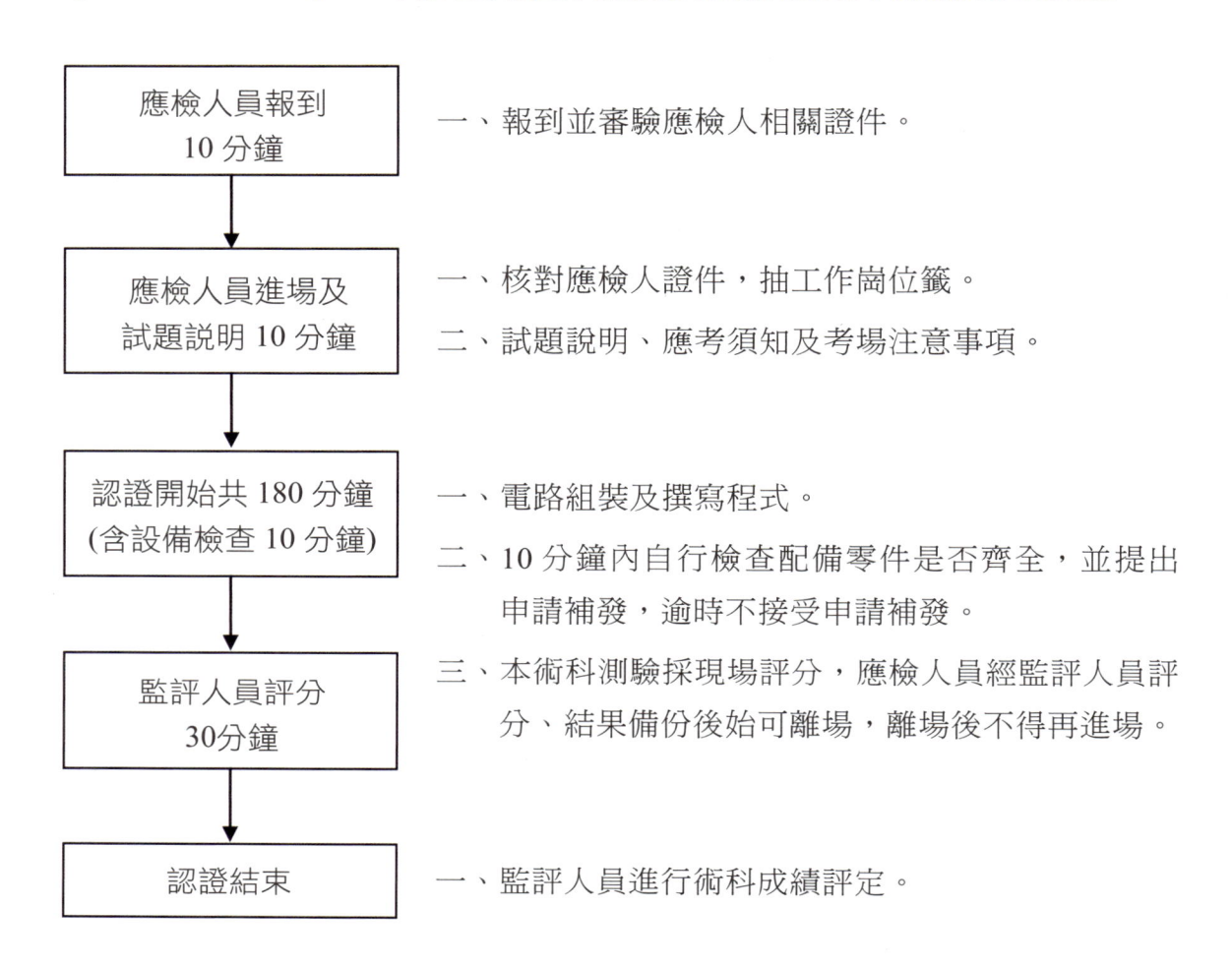

## 參、AMA Expert 先進微控制器應用認證術科測試流程圖

```
┌─────────────────┐
│  應檢人員報到    │     一、報到並審驗應檢人相關證件。
│   10 分鐘       │
└────────┬────────┘
         ▼
┌─────────────────┐     一、核對應檢人證件，抽工作崗位籤。
│  應檢人員進場及  │     二、試題說明、應考須知及考場注意事項。
│  試題說明 10 分鐘│
└────────┬────────┘
         ▼
┌─────────────────┐     一、電路組裝及撰寫程式。
│ 認證開始共180分鐘│     二、10 分鐘內自行檢查配備零件是否齊全，並提出
│(含設備檢查10分鐘)│        申請補發，逾時不接受申請補發。
└────────┬────────┘     三、本術科測驗採現場評分，應檢人員經監評人員評
         │                 分、結果備份後始可離場，離場後不得再進場。
         ▼
┌─────────────────┐
│   監評人員評分   │
│    30分鐘        │
└────────┬────────┘
         ▼
┌─────────────────┐     一、監評人員進行術科成績評定。
│    認證結束      │
└─────────────────┘
```

## 肆、AMA Expert 先進微控制器應用認證術科測試應檢人須知

一、報到與進場

1. 應檢人依接到通知的日期、時間，攜帶准考證或術科測試通知單向考場報到，辦理驗證手續。
2. 除試題規定應檢人可攜帶之器具外，其它試題參考資料及與認證無關之物品，應置於場外。
3. 進場後，應檢人請將手機關機，考試期間若經發現拿手機出來使用者，以不及格論處。
4. 應檢人完成報到手續後，由監評人員主持工作崗位號碼的抽籤，決定應檢人當日認證使用 ESP32 開發板的 I/O 埠。每場次工作崗位上指定的 ESP32 開發板的 I/O 埠，應平均分配包含本測試試題所列的開發板的三組 I/O 埠。
5. 試題須經辦理單位蓋有戳記者方為有效。
6. 應檢人就定位後，由監評長就試題內容及注意事項說明。為保障應檢人權益，請應檢人先行填寫評分標準表之認證日期、准考證編號、姓名及工作崗位號碼等，再行開始認證。
7. 應檢人有任何疑問，應令其舉手發問，由監評人員直接說明，不得讓應檢人與他人互相討論。

二、認證考試期間

1. 應檢人認證開始後，遲到 15 分鐘（含）以上者，以棄權缺考論處，不得進場。
2. 應檢人在認證開始 10 分鐘內，應檢查所需使用的電腦、應檢材料及參考程式，如有問題，應立即報告監評人員處理，否則不予補發。
3. 應檢人不得夾帶任何圖說和其他檔案資料進場，一經發現，即視為作弊，以不及格論處。

4. 應檢人不得將試場內之任何器材及資料等攜出場外,否則以不及格論處。
5. 應檢人不得接受他人協助或協助他人受檢,如發現則視為作弊,雙方均以不及格論處。
6. 應檢人於測試中,若因急迫需上洗手間,須取得監評人員同意並由監評長指派專人陪往,應檢人不得因此要求增加測試時間。

三、其他
1. 蓄意損壞公物設備者,照價賠償,並以不及格論處。
2. 應檢人於受檢時,不得要求監評人員公布術科測試成績。
3. 應檢人於受檢時,一經監評人員評定後,應檢人不得要求更改。
4. 如有其他相關事項,另於考場說明之。

## 伍、AMA Expert 先進微控制器應用認證術科測試應檢人員自備工具表

| 項次 | 名稱 | 規格 | 單位 | 數量 | 備註 |
| --- | --- | --- | --- | --- | --- |
| 1 | 起子組 | 十字,一字,電子用 | 組 | 1 | |
| 2 | 尖嘴鉗 | 5" 電子用 | 支 | 1 | |
| 3 | 斜口鉗 | 5" 電子用 | 支 | 1 | |
| 4 | 三用電錶 | DC 20kΩ/V;AC 8kΩ/V | 個 | 1 | 或同級品 |
| 5 | 文具 | 原子筆、鉛筆、橡皮擦 | 只 | 各1 | |

# 陸、AMA Expert 先進微控制器應用認證術科測試試題

一、認證時間：240 分鐘，含設備檢查 10 分鐘。

二、試題說明

1. 本試題的技能訴求以評量應檢人對微控制器的程式撰寫與其周邊控制應用能力為主。
2. 本試題禁止考生攜帶任何器材配件或程式、磁片、光碟片、隨身碟、手機或紙本資料入場，違者以作弊論。
3. 應檢人需在受測開始 10 分鐘內自行檢查配備零件是否齊全，並提出申請補發，逾時不接受申請補發。
4. 試場提供 Arduino IDE 整合開發環境、及 ESP32 核心（已內建試題所需函式庫）以及記錄作答使用的 USB 隨身碟。考生需在受測開始 10 分鐘內自行檢查函式庫是否安裝完成、IDE 設置是否正確、USB 隨身碟是否能正確存取，逾時不予處理。因此無法完成認證，考生自行負責。
5. 檢測過程均需自行完成，不得與他人交談，並需自行將電線整理整齊。
6. 應檢人需以准考證號碼建立資料夾，應檢過程中所有的程式需存放於該資料夾內。
7. 應檢人全部作答完成後先舉手，將完成的所有程式放置於資料夾內再一起複製到考場 USB 隨身碟儲存，儲存完成後再進行評分。

三、試題功能要求

（一）試題一

1. 試題名稱：遙控風扇
2. 試題內容：透過紅外線遙控器按鈕控制風扇轉動，利用七段顯示器來顯示風扇轉速及喇叭/蜂鳴器來提示聲音。
3. 請建立新程式（資料夾），檔名設定為應檢人的術科准考證號碼，例如 123456789.ino。檢定時間結束，無論是否完成，均需繳交程式檔備查。程式前 4 行需以註解方式說明應檢人基本資料，格式如下：

```
/*===========================================
   姓名：○○○         術科准考證號碼：123456789
   指定 I/O 埠編號：A
===========================================*/
```

4. 工作崗位上指定的 I/O 埠有 A、B、C 三組，應檢人需自行撰寫程式，完成各項功能要求。
5. 透過紅外線遙控器上之指定按鈕控制風扇轉動狀態，並以七段顯示器顯示風扇轉速及喇叭 / 蜂鳴器來提示紅外線信號之接收。
6. 按下遙控器之低速鍵控制風扇持續低速正轉（送風），七段顯示器顯示「SP-3」，喇叭 / 蜂鳴器以 2kHz 提示 0.2 秒，三次，間隔 0.1 秒。
7. 按下遙控器之中速鍵控制風扇持續中速正轉（送風），七段顯示器顯示「SP-2」，喇叭 / 蜂鳴器以 2kHz 提示 0.2 秒，兩次，間隔 0.1 秒。
8. 按下遙控器之高速鍵控制風扇持續高速正轉（送風），七段顯示器顯示：「SP-1」，喇叭 / 蜂鳴器以 2kHz 提示 0.2 秒，一次。
9. 按下遙控器之停止鍵下控制風扇停止運轉，七段顯示器顯示「SP-0」，喇叭 / 蜂鳴器以 2kHz 提示 1 秒，一次。
10. 低速、中速、高速之風量應有明顯之差異，評分時以監評老師之裁定為主。
11. 遙控器上之低速、中速、高速、停止之對應按鍵以工作崗位區分為 A、B、C 三組。
12. 現場指定內容表：

• 表 1　遙控風扇的腳位設定分類

| 元件<br>腳位 | HT6751 IN1 | IN2 | IN3 | 七段顯示器 g | f | e | d | c | b | a | COM 4 | 3 | 2 | 1 | Buzzer $F_{Input}$ | IR Remort IR |
|---|---|---|---|---|---|---|---|---|---|---|---|---|---|---|---|---|
| A 組 | 23 | GND | GND | 12 | 14 | 27 | 26 | 25 | 33 | 32 | 19 | 18 | 05 | 17 | 22 | 16 |
| B 組 | 16 | GND | GND | 21 | 19 | 18 | 05 | 17 | 16 | 04 | 27 | 14 | 12 | 13 | 25 | 26 |
| C 組 | 25 | GND | GND | 04 | 16 | 17 | 05 | 18 | 19 | 21 | 13 | 12 | 14 | 27 | 32 | 33 |
| 參考 | 22 | GND | GND | 32 | 33 | 25 | 26 | 27 | 14 | 12 | 17 | 05 | 18 | 19 | 23 | 13 |

• 表 2　風扇轉速與遙控器按鍵之對應分類

| | 停止 | 高速 | 中速 | 低速 |
|---|---|---|---|---|
| A 組 | 0 | 1 | 2 | 3 |
| B 組 | 4 | 7 | 8 | 9 |
| C 組 | CH+ | + | ▷▷ | 3 |
| 參考組 | ◁◁ | CH− | CH | CH+ |

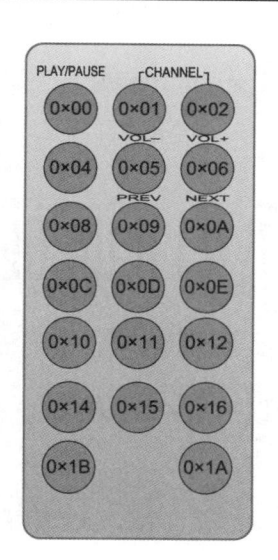

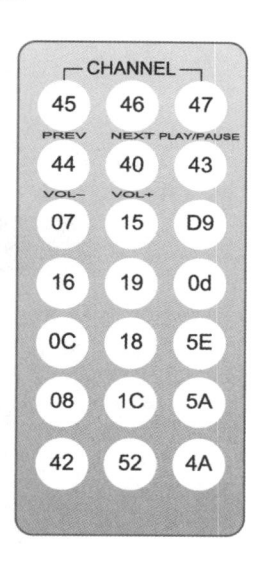

• 圖 1　遙控器外觀與各按鍵 Command Code 之對應

註　注意，考場紅外線遙控器之 Address = 00h，工作崗位號碼由 1～25 依序對應 ESP32 的 I/O 埠與遙控器按鍵，而工作崗位由應檢人報到後公開抽籤決定。

紅外線遙控器編碼說明：

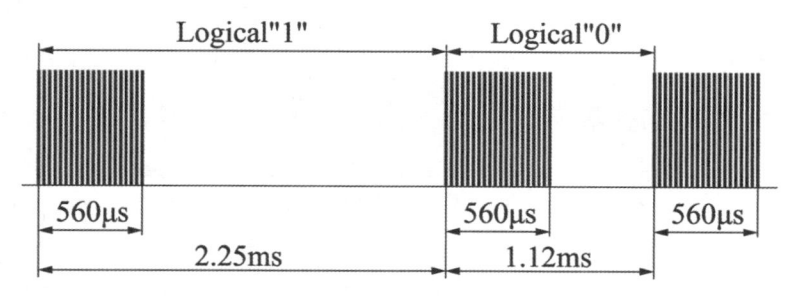

• 圖 2　0 與 1 的時脈圖

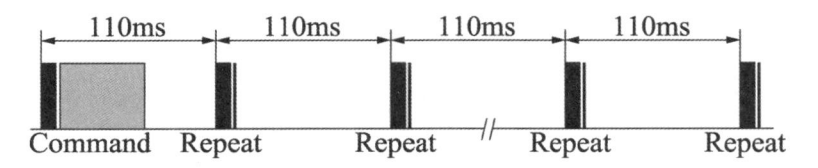

• 圖 3　傳送一個重複指令的時脈圖

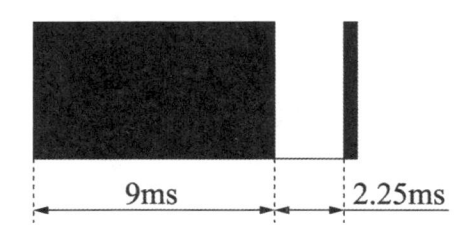

• 圖 4　重複指令放大的時脈圖

下圖為 NEC protocol 資料傳送格式：

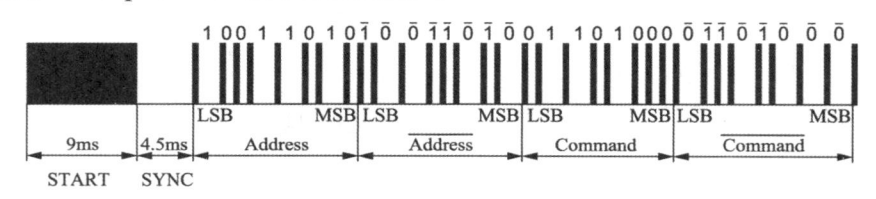

• 圖 5　傳送一個完整指令的時脈圖（以位址：59h、命令：16h 為例）

（二）試題二

1. 試題名稱：電子密碼鎖

2. 試題內容：透過 4×4 鍵盤設定密碼，並將四位數之密碼存入電氣抹除式唯讀記憶體（HT24LC32，$I^2C$ 界面）；接著再針對輸入之密碼進行驗證、判斷，期間需藉由液晶顯示器（LCM）顯示輸入之數字、儲存與驗證之結果，並輔以喇叭 / 蜂鳴器發出聲音提示使用者。

3. 請建立新程式（資料夾），檔名設定為應檢人的術科准考證號碼，例如 123456789.ino。檢定時間結束，無論是否完成，均需繳交程式檔備查。程式前 4 行需以註解方式說明應檢人基本資料，格式如下：

```
================================================
姓名：○○○              術科准考證號碼：123456789
指定 I/O 埠編號：A
================================================
```

4. 工作崗位上指定的 I/O 埠有 A、B、C 三組，應檢人需自行撰寫程式，完成各項功能要求。

5. 請在程式內將 4×4 鍵盤規劃成分別可代表 0～9 十個數字之數字按鍵，以及由字母 A～F 表示的功能按鍵（按鍵相對位置如圖 6 所示）；程式下載執行後，液晶顯示器（LCM）第一列應顯示「Input Code：」（如圖 7）。

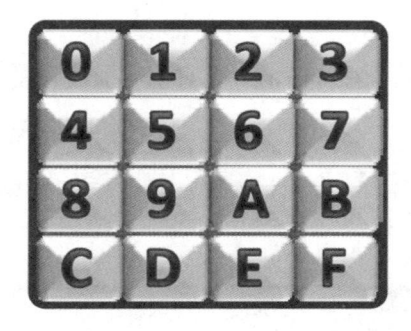

- 圖 6　密碼鎖 4×4 鍵盤規劃
- 圖 7　「Input Code：」顯示畫面

6. 按下功能鍵「A」進入密碼設定模式，LCM 第一列顯示「Save Code：」。透過鍵盤輸入監評人員指定之四位元數字密碼，每鍵入一位元數字即在 LCM 第一列「Save Code：」字串後方顯示鍵入之數字。若鍵入功能鍵「E」可清除已輸入之所有數字；鍵入功能鍵「F」後將輸入之數字密碼儲存至 HT24LC32 EEPROM，並於 LCM 第二列顯示「Save OK！」，喇叭/蜂鳴器以 1kHz 提示 0.2 秒，一次；並於該畫面停留 2 秒鐘後隨即回復至「Input Code：」畫面。圖 8 中，以使用者輸入「1234」後按壓功能鍵「F」為例說明。

- 圖 8　「Save Code：」與「Save OK！」顯示畫面

7. 按下功能鍵「B」可進入輸入密碼模式，LCM 第一列顯示「Input Code：」（如圖 7）。

8. 關閉實驗板電源後,重新啟動實驗板電源。LCM 第一列應顯示「Input Code:」。此時可透過按鍵輸入數字,並在 LCM 第一列「Input Code:」字串後方顯示鍵入之數字,最多以接受四位元數字為限,超過後不再接受數字輸入;鍵入功能按鍵「E」可清除所有輸入之數字;鍵入功能按鍵「F」後結束輸入密碼模式,程式接著將輸入密碼與記憶體儲存之設定密碼進行比對。

9. 若輸入正確密碼,LCM 第二列顯示「Good Job!」,喇叭/蜂鳴器以 2kHz 提示 0.2 秒,兩次,間隔 0.1 秒;若輸入錯誤,LCM 第二列顯示「Sorry!!」,喇叭/蜂鳴器以 500Hz 提示 1 秒,一次。以上密碼正確、錯誤的顯示畫面請參考圖 9,該畫面均於停留 2 秒後隨即回復至「Input Code:」畫面。

• 圖 9　密碼輸入正確、錯誤之顯示畫面示意

10. 現場指定內容表:

• 表 3　密碼鎖腳位設定分類

| 元件 | HT24LC32 ||| | | 液晶顯示器（LCM） |||||| Keypad |||||||| Buzzer |
|---|---|---|---|---|---|---|---|---|---|---|---|---|---|---|---|---|---|---|---|---|
| 腳位 | $A_2$ | $A_1$ | $A_0$ | SCL | SDA | D4 | 5 | 6 | 7 | RS | RW | EN | 0 | 1 | 2 | 3 | 4 | 5 | 6 | 7 | |
| A 組 | 1 | 0 | 0 | 22 | 21 | 15 | 02 | 00 | 04 | 16 | GND | 17 | 32 | 33 | 25 | 26 | 27 | 14 | 12 | 13 | 15 |
| B 組 | 0 | 1 | 0 | 22 | 21 | 19 | 18 | 05 | 17 | 16 | GND | 04 | 32 | 33 | 25 | 26 | 13 | 12 | 27 | 26 | 0 |
| C 組 | 0 | 0 | 1 | 22 | 21 | 13 | 12 | 14 | 27 | 26 | GND | 25 | 19 | 18 | 05 | 17 | 16 | 04 | 00 | 02 | 15 |
| 參考 | 0 | 0 | 0 | 22 | 21 | 04 | 00 | 02 | 15 | 17 | GND | 16 | 13 | 12 | 14 | 27 | 26 | 25 | 33 | 32 | 23 |

（三）試題三

1. 試題名稱：智慧溫控系統
2. 試題內容：透過 ESP32 讀取 SPI 介面之 TC77 所測得之環境溫度（範圍：10～65°C），並以溫度高、低控制風扇轉速快、慢。調整可變電阻，可設定警示溫度（範圍：10～65°C），並在液晶顯示器模組上顯示即時之量測溫度及設定溫度外，當環境溫度超過設定之警示溫度，點亮紅色 LED 及蜂鳴器告警；反之，若環境溫度低於警示溫度，將紅色 LED 熄滅及蜂鳴器禁聲。
3. 請建立新程式（資料夾），檔名設定為應檢人的術科准考證號碼，例如 123456789.ino。檢定時間結束，無論是否完成，均需繳交程式檔備查。程式前 4 行需以註解方式說明應檢人基本資料，格式如下：

    ```
    ================================================
    姓名：○○○              術科准考證號碼：123456789
    指定 I/O 埠編號：A
    ================================================
    ```

4. 工作崗位上指定的 I/O 埠有 A、B、C 三組，應檢人需自行撰寫程式，完成各項功能要求。
5. 透過溫度感測器（TC77，SPI 介面）量測環境溫度，以 ESP32 讀取量測值，並以液晶顯示器模組第一行顯示即時量測之環境溫度（如圖 10）；當溫度低於警示溫度（10～50°C，由監評委員當天指定）時，除風扇維持轉動狀態外，使紅色 LED 熄滅。

```
ENV. Degree: xx
ALM Degree: yy
```

• 圖 10 智慧溫控系統 LCM 顯示示意圖

6. 使用熱風槍吹溫度感測器，觀察液晶顯示器模組第一行之顯示溫度是否升高（量測範圍 10～65°C），並使風扇轉動速度加快。

7. 由可變電阻輸入設定溫度後，以 ESP32 讀取可變電阻之電壓，該設定溫度會顯示於液晶顯示器模組第二行（如圖 10），量測溫度若超過設定溫度（由監評委員當天決定），紅色 LED 會亮；若量測溫度超過設定溫度 10°C 則蜂鳴器持續發出 2kHz 警告聲。
8. 當量測溫度下降時，使風扇轉動速度隨之逐漸減慢；若量測溫度未超過設定溫度 10°C 則蜂鳴器停止；當量測溫度降至警示溫度以下時，紅色 LED 熄滅。
9. 現場指定內容表：

● 表 4　智慧溫控系統腳位設定分類

| 元件<br>腳位 | HT6751 |  |  | 液晶顯示器（LCM） |  |  |  |  |  |  | TC77 |  |  | LED<br>R | VR | Buzzer |
|---|---|---|---|---|---|---|---|---|---|---|---|---|---|---|---|---|
|  | IN1 | IN2 | IN3 | D4 | 5 | 6 | 7 | RS | RW | EN | CS | SCK | SI/O |  |  |  |
| A 組 | 27 | GND | GND | 15 | 02 | 00 | 04 | 16 | GND | 17 | 5 | 18 | 19 | 14 | 12 | 13 |
| B 組 | 17 | GND | GND | 13 | 12 | 14 | 27 | 26 | GND | 25 | 5 | 18 | 19 | 15 | 32 | 33 |
| C 組 | 33 | GND | GND | 25 | 26 | 27 | 14 | 12 | GND | 13 | 5 | 18 | 19 | 32 | 17 | 16 |
| 參考 | 22 | GND | GND | 04 | 00 | 02 | 15 | 17 | GND | 16 | 5 | 18 | 19 | 13 | 26 | 32 |

四、評分方式

　　認證全程時間為 240 分鐘，時間到不管是否完成，均須執行評分，若不願評分則視同棄權。計分方式為：滿分 100 分，監評人員依評分表標準扣分，總分 70 分（含）以上及格。

## 柒、AMA Expert 先進微控制器應用認證術科認證材料檢查表

| 項目 | 設備材料名稱 | 規格 | 單位 | 數量 | 備註 |
| --- | --- | --- | --- | --- | --- |
| 1 | ESP32 相容開發板 | ESP32 | 片 | 1 | |
| 2 | MEB 多功能實驗板 | 含 4×4 按鍵、溫度感測 | 片 | 1 | |
| 3 | USB 風扇 | 考場專用 USB 風扇 | 台 | 1 | |
| 4 | 液晶螢幕（LCD） | 文字型 16×2 考場專用 | 個 | 1 | |
| 5 | 紅外線遙控器 | 考場專用 | 個 | 1 | |
| 6 | 杜邦連接線 | 1pin 紅、黑、黃、綠、藍色各 6 條 | 組 | 1 | |

## 捌、AMA Expert 先進微控制器應用認證術科應檢人現場指定內容表

| | |
| --- | --- |
| 現場指定 HT32 的 I/O 埠 | ☐ A 組 I/O 埠 |
| | ☐ B 組 I/O 埠 |
| | ☐ C 組 I/O 埠 |

註 工作崗位號碼由 1～25 依序對應 HT32 的 I/O 埠，而工作崗位由應檢人報到後公開抽籤決定。

## 玖、AMA Expert 先進微控制器應用認證術科評分標準表

### 試題一：遙控風扇

| 姓　　　名 | | 准考證號碼 | | 評審結果 | ☐ 及　　格 |
|---|---|---|---|---|---|
| 抽籤工作崗位號碼 | | 檢定日期 | 年　　月　　日 | | ☐ 不及格 |
| 指定 I/O 埠 | ☐A　☐B　☐C | 領取測試材料簽名處 | | | |

| 不予評分項目 | | 列為左項之一者不予評分 請考生在本欄簽名 |
|---|---|---|
| 一 | 未能於規定時間內完成者。 | |
| 二 | 提前棄權離場者。 | |
| 三 | 工作態度不當或行為影響他人，經糾正不改者。 | |
| 四 | 有作弊行為者，以零分計算，並強制離場。 | |
| 五 | 無法辨識紅外線遙控器識別碼者。 | 離場時間：　　時　　分 |

| 項目 | 評 分 標 準 | 扣分 | 評定 | 實際扣分 |
|---|---|---|---|---|
| 一、低速鍵功能 | 1.按下遙控器低速鍵後，風扇無法持續低速正轉（送風）。 | 20 | | |
| | 2.按下遙控器低速鍵後，七段顯示器無法顯示「SP-3」。 | 15 | | |
| | 3.按下遙控器低速鍵後，蜂鳴器無法以 1kHz 提示 0.3 秒三次（間隔 0.2 秒）。 | 15 | | |
| 二、中速鍵功能 | 1.按下遙控器中速鍵後，風扇無法持續中速正轉（送風）。 | 20 | | |
| | 2.按下遙控器中速鍵後，七段顯示器無法顯示「SP-2」。 | 15 | | |
| | 3.按下遙控器中速鍵後，蜂鳴器無法以 1kHz 提示 0.3 秒兩次（間隔 0.2 秒）。 | 15 | | |
| 三、高速鍵功能 | 1.按下遙控器高速鍵後，風扇無法持續高速正轉（送風）。 | 20 | | |
| | 2.按下遙控器高速鍵後，七段顯示器無法顯示「SP-1」。 | 15 | | |
| | 3.按下遙控器高速鍵後，蜂鳴器無法以 1kHz 提示 0.3 秒一次。 | 15 | | |
| 四、停止鍵功能 | 1.按下遙控器停止鍵後，風扇無法停止運轉。 | 20 | | |
| | 2.按下遙控器停止鍵後，七段顯示器無法顯示「SP-0」。 | 15 | | |
| | 3.按下遙控器停止鍵後，蜂鳴器無法以 1kHz 提示 1 秒一次。 | 15 | | |
| 五、工作安全與習慣 | 1.不符合工作安全要求者（含損壞公用設備）。 | 20 | | |
| | 2.耗用、毀損或遺失元件。 | 20 | | |
| | 3.離場前未清理工作崗位。 | 20 | | |
| | 4.未依指定要求存檔者。 | 10 | | |
| | 5.未依指定 I/O 埠配線。 | 35 | | |
| 監評人員簽名 | | 扣分合計 | | |
| 監評長簽名 | | 總得分 | | |

註 1.本評分表採扣分方式，以 100 分為滿分，0 分為最低分，得 70 分（含）以上者為【及格】。
　　2.監評人員擁有扣分認定權，監評長具有最終裁定權。

## 試題二：電子密碼鎖

| 姓　　　名 | | 准考證號碼 | | | 評審結果 | □ 及　格 |
|---|---|---|---|---|---|---|
| 抽籤工作<br>崗位號碼 | | 檢定日期 | 年　　月　　日 | | | □ 不及格 |
| 指定 I/O 埠 | □A　□B　□C | 領取測試<br>材料簽名處 | | | | |

| | 不予評分項目 | 列為左項之一者不予評分<br>請考生在本欄簽名 |
|---|---|---|
| 一 | 未能於規定時間內完成者。 | |
| 二 | 提前棄權離場者。 | |
| 三 | 工作態度不當或行為影響他人，經糾正不改者。 | |
| 四 | 有作弊行為者，以零分計算，並強制離場。 | |
| 五 | 設定之密碼非存放於 HT24LC32 者。 | 離場時間：　　時　　分 |

| 項目 | 評 分 標 準 | 扣分 | 評定 | 實際扣分 |
|---|---|---|---|---|
| 一、設定密碼模式 | 1. 按下功能按鍵 A，LCM 第一行未正確顯示「Save code：」。 | 15 | | |
| | 2. 鍵入之數字未能即時顯示，或顯示數字與規劃不符。 | 20 | | |
| | 3. 鍵入功能按鍵 E，無法清除輸入之數字。 | 20 | | |
| | 4. 鍵入功能按鍵 F，LCM 第二行未正確顯示「Save OK!」。 | 15 | | |
| | 5. 鍵入功能按鍵 F，喇叭 / 蜂鳴器未正確提示。 | 15 | | |
| | 6. 按下功能按鍵 B，LCM 第一行未正確顯示「Input code：」。 | 15 | | |
| 二、輸入密碼模式 | 1. 關閉並啟動電源後，LCM 第一行未正確顯示「Input code：」。 | 20 | | |
| | 2. 輸入超過四位元數字，仍接受輸入並顯示。 | 20 | | |
| | 3. 輸入錯誤密碼，LCM 第二行未正確顯示「Sorry!!」 | 15 | | |
| | 4. 輸入錯誤密碼，喇叭 / 蜂鳴器未正確提示。 | 15 | | |
| | 5. 輸入正確密碼，LCM 第二行未正確顯示「Good job!」 | 15 | | |
| | 6. 輸入正確密碼，喇叭 / 蜂鳴器未正確提示。 | 15 | | |
| 三、工作安全與習慣 | 1. 不符合工作安全要求者（含損壞公用設備）。 | 20 | | |
| | 2. 耗用、毀損或遺失元件。 | 20 | | |
| | 3. 離場前未清理工作崗位。 | 20 | | |
| | 4. 未依指定要求存檔者。 | 10 | | |
| | 5. 未依指定 I/O 埠配線。 | 35 | | |
| 監評人員簽名 | | 扣分合計 | | |
| 監評長簽名 | | 總得分 | | |

註 1. 本評分表採扣分方式，以 100 分為滿分，0 分為最低分，得 70 分（含）以上者為【及格】。
　　2. 監評人員擁有扣分認定權，監評長具有最終裁定權。

## 試題三：智慧溫控系統

| 姓　　　名 | | 准考證號碼 | | 評審結果 | □ 及　格 |
|---|---|---|---|---|---|
| 抽籤工作崗位號碼 | | 檢定日期 | 年　　月　　日 | | □ 不及格 |
| 指定 I/O 埠 | □ A　□ B　□ C | 領取測試材料簽名處 | | | |

| | 不予評分項目 | 列為左項之一者不予評分 請考生在本欄簽名 |
|---|---|---|
| 一 | 未能於規定時間內完成者。 | |
| 二 | 提前棄權離場者。 | |
| 三 | 工作態度不當或行為影響他人，經糾正不改者。 | |
| 四 | 有作弊行為者，以零分計算，並強制離場。 | 離場時間：　　　時　　　分 |

| 項目 | 評分標準 | 扣分 | 評定 | 實際扣分 |
|---|---|---|---|---|
| 一、設定功能 | 1. 當系統啟動時，風扇無法持續轉動（送風）。 | 20 | | |
| | 2. 當設定溫度時，液晶顯示器模組第二行無法顯示正確之設定溫度（範圍 10～50°C）。 | 20 | | |
| 二、溫度上升 | 1. 當溫度上升時，風扇無法提升轉速（送風）。 | 20 | | |
| | 2. 當溫度上升時，液晶顯示器模組第一行無法正常顯示即時改變之溫度。 | 20 | | |
| | 3. 量測溫度超過設定溫度時，紅色 LED 無法顯示。 | 20 | | |
| | 4. 量測溫度超過設定溫度 10°C 時，蜂鳴器無法發出警告聲。 | 20 | | |
| 三、溫度下降 | 1. 當溫度下降時，風扇無法降低轉速（送風）。 | 20 | | |
| | 2. 當溫度下降時，液晶顯示器模組第一行無法正常顯示即時改變之溫度。 | 20 | | |
| | 3. 量測溫度未超過設定溫度 10°C 時，蜂鳴器無法停止警告聲。 | 20 | | |
| | 4. 量測溫度未超過設定溫度時，紅色 LED 無法息滅。 | 20 | | |
| 四、工作安全與習慣 | 1. 不符合工作安全要求者（含損壞公用設備）。 | 20 | | |
| | 2. 耗用、毀損或遺失元件。 | 20 | | |
| | 3. 離場前未清理工作崗位。 | 20 | | |
| | 4. 未依指定要求存檔者。 | 10 | | |
| | 5. 未依指定 I/O 埠配線。 | 35 | | |

| 監評人員簽名 | | 扣分合計 | |
|---|---|---|---|
| 監評長簽名 | | 總得分 | |

註 1. 本評分表採扣分方式，以 100 分為滿分，0 分為最低分，得 70 分（含）以上者為【及格】。
　　2. 監評人員擁有扣分認定權，監評長具有最終裁定權。

# 拾、電路圖

## 一、ESP32 主控板外型圖

## 二、MEB 多功能實驗板外型圖

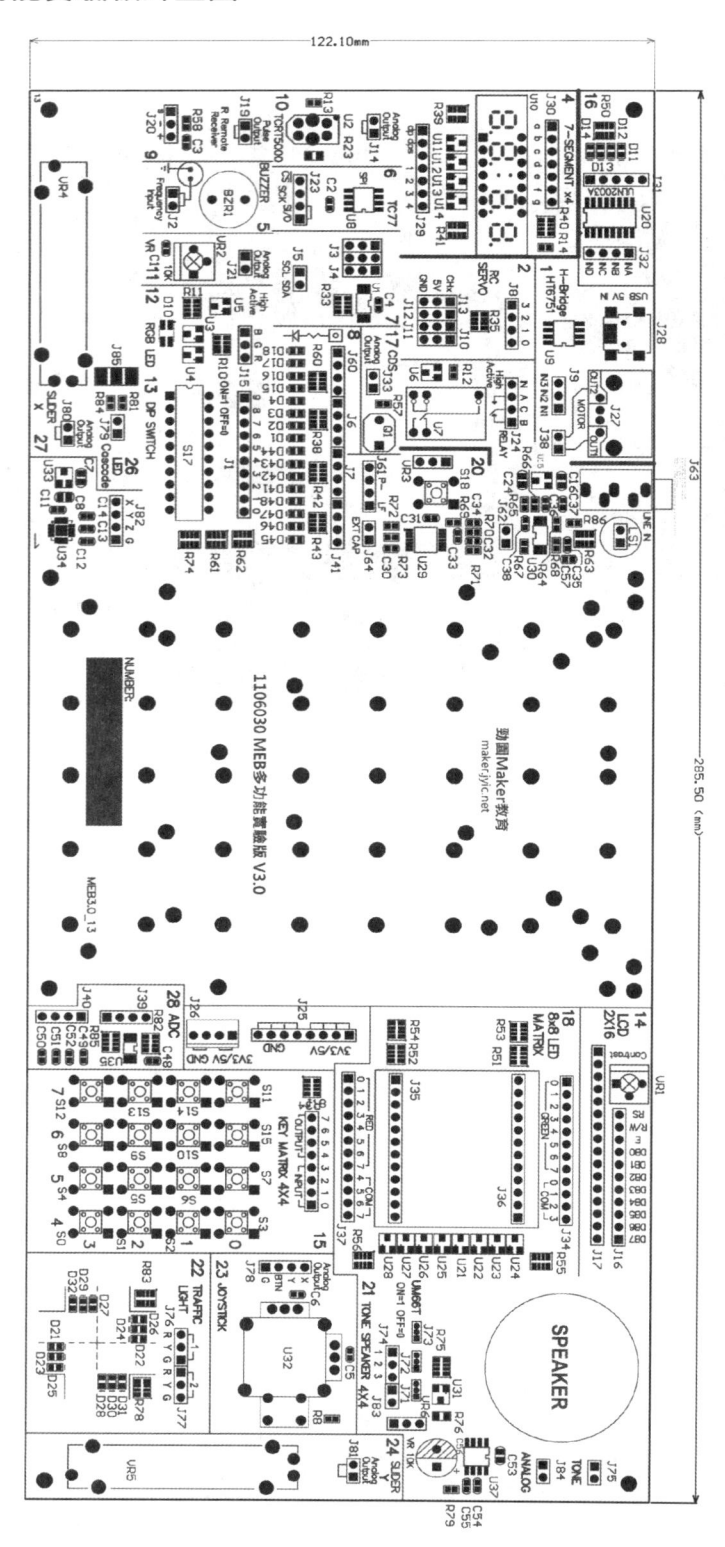

三、裝配參考圖（配接為參考組腳位）

試題一（遙控風扇）：

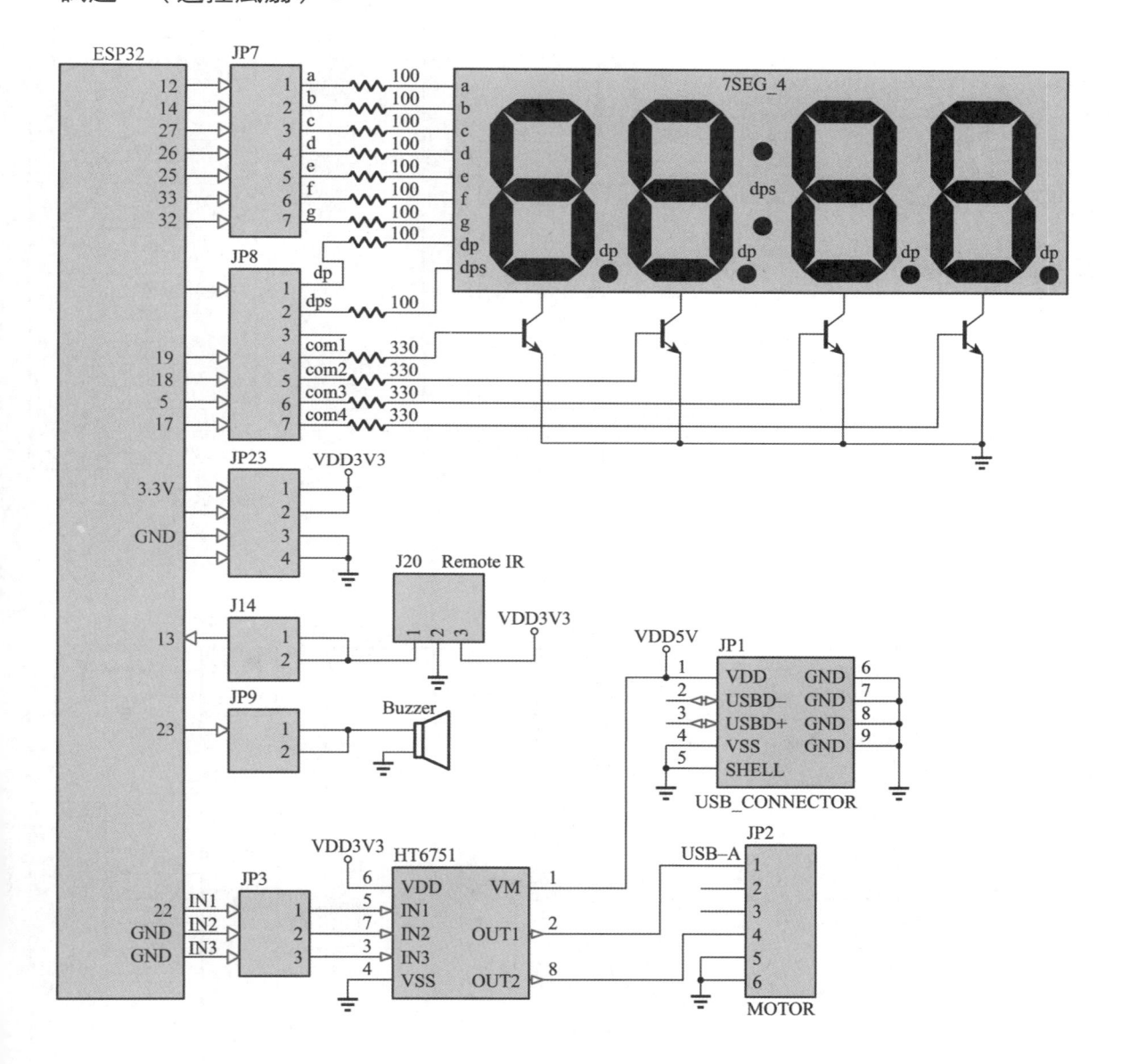

## 試題二（電子密碼鎖）：

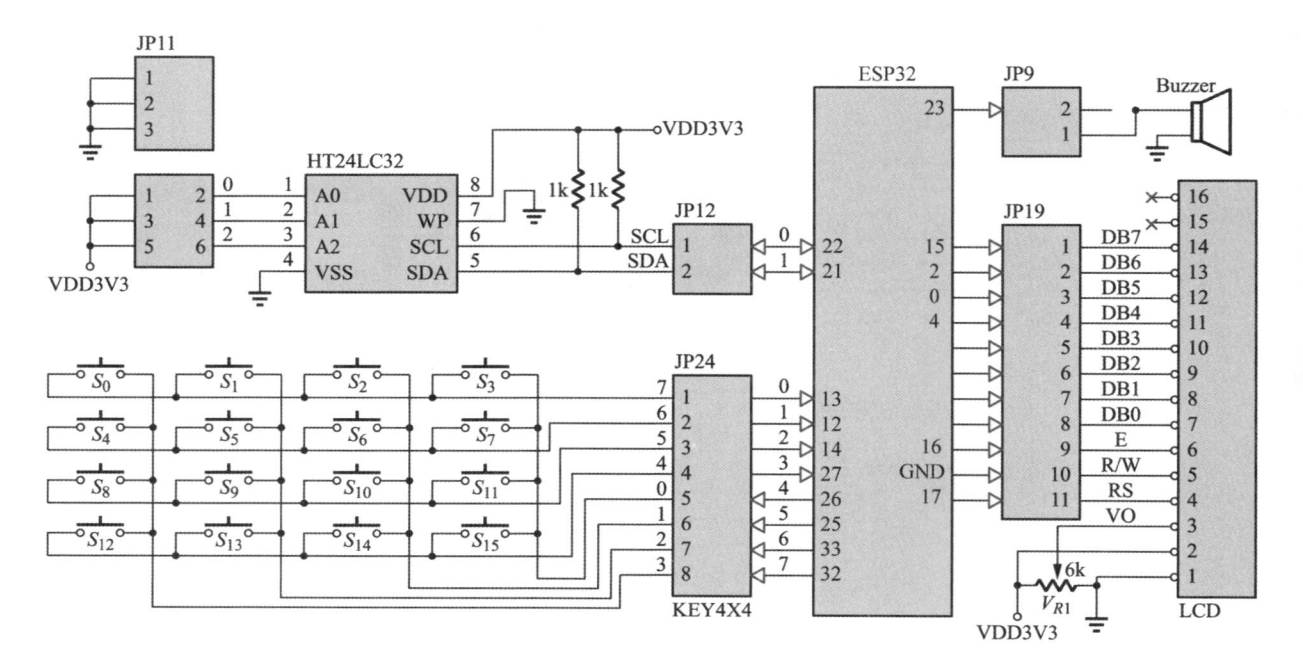

## 試題三（智慧溫控系統）：

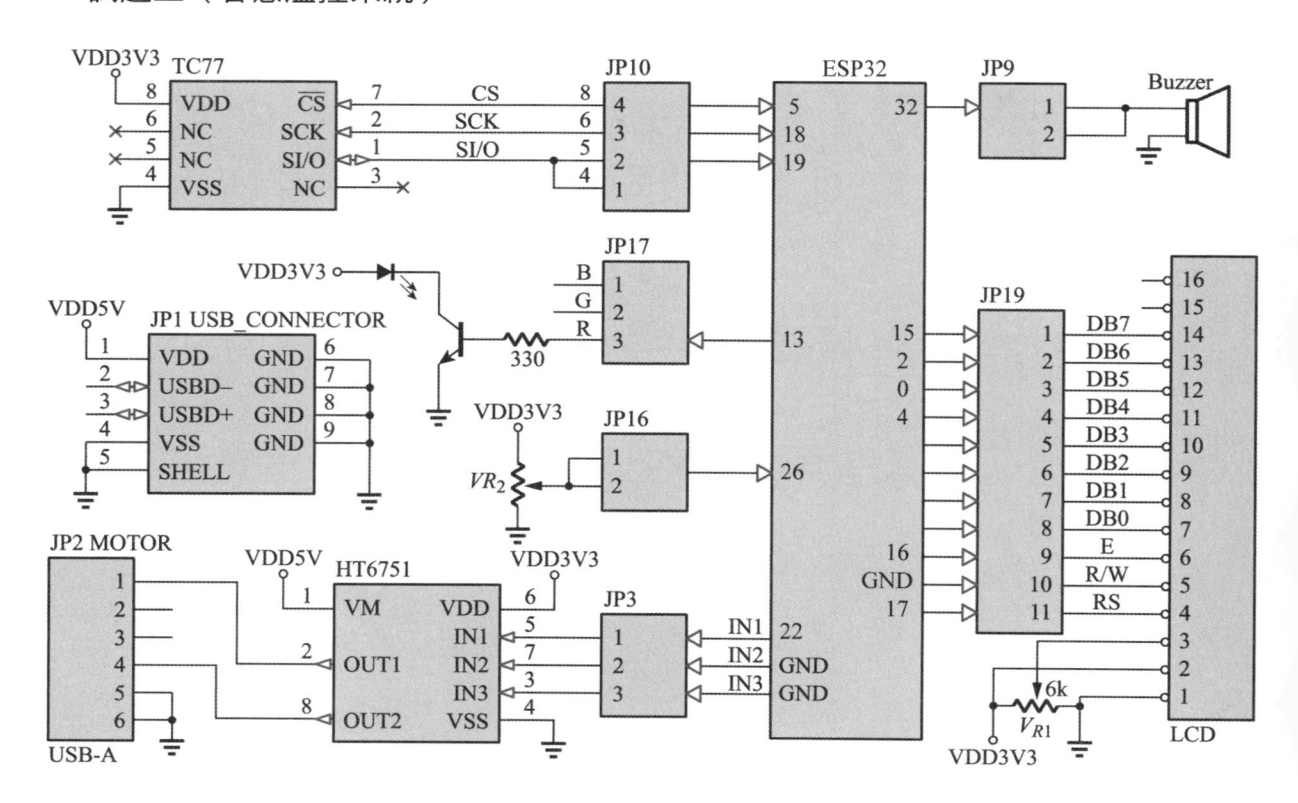

# 試題解析

製作專題或是認證試題，通常會整合各種電路及模組，以下是設計程式的建議步驟：

**Step 1** ▶ 接腳安排：規劃哪些接腳可供輸入、輸出、SPI、$I^2C$，且應避開 Woody 開發輔助板上已預接元件。先畫電路圖並安排接腳；

**Step 2** ▶ 每個模組都獨立測試功能，一定要正常才可接著下一步；

**Step 3** ▶ 若試題用到三個模組，則先合併兩個；再合併第三個；

**Step 4** ▶ 主程式功能撰寫；

**Step 5** ▶ 測試及除錯。

程式碼的幾種撰寫習慣：

1. 畫流程圖釐清程式要求，以看的懂為原則；
2. 將接腳設定，全部集中在一起，放在程式最上端，以利變更接腳編號；
3. 相同模組的程式碼集中在一起；
4. 善用序列埠列印的功能，印出變數值，觀察變數情況，或程式有無走到該處；
5. 註解一定要寫，愈詳細愈好；
6. 寫累了就停下來，適時休息讓腦子放空。

認證試題的三題解說，假設各位已將全冊書籍學習完畢，故只針對書內沒提過的內容邏輯思維作說明。

# AMA 第一題：遙控風扇

- 本題需安裝函式庫：IRRemote、SevSeg，安裝方式及基礎使用方式請參閱本書第 4 章及第 7 章。
- 蜂鳴器的基礎使用方式，請參考第 4 章。
- H 橋、及馬達轉速控制的觀念，請參考第 5 章。

### 七段顯示器

MEB3.0 電路板中，七段顯示器採用 NPN 電晶體作為開關控制，並且使用限流電阻保護，所以函式庫的參數須設定如下：

```
sevseg.begin(N_TRANSISTORS, 4, digitPins, segmentPins, false, true, false, true);
```

意指：

N 型電晶體控制、4 個七段顯示器、共同接腳、燈管接腳、接腳有接電阻器、更新不延遲、前面不放 0、不用小數點

### 紅外線接收器

因為每一種紅外線遙控器，發出來的資料都不同，必須先依第 7 章的範例程式，將須要使用的按鍵碼找出，再寫入程式碼的判斷式中。

因為紅外線函式庫會重複接收訊息，並儲存在其緩衝區。如果按下按鈕沒有立刻放開，會一直重複執行相同的動作。必須採用判斷方式解決：記錄上一次的動作，如果又是相同的指令進來，就不動作。關鍵程式碼如下：

```
if (Data == 0x16) {                //按下低速
    if (Data != lastData) {        //如果指令不重複，我才執行，以避免重複觸發
        sevseg.setChars("SP-3");   //顯示字串
        analogWrite(MOTOR, 100);   //低速旋轉
        beep(0.2, 3, 0.1);         //叫0.2秒，叫3聲，間隔0.1秒
        lastData = Data;           //記錄這次的指令
    }
}
```

### 蜂鳴器

對於重複使用到的程式碼，撰寫使用者自訂函式，需要時呼叫它，是最佳的方式。

因為試題要求蜂鳴器聲響的次數、間隔、長度都不同，具有三種變項，函式就寫成接收三種參數，如下：

```
void beep(float time, int count, float duration) {
//嗶聲，叫幾秒、叫幾次、間隔幾秒
  for (int i = 1; i <= count; i++) { //提示音次數
    ledcWriteTone(0, 2000);          //通道0指定到BZ接腳，頻率2000Hz
    delay(time * 1000);
    ledcWriteTone(0, 0);             //通道0指定到BZ接腳，頻率0Hz，代表靜音
    delay(duration * 1000);
  }
}
```

之後只要依照題目要求，呼叫並指定參數即可，如：

```
beep(0.2, 2, 0.1);                   //叫0.2秒，叫2聲，間隔0.1秒
beep(1, 1, 0);                       //叫1秒，叫1聲，沒有間隔
```

### 程式碼

```
01  /*======================================
02  姓名：○○○          術科准考證號碼：123456789
03  指定 I/O 埠編號：A
04  ======================================*/
05
06  // 接腳及參數指定
07  const byte IR = 13;                           //紅外線接收器信號輸入腳
08  const byte MOTOR = 22;                        //馬達接腳
09  const byte BZ = 23;                           //蜂鳴器接腳
10  const byte digitPins[] = { 19, 18, 5, 17 };   //4個七段顯示器的共同接腳
11  const byte segmentPins[] = { 12, 14, 27, 26, 25, 33, 32 };
12  //七段顯示器a到g的燈管接腳
13
```

```cpp
14  #include <IRremote.hpp>      //引用函式庫
15  int Data;                    //儲存接收到的資料
16  int lastData;                //儲存上一次指令，為了避免重複觸發用
17
18  #include "SevSeg.h"           //引用七段顯示器函式庫
19  SevSeg sevseg;                //宣告物件，名為sevseg
20
21  void setup() {
22    Serial.begin(9600);
23
24    ledcSetup(0, 20000, 8);   //PWM通道0，頻率20000Hz，解析度8位元
25    ledcAttachPin(BZ, 0);     //將通道0指定給BZ接腳
26
27    IrReceiver.begin(IR, ENABLE_LED_FEEDBACK);  //啟動紅外線接收器
28    sevseg.begin(N_TRANSISTORS, 4, digitPins, segmentPins, false, true,
                   false, true);
29    //N型電晶體控制、4個七段顯示器、共同接腳、燈管接腳、接腳有接電阻器、更新
         不延遲、前面不放0、不用小數點
30    sevseg.setChars("SP-0");      //顯示字串
31  }
32
33  void loop() {
34    if (IrReceiver.decode()) {              //如果收到訊息並解碼
35      IrReceiver.resume();                  //致能接收功能
36      Data = IrReceiver.decodedIRData.command;  //解碼出來的資料
37      Serial.print("接收到的訊息：0x");
38      Serial.println(Data);      //印出訊息
39    }
40
41    if (Data == 0x16) {          //按下低速
42      if (Data != lastData) {    //如果指令不重複，才執行，以避免重複觸發
43        sevseg.setChars("SP-3");   //顯示字串
44        analogWrite(MOTOR, 150);   //低速旋轉
45        beep(0.2, 3, 0.1);         //叫0.2秒，叫3聲，間隔0.1秒
46        lastData = Data;           //記錄這次的指令
47      }
48    }
49
50    if (Data == 0x19) {          //按下中速
51      if (Data != lastData) {    //如果指令不重複，才執行，以避免重複觸發
```

```
52        sevseg.setChars("SP-2");      // 顯示字串
53        analogWrite(MOTOR, 200);      // 中速旋轉
54        beep(0.2, 2, 0.1);            // 叫0.2秒,叫2聲,間隔0.1秒
55        lastData = Data;              // 記錄這次的指令
56      }
57    }
58
59    if (Data == 0x0d) {               // 按下高速
60      if (Data != lastData) {         // 如果指令不重複,才執行,以避免重複觸發
61        sevseg.setChars("SP-1");      // 顯示字串
62        analogWrite(MOTOR, 255);      // 高速旋轉
63        beep(0.2, 1, 0);              // 叫0.2秒,叫1聲
64        lastData = Data;              // 記錄這次的指令
65      }
66    }
67
68    if (Data == 0x0c) {               // 按下停止
69      if (Data != lastData) {         // 如果指令不重複,才執行,以避免重複觸發
70        sevseg.setChars("SP-0");      // 顯示字串
71        analogWrite(MOTOR, 0);        // 停止旋轉
72        beep(1, 1, 0);                // 叫1秒,叫1聲
73        lastData = Data;              // 記錄這次的指令
74      }
75    }
76
77    sevseg.refreshDisplay();          // 七段顯示器顯示
78    Data = 0;                         // 清空紅外線接收值
79  }
80
81  void beep(float time, int count, float duration) {
82  // 嗶聲,叫幾秒、叫幾次、間隔幾秒
83    for (int i = 1; i <= count; i++) {            // 提示音次數
84      ledcWriteTone(0, 2000);         // 通道0指定到BZ接腳,頻率2000Hz
85      delay(time * 1000);
86      ledcWriteTone(0, 0);            // 通道0指定到BZ接腳,頻率0Hz,代表靜音
87      delay(duration * 1000);
88    }
89  }
```

# AMA 第二題：電子密碼鎖

這三題當中，第二題的演算較為複雜，鍵盤函式庫以及密碼鎖的演算法，請參考第 6 章。

### 4X4 矩陣鍵盤

因為 MEB3.0 電路板的 4、5、6、7 腳和一般常見的鍵盤接腳序相反，接線可以順著接，但是接腳的定義要倒過來定義。如標示處：

```
byte rowPins[4] = { 13, 12, 14, 27 };      //鍵盤列接腳
byte colPins[4] = { 32, 33, 25, 26 };      //鍵盤欄接腳
```

當程式取得使用者按下的鍵時，存在 key 變數中，在每一輪程式結束後，必須將之清空，也就是設定為 NULL，以防止重複進入判斷式並執行。

```
key = NULL;                                //清空 key 的內容，待下一次重新按鍵
```

由於有接提升電阻，所以 3.3V 一定要從 ESP32 拉到 MEB3.0 電路板。

### 液晶顯示器

在程式庫管理員中，搜尋關鍵字：LiquidCrystal，採用 Adafruit 提供之函式庫。

為了節省接腳，採用 4 bits 模式傳輸資料，所以接線只接了 DB4、DB5、DB6、DB7。

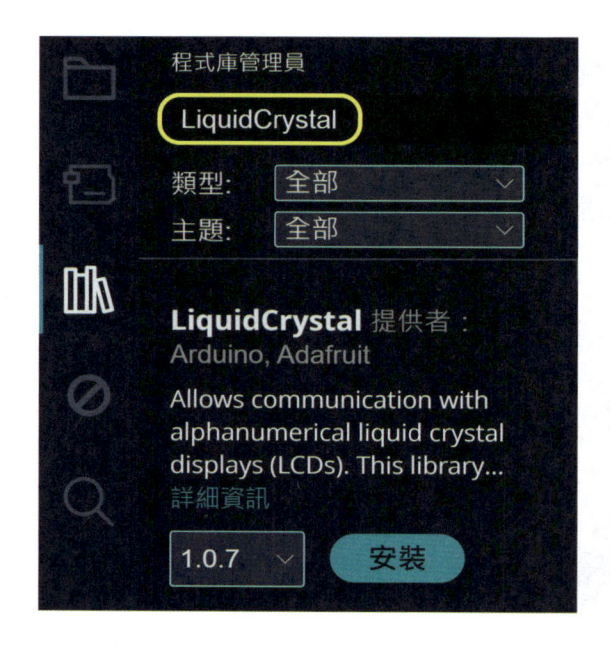

附　錄

### EEPROM

在程式庫管理員中，搜尋關鍵字：ifram_i2c，採用 Adafruit 提供之函式庫，並且要安裝相依函式庫。

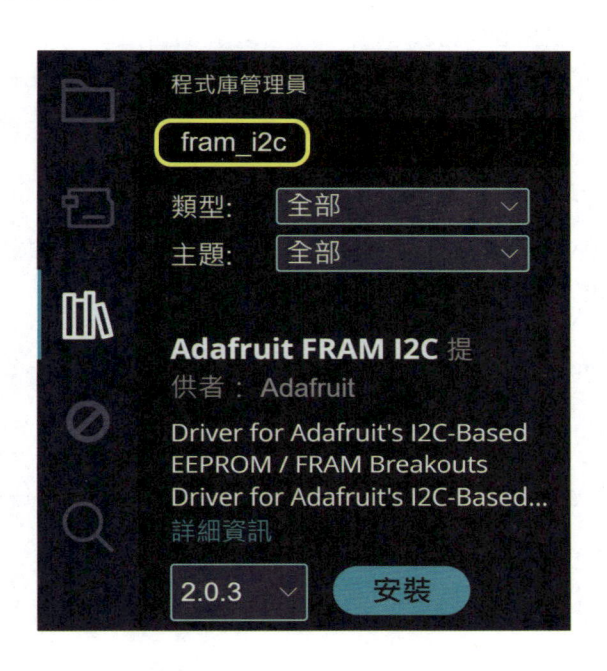

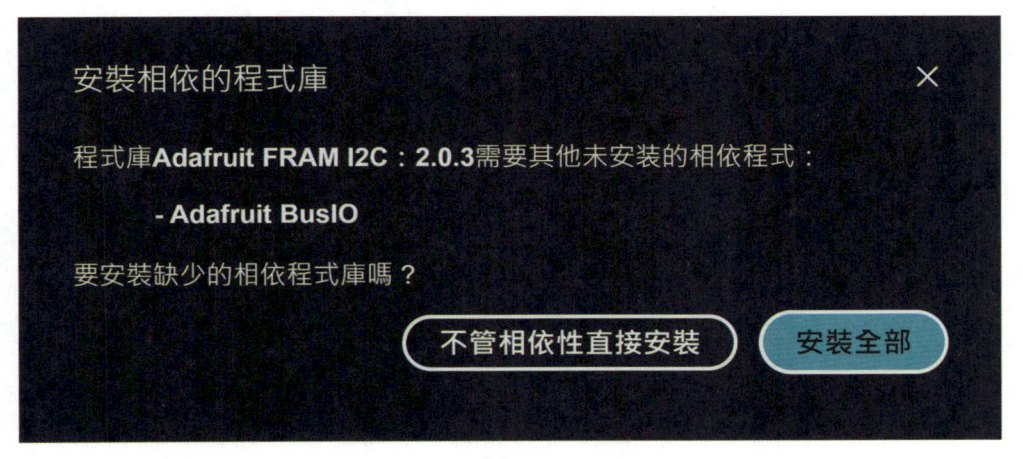

MEB3.0 電路板上，保留了 EEPROM 的三個跳線帽，提供設定位址。要小心題目指定的位址，在程式碼處要指定正確。如果三個跳線帽都接為 0，則為預設位址：0x50。

下方程式碼是 EEPROM 的基本使用方式，一個位址對應到長度為 1 Byte 的空間，可以使用 char 宣告的變數來存放，或是 byte 型別、uint8_t 型別，它們三個其實都是相同的資料型別，會取這麼多名字是方便人類辨識而已。

```
#include "Adafruit_EEPROM_I2C.h"    //引用函式庫
Adafruit_EEPROM_I2C eeprom;         //建立物件，名為eeprom

void setup() {
Serial.begin(9600);
if (eeprom.begin(0x50)) {           //啟動EEPROM，指定位址
    Serial.println("找到EEPROM");    //回報起動狀況
  } else {
    Serial.println("EEPROM找不到");
  }
eeprom.write(0x0, 'A');             //在EEPROM的位址0x00寫入字元A
Serial.println(eeprom.read(0x0));   //從序列埠印出EEPROM位址0x00的內容
}
```

## 程式思維

### ◨ 模式

這個試題中，具有兩種模式，使用一個變數來記錄。

```
byte mode = 0;                      //模式0：輸入密碼、模式1：設定密碼
```

按下 F 鍵時，必須先判斷目前的模式，再決定是要驗證密碼或是記錄密碼：

```
if (key == 'F' && mode == 0) {      //按下F驗證密碼
if (key == 'F' && mode == 1) {      //儲存密碼到EEPROM
```

這種狀況在按下 E 鍵，清除螢幕時也有用到，要清理的螢幕內容不同。這種寫法和剛才按 F 鍵的方式相似，缺點是讓 if 判斷式又多了一層，閱讀起來較不方便，但如果排版得當，也很好閱讀。

```
if (key == 'E') {                    //按下E清除輸入，會有兩種狀況
   if (mode == 1) {                  //模式1，顯示的是Save Code:
      lcd.setCursor(10, 0);          //往後移到第10個字
      lcd.print("    ");             //放4個空白覆蓋掉顯示的字
      lcd.setCursor(10, 0);          //再將游標移回冒號後面
   } else if(mode==0){               //模式0，顯示的是Input Code:
      lcd.setCursor(11, 0);          //往後移到第11個字
      lcd.print("    ");             //放4個空白覆蓋掉顯示的字
      lcd.setCursor(11, 0);          //再將游標移回冒號後面
   }
```

這種利用變數，記錄狀態或是模式，我們會把這個變數稱為「旗標（flag）」。較複雜的程式一定都會用到，有時甚至會同時針對三種以上的旗標判斷程式流向。也是複雜功能的基本工法。

### 初始狀態

很多動作最後都會回到初始狀態，因此將清空資料、螢幕初始化等程式碼，寫成使用者自訂函式，需要時直接呼叫。

```
void reset() {                       //重置並回到初始畫面
   lcd.clear();
   lcd.print("Input Code:");
   mode = 0;                         //回到模式0一般狀況
   count = 0;                        //陣列索引回到0，代表重新記錄
   for (int i = 0; i <= 3; i++) {    //清空使用者輸入陣列
      userInput[i] = NULL;
   }
}
```

## 程式碼

```
01  /*======================================
02  姓名：○○○           術科准考證號碼：123456789
03  指定 I/O 埠編號：A
04  ======================================*/
05
06  //接腳及參數指定
07  const byte rs = 17, en = 16, d4 = 4, d5 = 0, d6 = 2, d7 = 15;
08  //液晶顯示器接腳
09  byte rowPins[4] = { 13, 12, 14, 27 };           //鍵盤列接腳
10  byte colPins[4] = { 32, 33, 25, 26 };           //鍵盤欄接腳
11  const byte BZ = 23;                             //蜂鳴器接腳
12  const byte eepromAddr = 0x50;                   //EEPROM位址
13
14  #include "Adafruit_EEPROM_I2C.h"                //引用EEPROM函式庫
15  Adafruit_EEPROM_I2C eeprom;                     //建立物件，名為eeprom
16
17  #include <LiquidCrystal.h>                      //引用液晶顯示器函式庫
18  LiquidCrystal lcd(rs, en, d4, d5, d6, d7);      //建立物件，名為lcd
19
20  #include <Keypad.h>                             //引用鍵盤函式庫
21  char hexaKeys[4][4] = {                         //定義各鍵名稱
22    { '0', '1', '2', '3' },
23    { '4', '5', '6', '7' },
24    { '8', '9', 'A', 'B' },
25    { 'C', 'D', 'E', 'F' }
26  };
27  Keypad keypad = Keypad(makeKeymap(hexaKeys), rowPins, colPins, 4, 4);
28  //建立物件，名為keypad
29
30  char userInput[4] = {};   //使用者輸入密碼
31  byte count = 0;           //使用者輸入密碼的索引
32  char password[4] = {};    //已儲存的密碼
33  char key;                 //按下的鍵
34  byte mode = 0;            //模式0：輸入密碼、模式1：設定密碼
35
36  void setup() {
37    Serial.begin(9600);
38
```

```
39      ledcSetup(0, 20000, 8);           // PWM通道0,頻率20000Hz,解析度8位元
40      ledcAttachPin(BZ, 0);             // 將通道0指定給BZ接腳
41
42      if (eeprom.begin(eepromAddr)) {   // 啟動EEPROM
43        Serial.println("找到EEPROM");
44      } else {
45        Serial.println("EEPROM找不到");
46      }
47
48      lcd.begin(16, 2);                 // 指定LCD的行數、列數
49      reset();                          // 回到初始畫面
50    }
51
52    void loop() {
53      char tempKey = keypad.getKey();   // 取出按鍵值
54      if (tempKey != NULL) {            // 如果不是NULL,代表是鍵盤的值
55        key = tempKey;                  // 存到我們要的key
56      }
57
58      if (key == 'A') {                 // 按下A設定密碼
59        mode = 1;                       // 將模式設定為:1密碼設定
60        lcd.clear();
61        lcd.print("Save Code:");
62      }
63
64      if (key >= '0' && key <= '9' && count < 4) {  // 一般輸入0到9
65        userInput[count] = key;                      // 將鍵值存入陣列
66        count++;                                     // 索引加1
67        lcd.print(key);                              // 印出鍵值
68      }
69
70      if (key == 'E') {                 // 按下E清除輸入,會有兩種狀況
71        if (mode == 1) {                // 模式1,顯示的是Save Code:
72          lcd.setCursor(10, 0);         // 往後移到第10個字
73          lcd.print("    ");            // 放4個空白覆蓋掉顯示的字
74          lcd.setCursor(10, 0);         // 再將游標移回冒號後面
75        } else if(mode==0){             // 模式0,顯示的是Input Code:
76          lcd.setCursor(11, 0);         // 往後移到第11個字
77          lcd.print("    ");            // 放4個空白覆蓋掉顯示的字
78          lcd.setCursor(11, 0);         // 再將游標移回冒號後面
```

```
79         }
80
81       count = 0;                          //陣列索引回到0，代表重新記錄
82       for (int i = 0; i <= 3; i++) {      //清空使用者輸入陣列
83         userInput[i] = NULL;              //NULL代表「空」
84       }
85     }
86
87     if (key == 'B') {                     //按下B回到輸入密碼起點
88       reset();                            //回到初始畫面
89     }
90
91     if (key == 'F' && mode == 0) {        //按下F驗證密碼
92       for (int i = 0; i <= 3; i++) {
93         password[i] = eeprom.read(i);     //把密碼從EEPROM讀出，放在陣列中
94       }
95
96       if (memcmp(userInput, password, 4) == 0) {
97       //如果兩個陣列相同，代表密碼相符
98         lcd.setCursor(0,1);               //游標移至第0欄、第1列
99         lcd.print("Good Job!");
100
101        for (int i = 0; i <= 1; i++) {   //提示音兩次
102          ledcWriteTone(0, 2000);         //通道0指定到BZ接腳，頻率2000Hz
103          delay(200);
104          ledcWriteTone(0, 0);            //通道0指定到BZ接腳，頻率0Hz，代表靜音
105          delay(100);
106        }
107      } else {                            //密碼錯誤
108        lcd.setCursor(0,1);               //游標移至第0欄、第1列
109        lcd.print("Sorry!!");
110        ledcWriteTone(0, 500);            //通道0指定到BZ接腳，頻率500Hz
111        delay(1000);
112        ledcWriteTone(0, 0);              //通道0指定到BZ接腳，頻率0Hz，代表靜音
113      }
114      delay(2000);
115      reset();                            //回到初始畫面
116    }
117
118    if (key == 'F' && mode == 1) {        //儲存密碼到EEPROM
```

```
119        for (int i = 0; i <= 3; i++) {
120           eeprom.write(i, userInput[i]);  // 將陣列的值一個個放入 EEPROM
121        }
122        lcd.setCursor(0, 1);               // 游標移到第0欄，第1列
123        lcd.print("Save OK!");
124
125        ledcWriteTone(0, 1000);            // 通道0指定到BZ接腳，頻率1000Hz
126        delay(200);
127        ledcWriteTone(0, 0);               // 通道0指定到BZ接腳，頻率0Hz，表示靜音
128        delay(2000);
129        reset();                           // 回到初始畫面
130      }
131
132    key = NULL;                            // 清空key的內容，待下一次重新按鍵
133  }
134
135  void reset() {                           // 重置並回到初始畫面
136    lcd.clear();
137    lcd.print("Input Code:");
138    mode = 0;                              // 回到模式0一般狀況
139    count = 0;                             // 陣列索引回到0，代表重新記錄
140    for (int i = 0; i <= 3; i++) {         // 清空使用者輸入陣列
141      userInput[i] = NULL;
142    }
143  }
```

## AMA 第三題：智慧溫控系統

請先閱讀前 2 題的解說，再來看這題，重複的觀念就不解說了。

相較前 2 題，此題反而較為簡單，重複用到液晶顯示器、H 橋控制馬達。唯一新的就是 TC77 溫度感測器。

這個溫度感測器在 DIY 市場較為冷門，沒放在 Arduino IDE 函式庫中，在 GitHub 上面有，要自己下載，解壓縮到「文件/Arduino/libraries」目錄中。再重開 Arduino IDE。

### SPI

TC77 溫度感測器使用 SPI 介面，所以會啟動 SPI 功能。雖然此題沒用到 MOSI 接腳，但這支腳也不能挪作他用，因為已經被 SPI 占用了。

### 可變電阻的旋轉方向

基於 MEB3.0 電路板的硬體接線，若你希望可變電阻順時針旋轉，溫度設定變大，需要如下設定：

```
userTemp = map(userTemp, 0, 4095, 50, 10);   //將類比讀值從0-4095轉換為50-10
```

若你希望可變電阻順時針旋轉，溫度設定變小，需要如下設定：

```
userTemp = map(userTemp, 0, 4095, 10,50);    //將類比讀值從0-4095轉換為10-50
```

### 程式碼

```
01  /*======================================
02  姓名：○○○         術科准考證號碼：123456789
03  指定 I/O 埠編號：A
04  ======================================*/
05
06  // 接腳及參數指定
07  const byte rs = 17, en = 16, d4 = 4, d5 = 0, d6 = 2, d7 = 15;
08  // 液晶顯示器接腳
```

```
09  const byte VR = 26;                        //可變電阻接腳
10  const byte MOTOR = 22;                     //馬達接腳
11  const byte BZ = 32;                        //蜂鳴器接腳
12  const byte LED = 13;                       //LED接腳
13
14  #include <SPI.h>                           //引用SPI函式庫
15  #include <TC77.h>                          //引用TC77溫度感測器函式庫
16  TC77 tc77;                                 //建立溫度物件，名為tc77
17
18  #include <LiquidCrystal.h>                 //引用液晶顯示器函式庫
19  LiquidCrystal lcd(rs, en, d4, d5, d6, d7); //建立物件，名為lcd
20
21  int userTemp = 0;                          //設定警戒溫度
22
23  void setup() {
24    ledcSetup(0, 20000, 8);      //PWM通道0，頻率20000Hz，解析度8位元
25    ledcAttachPin(BZ, 0);        //將通道0指定給BZ接腳
26
27    pinMode(LED,OUTPUT);
28    SPI.begin();                 //啟動SPI
29    tc77.Begin(5);               //溫度感測器用的CS腳在第5腳
30
31    lcd.begin(16, 2);            //指定LCD的行數、列數
32    lcd.print("ENV Degree:");    //顯示目前溫度
33    lcd.setCursor(0, 1);
34    lcd.print("ALM Degree:");    //顯示設定溫度
35  }
36
37  void loop() {
38    tc77.Update();               //讀取溫度值
39    lcd.setCursor(11, 0);        //游標移動
40    lcd.print(int(tc77.Temp())); //將感測的溫度顯示在液晶顯示器上
41
42    userTemp = analogRead(VR);   //讀取可變電阻類比電壓
43    userTemp = map(userTemp, 0, 4095, 50, 10);
44    //將類比讀值從0-4095轉換為50-10
45    lcd.setCursor(11, 1);        //游標移動
46    lcd.print(userTemp);         //將設定溫度顯示在液晶顯示器上
47
48    if (tc77.Temp() > userTemp) { //如果目前溫度大於設定溫度
```

```
49      digitalWrite(LED, HIGH);              //LED亮
50      analogWrite(MOTOR, 150);              //風扇轉動
51
52      if (tc77.Temp() - userTemp > 10) {  //如果溫度超過10度
53        ledcWriteTone(0, 2000);             //通道0指定到BZ接腳，頻率2000Hz
54        analogWrite(MOTOR, 255);            //風扇轉更快
55      } else {
56        ledcWriteTone(0, 0);        //通道0指定到BZ接腳，頻率0Hz，表示靜音
57        analogWrite(MOTOR, 150);    //風扇轉動
58      }
59
60    } else {
61      digitalWrite(LED, LOW);     //LED熄
62      analogWrite(MOTOR, 0);      //風扇停止
63    }
64  }
```

## 後記

　　如果這三題都能掌握要點，已具備一定的程度。多虧函式庫的幫忙，讓我們可以專心在程式流程，不用擔心如何和模組溝通。

# NOTE

# NOTE

# ITA 工業科技應用國際認證
## Industrial Technology Applications Certification

### ITA 認證 簡介

本認證涵蓋電路板設計、微控制器應用、機器人技術、物聯網系統、3D 列印等領域，由荷蘭艾葆科教基金會（Stichting IPOE Education Foundation）與台灣創新科技管理發展協會（ITM 協會）共同推動。

雙方整合產業、學界與研究機構資源，建構標準化的專業認證體系，致力於培育具備實務技能與創新能力之科技人才，強化學生的實作經驗並提升其職場競爭力。

AMA 證書樣式

### ITA 認證 考試說明

| 科目 | 領域範疇 | 題型 | 評分方式 | 測驗時間 | 考試系統 |
|---|---|---|---|---|---|
| AMA 先進微控制器應用 Advance Microcontroller Application | ・程式語言（C、組合）<br>・數位邏輯（數位量測）<br>・電子學（含儀表、量測）<br>・基本電學（含電子零件）<br>・微控制器實務 1- 基礎（MCU）<br>・微控制器實務 2- 應用（週邊）<br>・工業安全與職業道德<br>・作業系統（UCOS） | 學科（單選題） | 即測即評 700 分及格 | 80 分鐘 | PSC 專業認證平臺 |
| | ・電路組裝<br>・撰寫程式<br>・燒錄<br>・執行：遙控風扇、電子密碼鎖、智慧溫控系統 | 術科（實作題） | 人工判定 700 分及格 | Specialist 180 分鐘<br>Expert 240 分鐘 | AMA 認證微控制器學習套件 |

### ITA 認證 考試大綱

| 科目 | 等級 | 考試大綱 |
|---|---|---|
| AMA 先進微控制器應用 | Specialist | ・電路配線能力　・顯示器控制能力<br>・韌體程式撰寫能力　・喇叭/蜂鳴器控制能力<br>・馬達控制能力 |
| | Expert | ・電路配線能力　・鍵盤掃描控制能力<br>・馬達控制能力　・顯示器控制能力<br>・PWM 控制能力　・韌體程式設計與撰寫能力 |

### ITA 認證 證照售價

| 產品編號 | 產品名稱 | 科目 | 級別 | 建議售價 | 備註 |
|---|---|---|---|---|---|
| SV00037a | ITA 工業科技應用國際認證 (先進微控制器應用)- 電子試卷 | Using Arduino | Specialist- 學科 | $1200 | 考生可自行線上下載證書副本，如有紙本證書的需求，亦可另外付費申請 紙本證書費用 $600 |
| SV00038a | | | Specialist- 術科 | $1200 | |
| SV00039a | | | Expert- 學科 | $1200 | |
| SV00040a | | | Expert- 術科 | $1200 | |
| SV00041a | | Using Holtek | Specialist- 學科 | $1200 | |
| SV00042a | | | Specialist- 術科 | $1200 | |
| SV00043a | | | Expert- 學科 | $1200 | |
| SV00044a | | | Expert- 術科 | $1200 | |
| SV00045a | | Using ESP32 | Specialist- 學科 | $1200 | |
| SV00046a | | | Specialist- 術科 | $1200 | |
| SV00047a | | | Expert- 學科 | $1200 | |
| SV00048a | | | Expert- 術科 | $1200 | |

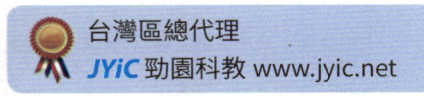

台灣區總代理
JYiC 勁園科教　www.jyic.net

※ 以上價格僅供參考　依實際報價為準

# iPOE E2 ESP32 離散式實驗模組

## 本書特色

1. 全書共 108 個範例，清楚解說各種用法。
2. 單晶片實習之硬體、邏輯及演算法。
3. 利用聲、光、螢幕、動力輸出。
4. 應用各種感測器感知現實世界。
5. 涵蓋常見網路規格：藍牙、Wi-Fi、LoRa。
6. 適用 Arduino IDE1.8 版及 2.0 版。

**Maker 指定教材**
ESP32 微處理機實習與物聯網應用含 ITA 國際認證 -AMA 先進微控制器應用（Specialist Level、Expert Level）
書號：AB13705
作者：劉政鑫・莊凱喬
建議售價：$ 550

### 主控板

**iPOE E0 ESP32-S 相容板（含 USB 線）**
產品編號：0119002
建議售價：$ 350

規格：
- ESP32 主控板 ×1
- Micro USB 數據線 (100cm)×1

### 實驗板套件

**iPOE E2 ESP32 離散式模組教具箱**
**(Woody 開發輔助板＋電子元件)**
產品編號：0119065
建議售價：$ 4,000

配件：
1. 杜邦線 - 雙頭公 15cm×40 條 / 排
2. 杜邦線一公一母 15cm×40 條 / 排
3. 一字螺絲起子 3mm×1 個
4. 收納盒 尺寸 W19.5xD15.6xH7.6CM

規格：
- 模組 1：ESP32-Woody 開發輔助板 ×1
- 模組 2：可變電阻器 10kΩ(B 型)×1
- 模組 3：四位元七段顯示器 - 共陰 ×1
- 模組 4：BJT-NPN 型 ×4
- 模組 5：OLED 顯示器 (0.96 吋 /I2C 介面 / 解析度 128*64)×1
- 模組 6：蜂鳴器 - 無源 ×1
- 模組 7：全彩 RGB LED 模組 ( 串列式 WS2812B(8 顆一組 )×1
- 模組 8：N30 強磁馬達 ×1
- 模組 9：H 橋馬達控制模組 L298N×1
- 模組 10：H 橋馬達控制模組 L9110×1
- 模組 11：伺服馬達 - 連續旋轉型 GWS S35×1
- 模組 12：伺服馬達 - 定位型 Tower Pro SG90×1
- 模組 13：步進馬達及驅動模組 - 型號 28BYJ-48×1
- 模組 14：4*4 鍵盤 ×1
- 模組 15：溫濕度感測器 DHT11×1
- 模組 16：灰塵感測器 GP2Y1014AU×1
- 模組 17：二氧化碳濃度感測器 (NH-Z19B)×1
- 模組 18：酒精濃度感測器 MQ-3×1
- 模組 19：土壤濕度感測器 YL-100×1
- 模組 20：超音波感測器 HC-SR04P×1
- 模組 21：微波雷達感測器 RCWL-0516×1
- 模組 22：紅外線接收模組 HX1838B、紅外線遙控器 ×1 組
- 模組 23：Mifare Classic 卡（NFC 模組 PN532）×1 組
- 模組 24：電子元件（電容 220μF、光敏電阻 Φ5mm、光敏電阻分壓用電阻器 5.1kΩ、電阻 330Ω×12、150Ω、2kΩ、3kΩ）×1 組

### 選配

**iPOE M3.1 多功能實驗板與配件教具箱**
產品編號：0116304
建議售價：$ 4,980

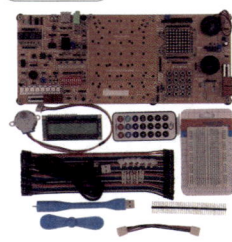

規格：
1. 多功能實驗板內含 28 項模組及電路：直流馬達驅動電路、PWM 控制 RC 伺服馬達電路、繼電器模組、四位數七段顯示器模組、無源蜂鳴器模組、溫度感測模組、EEPROM 電路模組、16 個 LED 模組、紅外線接收器模組、光反射型感測器模組、半可變電阻電路、RGB 三色 LED 模組、10 位元 DIP 開關模組、16 字 x2 行液晶顯示 LCM 電路、4x4 鍵盤模組、4 相 5 線步進馬達電路、光敏電阻模組、8x8 雙色點矩陣模組、麥克風及外部音源模組、1kHz 訊號產生器模組、3 組音樂 IC 及喇叭模組、4 組路口紅綠燈擬真模組、搖桿電路模組、垂直電位器模組、重力感測模組、全彩 8 顆串列 LED 燈模組、水平電位器模組、12 位元精度的 ADC 模組。
2. 附加配件：麵包板 400 孔、液晶顯示器、步進馬達、遙控器 ( 含電池 )、USB 風扇、杜邦線 20cmx40Pin 母對母、莫士端子線母對母、USB 線 A 公轉 mini 公 x100cm、雙頭隔離柱 x8 支、單頭隔離柱 x6 支、壓克力板 ( 電路板上 )、塑膠箱。

**ESP32 物聯網模組**
產品編號：0119064
建議售價：$ 860

規格：
1. LoRa 模組 X1、USB to TTL 模組 X1

※ 價格・規格僅供參考　依實際報價為準

諮詢專線：02-2908-5945 或洽轄區業務
歡迎辦理師資研習課程

勁園科教　www.jyic.net

| | |
|---|---|
| 書　　　　名 | **ESP32微處理機實習與物聯網應用**<br>含ITA國際認證-AMA先進微控制器應用<br>（Specialist Level、Expert Level） |
| 書　　　　號 | AB13705 |
| 版　　　　次 | 2020年9月初版<br>2025年6月六版 |
| 編　著　者 | 劉政鑫、莊凱喬 |
| 責　任　編　輯 | 陳宇欣 |
| 校　對　次　數 | 10次 |
| 版　面　構　成 | 林伊紋 |
| 封　面　設　計 | 陳依婷 |
| 出　版　者 | 台科大圖書股份有限公司 |
| 門　市　地　址 | 24257新北市新莊區中正路649-8號8樓 |
| 電　　　　話 | 02-2908-0313 |
| 傳　　　　真 | 02-2908-0112 |
| 網　　　　址 | tkdbook.jyic.net |
| 電　子　郵　件 | service@jyic.net |

國家圖書館出版品預行編目(CIP)資料

ESP32微處理機實習與物聯網應用：含ITA國際認證-AMA先進微控制器應用（Specialist Level、Expert Level）/劉政鑫、莊凱喬編著. --六版. --新北市：台科大圖書, 2025.06
面；　公分
ISBN 978-626-391-556-5(平裝)
1.CST: 微處理機 2.CST: 物聯網
471.516　　　　　　　　114007742

**版權宣告**

**有著作權　侵害必究**

本書受著作權法保護。未經本公司事前書面授權，不得以任何方式（包括儲存於資料庫或任何存取系統內）作全部或局部之翻印、仿製或轉載。

書內圖片、資料的來源已盡查明之責，若有疏漏致著作權遭侵犯，我們在此致歉，並請有關人士致函本公司，我們將作出適當的修訂和安排。

| | |
|---|---|
| 郵　購　帳　號 | 19133960 |
| 戶　　　　名 | 台科大圖書股份有限公司 |
| | ※郵撥訂購未滿1500元者，請付郵資，本島地區100元 / 外島地區200元 |
| 客　服　專　線 | 0800-000-599 |
| 網　路　購　書 | 勁園科教旗艦店　蝦皮商城　　博客來網路書店 台科大圖書專區　　勁園商城 |
| 各服務中心 | 總　　公　　司　02-2908-5945　　台中服務中心　04-2263-5882<br>台北服務中心　02-2908-5945　　高雄服務中心　07-555-7947 |
| | 線上讀者回函<br>歡迎給予鼓勵及建議<br>tkdbook.jyic.net/AB13705 |